“十五五”高等职业教育公共课程系列教材

XINXI JISHU（WPS Office+AIGC）(MUKEBAN)

信息技术

（WPS Office + AIGC）（慕课版）

余　毅　杨　艳　张雯晖◎主　编
胡有年　王礼琴　刘　柳◎副主编
姚　伟◎主　审

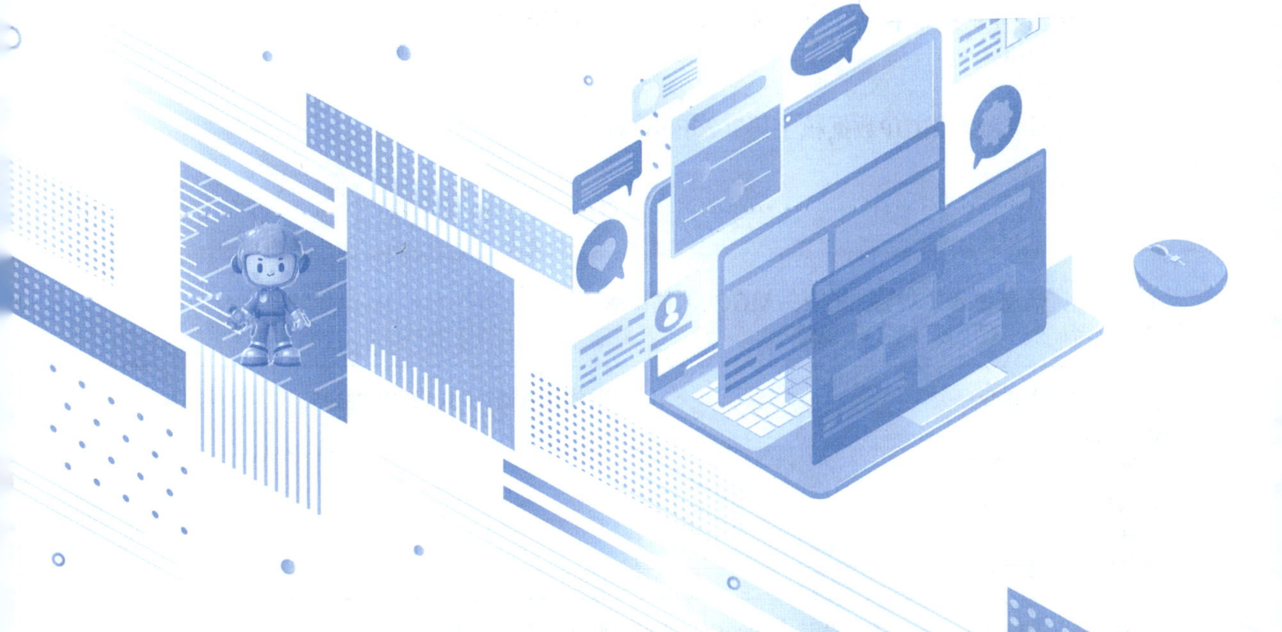

对标课程标准　新质人才培养
岗课赛证融通　匠心创新特色

中国铁道出版社有限公司
CHINA RAILWAY PUBLISHING HOUSE CO., LTD.

内 容 简 介

本书为“十五五”高等职业教育公共课程系列教材之一，以“匠心和创新”为主线，系统地融合信息技术基础与前沿技术应用，围绕WPS Office办公软件和AIGC（人工智能生成内容）两大核心工具展开。全书共分为六个项目，内容由浅入深，涵盖文档处理、电子表格应用、演示文稿制作、信息时代探索、新一代信息技术及AIGC应用实战。

本书采用“情境引入→任务分析→知识链接→任务实施”的教学模式，通过真实案例与岗位任务驱动学习，注重理论与实践深度融合，重在培养学生的信息意识与计算思维，引导学生树立正确的信息社会价值观和责任感。

书中内容对标职业本科和高职信息技术课程教学标准以及全国计算机等级考试和“1+X”职业技能等级证书标准，强调岗课赛证融通，融入国产化办公软件WPS Office及人工智能技术，助力学生提升数字化创新能力与职业竞争力。

本书适合作为高等职业教育（本科、专科）的信息技术与人工智能通识类教材，也可供从事办公自动化、数据分析及人工智能应用的相关人员参考。

图书在版编目（CIP）数据

信息技术：WPS Office+AIGC ：慕课版 / 余毅，杨艳，张雯晖主编. -- 北京 ：中国铁道出版社有限公司，2025. 6.（“十五五”高等职业教育公共课程系列教材）. -- ISBN 978-7-113-32443-8

Ⅰ. TP3

中国国家版本馆CIP数据核字第2025F0B331号

书　　名：信息技术（WPS Office+AIGC）（慕课版）
作　　者：余　毅　杨　艳　张雯晖

策　　划：曹莉群　　　　编辑部电话：（010）51873135
责任编辑：曹莉群
封面设计：刘　颖
封面制作：刘　莎
责任校对：安海燕
责任印制：赵星辰

出版发行：中国铁道出版社有限公司（100054，北京市西城区右安门西街8号）
网　　址：https://www.tdpress.com/51eds
印　　刷：北京鑫益晖印刷有限公司
版　　次：2025年6月第1版　2025年6月第1次印刷
开　　本：787 mm×1 092 mm　1/16　印张：17.5　字数：459千
书　　号：ISBN 978-7-113-32443-8
定　　价：59.80元

前言

本书针对职业本科和高职信息技术课程的教学标准和国家信息化发展战略对新质人才培养的要求，围绕高职高专各专业对信息技术核心素养的培养需求，吸纳信息技术领域的前沿技术，基于“精于工，匠于心，品于行，创于新”的思路进行编写，强调理论与实践相结合、信息技术与专业技术融合，重在培养学生的信息意识与计算思维，以提升其数字化创新与职业发展能力，引导学生树立正确的信息社会价值观和责任感。

本书以学生为中心，项目一到项目三的情境采用纵向时间轴划分（在校学习→岗位实习→职场工作），聚焦个体从校园到社会的身份转变，设计安排了典型任务，强调了信息技术的阶段性能力适配度。项目四到项目六的情境采用横向场景划分（信息技术与生活→信息技术与专业发展→效率提升），关注个体在稳定状态下的多维度需求平衡，重在引导学生主动思考，应用新一代信息技术解决专业问题，利用人工智能提升工作效率，体现系统化能力构建。

全书落实立德树人根本任务，知识传授与价值引领相结合，内容上以“匠心筑，梦飞翔（项目一　文档处理）→琢匠心，铸精品（项目二　电子表格处理）→承匠心，续华章（项目三　演示文稿制作）→以匠心，致创新（项目四　信息时代探索）→匠心融，创新生（项目五　新一代信息技术）→创新用，效率升（项目六　AIGC应用实战）”为主线，把思政元素有机融入六个项目。在文化育人方面，以润物细无声的方式将蕴含人生哲理的中国古诗词有机融入。在具体的学习任务上，采用“情境引入（文字和漫画的形式共同呈现）→任务分析→知识链接→任务实施”的教学模式，符合学生知识与技能的构建规律。另外，为了加强学习者对技能点的掌握，本书还配备了《信息技术拓展训练指导（WPS

Office+AIGC）》，帮助学有余力的同学拓宽技能提升空间，提高学习水平。为强化数字化学习支持，本书与学银在线平台深度联动，在重点知识点与技能点配备了丰富的慕课资源。读者可在学银在线平台上搜索并进行系统学习，实现课堂学习与自主学习的无缝衔接。

本书由校企双元开发，江西工业工程职业技术学院具有丰富教学经验的教师团队主持编写，北京金山办公软件股份有限公司的技术人员提供技术指导。本书选用国产办公软件WPS Office，“教学做创”紧密结合，引导学生将信息技术与所学专业相融合并积极参与大学生创新大赛。教学内容书证融通，覆盖全国计算机等级考试《一级计算机基础及WPS Office应用考试大纲》和“1+X”WPS办公应用职业技能等级证书考试的知识点，力求做到能力培养和考级考证相结合。

信息技术是高等职业院校开设的一门公共基础课。本书的参考学时为72学时，建议采用线上24学时和线下48学时的教学做一体化教学模式。

本书由江西工业工程职业技术学院余毅、杨艳、张雯晖任主编，胡有年、王礼琴、刘柳任副主编。具体分工为：项目一和项目五由余毅编写，项目二由杨艳编写。项目三由张雯晖、胡有年编写，项目四由刘柳、余毅编写，项目六由王礼琴编写。朱接文、肖军和曾涵参与编写。全书由余毅统稿，姚伟主审。在本书编写过程中，得到江西工业工程职业技术学院同仁的大力支持，在此谨表谢意。

由于时间仓促，编者水平和经验有限，书中难免有欠妥和不足之处，恳请读者批评指正。

编　者

2025年5月

目 录

项目一

道寓文中　文档处理

项目导读　　　　匠心筑　梦飞翔

信息技术＋学习

亲爱的青年学子们：

未来的人生，道阻且长，但请记住，“行则将至；行而不辍，未来可期”。每一步坚实的步伐，都是向着梦想迈进的证明。在这段旅程中，你们将学会许多宝贵的技能，而文档处理正是其中之一，它不仅是你们学习生涯的基石，更是未来人生旅途中不可或缺的利器。

在任务一的规章制度编辑中，你们将亲身体验“不以规矩，不能成方圆”的千年智慧。通过严谨的排版技法训练，不仅能塑造规范意识与法治思维，更能培养对细节的敬畏之心。这些看似简单的格式要求，实则是职业素养的根基，正如人生需要规则指引方向，文档也需要规范构建框架。

在任务二的新长征海报创意中，将是对你们创新精神与担当意识的呼唤。作为新时代的青年，你们有责任也有能力去创造更加美好的未来。用你们的创意与热情，为中国式现代化贡献自己的力量，书写挺膺担当的青春篇章。

在任务三的成绩统计表协同编辑中，“精诚合作，金石为开”的古训将得到生动诠释。通过表格计算的精准推演与团队协作的默契配合，你们将理解数据时代集体智慧的力量。每个公式的严谨推导都是科学精神的培养，每次数据的交叉验证都是责任意识的锤炼，这些都将成为你们学业深造道路上的重要阶梯。

在任务四的毕业论文编排中，不仅是大学学习的一次总结汇报，更是对逻辑思维、表达能力以及审美能力的全面考验。在编辑论文的过程中，你们将注重内容与形式的完美结合，这些都将为你们未来的学术研究与职业发展打下坚实基础，更是对“匠心筑，梦飞翔”理念的完美诠释。

亲爱的学子们，愿你们在成长的道路上，始终保持对知识的渴望与对梦想的追求。学会在挑战中寻找机遇，在困难中锤炼意志，用你们的智慧与汗水，书写属于自己的精彩人生。未来属于你们，期待你们在新时代的征程中，以匠心筑梦，展翅飞翔，绽放出更加耀眼的光芒！

任务一　规章制度编辑——排版技法

情境引入

工小匠作为新生，初入校园便着手了解大学生日常管理规定。面对错综复杂的文本，他意识到规范排版的重要性。于是，他打开WPS文档，决定运用所学排版技法，如标题分级、段落调整、字体统一等，将规定整理得条理清晰、美观易读，为快速掌握规章制度内容打下坚实基础。

任务分析

（1）运用界面与视图管理，优化编辑环境。

（2）通过内容与格式编辑，规范规章制度文本。

（3）利用分栏、页眉页脚等功能，提升文档美观性与易读性，效果图如图1-1所示。

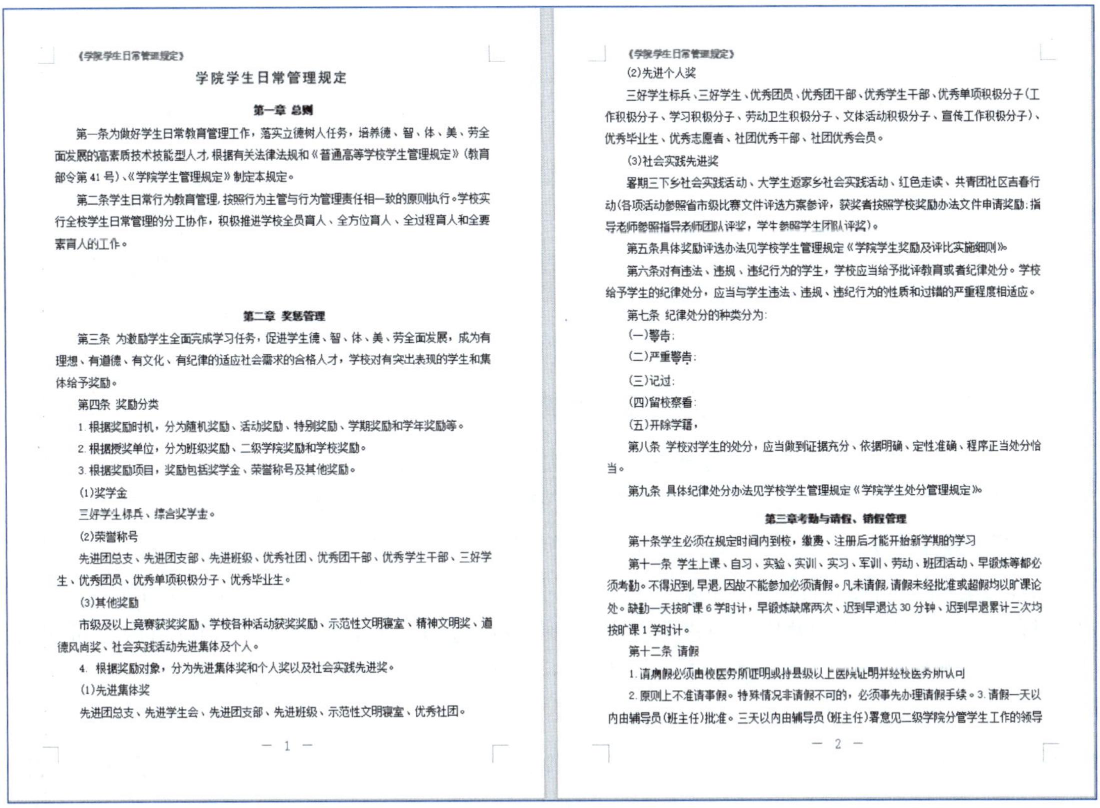

《学院学生日常管理规定》

学院学生日常管理规定

第一章 总则

第一条为做好学生日常教育管理工作，落实立德树人任务，培养德、智、体、美、劳全面发展的高素质技术技能型人才，根据有关法律法规和《普通高等学校学生管理规定》（教育部令第41号）、《学院学生管理规定》制定本规定。

第二条学生日常行为教育管理，按照行为主管与行为管理责任相一致的原则执行。学校实行全校学生日常管理的分工协作，积极推进学校全员育人、全方位育人、全过程育人和全要素育人的工作。

第二章 奖惩管理

第三条 为激励学生全面完成学习任务，促进学生德、智、体、美、劳全面发展，成为有理想、有道德、有文化、有纪律的适应社会需求的合格人才，学校对有突出表现的学生和集体给予奖励。

第四条 奖励分类

1. 根据奖励时机，分为随机奖励、活动奖励、特别奖励、学期奖励和学年奖励等。

2. 根据授奖单位，分为班级奖励、二级学院奖励和学校奖励。

3. 根据奖励项目，奖励包括奖学金、荣誉称号及其他奖励。

(1)奖学金

三好学生标兵、综合奖学金。

(2)荣誉称号

先进团总支、先进团支部、先进班级、优秀社团、优秀团干部、优秀学生干部、三好学生、优秀团员、优秀单项积极分子、优秀毕业生。

(3)其他奖励

市级及以上竞赛获奖奖励、学校各种活动获奖奖励、示范性文明寝室、精神文明奖、道德风尚奖、社会实践活动先进集体及个人。

4. 根据奖励对象，分为先进集体奖和个人奖以及社会实践先进奖。

(1)先进集体奖

先进团总支、先进学生会、先进团支部、先进班级、示范性文明寝室、优秀社团。

— 1 —

《学院学生日常管理规定》

(2)先进个人奖

三好学生标兵、三好学生、优秀团员、优秀团干部、优秀学生干部、优秀单项积极分子（工作积极分子、学习积极分子、劳动卫生积极分子、文体活动积极分子、宣传工作积极分子）、优秀毕业生、优秀志愿者、社团优秀干部、社团优秀会员。

(3)社会实践先进奖

暑期三下乡社会实践活动、大学生返家乡社会实践活动、红色走读、共青团社区青春行动（各项活动参照省市级比赛文件评选方案参评，获奖者按照学校奖励办法文件申请奖励；指导老师参照指导老师团队评奖，学生参照学生团队评奖）。

第五条具体奖励评选办法见学校学生管理规定《学院学生奖励及评比实施细则》。

第六条对有违法、违规、违纪行为的学生，学校应当给予批评教育或者纪律处分。学校给予学生的纪律处分，应当与学生违法、违规、违纪行为的性质和过错的严重程度相适应。

第七条 纪律处分的种类分为：

(一)警告；

(二)严重警告；

(三)记过；

(四)留校察看；

(五)开除学籍，

第八条 学校对学生的处分，应当做到证据充分、依据明确、定性准确、程序正当处分恰当。

第九条 具体纪律处分办法见学校学生管理规定《学院学生处分管理规定》。

第三章考勤与请假、销假管理

第十条学生必须在规定时间内到校，缴费、注册后才能开始新学期的学习

第十一条 学生上课、自习、实验、实训、实习、军训、劳动、班团活动、早锻炼等都必须考勤。不得迟到，早退，因故不能参加必须请假。凡未请假，请假未经批准或超假均以旷课论处。缺勤一天按旷课6学时计，早锻炼缺席两次、迟到早退达30分钟、迟到早退累计三次均按旷课1学时计。

第十二条 请假

1. 请病假必须由校医务所证明或持县级以上医院证明并经校医务所认可

2. 原则上不准请事假。特殊情况非请假不可的，必须事先办理请假手续。3. 请假一天以内由辅导员（班主任）批准。三天以内由辅导员（班主任）署意见二级学院分管学生工作的领导

— 2 —

图1-1 《学院学生日常管理规定》效果图

知识链接

一、界面与视图管理

WPS文字广泛应用于日常文档编辑、报告撰写、论文排版等，启动WPS文字后，界面通常包括快速访问工具栏、菜单栏、功能区、文档编辑区、状态栏等主要元素，如图1-2所示。各自承担不同的功能角色。以文档编辑区为中心，周围环绕着各种工具栏和面板，便于用户进行文档编辑和格式设置。在文档编辑区内，用户可以进行文本的输入、删除、复制、粘贴等基本操作，以及通过光标移动和选择文本来精准编辑内容。WPS文字还支持多种快捷键操作，如复制快捷键【Ctrl+C】、粘贴快捷键【Ctrl+V】、保存快捷键【Ctrl+S】等。利用快速访问工具栏和快捷键可以大大提高工作效率，熟悉各功能区的布局，能更快速地找到所需工具。

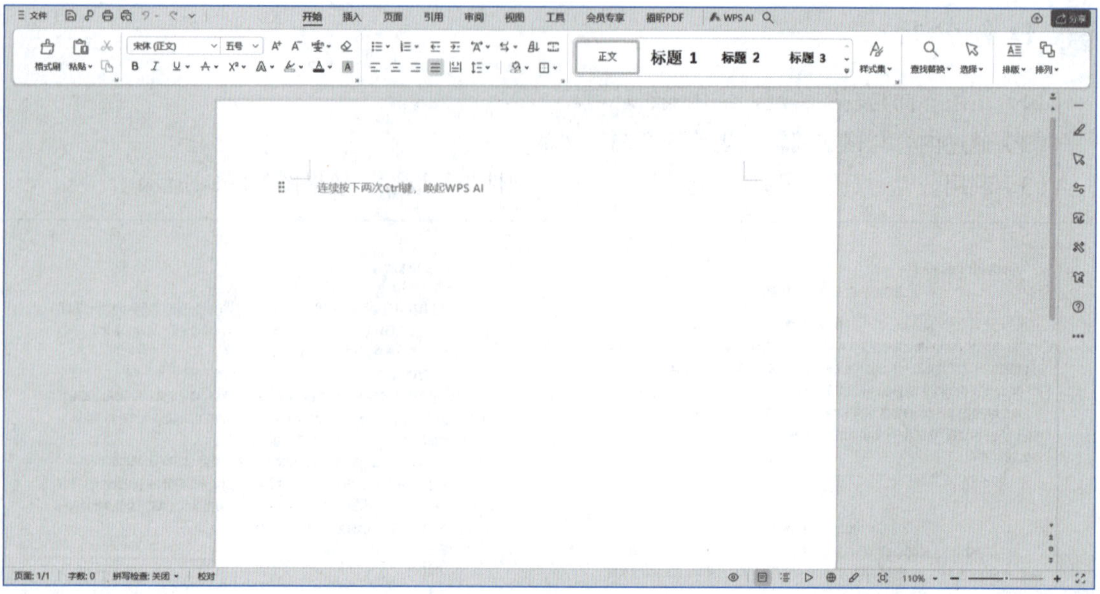

图1-2　界面展示

WPS文字提供普通视图、页面视图、大纲视图、Web版式视图等视图模式，以满足不同编辑需求，视图模式界面如图1-3所示。普通视图适用于快速编辑和格式调整，页面视图则能真实反映文档的打印效果，大纲视图便于查看和编辑文档结构，Web版式视图则模拟网页显示效果。根据编辑需求选择合适的视图模式，如编写长文档时使用大纲视图来整理结构，或在设计页面布局时使用页面视图来查看实际效果，用户可以通过单击视图选项卡下的相应按钮，或在状态栏的视图模式切换区域进行选择，来轻松切换不同的视图模式。切换不同视图模式可以帮助用户从不同角度审视文档，发现潜在的问题或改进空间。

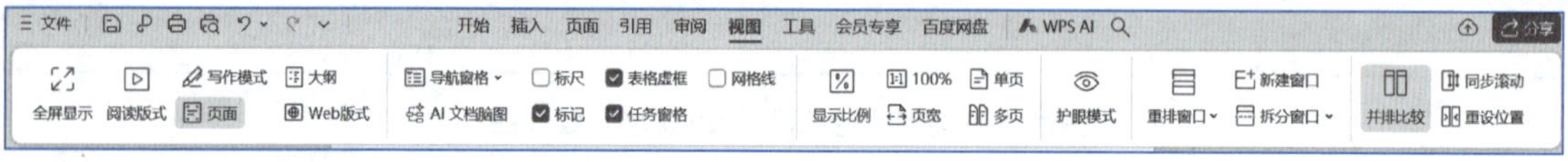

图1-3　视图模式界面

二、文档内容与格式编辑

1. 文档内容汇总与导航

WPS文档内容汇总是一项非常实用的功能，它允许用户将多个文档的内容合并到一个WPS文字文档中，从而方便地进行统一管理和编辑。要实现这一操作，首先打开目标WPS文字文档，然后定位到想要插入其他文档内容的位置。接着单击“插入”选项卡，找到并单击“附件”功能，如图1-4所示。在弹出的下拉菜单中选择“文件中的文字”命令。此时系统会弹出一个文件选择对话框，用户只需浏览到存储其他文档的位置，选中想要合并的文档，然后单击“打开”按钮。这样，所选文档的内容就会被插入当前文档中，实现了内容的快速汇总和整合。

WPS导航窗格位于文档窗口的左侧或右侧，帮助用户更有效地查找和定位文本，调整文章结构。单击“视图”选项卡→“导航窗格”下拉按钮，可以对导航窗格进行设置，如图1-5所示。导航窗格提供了多种功能，如“目录”“章节”“书签”“查找和替换”等。通过“目录”功能，用户可以快速浏览文档的大纲视图，并快速跳转到指定标题。使用“章节”功能，用户可以轻松插入或删除章节分隔符，重新组织文档结构。而“书签”功能则允许用户快速导航到文档中预先设定的位置。“查找和替换”功能则能根据用户需求快速查找和替换内容。此外，用户还可以根据需要调整导航窗格的位置，选择将其显示在左侧或右侧，以便更好地适应自己的使用习惯。熟练掌握WPS导航窗格的使用技巧，将极大提高文档编辑和管理的效率。

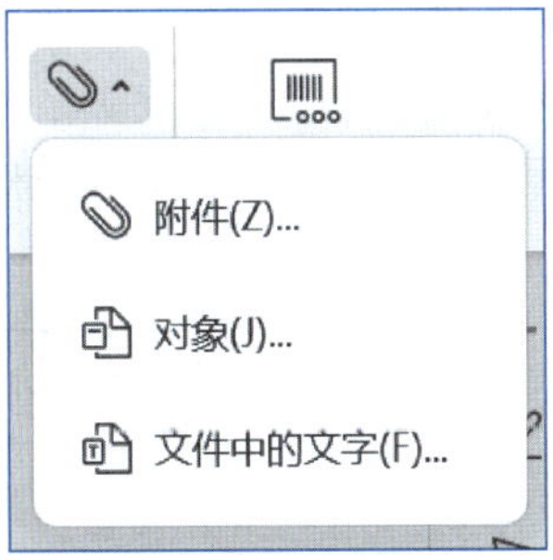

图1-4 “附件”功能

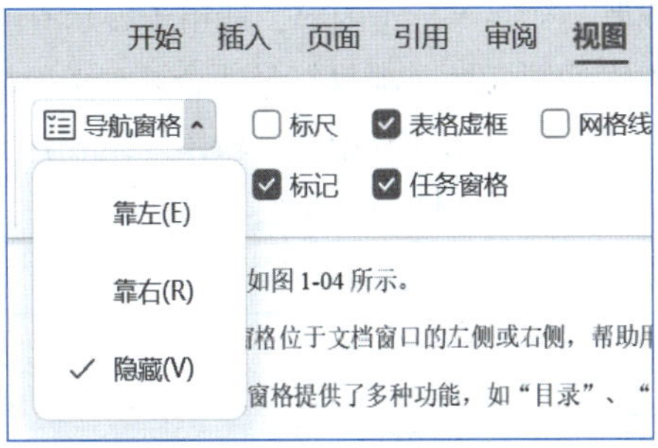

图1-5 导航窗格

2. 字体格式设置

WPS文字中的字体格式设置是文档美化和规范化的重要手段。在WPS中，用户可以通过“开始”选项卡中的按钮轻松设置文本的字体、字号、字形和颜色。例如，选中文字后，通过“字体”下拉列表可以选择仿宋、黑体、微软雅黑等字体；通过“字号”下拉列表调整文字大小；单击“加粗”“倾斜”等按钮可以增强文本表现力；单击“字体颜色”按钮为文字设置不同颜色。此外，用户还可以设置字符间距、上标下标等特殊格式，以满足个性化排版需求。在使用字体格式设置时，要注意文档的整体风格和主题，选择与之相匹配的字体和颜色，这样通过设置让文档更加清晰、美观，提升了阅读体验。

格式刷是一种非常实用的快速复制格式的工具，如图1-6所示。用户只需选中已设置格式的文本，单击“格式刷”按钮，然后选中要应用该格式的文本，即可瞬间完成格式的复制。这一功能在编辑长文档或需要保持统一格式的文档时尤为有用，如制作公司报告、学术论文或项目提案时，可以确保标题、正文、引用等部分的格式一致，使文档看起来更加专业、整洁。

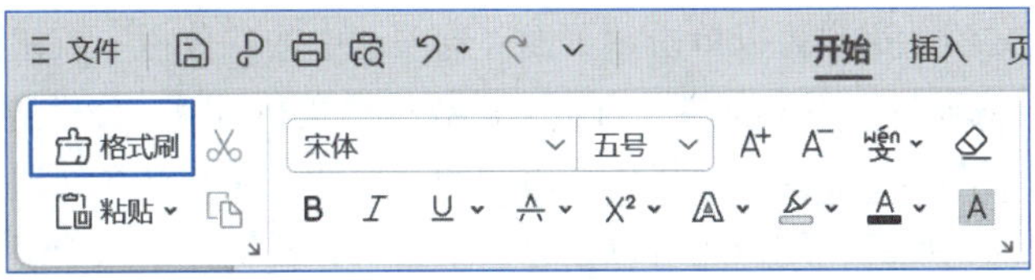

图1-6 格式刷

3. 段落格式调整与项目符号编号

段落格式调整与项目符号编号是WPS文字中用于优化文档排版和结构的重要功能。用户可以通过“开始”选项卡中的“段落”对话框，如图1-7所示，设置段落的对齐方式（如左对齐、右对齐、居中对齐、两端对齐）和缩进量（如首行缩进、悬挂缩进），从而灵活调整段落的布局。此外，行距设置功能可以通过设置值的设定调整段落内行与行之间的距离，以满足不同文档的排版需求。在使用这些功能时，需注意段落对齐和缩进的设置应根据文档内容的特点进行调整，避免过度缩进或对齐方式不一致，行距的设置应结合文档的整体风格，确保段落之间的间距适中，避免过于紧凑或松散。

在WPS文字中，项目符号和编号是用于为段落添加列表标记的工具，能够帮助用户清晰地展示列表内容的结构和层次。项目符号通常用于无序列表，使用符号（如圆点、方块、箭头等）标记并列的内容，适用于展示没有特定顺序的条目，如图1-8所示，而编号则用于有序列表，使用数字、字母或罗马数字等标记内容，适用于展示有顺序或步骤的条目，如图1-9所示。两者的主要区别在于是否强调顺序性：项目符号适合并列关系的列表，编号则适合层次或顺序关系的列表。用户可以通过“开始”选项卡中的“段落”组快速添加项目符号或编号，并根据需要调整样式和格式，以提升文档的可读性和专业性。

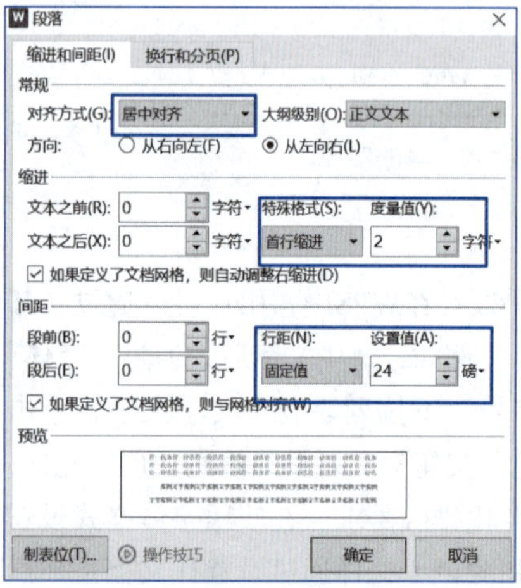

图1-7　段落设置

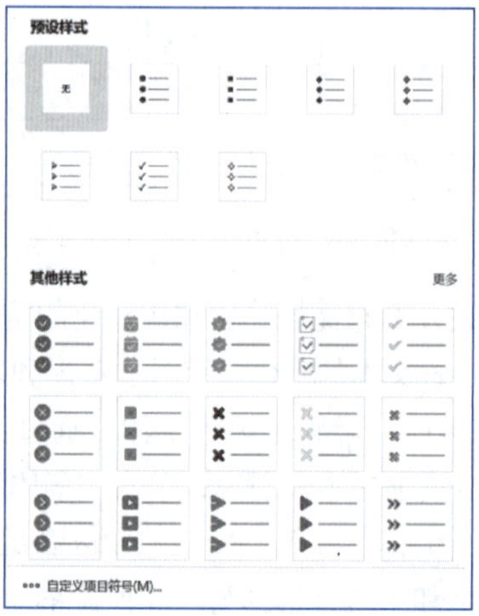

图1-8　项目符号设置

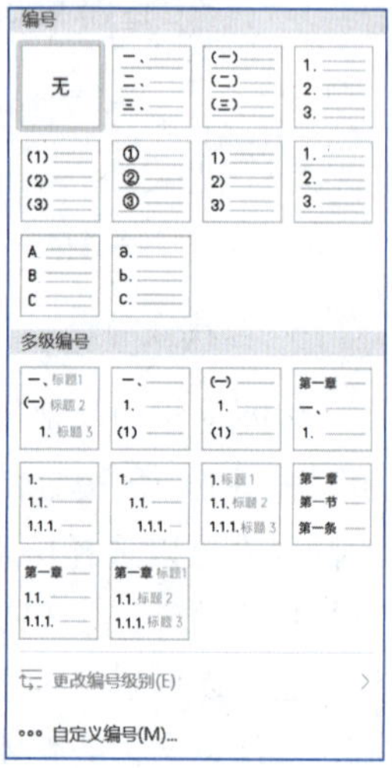

图1-9　编号设置

三、分栏与首字下沉

1. 分栏排版

在WPS文字中，分栏功能用于将文档内容划分为多个垂直排列的栏位，常用于排版报纸、杂志、宣传册等多栏式文档。用户可以单击“页面”选项卡中的“分栏”按钮，选择预设的分栏样式（如两栏、三栏），或通过“更多分栏”自定义栏数、栏宽和间距。分栏功能不仅能够优化页面布局，使文档更具美观性和专业性，还能提高内容的可读性，尤其是在处理大量文本时，分栏可以有效减少阅读时的视觉疲劳。用户还可以在分栏中插入分栏符，手动控制文本在不同栏位之间的分布，从而灵活调整文档的排版效果。通过合理使用分栏功能，可以轻松创建结构清晰、布局合理的多栏式文档。

2. 首字下沉设置

在WPS文字中，首字下沉是一种排版效果，通常用于段落开头，将第一个字符放大并下沉到段落的前几行中，以增强文档的视觉效果和吸引力。在设置首字下沉时，将光标定位到目标段落，然后单击“插入”选项卡中的“首字下沉”按钮，选择“下沉”或“悬挂”样式，并调整下沉行数和距正文的距离。还可以通过“首字下沉选项”命令进一步自定义字体、大小和位置。首字下沉功能常用于文章开头、章节起始或设计类文档中，能够为文档增添专业性和艺术感，同时提升读者的阅读兴趣。

四、页眉页脚与注释

1. 页眉页脚设置

在WPS文字中，页眉和页脚是位于页面顶部和底部的区域，通常用于显示文档的标题、页码、日期、作者等信息，以增强文档的专业性和实用性。在设置页眉页脚时，首先单击“插入”选项卡中的“页眉页脚”按钮，如图1-10所示。选择预设样式或自定义内容，然后在页眉或页脚区域输入所需文本（见图1-11）或插入页码、日期等元素，进一步选中这些元素还可以通过“页眉页脚工具”调整字体、对齐方式以及行距。页眉页脚功能适用于长文档、报告、论文等场景，能够提升文档的整体结构和美观性。

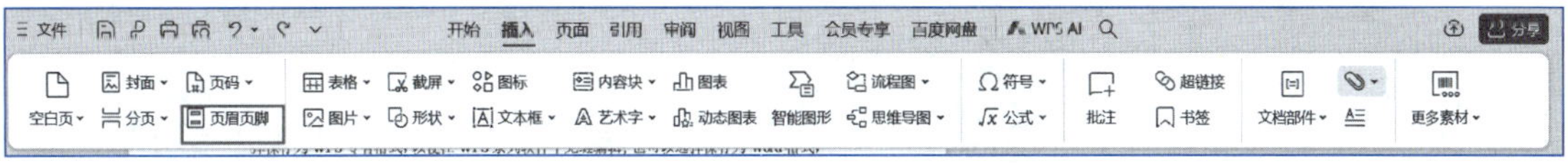

图1-10　“页眉页脚”按钮

图1-11　在页眉输入文本

2. 脚注与尾注

在WPS文字中，脚注与尾注是用于为文档内容添加注释或补充说明的工具，能够帮助读者更好地理解文本内容。脚注位于页面底部，通常用于对当前页的特定内容进行注释，适合局部性解释或引用；而尾注则位于文档或章节的末尾，适用于对全文或章节内容的补充说明，适合全局性总结或参考文献列表。设置脚注或尾注时需要先将光标定位到需要添加注释的位置，然后单击“引用”选项卡中的“插入脚注”或“插入尾注”按钮，系统会自动插入编号并跳转到相应的位置，用户只需输入注释内容即可。脚注常用于文言文讲解文章、学术论文、报告等需要详细解释的场景，而尾注则适用于书籍、长文档等需要集中补充信息的场合。通过脚注和尾注功能，用户可以为文档添加详细的解释或引用信息，提升文档的严谨性和可读性。

五、文件输出与打印

WPS文字处理软件提供了丰富的文件保存格式选项，以满足用户不同的需求。用户可以选择保存为WPS专有格式，以便在WPS系列软件中无缝编辑；也可以选择保存为Word格式，以确保与Microsoft Word等文字处理软件兼容；此外还支持保存为PDF格式，便于文件的分享和打印，同时保留文档的原始布局和格式。用户只需在“文件”菜单中选择“另存为”命令，即可在弹出的对话框中轻松选择所需的保存格式，并完成保存操作。

在正式打印文档之前，用户可以通过WPS文字提供的“打印预览”功能，提前查看文档的打印效果。在预览界面中，用户可以直观地看到文档的页面布局、字体大小、图片位置等实际效果，并根据需要进行调整。用户还可以在“打印”界面中（见图1-12）设置打印页码范围（如选择打印当前页、全部页或所选内容）等打印参数，还可以设置打印方向（纵向或横向），以确保打印出的文档符合预期效果。

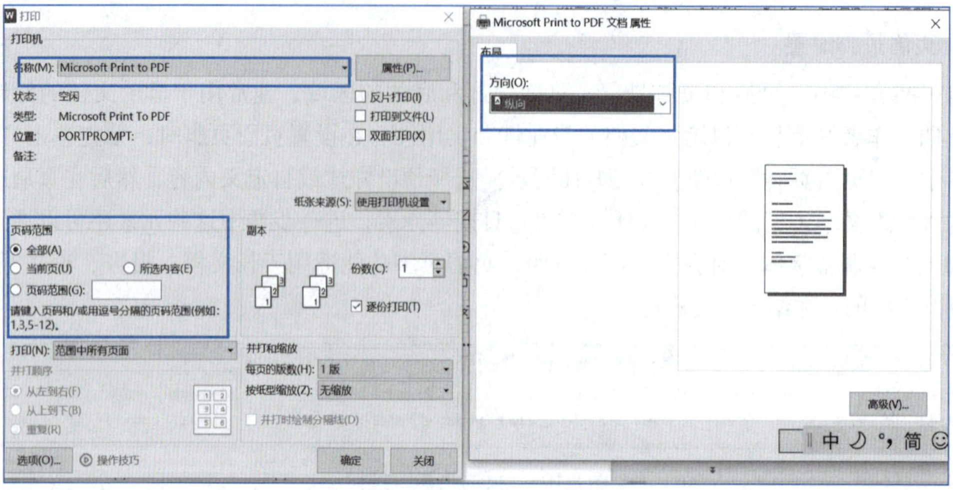

图1-12　打印设置

任务实施

任务要求1：创建文档。新建文件，命名为“学院学生日常管理规定”，保存在桌面上。

具体步骤如下：

STEP 1 启动WPS Office软件，如桌面上有此快捷方式，则双击该快捷方式图标。

STEP 2 启动 WPS Office软件后，选择“新建”→“Office文档”→“文字”→“空白文档”命令。

STEP 3 选择“文件”菜单中的“另存为”→“保存文档副本”→“Word文件（*.docx）”命令，弹出“另存为”对话框，文件名输入“学院学生日常管理规定”，在“保存位置”中选择桌面，单击“保存”按钮。

任务要求2：页面设置。设置纸张大小为A4，页边距为上下2厘米、左右2厘米。

具体步骤如下：

STEP 1 在“页面”选项卡下，单击“页面设置”对话框启动器 ↘ 。

STEP 2 在弹出的“页面设置”对话框中，选择“纸张”选项卡，在纸张大小下拉列表中选择“A4”作为纸张尺寸，如图1-13所示。

STEP 3 单击“页边距”选项卡，在页边距设置区域输入或选择上下边距为2厘米，左右边距也为2厘米，如图1-14所示。

STEP 4 全部设置完毕后，单击对话框下方的“确定”按钮。

任务要求3：汇集文件文字，并清除原有格式。在文档中插入素材文件夹中的“素材1.docx”“素材2.docx”“素材3.docx”等文件，插入后选中所有文本清除格式，确保只保留无格式文本。

具体步骤如下：

STEP 1 单击“插入”选项卡，找到并单击“附件”按钮，在下拉列表中选择“文件中的文字”选项，如图1-15所示。在弹出的对话框中选择素材文件夹中的“素材1.docx”“素材2.docx”“素材3.docx”等文件，依次插入。

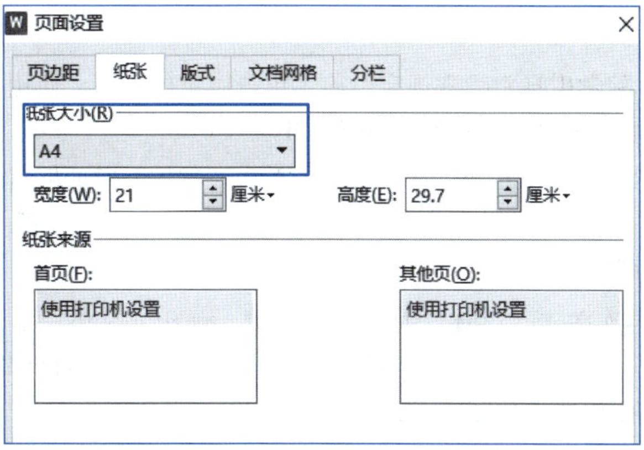

图1-13　“纸张”选项卡

图1-14　“页边距”选项卡

STEP 2 将光标移动并定位到文档的开头位置，按【Ctrl+A】组合键全选文档中的所有文本内容。单击“开始”选项卡，单击“样式”按钮，在弹出的下拉菜单中单击“清除格式”按钮，如图1-16所示。所选文本的格式将被一键清除，恢复到默认的字体、字号和颜色样式。

STEP 3 按【Ctrl+S】组合键保存文件。

任务要求4：查找替换。消除正文第一条和第二条中的多余空格，确保文本整洁。使用查找替换功能，快速定位并删除空格。

图1-15　选择“文件中的文字”选项

具体步骤如下：

STEP 1 选中正文中的第一条和第二条。单击“开始”选项卡中的“查找替换”按钮，在下拉菜单中选择“替换”命令。

STEP 2 在弹出的“查找和替换”对话框的“查找内容”文本框中输入一个空格字符（即按下空格键一次），确保“替换为”文本框为空，不输入任何内容，如图1-17所示，单击“全部替换”按钮，WPS文字将自动查找并删除选中内容中的所有空格。

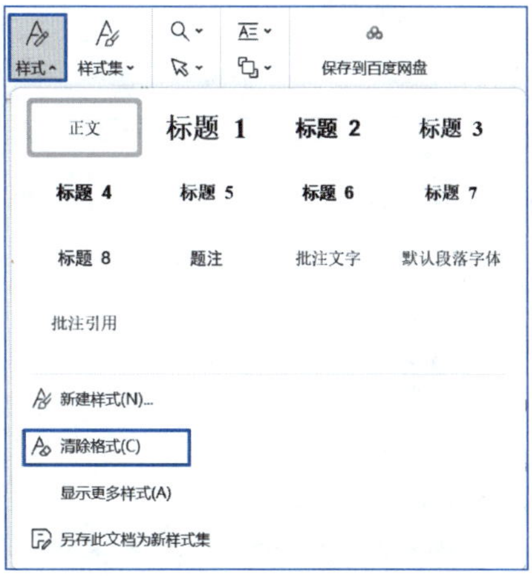

图1-16　清除格式设置

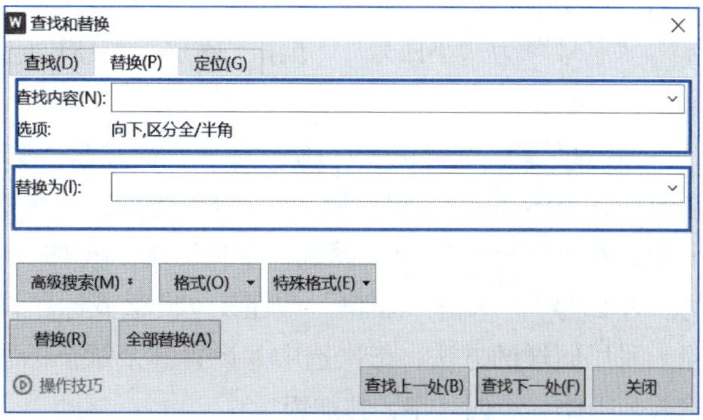

图1-17　“查找和替换”对话框

STEP 3 检查替换结果，确保文本内容正确无误后，按【Ctrl+S】组合键保存文件。

任务要求5： 字体设置。设置标题的字体格式为黑体、小三号字，字符间距加宽磅值为0.04厘米，设置正文部分字体格式为宋体、小四号字，设置章节标题字体为黑体、小四号字，加粗。

具体步骤如下：

STEP 1 将鼠标光标移动到标题“学院学生日常管理规定”前，单击以定位光标。使用鼠标左键拖动的方式，从标题开始处拖动至标题结束处，选取整个标题文本。

STEP 2 在文本选中状态下，在WPS文字的“开始”选项卡中，单击“字体”对话框启动器，弹出“字体”对话框，设置“字体”为“黑体”，“字号”为“小三号”，如图1-18所示。确认设置后，单击对话框中的“确定”按钮以应用设置。

STEP 3 保持标题文本选中状态，再次单击“字体”对话框启动器，弹出“字体”对话框，切换至“字符间距”选项卡，在“间距”下拉菜单中选择“加宽”，并在“磅值”文本框中输入“0.04”。单击“确定”按钮以应用字符间距设置，如图1-19所示。

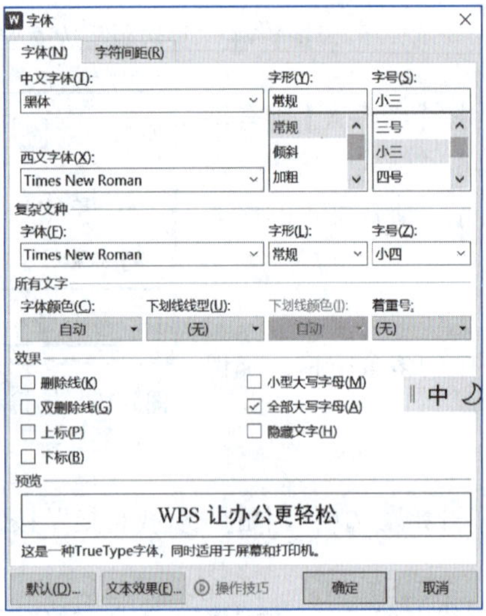

图1-18 “字体”设置

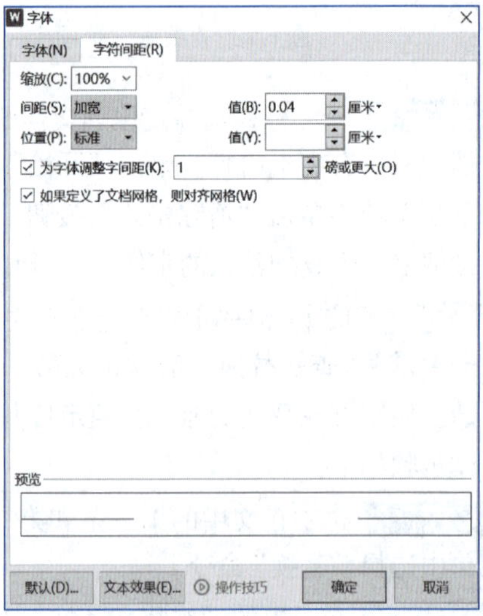

图1-19 “字符间距”设置

STEP 4 将鼠标光标移动到正文开始前，单击以定位光标。按住【Shift】键的同时单击文章末尾处，以选中除标题外的所有正文文本。在“开始”选项卡中，单击“字体”对话框启动器，弹出“字体”对话框，设置“字体”为“宋体”，“字号”为“小四号”。单击“确定”按钮以应用设置，如图1-20所示。

STEP 5 将鼠标光标移动到第一章标题“第一章 总则”前，单击鼠标左键拖动以选中该标题。在“开始”选项卡中，找到“字体”组，设置“字体”为“黑体”，“字号”为“小四号”。单击“加粗”按钮B，将章节标题设置为加粗。采用同样的方法，依次选中并设置其余章节标题的字体格式为黑体、小四号字，并加粗。

图1-20 正文“字体”设置

STEP 6 按【Ctrl+S】组合键，或单击WPS文字界面左上角的“保存”按钮，以保存对文件所做的更改。

任务要求6：段落设置。选中所有正文文本，设置首行缩进为2字符、1.5倍行距。选中章节标题“第一章 总则”，设置对齐方式为居中对齐、段前缩进0.5行，使用格式刷快速应用相同格式到其他章节标题。

具体步骤如下：

STEP 1 设置正文格式。将光标定位到正文前，按住【Shift】键的同时单击文章末尾，选中所有正文文本。在WPS菜单栏中，单击“开始”选项卡，找到“段落”组，单击“段落”对话框启动器，弹出“段落”对话框，在“缩进”区域的“特殊格式”下拉菜单中选择“首行缩进”，在其后的度量值中输入或选择“2”字符。在“间距”区域的“行距”下拉菜单中选择“1.5倍行距”。

单击“确定”按钮确认设置，如图1-21所示。

STEP 2 设置章节标题格式。选中章节标题“第一章 总则”，在菜单栏中单击“开始”选项卡，单击“段落”对话框启动器，弹出“段落”对话框，在“对齐方式”下拉菜单中选择“居中对齐”。在“间距”区域设置段前间距“0.5”行，如图1-22所示，最后确认设置。

图1-21 “首行缩进”与“行距”设置

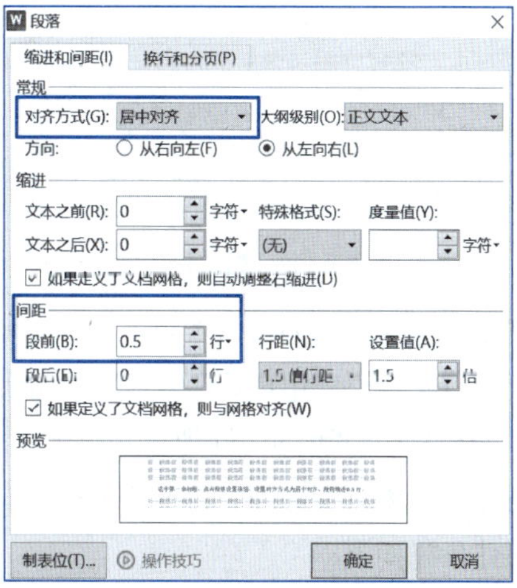

图1-22 “居中对齐”与“间距”设置

STEP 3 选中章节标题“第一章 总则”，在菜单栏中单击“开始”选项卡，单击“格式刷”按钮，选中此章节标题格式，如图1-23所示。将光标移动到需要应用此格式的目标章节标题上，单击即可将格式复制到目标章节标题上。如果需要连续应用格式到多个不连续的目标章节标题上，可以双击“格式刷”按钮，依次单击第二章、第三章、第四章、第五章、第六章、第七章等标题，完成格式复制后，再次单击“格式刷”按钮，取消“格式刷”状态。

STEP 4 按【Ctrl+S】组合键保存文件。

任务要求7：自动编号。选中文档第四条第3点奖励项目下的“奖学金”“荣誉称号”“其他奖励”三个内容，为它们应用合适的编号样式[如（1）（2）（3）]。

具体步骤如下：

STEP 1 将鼠标光标移动到第四条第3点奖励项目下的“奖学金”文字处，按住【Ctrl】键的同时拖动鼠标选中“奖学金”。保持【Ctrl】键按下状态，继续单击“荣誉称号”和“其他奖励”，选中这三段文字。

STEP 2 单击菜单栏中的“开始”选项卡，在“段落”组中单击“编号”下拉按钮，弹出的编号样式下拉菜单中提供多种预设的编号样式，如阿拉伯数字、罗马数字等。在该菜单中选择“（1）（2）（3）”类型的编号样式，如图1-24所示。

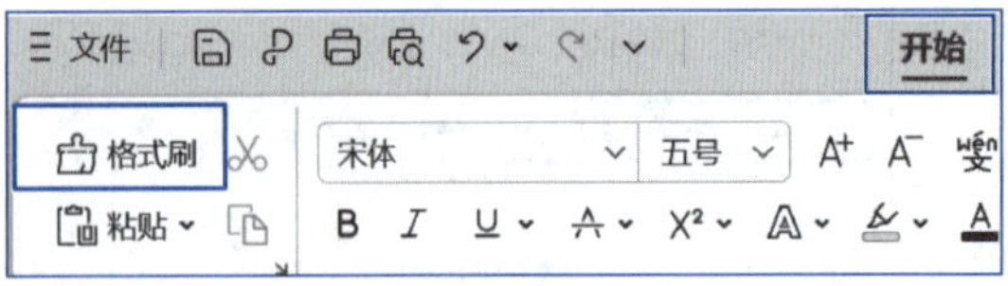

图1-23　格式刷

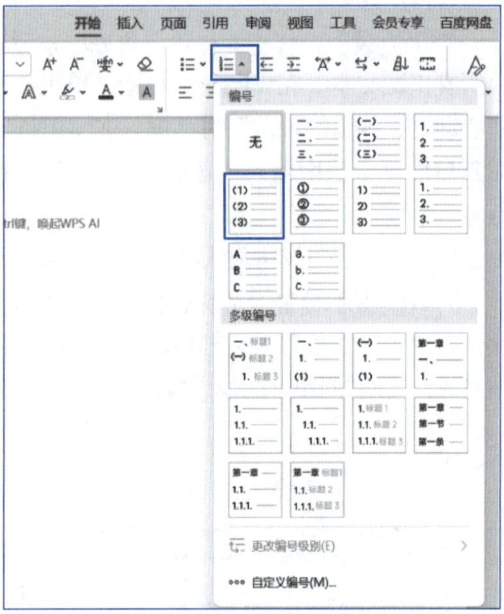

图1-24　“编号”设置

STEP 3 按【Ctrl+S】组合键保存文件，确保编号设置被正确保存。如需对编号进行手动调整，可直接在文档中拖动编号或修改编号值，以符合内容逻辑。

任务要求8：设置页眉页脚。在页眉处输入内容《学院学生日常管理规定》，并设置字体为宋体、五号、加粗、左对齐、标准蓝色；页脚处设置页码，使页脚中居中显示当前页码。

具体步骤如下：

STEP 1 单击菜单栏中的“插入”选项卡，单击“页眉页脚”按钮，如图1-25所示。此时文档的上方会出现页眉编辑区域。

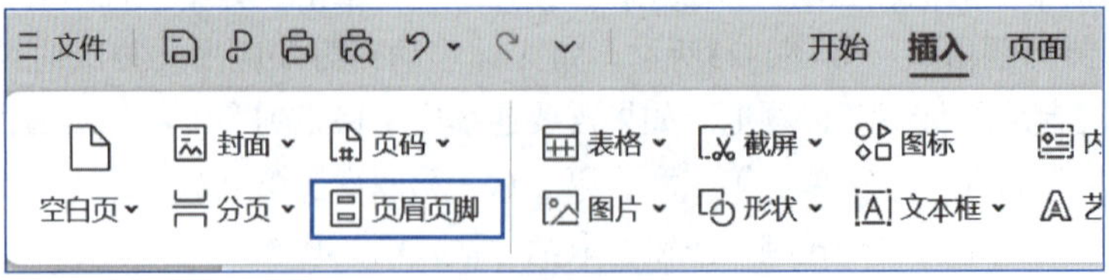

图1-25　页眉页脚

STEP 2 在页眉编辑区域内，输入文本“《学院学生日常管理规定》”，将该文本设置为宋体、五号、加粗、左对齐，并将字体颜色设置为标准蓝色。具体操作如图1-26所示。

STEP 3 单击菜单栏中的“插入”选项卡→“页码”按钮。在弹出的页码设置菜单中选择合适的页码格式（如阿拉伯数字）和位置（设置为居中）。具体操作及效果可参考图1-27所示的示例。

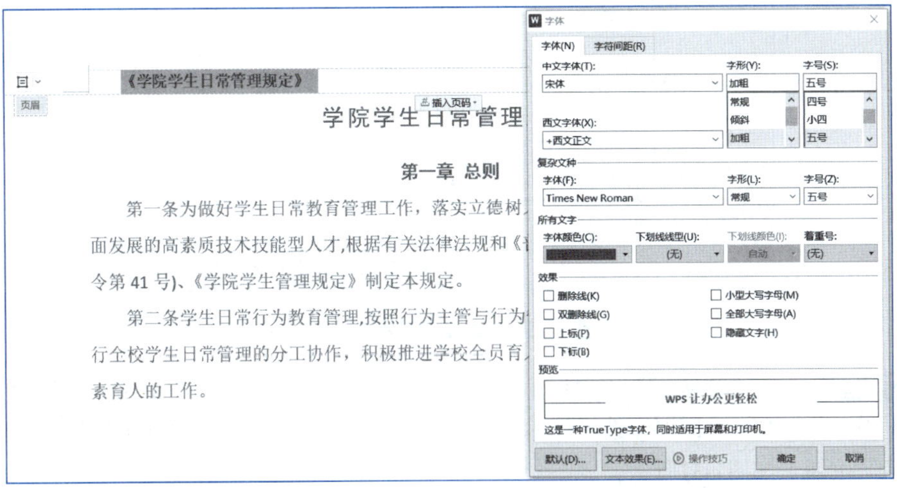

图1-26　“页眉”设置

STEP 4 完成页眉和页脚的设置后，单击“关闭页眉和页脚”按钮，如图1-28所示，退出页眉页脚编辑模式。此时，文档的页眉和页脚设置将生效。

图1-27　“页码”设置

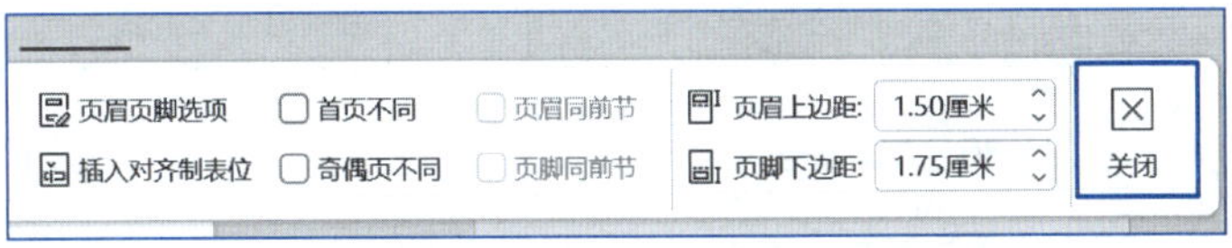

图1-28　关闭页眉和页脚

STEP 5 按【Ctrl+S】组合键保存文件，确保页眉页脚设置被正确保存。

任务要求9： 查找替换。选中第二章第七条的所有文本，将“警告”替换成“警告”。

具体步骤如下：

STEP 1 选中第二章第七条的所有文本。在“开始”选项卡中单击“查找替换”右侧下拉按钮，在弹出的下拉菜单中选择“替换”命令。

STEP 2 在弹出的“查找和替换”对话框的“查找内容”文本框中输入“警告”，在“替换为”文本框中输入“警告”，如图1-29所示。

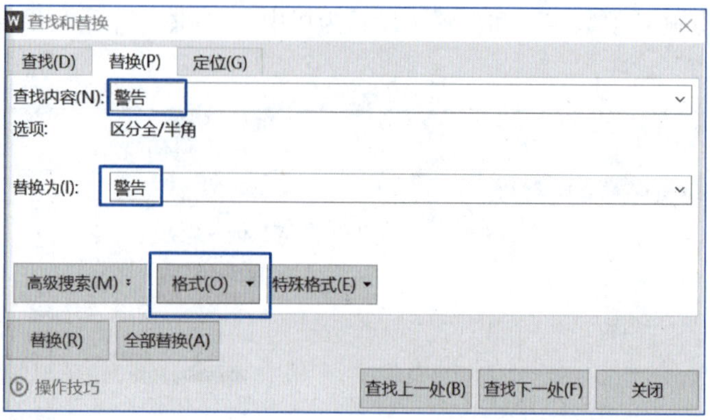

图1-29 “查找和替换”设置

STEP 3 选中“替换为”文本框中输入的“警告”，单击“格式”按钮，选择“字体”命令，弹出“查找字体”对话框，选择“着重号”，如图1-30所示。单击“确定”按钮，然后单击“全部替换”按钮，如图1-31所示。

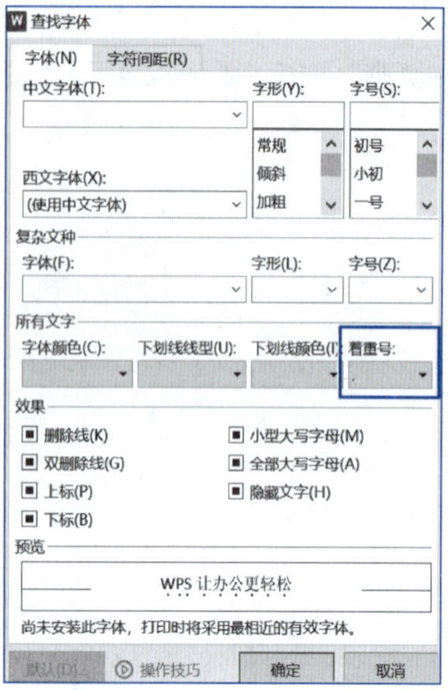

图1-30 “着重号”设置

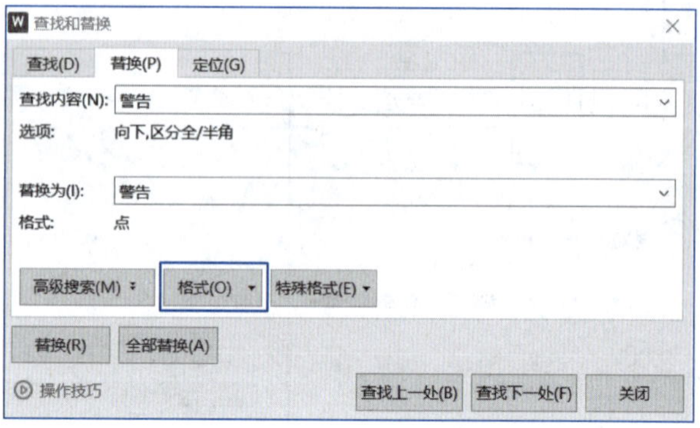

图1-31 “全部替换”设置

STEP 4 关闭“查找和替换”对话框。

STEP 5 按【Ctrl+S】组合键保存文件。

任务要求10：保存文档。调整缩放级别到50%，预览文档无误后对文档进行备份。

具体步骤如下：

STEP 1 将鼠标指针移动到文档右下角，找到“显示比例”拖动条。按住“显示比例”拖动条上的滑块，向左拖动，直到显示比例达到50%，松开鼠标即可完成设置，如图1-32所示。

STEP 2 预览文档无误后，单击“文件”菜单，选择“另存为”命令，弹出“另存为”对话框，选择保存位置为C盘，在“文件名称”文本框中输入“学院学生日常管理规定备份”，单击“保存”按钮，如图1-33所示。

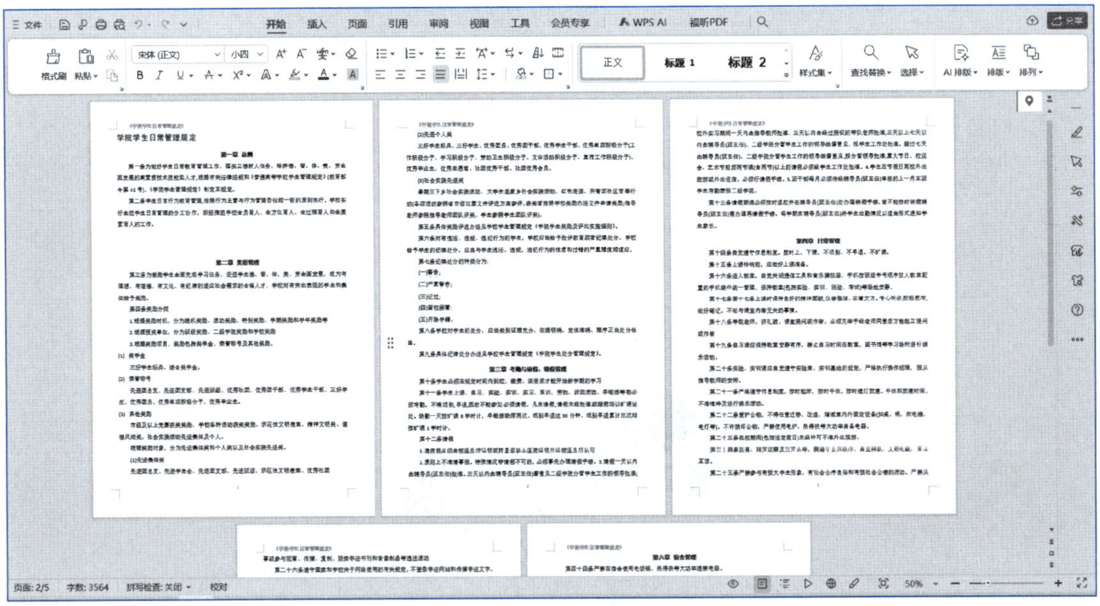

图1-32　调整显示比例

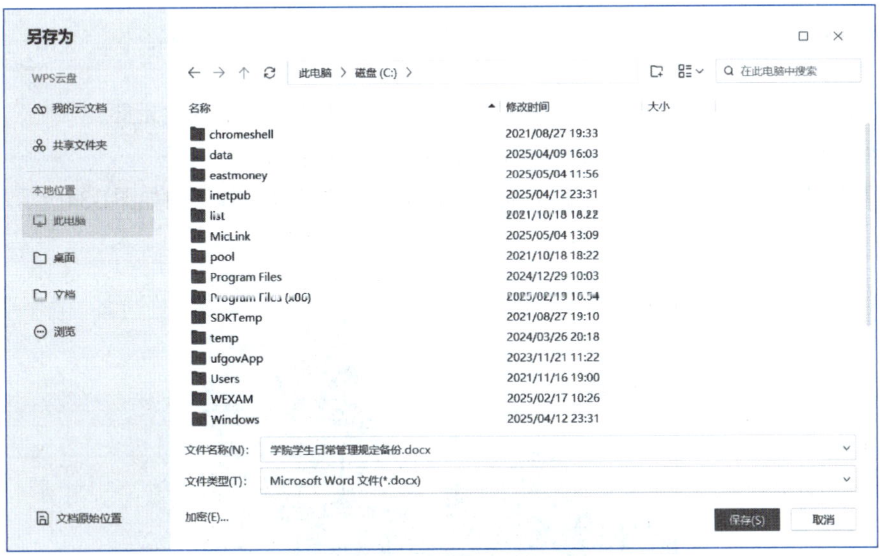

图1-33　“另存为”对话框

任务二　新长征海报创意——图文混排

情境引入

收到学校团委新长征海报创意设计大赛的通知，创意火花瞬间在工小匠心中点燃。他回忆起WPS文档处理软件的强大功能，决定运用其图文混排技巧，融合自己对“新青年新长征”精神的独到见解，精心打造一幅既凸显时代风貌，又富含创新意蕴的海报，力求在大赛中脱颖而出。

任务分析

（1）运用WPS图文混排，插入图片并进行高级设置，展现新长征视觉元素。

（2）利用自选图形和文本框，灵活布局海报内容，凸显主题。

（3）精心编辑与美化插入对象，提升海报整体美感与创新性，效果图如图1-34所示。

图1-34　新长征海报效果图

知识链接

一、图片插入与基本设置

在WPS文字中插入图片时，单击“插入”选项卡中的“图片”按钮，选择本地图片（见图1-35）或在线图片进行插入。WPS支持多种图片格式，如JPG、PNG等。插入图片后，用户可以通过拖动图片边框调整其大小，或通过“图片工具”选项卡设置图片的环绕方式（如嵌入型、四周型、紧密型等，如图1-36所示）、对齐方式（如左对齐、右对齐、居中等）以及进行裁剪、旋转等操作。还可以对图片进行滤镜、色彩等参数的调整，以及对图片应用效果，如阴影、发光等，以增强图片的视觉效果，“图片工具”选项卡如图1-37所示。在具体应用时可以在文档中插入图片以辅助说明文本内容，或增强文档的视觉效果。根据文档风格和需求选择合适的图片环绕方式和对齐方式，避免图片与文本相互遮挡。

图1-35　“图片”按钮

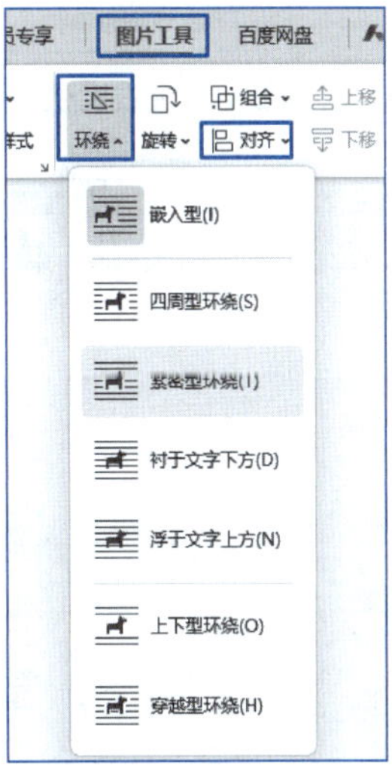

图1-36　“环绕”格式设置

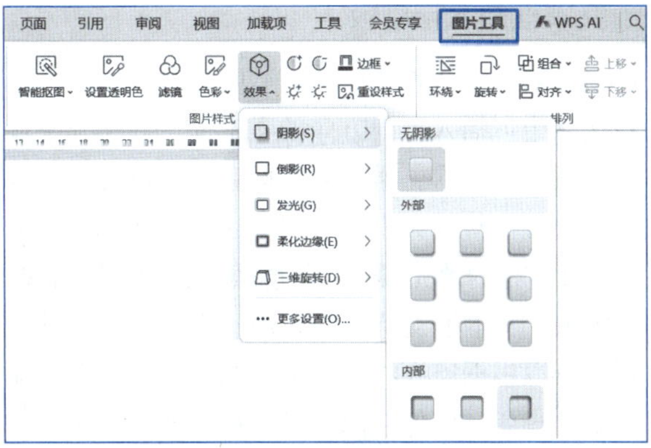

图1-37　“图片工具”选项卡

二、自选图形插入与编辑

在WPS文字中，单击“插入”选项卡中的“形状”按钮，可选择各种预设图形进行插入，如图1-38所示。插入图形后，用户可以通过拖动图形边框调整其大小，或通过“绘图工具”选项卡找到“设置形状格式”对话框启动器，打开右侧“属性”面板，设置图形的填充颜色、线条颜色、线条粗细等属性（见图1-39）。用户可以使用“组合”功能，如图1-40所示，将多个图形组合在一起，以便整体移动和调整。选中

图1-38　插入预设图形

形状后，用户可以通过右键快捷菜单调整图形的层次关系，如置于顶层、置于底层等，如图1-41所示。此外，用户还可以在文档中插入自选图形以辅助说明文本内容，或作为装饰元素增强文档的视觉效果。根据文档需求和风格选择合适的自选图形；利用组合功能将多个图形组合在一起，方便整体编辑和调整。

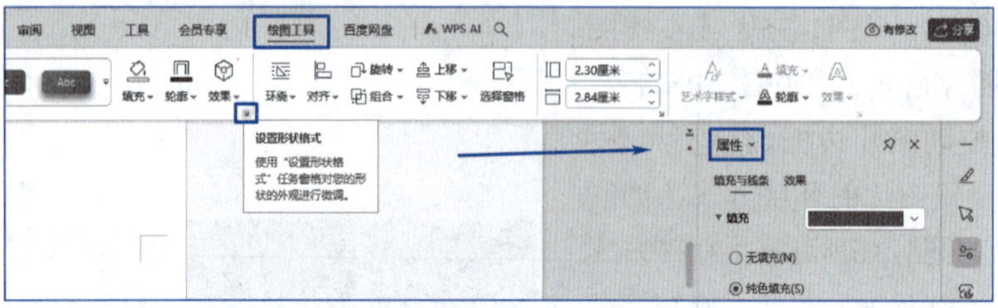

图1-39 “属性”面板调整

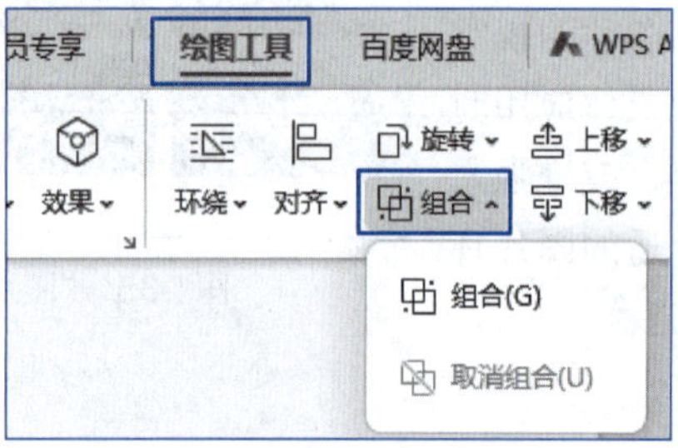

图1-40 “组合”功能

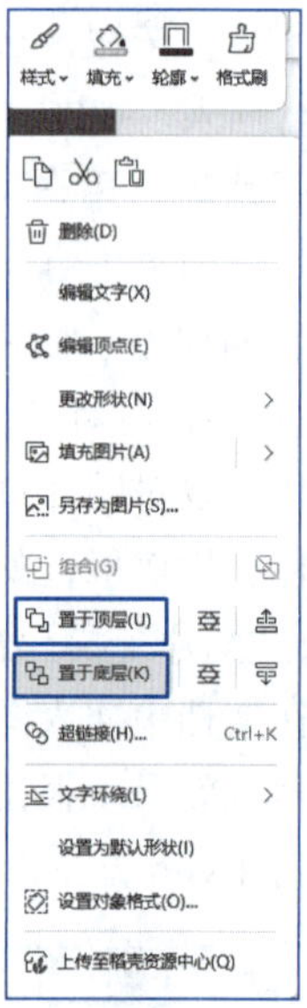

图1-41 右键快捷菜单

三、文本框插入与排版

在WPS文字中，单击“插入”选项卡中的“文本框”按钮，在文档中可插入不同方向的文本框，并在其中输入文本，如图1-42所示。插入文本框后，用户可以通过拖动文本框边框调整其大小和位置，还可以通过文本框工具栏设置文本框的填充颜色、轮廓颜色、大小等格式，如图1-43所示。文本框支持多栏布局、文本环绕等排版功能。用户可以根据需要将文本框与图片、表格等其他元素进行组合排版。此外，用户可以在文档中插入文本框以组织和管理文本内容，或创建复杂的排版效果。利用文本框的排版功能可以创建出多样化的文档布局；如图1-44所示，通过调整文本框的属性，可以实现文本与图片、表格等元素的灵活组合。

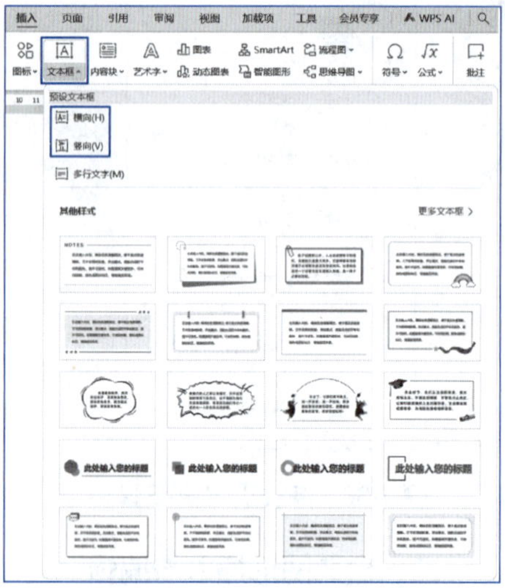

图1-42 “文本框”添加

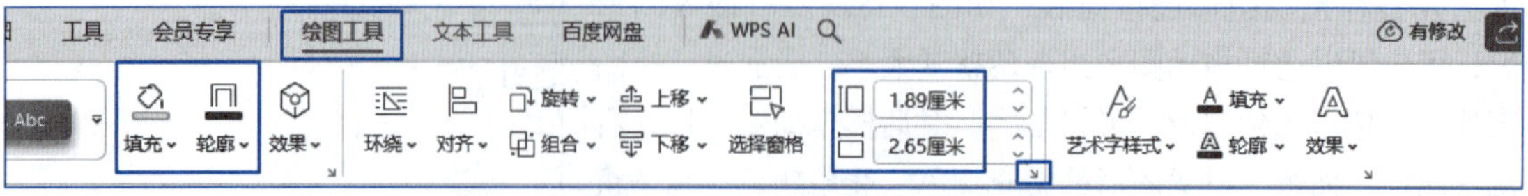

图1-43 “文本框”格式调整

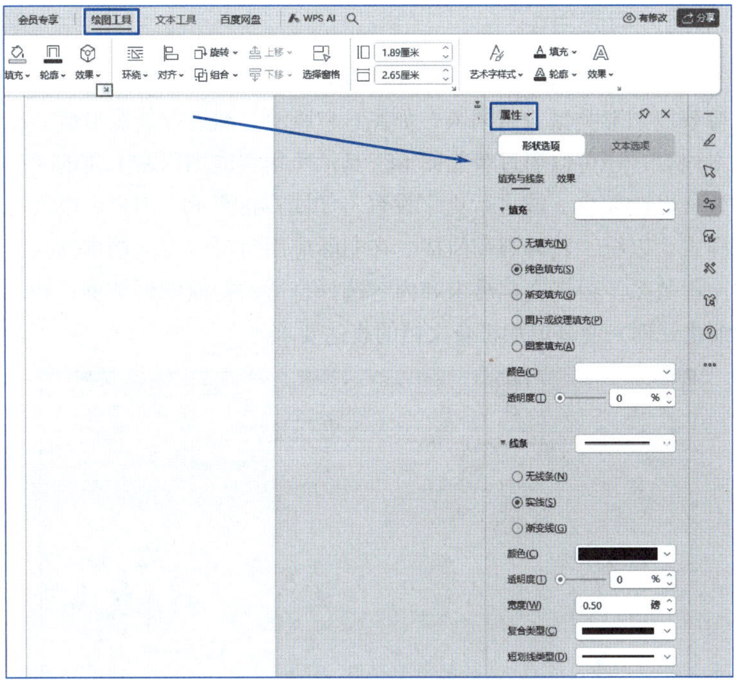

图1-44　文本框“属性”面板设置

四、艺术字插入与样式调整

在WPS文字中插入艺术字时，可以单击“插入”选项卡中的“艺术字”按钮，选择预设的艺术字样式并输入文本，如图1-45所示。插入艺术字后，用户可以通过“文本工具”选项卡对字体、颜色等样式进行细致调整。用户也可以利用“文本工具”选项卡中的“效果”功能，设置艺术字的效果格式，如阴影、三维旋转等，如图1-46所示。用户可以将设置好的艺术字样式保存为自定义样式，以便在文档中统一应用和管理。在实际应用中，用户可以在文档标题、章节标题或重要文本内容中使用艺术字，以增强其视觉效果和吸引力。用户可以根据文档风格和需求选择合适的艺术字样式，并利用自定义样式功能统一文档中的艺术字格式，提高编辑效率。

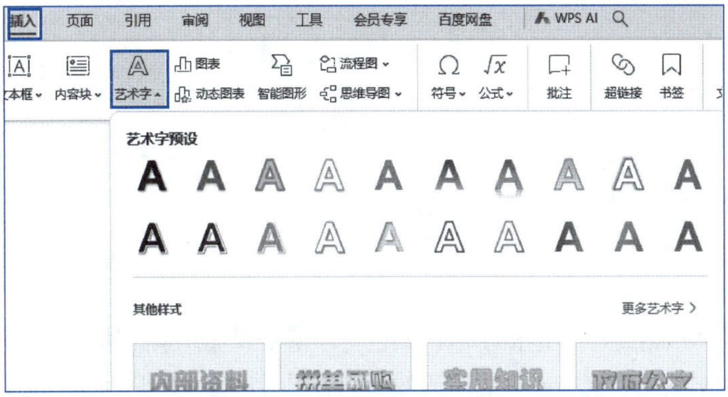

图1-45　“艺术字”添加

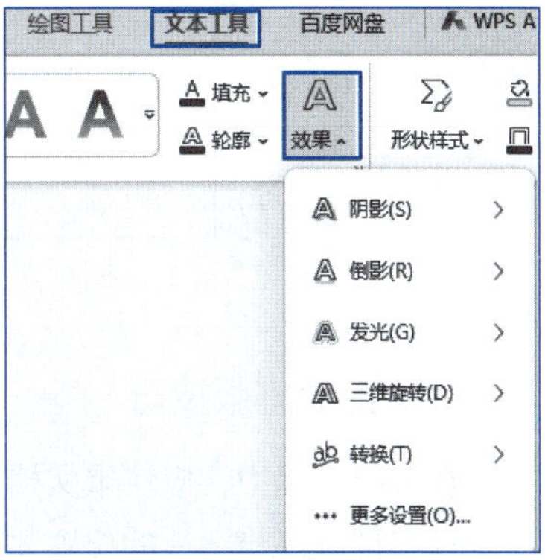

图1-46　“效果”设置

五、智能图形插入与应用

在WPS文字中插入智能图形时，可以单击“插入”选项卡中的“智能图形”按钮，选择列表、循环、流程等智能图形类型进行插入，如图1-47所示。插入智能图形后，用户可以单击图形中的节点编辑文本内容，还可以通过智能图形工具栏（指智能图形右上角的“智能图形处理”按钮）调整项目个数、更改颜色，或进行更多设置，如图1-48所示。用户可以为智能图形应用预设的样式或自定义样式，以统一其外观和风格。在实际应用时可以在文档中插入智能图形以展示复杂的信息结构或流程关系。根据文档需求和内容选择合适的智能图形类型；利用编辑和调整功能对智能图形进行细化处理，使其更加符合文档的表达要求。

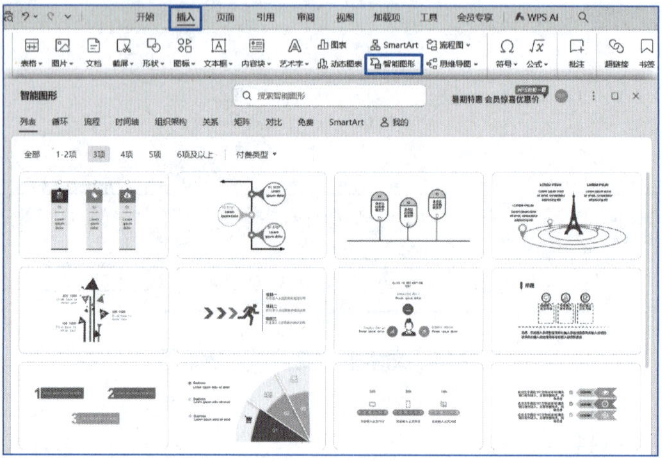

图1-47　“智能图形”添加

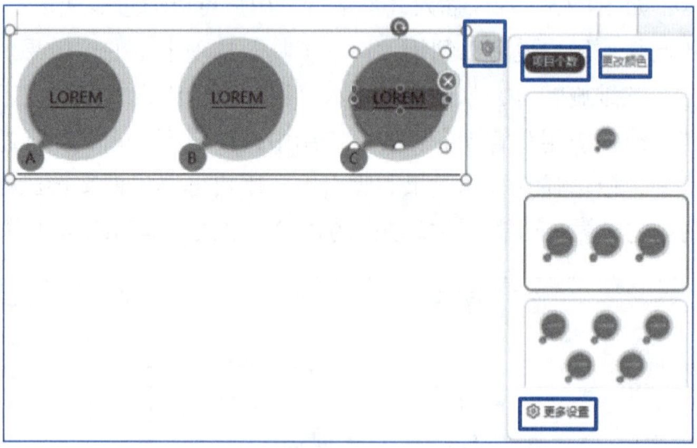

图1-48　“智能图形”样式调整

六、综合排版技巧

在排版过程中，应注重文档的整体风格统一，包括字体、颜色、段落格式等元素的协调搭配。应合理安排段落与图片的位置关系，避免相互遮挡或影响阅读效果。可以通过调整图片环绕方式、对齐方式等手段实现文本与图片的和谐共存。可以对图片进行裁剪、旋转、调整亮度对比度等操作，以适应文档的需求和风格。还可以通过“选择窗格”功能，将图片与文本、形状等元素进行组合排版，创造出多样化的文档布局，如图1-49所示。可以根据需要在文档中插入图表或插图来辅助说明文本内容或增强视觉效果。应选择合适的图表类型或插图风格，并与文档的整体风格相协调。在编写报告、论文、策划书等文档时，综合运用排版技巧来提高文档的质量和可读性。在实际应用WPS进行文档的图文混排时，应注重细节处理，如字体大小、行距、段距等；合理利用空白区域，使文档更加疏密有致；不断尝试和调整，找到最适合自己的排版风格。

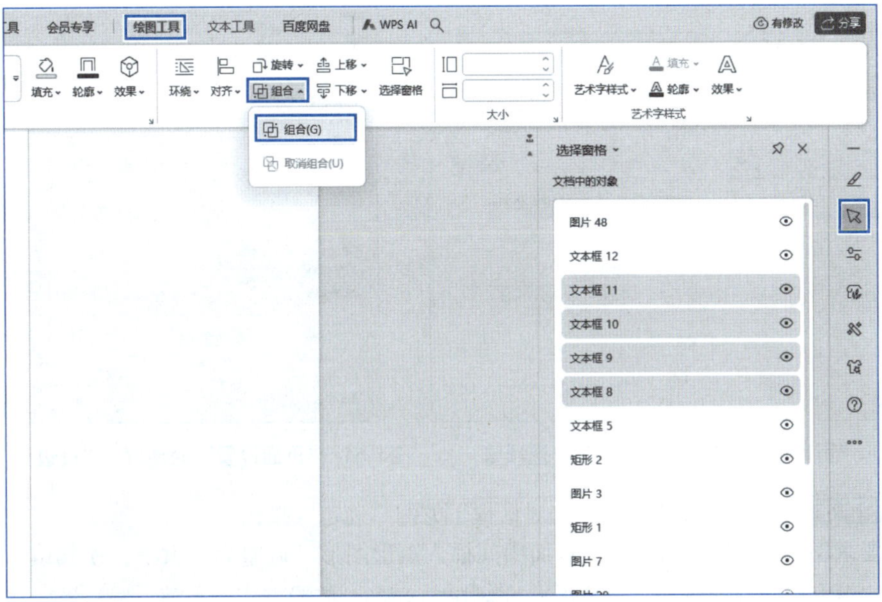

图1-49 “选择窗格”设置

任务实施

任务要求1： 创建文档。新建Word文档，命名为“新青年，新长征.docx”保存到桌面。

具体步骤如下：

STEP 1 启动WPS Office软件，如桌面上有此快捷方式，则双击该快捷方式图标。

STEP 2 启动WPS Office软件后，选择“新建”→“Office文档”→“文字”→“空白文档”。

STEP 3 单击快速访问工具栏中的“保存”按钮，弹出“另存为”对话框，将保存位置设置为“桌面”。

STEP 4 输入文件名“新青年，新长征”，文件类型选择Microsoft Word 文件(*.docx)，完成设置后单击“保存”按钮。

任务要求2： 页面设置。设置纸张大小为A4，页边距为上下1.8厘米、左右2.5厘米。

具体步骤如下：

STEP 1 单击“页面”选项卡中的“页面设置”对话框启动器。

STEP 2 在弹出的“页面设置”对话框中选择“纸张”选项卡，设置“纸张大小”为“A4”，如图1-50所示。

STEP 3 在“页边距”选项卡的“页边距”中设置“上”“下”页边距为“1.8”厘米、

“左”“右”页边距为“2.5”厘米，如图1-51所示。

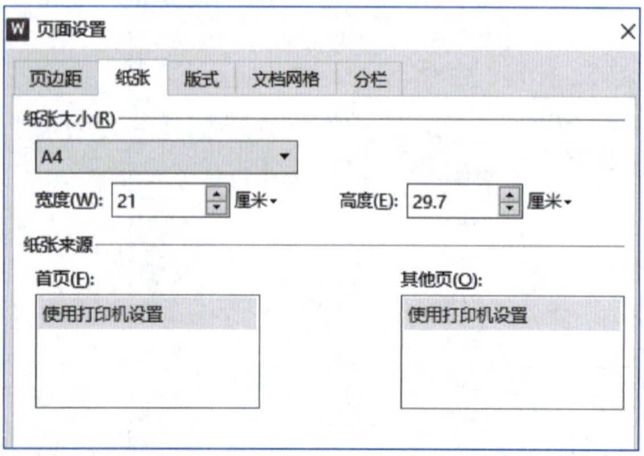

图1-50 “页面设置”对话框 “纸张”选项卡

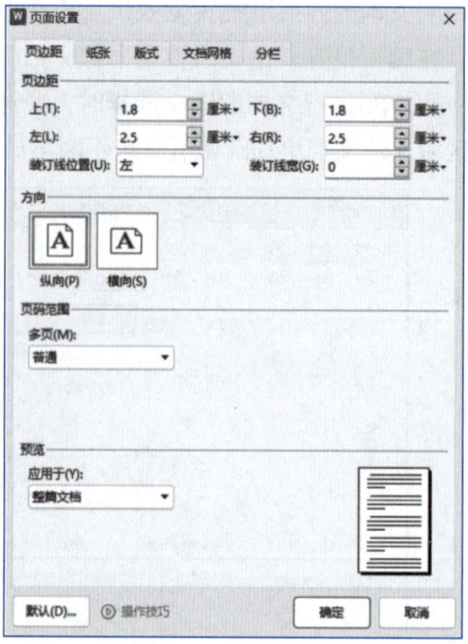

图1-51 “页面设置”对话框 “页边距”选项卡

STEP 4 全部设置完毕后，单击对话框下方的“确定”按钮。

任务要求3： 添加矩形图形。在页面中间插入矩形图形。调整矩形大小，使其填满页面，图形格式为“填充：图片或纹理、有色纸3、透明度：85%、放置方式：平铺、偏移量X：2磅、偏移量Y：1磅、轮廓：无”，设置环绕方式为“紧密型”。

具体步骤如下：

STEP 1 单击“插入”选项卡中的“形状”下拉按钮，在其下拉列表中单击“矩形”按钮，如图1-52所示，此时鼠标指针变为“+”形状。

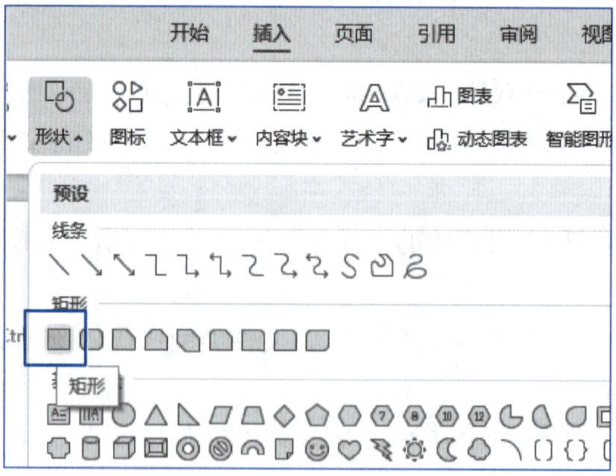

图1-52 添加“矩形”形状

STEP 2 参照最终效果图，按下鼠标左键拖动绘制出矩形图形，并调整矩形图形的大小和位置。

STEP 3 选中该矩形后右击，在弹出的快捷菜单中选择“设置对象格式”命令，在窗口右侧打开“属性”面板，找到“填充与线条”→“填充”，单击“图片或纹理填充”按钮，在“纹理填充”下拉列表中选择“有色纸3”选项，如图1-53所示。

STEP 4 在打开的“属性”面板中找到“填充与线条”→“填充”，设置透明度为85%、放置方式为平铺、偏移量X为2磅、偏移量Y为1磅。线条为“无”，如图1-54所示。

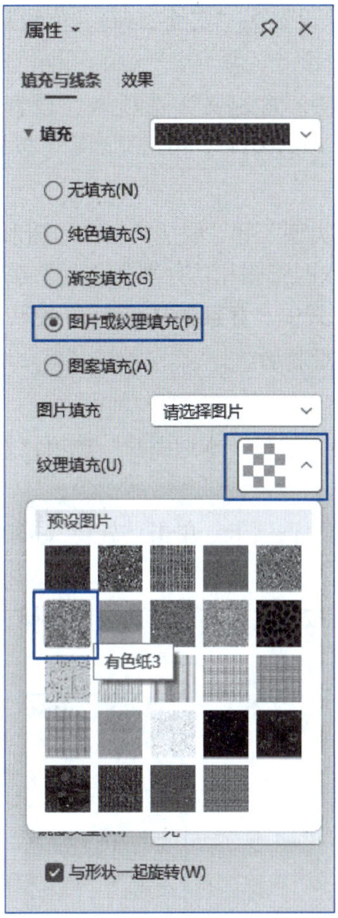

图1-53　选择“纹理填充”图案

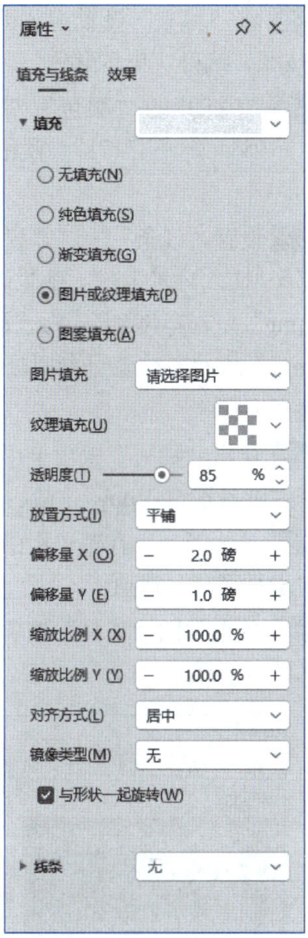

图1-54　“属性”面板设置

任务要求4：添加矩形框。参照最终效果图，在页面中间插入矩形图形。设置矩形大小（高度：29厘米、宽度20.4厘米）；对齐方式为横向分布和纵向分布；格式为“填充色：无、边框：实线、3磅（自定义颜色：RGB，红色198、绿色171、蓝色164）”，设置端点类型和联接类型为圆形。

具体步骤如下：

STEP 1 参照本任务“任务要求 3”中的方法插入矩形图形。

STEP 2 单击选中矩形图形，单击菜单栏中的“绘图工具”选项卡，设置矩形大小，将高度设置为29厘米、宽度设置为20.4厘米，如图1-55所示。

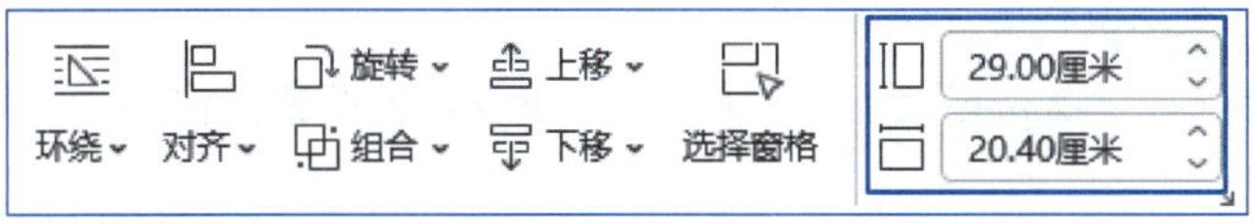

图1-55　设置“矩形”大小

STEP 3 调整大小之后，单击“绘图工具”→“对齐”按钮，依次单击“横向分布”“纵向分布”，设置对齐方式为横向分布和纵向分布。

STEP 4 选中该矩形图形后右击，在弹出的快捷菜单中选择“设置对象格式”命令，在窗口右侧打开“属性”面板。

STEP 5 将“填充”设置为“无填充”，“线条”设置为“实线、1磅、单线”类型；单击“颜色”下拉按钮，选择“更多颜色”选项。

STEP 6 在打开的“颜色”对话框中，切换到“自定义”选项卡，设置颜色模式为“RGB”红色“198”、绿色“171”、蓝色“164”、HEX“C6ABA4”，单击“确定”按钮，如图1-56所示。

STEP 7 设置“线条”→“宽度”为3磅；“端点类型”和“联接类型”为圆形。

任务要求5： 插入背景素材。参照最终效果图，插入两张图片，分别为“背景素材-1.png”和“背景素材-2.png”，设置环绕方式为“衬于文字下方”，其中“背景素材-1.png”旋转：水平旋转，“背景素材-2.png”大小及位置可参照最终效果图，均置于底层。

具体步骤如下：

STEP 1 单击“插入”选项卡中的“图片”按钮，选择“本地图片”选项，找到图片所在的位置，选择“背景素材-1.png”，最后单击“打开”按钮。

STEP 2 单击图片，在菜单栏中弹出“图片工具”选项卡，单击“旋转”按钮，在其下拉列表中选择“水平翻转”选项。

STEP 3 单击“图片工具”选项卡中的“环绕”按钮，在其下拉列表中选择“衬于文字下方”选项，如图1-57所示。

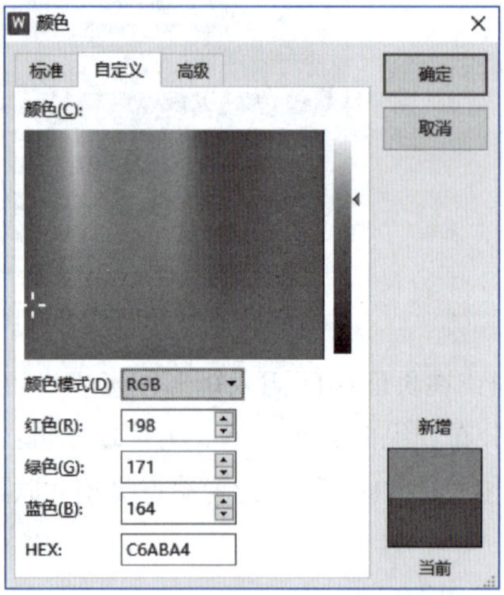

图1-56 “自定义”颜色调整

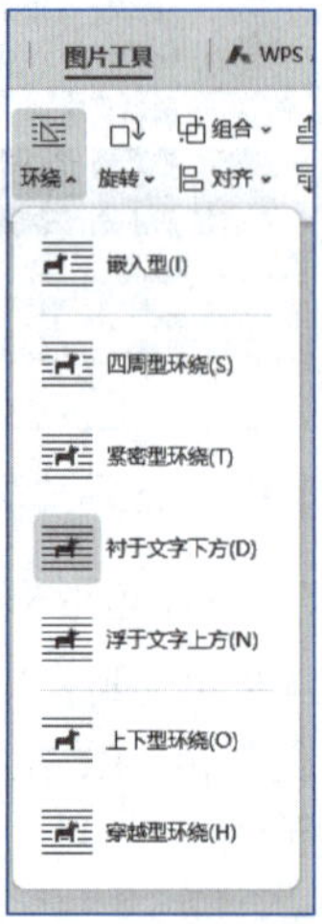

图1-57 “环绕方式”设置

STEP 4 在图片被选中的状态下，参照效果图，通过鼠标拖动图片四周的 8 个控制点调整图片大小，使用鼠标拖动调整图片位置。

STEP 5 “背景素材-2.png”图片的插入、大小及位置调整操作与“背景素材-1.png”的操作类似。

STEP 6 选中“背景素材-1.png”和“背景素材-2.png”后右击，在弹出的快捷菜单中选择“置于底层”命令。

任务要求6： 插入画面上方文本框。参照最终效果图，在页面上方插入文本框，添加相应文本。

设置标题文本格式为“华文新魏、22、加粗、居中”；标题下方另取一行插入文本，格式为“华文新魏、14、加粗、字符间距为2磅，居中。文本框中所有文本设定自定义颜色：RGB，红色184、绿色32、蓝色31，对齐方式：横向分布”，将文本框格式设置为“填充色：无、边框：无”。

具体步骤如下：

STEP 1 单击“插入”选项卡中的“文本框”下拉按钮，在其下拉列表中选择“横向”选项，这时鼠标指针变为+形状，使用鼠标左键拖动的方法，绘制出横排文本框。

STEP 2 复制素材文字前3段，在文本框的光标处粘贴文本内容，并按照要求对文本进行格式设置。

STEP 3 选中文本框中的第1段文本，在“开始”选项卡中设置字体格式为“华文新魏、22、加粗”，设置段落格式为“居中对齐”，如图1-58所示。

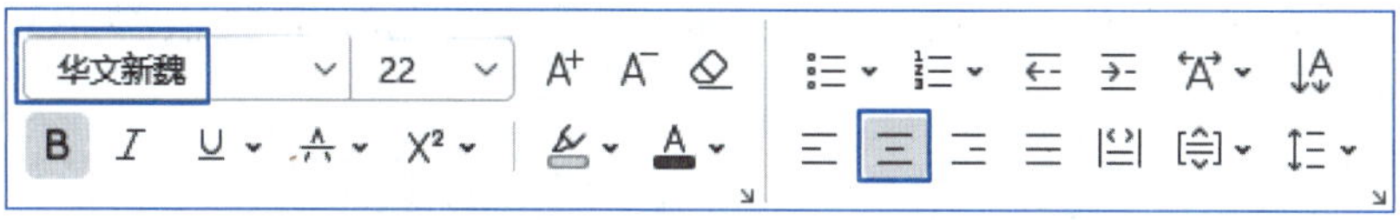

图1-58　设置文本格式

STEP 4 选中第2、3段文本，设置字体格式为“华文新魏、15、加粗”，单击“字体”对话框启动器，打开“字体”对话框，选择“字符间距”选项卡，设置“间距”为“加宽”，值为“2”，单位为“磅”，如图1-59所示，单击“确定”按钮。设置段落格式为“居中对齐”。

STEP 5 选中文本框中所有文本，单击“文本工具”选项卡中的“字体颜色”下拉按钮，在其下拉菜单中选择“其他字体颜色”命令，设置自定义颜色为红色184、绿色32、蓝色31。单击“绘图工具”选项卡中的“对齐”下拉按钮，在其下拉菜单中选择对齐方式为“横向分布”。

STEP 6 选中文本框后右击，在弹出的快捷菜单中选择“设置对象格式”命令，在窗口右侧打开“属性”面板，切换到“形状选项”，将“填充”“线条”均设置为“无”。

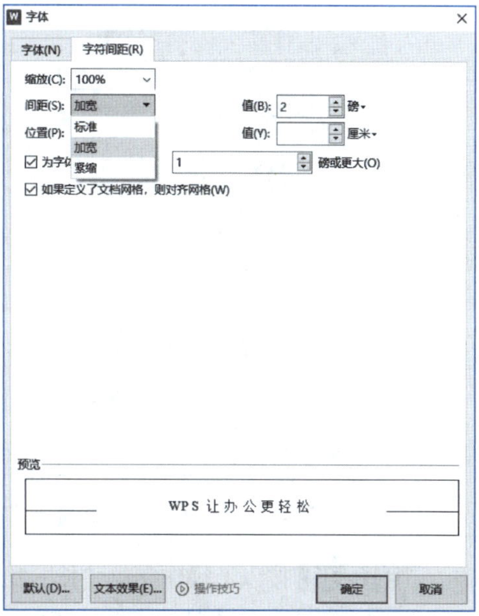

图1-59　设置“字符间距”格式

任务要求7：插入“红旗”图片。参考最终效果图，插入素材文件夹中“红旗”素材图片，设置环绕方式为“衬于文字下方”，并置于顶层。大小及位置可参照效果图。

具体步骤如下：

STEP 1 参考效果图，插入“红旗”素材图片，操作步骤与任务要求5类似。

STEP 2 设置环绕方式为“衬于文字下方”，大小及位置可参照效果图调整。选中图片后右击，在弹出的快捷菜单中选择“置于顶层”命令。

任务要求8：创建多个文本框。参考最终效果图，在画面中间建立多个文本框，内容参照效果图添加摆放，设置“长”“征”“精”“神”四个字的文字格式为“华文行楷（文本填充，自定义颜色RGB，红色239、绿色212、蓝色135；文本轮廓，自定义颜色RGB，红色164、绿色2、蓝色0，轮廓宽度为1.5磅）、其文字大小分别是130、140、110、160”。文本框格式“填充色：无、边框：无”。

具体步骤如下：

STEP 1 单击“插入”选项卡中的“文本框”下拉按钮，在其下拉列表中选择“横向”选项，鼠标指针变为+形状，使用鼠标左键拖动的方法绘制出横排文本框。在四个文本框中依次输入“长”“征”“精”“神”四个字。

STEP 2 按住【Shift】键，依次单击并选中“长”“征”“精”“神”四个文本框，设置字体格式为“华文行楷”，右击其中一个文本框边框，在弹出的快捷菜单中选择“设置对象格式”命令，在窗口右侧打开“属性”面板，在“文本选项”区域，设置“文本填充”为“纯色填充”，如图1-60所示，选择“更多颜色”命令，自定义为红色239、绿色212、蓝色135；设置文本轮廓，默认“实线”，设置更多颜色，自定义为红色164、绿色2、蓝色0，轮廓宽度为1.5磅，如图1-61所示。

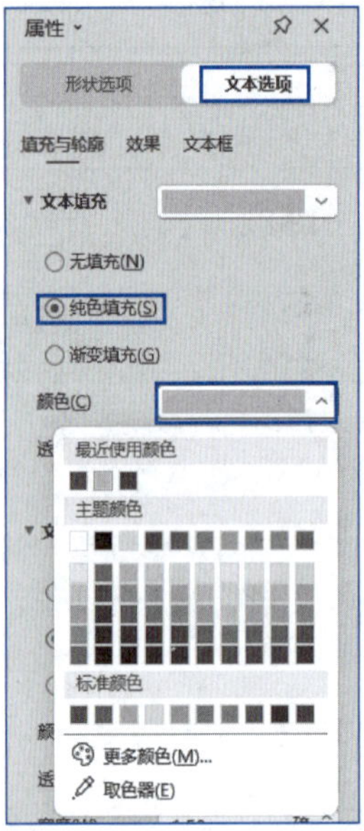

图1-60 “文本填充”设置

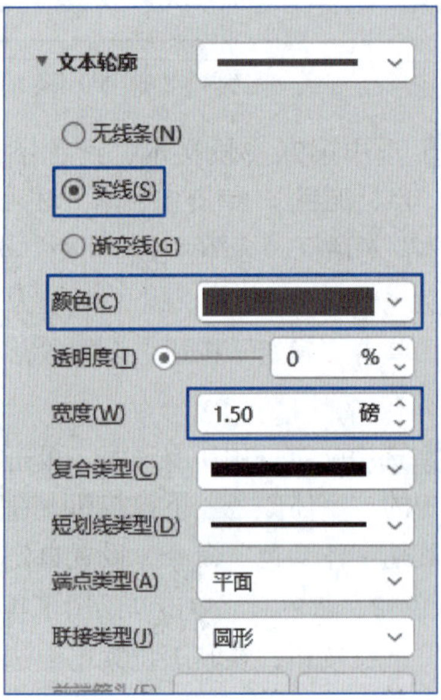

图1-61 “文本轮廓”设置

STEP 3 按以上操作完成“长”“征”“精”“神”四个文本框格式设置。

STEP 4 按住【Shift】键，依次单击并选中“长”“征”“精”“神”四个文本框，右击其中一个文本框边框，在弹出的快捷菜单中选择“设置对象格式”命令，在窗口右侧打开“属性”面板，在“形状选项”区域，设置“填充”为“无”，“线条”为“无”。

STEP 5 参照效果图，将这四个文本框移至适当位置。

任务要求9：建立文本框。参照最终效果图，在“红旗”素材下方插入文本框，内容参照效果图添加，标题格式“黑体、14，加粗、居中”，正文文本格式“黑体、12、行距：1.5倍行距”。文本框格式“填充色：无、边框：短划线、类型：圆点、1.25磅（自定义颜色：RGB，红色198、绿色171、蓝色164）”。文本框对齐：横向分布。

具体步骤如下：

STEP 1 单击“插入”选项卡中的“文本框”下拉按钮，在其下拉列表中选择“横向”选项，鼠标指针变为+形状，使用鼠标左键拖动的方法绘制出横排文本框。

STEP 2 参照效果图，复制文字素材的对应文本内容，在文本框的插入点处粘贴，并按照要求对文本进行字体格式设置。将标题文本格式设置为“黑体、14、加粗”，将正文文本格式设置为“黑体、12”。

STEP 3 选中文本框中的标题文本，在“开始”选项卡下，设置段落格式为居中。选中正文文本，单击“开始”选项卡中的“段落”对话框启动器，弹出“段落”对话框，切换到“缩进和间距”选项卡，在“间距”区域设置“行距”为“1.5倍行距”，如图1-62所示。

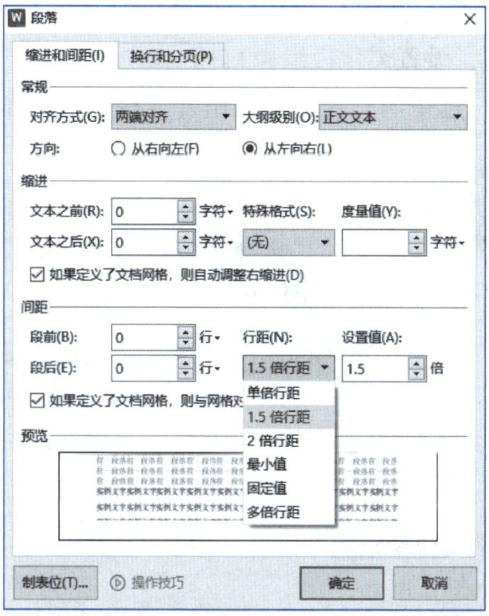

图1-62 “段落”对话框“缩进和间距”选项卡

STEP 4 选中文本框后右击，在弹出的快捷菜单中选择“设置对象格式”命令，在窗口右侧打开“属性”面板，设置填充为“无填充”，线条为“实线”，短划线类型为“圆点”，设置线条的自定义颜色为红色198、绿色171、蓝色164。

STEP 5 参照效果图，将该文本框移至适当位置。选中该文本框，单击“绘图工具”选项卡中的“对齐”下拉按钮，在其下拉列表中选择“横向分布”选项。

任务要求10： 添加文字效果。为“长”“征”“精”“神”四个文本框添加文字效果：右上对角透视，设置阴影颜色（自定义颜色RGB，红色78、绿色0、蓝色0），透明度为70%。

具体步骤如下：

STEP 1 按住【Shift】键，依次单击“长”“征”“精”“神”四个文本框。

STEP 2 单击“文本工具”选项卡中的“效果”下拉按钮，在其下拉列表中选择“阴影”选项，单击“透视”→“右上对角透视”。在打开的下拉列表中选择“更多设置”选项，在页面右侧打开“属性”面板，如图1-63所示，在“效果”选项卡中设置“阴影”→“颜色”→“更多颜色”→“自定义”，“红色”设置为“78”、“绿色”设置为“0”、“蓝色”设置为“0”。

任务要求11： 添加图片效果。选中“红旗”素材，添加滤镜：自然，添加效果：阴影、外部、向右偏移，阴影颜色（自定义颜色：RGB，红色78、绿色0、蓝色0），柔化边缘：2.5磅。

具体步骤如下：

STEP 1 选中“红旗”图片素材，单击“图片工具”选项卡中的“滤镜”按钮，在窗口右侧功能区选择“滤镜”→“自然”。

STEP 2 保持图片选中状态，单击“图片工具”选项卡中的“效果”下拉按钮，在其下拉列表中选择“阴影”→“外部”→“向右偏移”。

STEP 3 保持图片选中状态，单击“图片工具”选项卡中的“效果”下拉按钮，在其下拉列表中选择“更多设置”选项，在窗口右侧打开“属性”面板，设置阴影颜色，单击“颜色”下拉按钮，选择“更多颜色”→“自定义”，设置“颜色模式”为“RGB”，“红色”为“78”、“绿色”为“0”、“蓝色”为“0”。

STEP 4 保持图片选中状态，单击“图片工具”选项卡中的“效果”下拉按钮，在其下拉列表中选择“柔化边缘”选项，设置柔化边缘为2.5磅。

任务要求12： 组合对象。选中所有对象进行组合，根据效果图调整至合适的位置后进行保存。

具体步骤如下：

STEP 1 单击“开始”选项卡中的“选择”按钮，在其下拉列表中单击“选择窗格”按钮，在窗口右侧打开“选择窗格”面板，如图1-64所示。

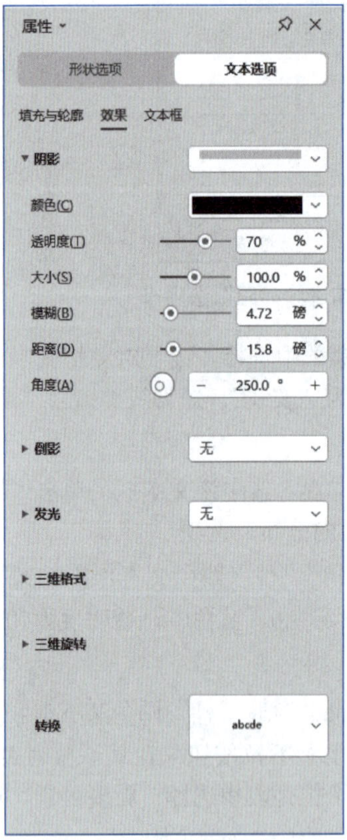

图1-63 “文字效果”阴影设置

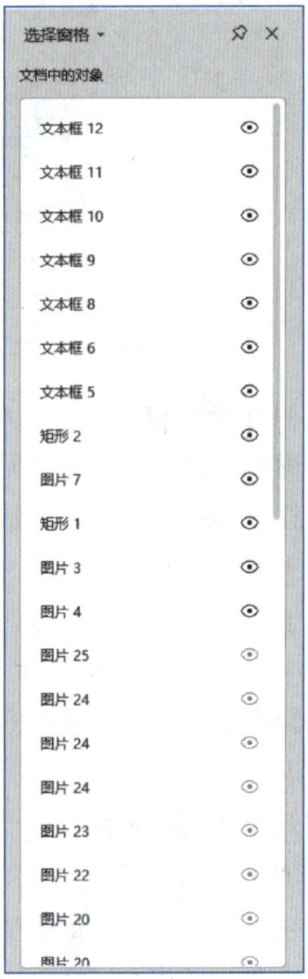

图1-64 “选择窗格”面板

STEP 2 按住【Ctrl】键的同时单击“选择窗格”面板中所有形状，选中所有对象。

STEP 3 选中所有对象后单击“开始”选项卡中的“排列”按钮，在其下拉列表中单击“组合”按钮，对选中的对象进行组合。

STEP 4 根据效果图对整个画面的位置进行适当调整，最后进行保存操作。

任务三　成绩统计表协同编辑——表格计算

情境引入

工小匠是一名勤奋的大学生，近日被老师委托协助统计专升本学生的考试成绩。面对繁杂的数据，工小匠毫不畏惧，反而将此视为锻炼自己的契机，并暗自下定决心，未来也要通过专升本提升自己。在老师的指导下，工小匠迅速进入状态，一起参与到成绩统计表的协同编辑与表格计算任务中，共同高效完成了工作。

任务分析

（1）创建并设计成绩统计表，录入成绩数据。

（2）运用表格数据计算功能，处理成绩数据。

（3）协同编辑，共同完成任务，提高工作效率，效果如图1-65所示。

学生成绩统计表

科目 姓名	公共基础课			专业技能课	总分
	信息技术	大学英语	思想政治	高等数学及其应用	
林晓萱	98	84	76	120	378
陈宇飞	95	91	77	102	365
赵雅琪	88	76	98	116	378
李泽宇	78	68	91	108	337
周梓轩	66	82	95	122	365
王诗涵	77	69	75	135	356
刘浩辰	98	58	68	118	342
吴俊辉	93	77	65	132	367
苏小然	98	56	82	114	350
平均分	87.89	73.44	80.78	118.56	359.78
最高分	98	91	98	135	378
最低分	66	56	65	102	337
说 明	普通高等学校专升本考试，考试科目包括公共基础课和专业基础及技能知识课。 1. 公共基础课不分学科专业，所有考生统一考试“政治+英语+信息技术”3门课程的综合卷，分值 300 分。 2. 专业基础及技能知识课按考生选报 9 个考试大类中的 1 个大类分别考试，《实施方案》规定对应的 1 门考试科目，分值 150 分。				

图1-65　学生成绩统计表效果图

知识链接

一、表格的创建与设置

在WPS文字中，表格的创建与设置是组织和展示数据的重要功能。用户可以单击“插入”选项卡中的“表格”按钮，快速插入指定行数和列数的表格。创建表格后，用户可以使用单元格合并与拆分功能，将相邻单元格合并为一个单元格，或将单个单元格拆分为多个单元格，以满足复杂表格结构的需求。此外，表格自动调整功能允许用户根据内容或窗口大小自动调整行高和列宽，确保表格布局合理。用户还可以为表格中的文本设置对齐方式（如左对齐、右对齐、居中等），以满足不同的排版需求，如图1-66所示。对于需要展示复杂表头信息的表格，用户可以使用绘制斜线表头功能，使表头信息更加清晰易读。

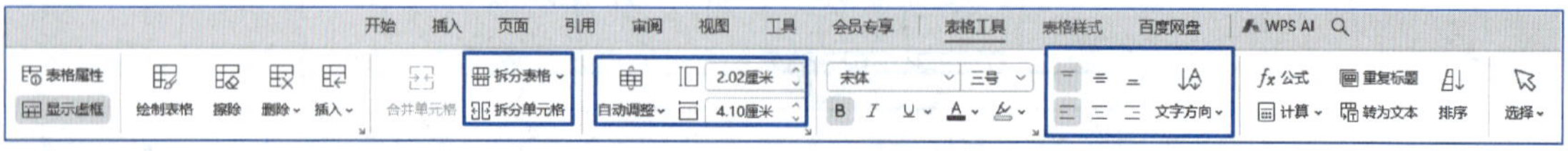

图1-66　“表格工具”选项卡

在实际应用中，表格功能广泛应用于展示数据或信息的场景，如成绩单、报表、日程安排等。在使用过程中，需注意以下几点：根据数据内容和展示需求，合理设置表格的行数、列数和对齐方式；利用合并与拆分单元格功能，可以创建更复杂的表格结构，提升数据的组织性和可读性。通过掌握这些功能，用户可以高效创建结构清晰、布局合理的表格，满足不同文档的需求。

二、表格数据计算

在WPS文字中，表格数据计算功能使用户能够直接在表格中进行基本的数据运算，如求和、平均值、最大值和最小值的计算。用户可以通过“表格工具”选项卡中的“公式”或“计算”功能，利用合适的函数，对需要计算的单元格区域进行计算。例如，在统计成绩时，可以使用SUM函数计算总分，使用AVERAGE函数计算平均分，使用MAX和MIN函数找出最高分和最低分。此外，用户还可以复制公式到其他单元格，快速完成批量计算，显著提高数据处理效率。

在实际应用中，表格数据计算功能广泛应用于成绩统计、报表分析等场景。在使用过程中，需注意以下几点：首先，选中需要进行计算的单元格区域后，再应用“公式”功能；其次，复制公式时需确保公式引用的单元格范围正确；最后，检查公式对话框中的函数选择是否正确，以避免计算错误。通过掌握这些功能，用户可以高效完成表格中的数据计算任务，提升文档的专业性和实用性。

三、表格数据排序

在WPS文字中，表格数据排序功能使用户能够根据特定列的数据对表格进行升序或降序排列，从而更清晰地查看数据的变化趋势。用户可以单击“表格工具”选项卡中的“排序”按钮，完成对数据的升序或降序排序。此外，WPS文字还支持自定义排序功能，用户可以在排序对话框中选择多个排序条件，并设置每个条件的排序顺序，以满足更复杂的排序需求。例如，在成绩表中，可以按分数从高到低排序，或按日期从早到晚排序；在销售数据中，可以按销售额和日期进行多重排序。

在实际应用中，表格数据排序功能广泛应用于成绩统计、销售数据分析、日程安排等场景。在使用过程中，需注意以下几点：首先，选中需要排序的列后，再应用排序功能；其次，根据需求选择升序或降序排序方式；最后，对于复杂排序需求，可以使用自定义排序功能，设置多个排序条件以确保数据排列的准确性。

四、表格样式美化

在WPS文字中，表格样式美化功能使用户能够通过设置边框和底纹样式，提升表格的视觉效果和文档的整体美观度。用户可以单击“表格样式”选项卡中的“线型”按钮，选择预设的边框样式（如实线、虚线、双线等），以增强表格的结构感和层次感，如图1-67所示。此外，用户还可以通过“底纹”按钮为表格设置颜色填充，使表格更加美观和个性化，如图1-68所示。WPS文字还提供了多种预设的表格样式，用户可以直接应用这些样式，快速完成表格美化，如图1-69所示。

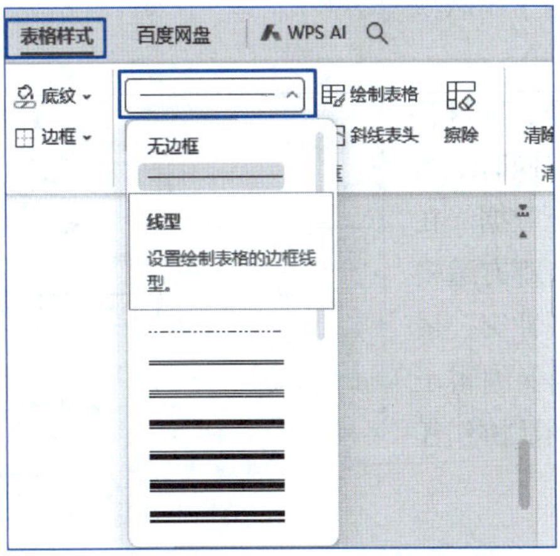

图1-67　“表格样式”线型添加

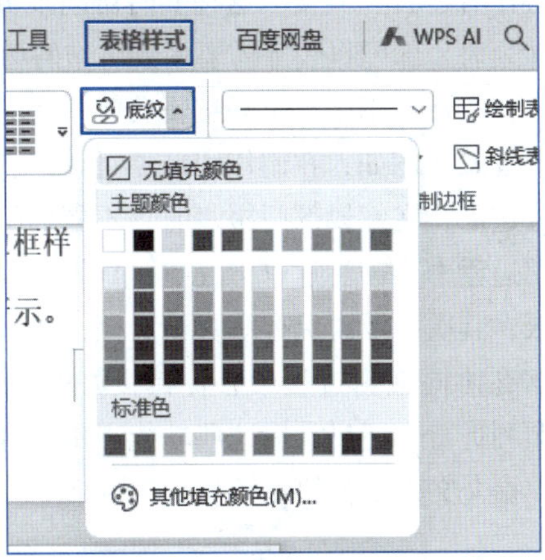

图1-68　“表格样式”底纹添加

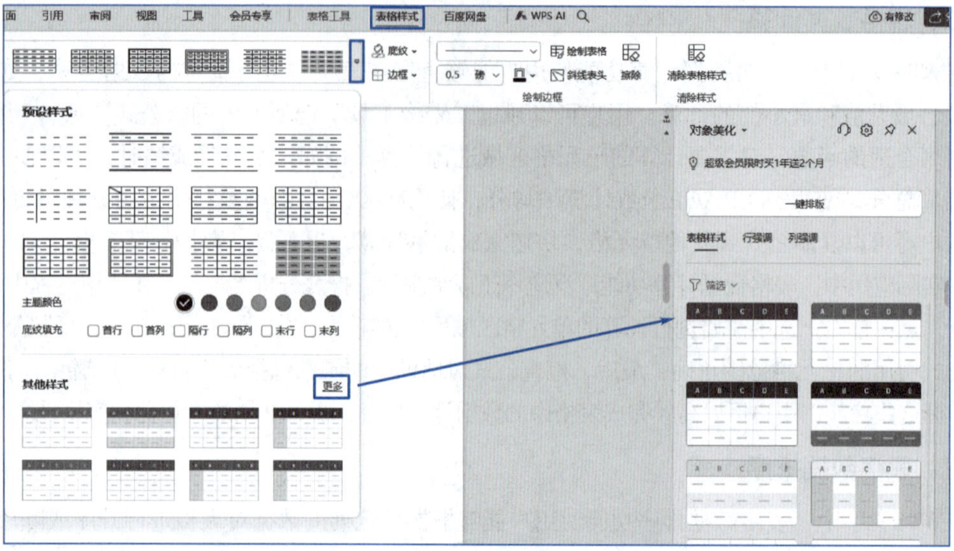

图1-69 “表格样式”其他样式添加

在实际应用中，表格样式美化功能广泛应用于报告、简历、数据展示等场景。例如，在制作财务报表时，通过设置边框和底纹样式，可以使表格更加清晰和专业；在设计简历时，美化表格样式可以提升整体视觉效果。在使用过程中，需注意以下几点：首先，根据文档风格和需求，选择合适的边框和底纹样式；其次，可以利用预设的表格样式快速美化表格，节省时间。通过掌握这些功能，用户可以创建视觉效果出色、专业性强的表格，提升文档的整体质量。

五、表格的协同编辑

在WPS文字中，表格的协同编辑功能允许多个用户同时编辑和修改同一份文档中的表格，显著提高团队协作效率。用户可以通过“文件”菜单中的“分享发送”→“和他人一起查看/编辑”命令（见图1-70），将表格所在的文档共享给其他协作者，并设置相应的编辑权限。在共享文档中，多个用户可以同时对表格进行编辑、修改和保存操作，且所有编辑内容会实时同步显示，方便协作者查看和调整。这种实时协同编辑功能特别适用于团队项目计划表、部门报表等需要多人协作的场景。

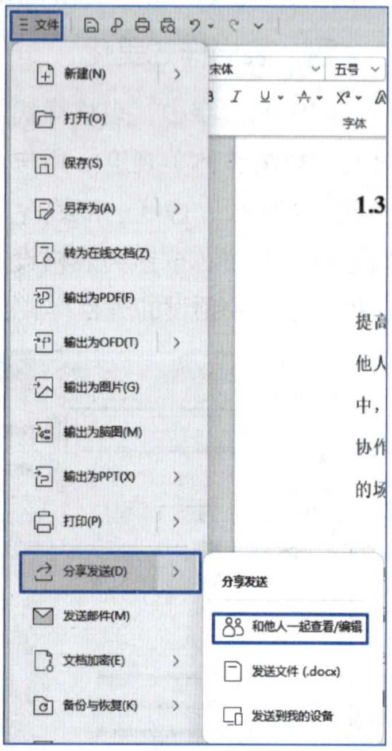

图1-70 选择“和他人一起查看/编辑”命令

在实际应用中，协同编辑功能广泛应用于团队协作、项目管理等场景。例如，在制作团队项目计划表时，成员可以同时更新任务进度；在编辑部门报表时，不同部门可以实时补充数据。在使用过程中，需注意以下几点：首先，确保所有协作者都有编辑权限；其次，及时保存和更新文档，以避免数据丢失或冲突；最后，在协同编辑过程中，保持良好的沟通和协作，确保编辑工作顺利进行。通过掌握这些功能，用户可以高效完成团队协作任务，提升文档编辑的效率和准确性。

任务实施

任务要求1： 创建文档。新建WPS文档，保存为“学生成绩统计表.docx”，存放在C盘根目录。

具体步骤如下：

STEP 1 启动WPS Office软件，如桌面上有此快捷方式，则双击该快捷方式图标。

STEP 2 启动 WPS Office软件后，选择“新建”→“Office文档”→“文字”→“空白文档”。

STEP 3 单击快速访问工具栏中的“保存”按钮，弹出“另存为”对话框，将保存位置设置为“桌面”。

STEP 4 输入文件名“学生成绩统计表”，文件类型选择Microsoft Word 文件(*.docx)，完成设置后单击“保存”按钮。

任务要求2： 输入标题并插入表格。参考效果图，在文档中第一行输入标题“学生成绩统计表”。在标题后插入表格，14行，7列，删除最后一列表格，设置自动调整列宽，平均分布各列。

具体步骤如下：

STEP 1 在文档开始处，输入标题“学生成绩统计表”。按【Enter】键后，单击“插入”选项卡中的“表格”按钮，在其下拉列表中单击“插入图表”按钮，弹出“插入表格”对话框，列数输入7，行数输入14，如图1-71所示。

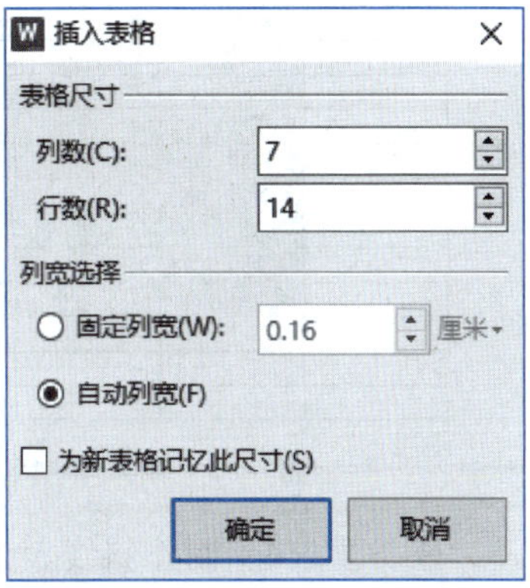

图1-71　“插入图表”对话框

STEP 2 将光标定位在表格最后一列，单击“表格工具”选项卡中的“删除”按钮，在其下拉菜单中选择“列”命令，如图1-72所示，删除表格最后一列。

STEP 3 设置自动调整列宽，平均分布各列。选中该表格最后一列竖框线，长按鼠标左键，向右拖动到合适的位置。单击“表格工具”选项卡中的“自动调整”按钮，在其下拉菜单中选择“平均分布各列”命令，如图1-73所示。

任务要求3： 合并单元格。参照效果图，合并单元格。

具体步骤如下：

STEP 1 参照本次任务的效果图，将第一列的第一行和第二行选中，单击“表格工具”选项卡中的“合并单元格”按钮；或右击选中内容，在弹出的快捷菜单中选择“合并单元格”命令，如图1-74所示。

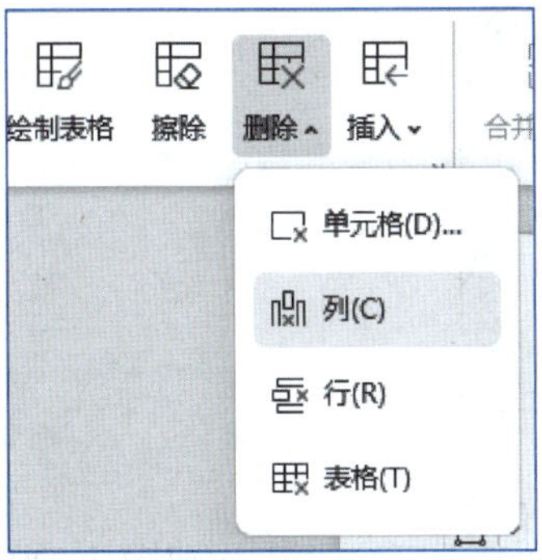

图1-72　删除列

图1-73　“自动调整”设置

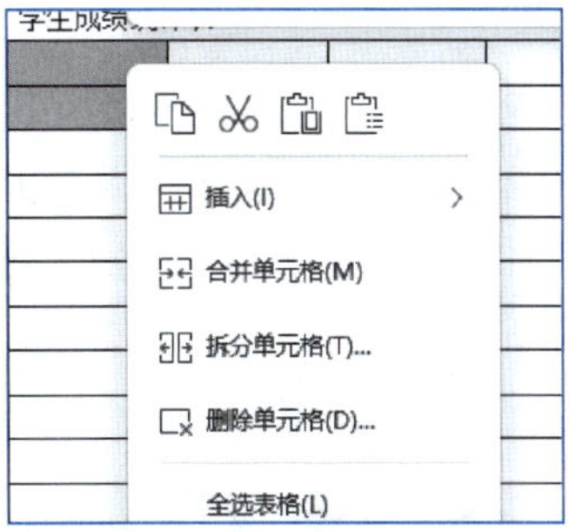

图1-74　设置“合并单元格”

STEP 2 参照本次任务的效果图，将第六列的第一行和第二行选中并合并。

STEP 3 将第一行的二至四列合并，并按效果图输入“公共基础课”。在表格的第一二行表头其余部分输入如效果图所示的字段名内容。字体设置为宋体，加粗。

STEP 4 将学生名字和成绩内容输入表格（可以复制数据素材，粘贴到表格相应位置），如图1-75所示。

STEP 5 单击表格左上角的⊞按钮全选表格，单击“表格工具”选项卡中的“对齐方式”按钮，设置表格内文字的对齐方式为“水平居中”“垂直居中”，如图1-76所示。

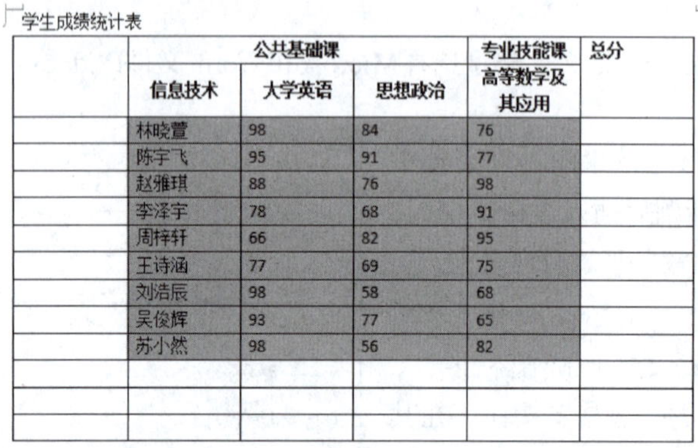
学生成绩统计表

	公共基础课			专业技能课	总分
	信息技术	大学英语	思想政治	高等数学及其应用	
	林晓萱	98	84	76	
	陈宇飞	95	91	77	
	赵雅琪	88	76	98	
	李泽宇	78	68	91	
	周梓轩	66	82	95	
	王诗涵	77	69	75	
	刘浩辰	98	58	68	
	吴俊辉	93	77	65	
	苏小然	98	56	82	

图1-75 输入学生名字和成绩内容

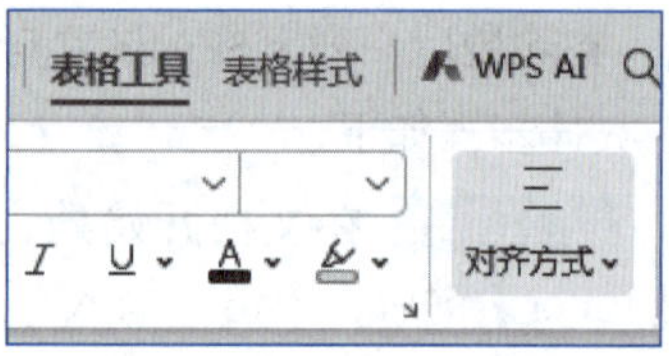

图1-76 设置表格内文字的对齐方式

任务要求4： 制作斜线表头。参照效果图，绘制斜线表头，在第一行第一列上插入文本框，设置为无填充，无边框。添加表头文本，输入姓名、科目，调整到合适位置。设置文本格式为“宋体、五号、加粗”。

具体步骤如下：

STEP 1 拖动调整左上方第一个单元格的高度和宽度，为斜线表头预留足够空间，最后光标定位在第一列第一行单元格，单击“表格样式”选项卡中的“斜线表头”按钮，弹出“斜线单元格类型”对话框，选择自右上角到左下角的一条单线，如图1-77所示。

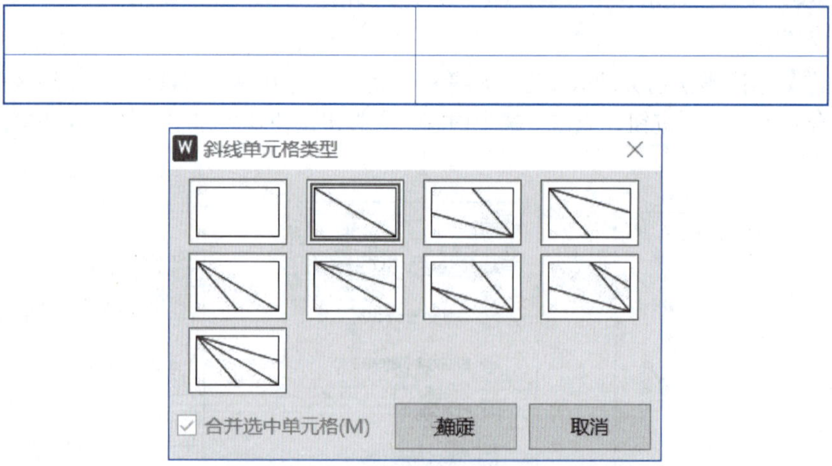

图1-77 “斜线单元格类型”对话框

STEP 2 输入斜线表头文字。单击“插入”选项卡中的“文本框”下拉按钮，在其下拉列表中选择“横向”选项，这时鼠标指针变为+形状，使用鼠标左键拖动的方法绘制出横排文本框。

STEP 3 在文本框内输入“科目”，字体格式“宋体、五号、加粗”，右击文本框边框，在弹出的快捷菜单中选择“设置对象格式”命令，在窗口右侧面板中，将填充设为“无”，线条设为“无”。

STEP 4 将文本框拖动到斜线上方合适区域，选中已调整好的文本框，按【Ctrl+C】组合键复制，然后按【Ctrl+V】组合键粘贴，生成第二个相同样式的文本框。修改第二个文本框内容为“姓名”，拖动到斜线另一侧区域合适位置。选中文本框，将“布局选项”设置为“浮于文字上方”，选中“固定在页面上”单选按钮，如图1-78所示。

任务要求5：使用SUM函数计算出每位学生的总分。

具体步骤如下：

STEP 1 先将鼠标定位在要求填写总分的单元格位置，单击“表格工具”→“公式”按钮。

STEP 2 弹出“公式”对话框，在“公式”文本框中默认的公式函数是“=SUM(LEFT)”，如图1-79所示。刚好要求和的数据在当前单元格的左边，单击“确定”按钮，即可得到求和结果。

图1-78　文本框的“布局选项”设置

图1-79　SUM函数的设置

STEP 3 下面的每个同学的总分，依次按照上面的方式求和即可。

任务要求6：使用AVERAGE函数计算出每门科目的平均分。

具体步骤如下：

STEP 1 在名字列表的最下方单元格A12（表格从左到右依次为A、B、C……列，表示第1、2、3……列；从上到下依次为第1、2、3……行；A12表示第1列第12行的单元格）内输入“平均分”，接下来求“信息技术”学科成绩的平均分。

STEP 2 将鼠标定位在B12单元格位置。单击“表格工具”→“公式”按钮，弹出“公式”对话框，删除“公式”文本框中默认的公式函数，输入“=”，在“粘贴函数”下拉列表中选择“AVERAGE”，如图1-80所示，由于要求平均数的数据在当前单元格的上面，在表格范围中选择“above”，即“=AVERAGE(ABOVE)”；也可以手动输入要求均值的单元格范围，“B3:B11”。单击“确定”按钮，即可得到求和结果；设置小数点为两位，在“数字格式”下拉列表中选择“0.00”，如图1-81所示，单击“确定”按钮。

STEP 3 其他科目的平均成绩按上述方法计算并填写到对应的单元格中。

任务要求7：使用MAX函数计算出每门学科和总分的最高分。

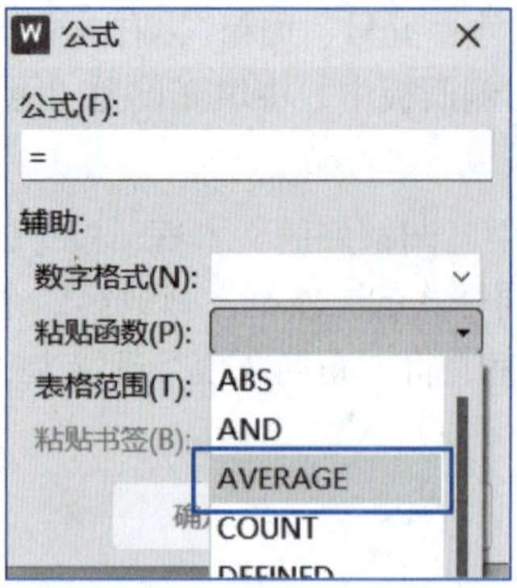

图1-80　选择AVERAGE函数

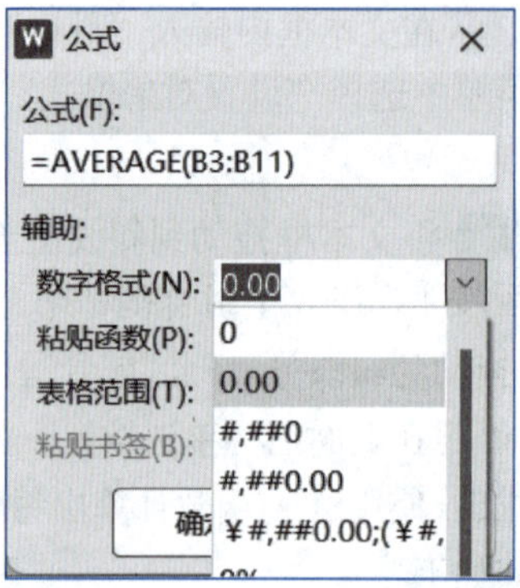

图1-81　AVERAGE函数设置

具体步骤如下：

STEP 1 在A13单元格内输入“最高分”，将鼠标定位在B14单元格中，单击“表格工具”→“公式”按钮。

STEP 2 弹出“公式”对话框，删除“公式”文本框中默认的公式函数，输入“=”，在“粘贴函数”下拉列表中选择“MAX”，如图1-82所示，在( )中输入要求计算最高分的单元格范围“B3:B11”，如图1-83所示。单击“确定”按钮即可得到最高分结果。

STEP 3 其他科目最高分按上述方法计算并填写到对应的单元格中。

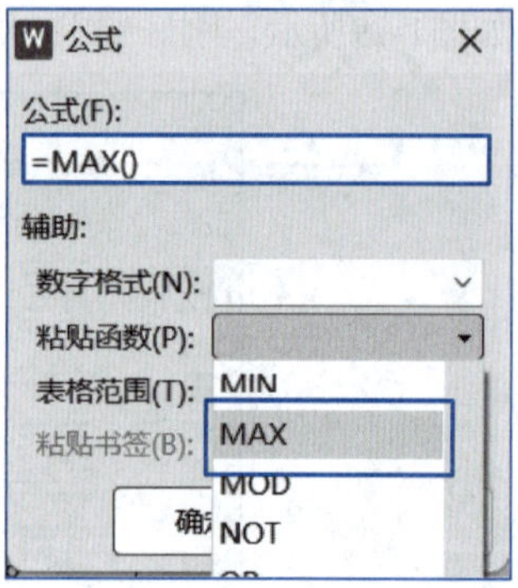

图1-82　选择MAX函数

任务要求8： 使用MIN函数计算出每门学科及总分的最低分。

具体步骤如下：

STEP 1 在A14单元格内输入“最低分”，将鼠标定位在B14单元格位置，单击“表格工具”→“公式”按钮。

STEP 2 弹出“公式”对话框，删除“公式”文本框中默认的公式函数，输入“=”，在“粘贴函数”下拉列表中选择“MIN”，在( )中输入要求计算最低分的单元格范围“B3:B11”，如图1-84所示，单击“确定”按钮即可得到最低分结果。

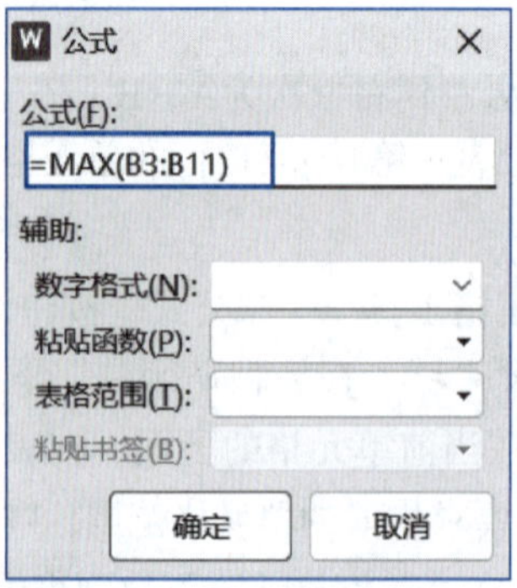

图1-83　MAX函数设置

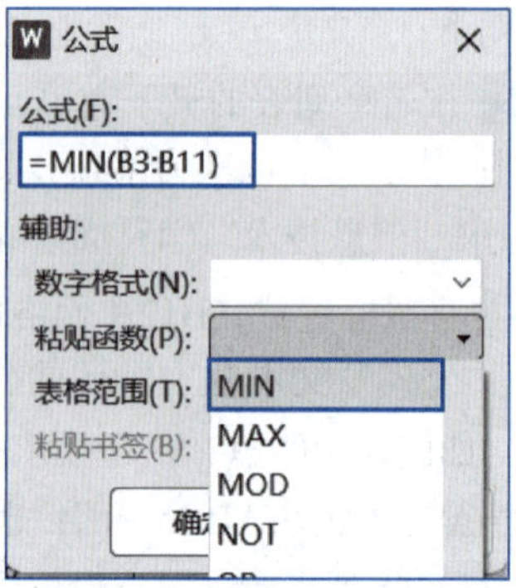

图1-84　MIN函数设置

STEP 3 其他科目最低分按上述方法计算并填写到对应的单元格中。

任务要求9： 新增表格行。表格末尾增加一行，输入“说明”，并将此行的第2列至第6列合并，并输入说明内容。

具体步骤如下：

STEP 1 鼠标光标落在最后一行的任意一个单元格中，单击“表格工具”→“插入”→“在下方插入行”按钮，为表格增加新的一行，如图1-85所示。

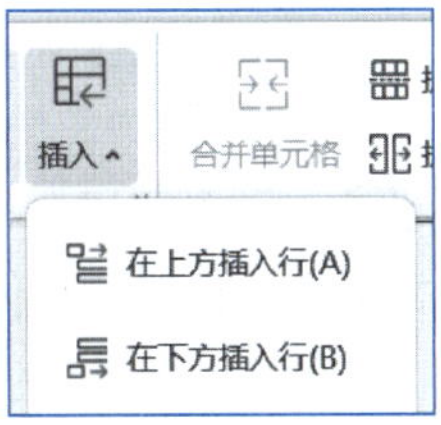

图1-85　单击“在下方插入行”按钮

STEP 2 在新增的一行第一列输入文字“说明”，用鼠标选中该行的第2列至第6列，再次单击“表格工具”→“合并单元格”按钮，合并单元格。

STEP 3 选中表格的最后一行后右击，在弹出的快捷菜单中选择“表格属性”命令，弹出“表格属性”对话框，选择“行”选项卡，“指定高度”设置为“3.6厘米”，“行高值是”设置为“固定值 ”，如图1-86所示。单击“确定”按钮，在单元格中输入对应的说明文字。

任务要求10：对表格中的总分列（除去第1、2行和最后4行）作降序排序。

具体步骤如下：

STEP 1 选中表格中除去第1、2行和最后4行之外的行。

STEP 2 单击“表格工具”选项卡中的“排序”按钮，弹出“排序”对话框，如图1-87所示。在“主要关键字”区域选择“列6”（最后一列），“类型”选择“数字”，选择“降序”单选按钮，单击“确定”按钮即可获得排序结果。

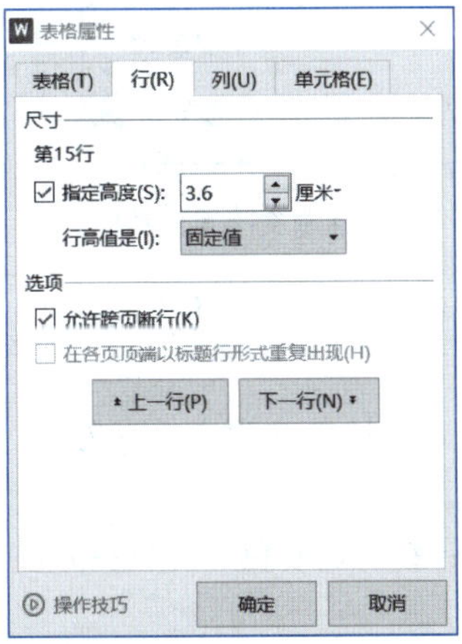

图1-86　“表格属性”对话框

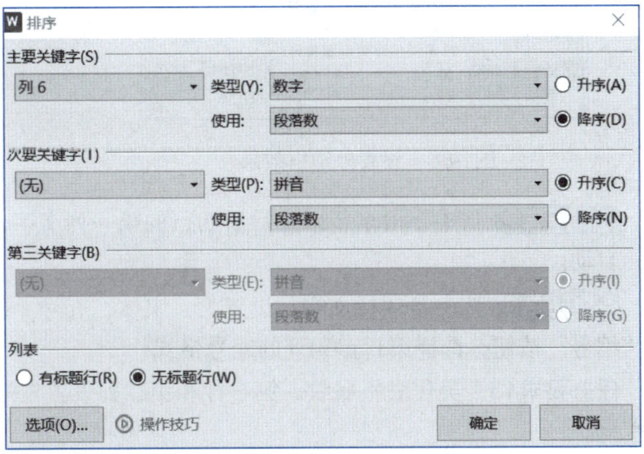

图1-87　“排序”的降序设置

任务要求11：美化表格边框。根据效果图，设置表格外边框和斜线表头为1.5磅，蓝色标准颜色粗实线，内边框为1磅，蓝色标准颜色细实线。

具体步骤如下：

STEP 1 选中整个表格，单击“表格样式”选项卡中的“边框”按钮，在其下拉列表中选择“边框和底纹”选项；弹出“边框和底纹”对话框，将“设置”选择为“自定义”，在“线型”列表框中选择实线，“颜色”选择标准颜色“蓝色”，“宽度”选择“1.5磅”，在预览区域选择“上下左右”线条，将设置效果应用于外边框，如图1-88所示。

STEP 2 修改“宽度”为“1磅”，其余设置保持不变，在预览区域选择“中间”线条，将设置效果应用于内边框。

STEP 3 单击“边框和底纹”对话框下方的“确定”按钮，应用设置效果。

任务要求12：美化文字。为标题文字设置字体格式：宋体二号、标准色：蓝色、加粗、文字居中。设置字段名行以及最后四行的第一列文字格式：宋体、五号、加粗；颜色：自动。备注栏文字内容设置：宋体、五号。并对两点说明设置项目编号，编号格式：1.2.。

具体步骤如下：

STEP 1 选中标题文字，单击“开始”选项卡中的“字体”下拉按钮，在下拉菜单中选择“宋体”，单击“字号”下拉按钮，在下拉菜单中选择“二号”，单击“加粗”按钮对字体加粗，如图1-89所示；单击“字体颜色”下拉按钮，在下拉菜单中选择标准颜色“蓝色”，在“段落”中单击“居中对齐”按钮。

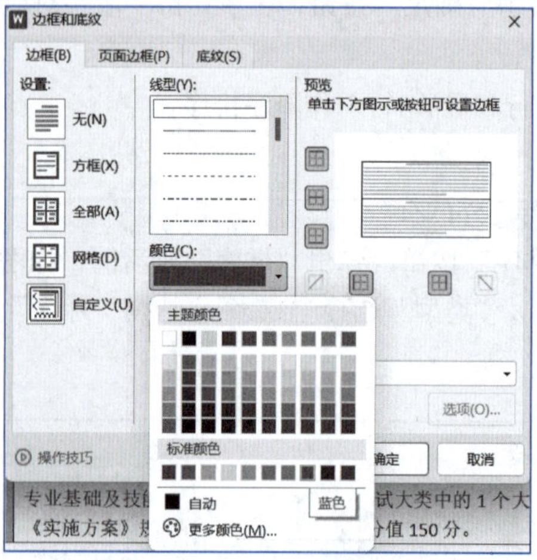

图1-88　设置外边框效果

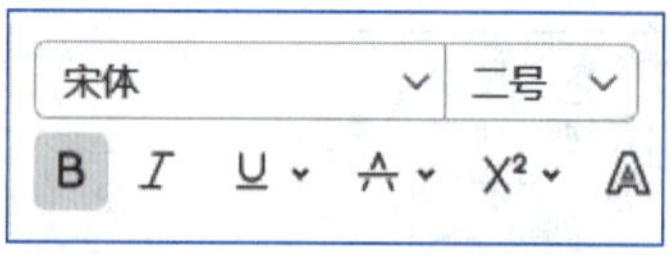

图1-89　设置标题文字字体格式

STEP 2 选中字段名行以及最后四行的第一列文字，设置字体为：宋体、五号、加粗；颜色：自动。

STEP 3 选中备注栏文字，设置为：宋体、五号。选中第二、三段落的两点说明文字，单击“编号”按钮，选择第1行第4列的编号格式。

任务要求13：美化表格底纹。第一行和第二列设置表格底纹为：钢蓝，着色1，浅色80%；保存文件。

具体步骤如下：

STEP 1 选中第一行和第二列文字，单击“表格样式”选项卡中的“底纹”下拉按钮，在下拉菜单中选择表格底纹为：钢蓝，着色1，浅色80%，如图1-90所示。

STEP 2 保存文件。

任务要求14：完成协同编辑。协助老师将文件通过协同编辑分享给其他未填写成绩的同学，在最后一位同学成绩后插入一行，完成成绩登记后，进行域更新。

具体步骤如下：

STEP 1 协同编辑，需要确保已经登录WPS账号，以便文档可以保存到云端进行共享。单击右上角的“立即登录”按钮，微信扫码登录，如图1-91所示。

STEP 2 单击菜单栏右上角的“分享”按钮。打开“协作”区域的“和他人一起查看/编辑”按钮，进入协作模式，单击“复制链接”按钮，可发给其他用户（未填写成绩的同学）进行协同操作，如图1-92所示。

图1-90 表格底纹设置

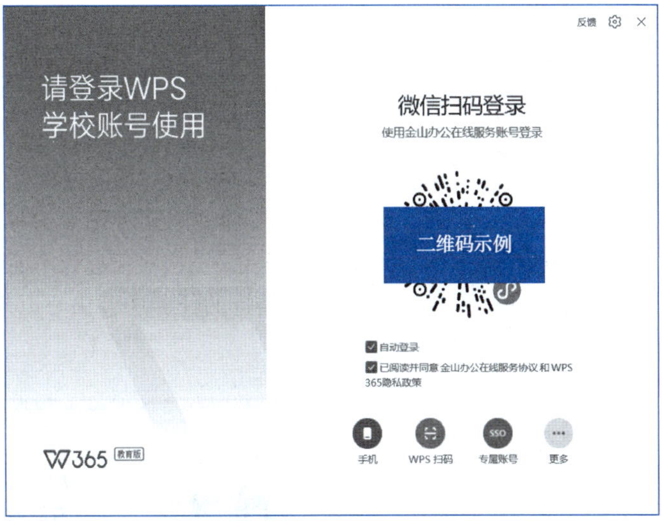

图1-91 登录WPS

STEP 3 没有填写成绩的同学，在协作编辑模式下，选中最后一行单元格后右击，在弹出的快捷菜单中选择“插入行列”→“下方插入1行”命令，如图1-93所示。在新插入的一行中对自己的成绩进行添加。

STEP 4 收集完所有同学成绩后，再进行数据整理，将所有要统计的有公式编辑的单元格进行数据计算的更新。选中要重新更新的单元格数据后右击，在弹出的快捷菜单中选择“更新域”命令，或按【F9】键快速更新。更改了数据范围的单元格数据后，选中需要更新的单元格数据后右击，在弹出的快捷菜单中选择“编辑域”命令，如图1-94所示，更改域代码的数值范围。

图1-92 分享中“协作”的设置

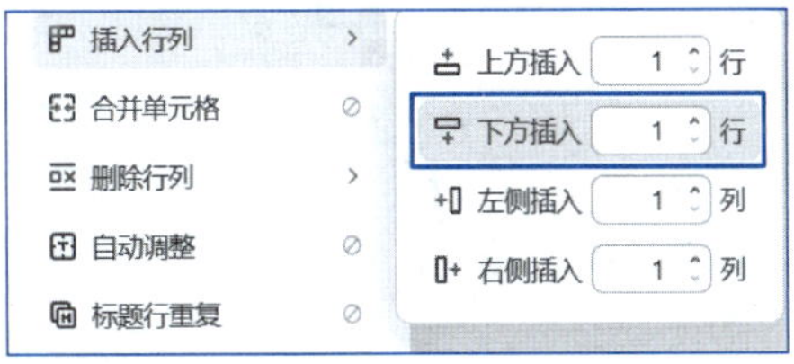

图1-93 “插入行列”设置

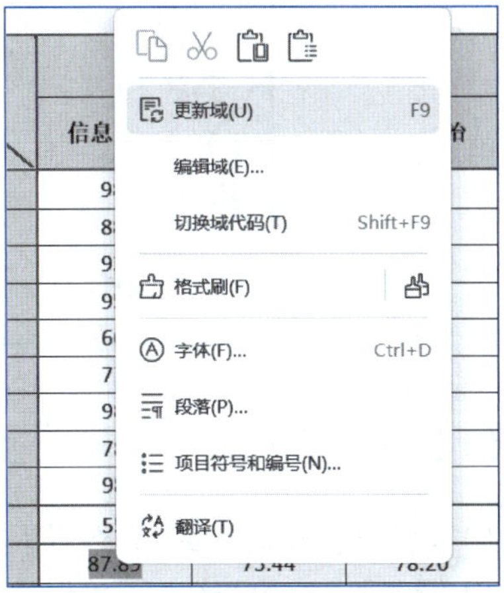

图1-94 “更新域”设置

任务四　毕业论文编排——长文档排版

情境引入

时光荏苒，工小匠恍然间已步入毕业季，毕业论文的写作与排版任务迫在眉睫。面对冗长的文字与复杂的格式要求，工小匠深知这是一次对信息技术能力的综合考验。他深吸一口气，迅速调整状态，全身心投入到毕业论文编排的任务中，决心以规范准确的排版完美呈现自己的学术成果。

任务分析

（1）运用文档样式与导航，规范毕业论文格式。

（2）管理文档内容与结构，确保论文条理清晰。

（3）正确引用与修订，完善论文，规范排版，效果如图1-95所示。

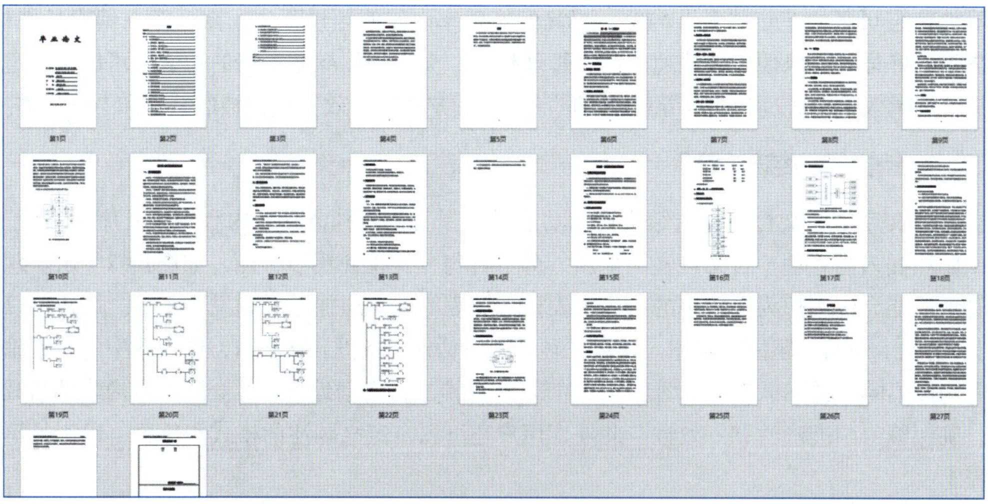

图1-95　效果图

知识链接

一、文档样式与导航

在WPS文字中，文档样式与导航功能是提升文档编辑效率和结构清晰度的重要工具。用户可以通过“开始”选项卡或“样式和格式”窗格创建、修改和应用各种样式，包括字体、段落、边框、底纹等属性。通过为标题、正文、引用等不同部分设置不同的样式，用户可以快速统一文档格式，显著提高编辑效率。此外，导航窗格是WPS文字提供的强大功能，能够帮助用户快速浏览和定位文档内容。要打开导航窗格，用户可以单击“视图”选项卡中的“导航窗格”按钮，如图1-96所示。在导航窗格中，用户可以清晰地查看文档的标题结构、页面缩略图或章节大纲，只需单击相应部分即可快速跳转到文档中的对应位置，特别适用于编辑长文档、查找特定内容或调整文档结构。

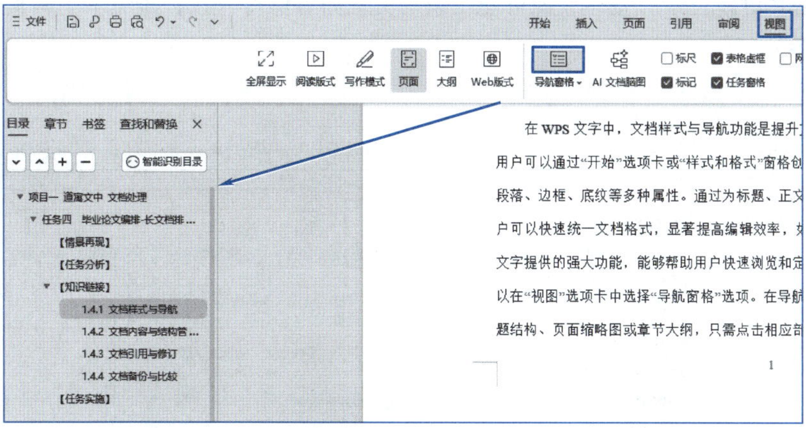

图1-96　“导航窗格”使用

在实际应用中，文档样式与导航功能广泛应用于撰写论文、报告、图书等长文档编辑场景。例如，在撰写学术论文时，通过设置样式可以快速统一标题和正文的格式；在编辑长篇报告时，利用导航窗格可以快速定位章节内容，提高编辑效率。在使用过程中，需注意在编辑长文档时，建议先设置好样式，以便后续快速应用和管理格式；充分利用导航窗格的功能，可以快速定位内容，提升编辑效率；通过样式与导航的协同工作，用户可以高效完成文档的编辑和结构调整。

二、文档内容与结构管理

在WPS文字中，文档内容与结构管理功能是确保文档结构清晰、内容组织有序的重要工具，涵盖了题注插入与管理、目录创建与更新、分节符与分页符使用等方面，如图1-97所示。题注插入与管理功能允许用户为文档中的图片、表格、图表等元素添加编号和说明文字。用户可以单击“引用”选项卡中的“题注”按钮，弹出“题注”对话框，如图1-98所示，可为选中的元素添加题注，并选择不同的题注标签（如图表、表格等）。题注支持自动编号，并会随文档内容的增减自动更新，确保编号的准确性和一致性。此外，用户还可以自定义题注的格式和位置，以满足不同的排版需求。

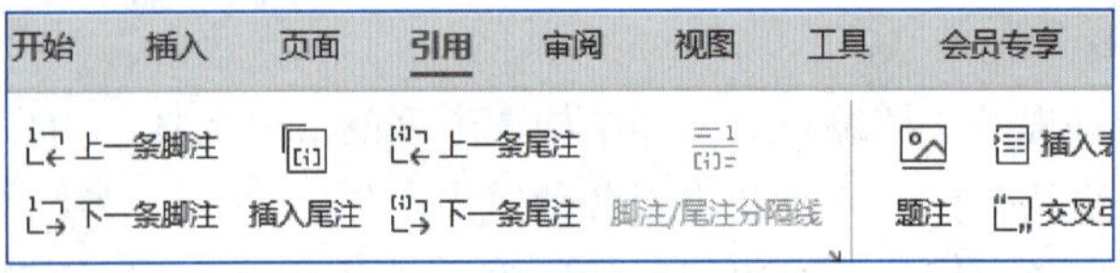

图1-97 “题注”功能

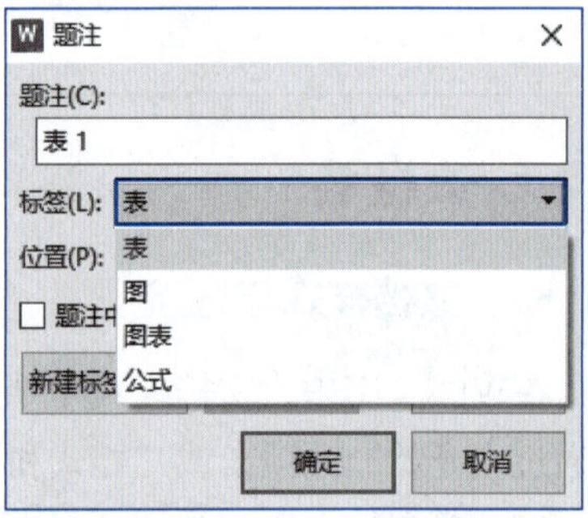

图1-98 “题注”对话框

目录创建与更新功能是管理长文档结构的重要工具。用户可以单击“引用”选项卡中的“目录”按钮，根据文档中的标题样式自动生成目录，如图1-99所示。WPS文字提供了多种目录样式供用户选择，并支持自定义目录的显示级别（如仅显示一级标题或显示多级标题）。生成的目录不仅清晰展示文档结构，还支持单击跳转功能，方便读者快速定位内容。当文档内容发生修改时，用户只需单击“更新目录”按钮，即可使目录与文档内容保持一致，避免手动调整的烦琐操作，如图1-100所示。

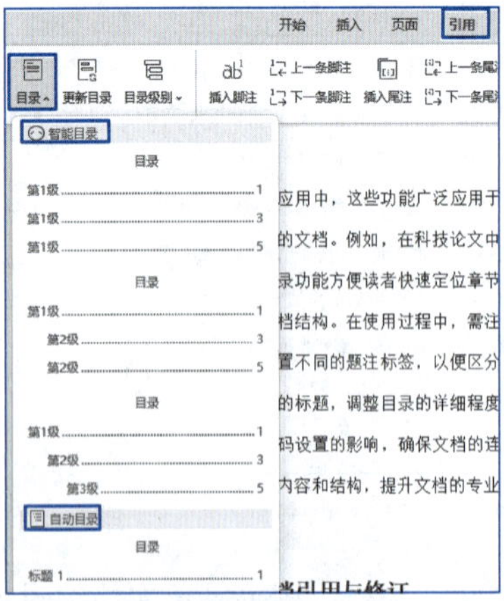

图1-99 “目录”功能

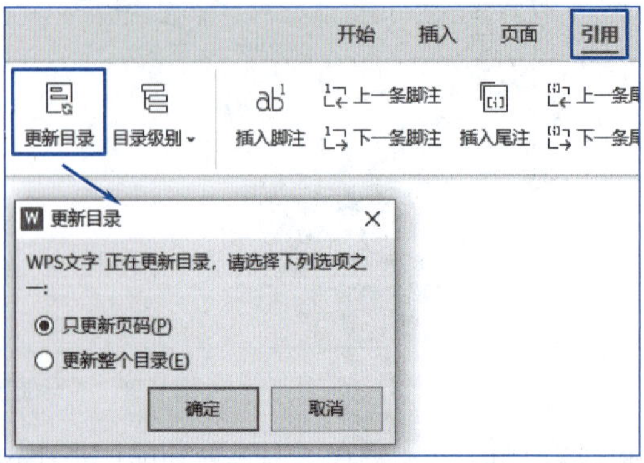

图1-100 “更新目录”功能

分节符与分页符功能是优化文档布局的关键工具。分节符用于将文档分为不同的节，每节可以独立设置页码、页眉页脚、纸张方向等属性，适用于需要在同一文档中使用不同格式的场景。分页符则用于强制内容从新页面开始，避免手动插入空行导致排版混乱。用户可以单击“插入”选项卡中的“分页”按钮，轻松插入分节符或分页符，灵活调整文档结构。

在实际应用中，这些功能广泛应用于撰写科技论文、项目报告、教材等需要复杂结构和内容管理的文档。例如，在科技论文中，题注功能可以清晰标注图表编号；在项目报告中，自动目录功能方便读者快速定位章节内容；在教材编写中，分节符和分页符功能可以灵活调整文档结构。在使用过程中，需注意以下几点：首先，插入题注时，建议为不同类型的元素设置不同的题注标签，以便区分和管理；其次，创建目录时，可根据需要选择显示不同级别的标题，调整目录的详细程度；最后，使用分节符和分页符时，需注意其对文档结构和页码设置的影响，确保文档的连贯性和一致性。通过掌握这些功能，用户可以高效管理文档内容和结构，提升文档的专业性和可读性。

三、文档引用与修订

在WPS文字中，文档引用与修订功能是确保文档内容准确性和协作效率的重要工具。交叉引用功能允许用户在文档中引用其他部分的内容或元素（如标题、图表、题注等），用户可以单击“引用”选项卡中的“交叉引用”按钮，选择需要引用的内容并插入到当前位置。交叉引用支持自动更新，确保引用的准确性和一致性，特别适用于需要在文档中多次引用同一内容的场景。此外，修订与批注功能是文档协作和审核的核心工具。修订功能用于记录对文档的修改过程（如添加、删除、替换等），而批注功能允许用户在文档中添加注释或建议，方便作者或编辑进行沟通和修改。用户可以单击“审阅”选项卡中的“修订”和“插入批注”按钮，开启或关闭这些功能，并使用不同的颜色或字体区分修订内容，确保修改过程清晰可见。

在实际应用中，文档引用与审阅功能广泛应用于撰写学术论文、项目提案、合同文档等需要多次引用内容或进行协作修改的场景。例如，在学术论文中，交叉引用功能可以方便地引用图表或章节内容；在合同文档中，修订和批注功能可以帮助多方协作审核和修改文档内容。在使用过程中，需注意以下几点：首先，设置交叉引用时，需选择正确的引用类型和范围，确保引用的准确性；其次，使用修订和批注功能时，需遵循一定的规范，明确批注的意图和建议；最后，及时查看和处理修订与批注，确保文档修改和审核工作高效完成。通过掌握这些功能，用户可以提升文档的准确性和协作效率，满足复杂文档的编辑和审核需求。

四、文档备份与比较

在WPS文字中，文档备份与比较功能是确保文档安全性和版本管理的重要工具。转换文档功能允许用户将文档转换为不同格式（如PDF、Word等），以满足分享、打印或跨平台使用的需求。用户可以选择“文件”菜单中的“另存为”命令，选择目标格式完成转换，如图1-101所示。比较文档功能则用于对比两个文档的差异，用户可以单击“视图”选项卡中的“并排比较”按钮，选择需要对比的文档，系统会自动生成差异报告，方便用户了解修改内容，特别适用于文档审核或版本管理的场景，如图1-102所示。此外，WPS文字支持将文档备份到云端，用户可以选择“文件”菜单中的“备份与恢复”→“备份中心”命令，将文档保存到WPS云端或其他云存储服务，实现多设备间的同步访问，确保文档的安全性和可用性，如图1-103所示。

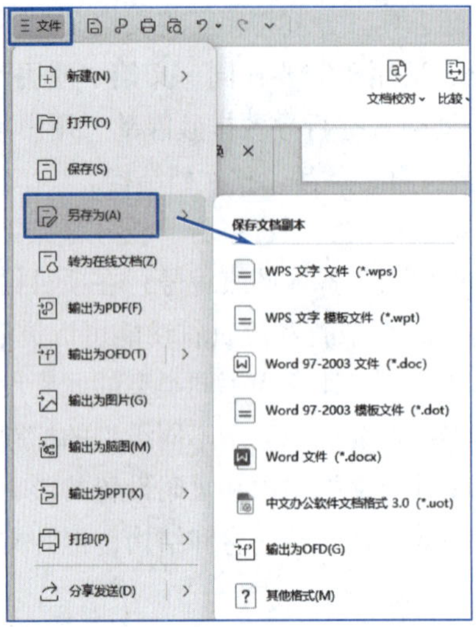

图1-101　另存为其他格式

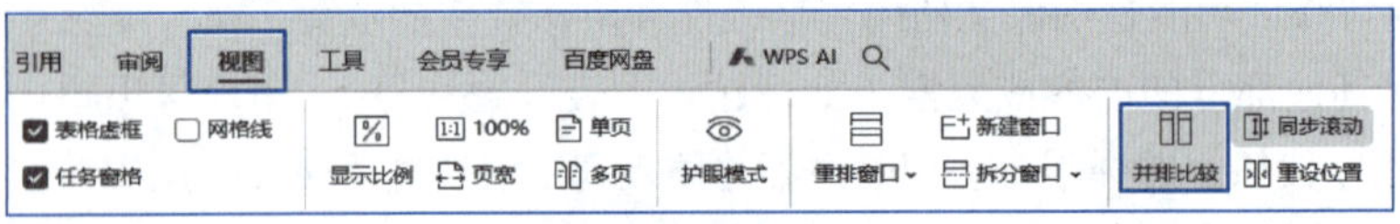

图1-102　“并排比较”功能

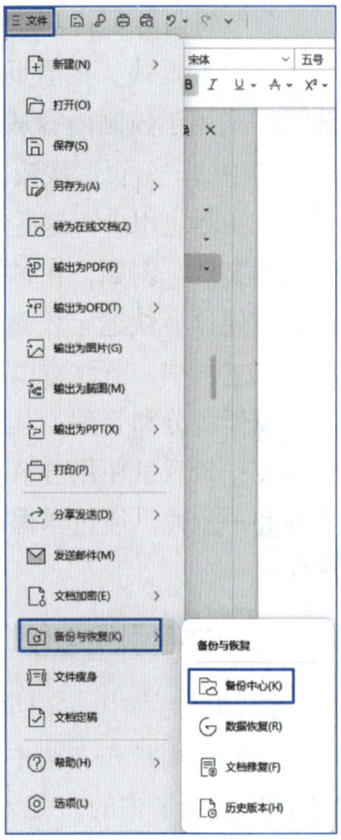

图1-103　“备份中心”功能

在实际应用中，这些功能广泛应用于文档分享、审核和跨设备协作等场景。例如，在分享文档时，转换功能可以将文档转换为PDF格式，确保格式一致性；在审核文档时，比较功能可以快速识别修改内容；在跨设备协作时，云端备份功能可以随时随地访问和编辑文档。在使用转换功能时，需根据需求选择合适的格式；使用比较功能时，需确保对比文档的准确性；定期备份文档到云端，避免数据丢失。

任务实施

任务要求1：页面设置。将“毕业论文文字初稿.docx”另存为“毕业论文文字修订.docx”保存到桌面，纸张设置为A4、纵向，页边距设置为上下各为2.5厘米，左右各为3.0厘米，左侧装订，装订线宽0.5厘米。

具体步骤如下：

STEP 1 双击打开“毕业论文文字初稿.docx”，选择“文件”菜单中的“另存为”命令，在弹出的对话框中更改文件名为“毕业论文文字修订.docx”，“保存位置”选择桌面，单击“保存”按钮。

STEP 2 在“毕业论文文字修订.docx”文档中，单击“页面”选项卡中的“页面设置”对话框启动器，弹出“页面设置”对话框，选择“纸张”选项卡，设置纸张大小为“A4”；页边距“方向”设置为“纵向”，如图1-104所示。

STEP 3 设置页边距和装订线：在“页面设置”对话框中选择“页边距”选项卡，在“上”“下”边距框中分别输入“2.5厘米”，在“左”“右”边距框中分别输入“3.0厘米”，在“装订线宽”文本框中输入“0.5厘米”，在“装订线位置”下拉列表中选择“左”。单击“确定”按钮以应用所有页边距和装订线设置，如图1-105所示。

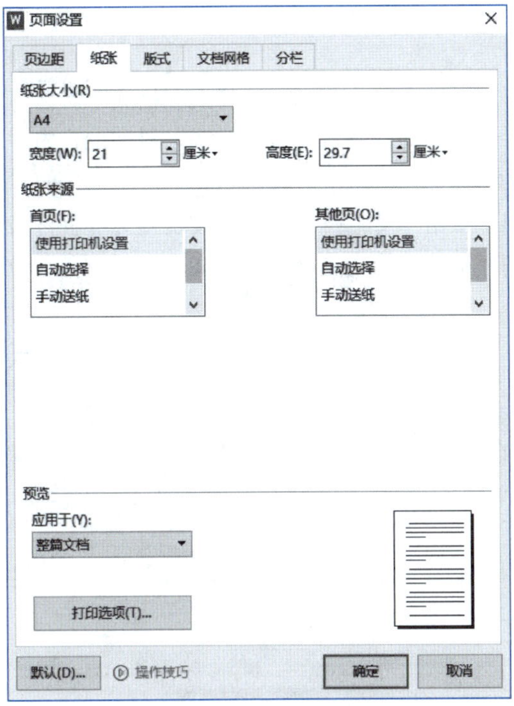

图1-104　调整纸张大小

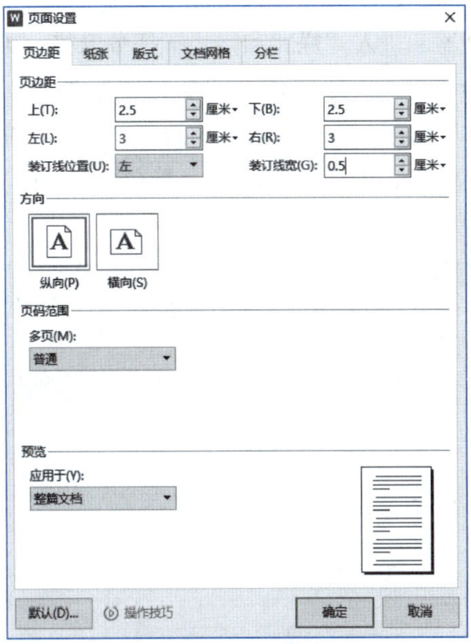

图1-105　调整页边距

任务要求2：封面设置。调整封面中下画线的长度使其一致，使得封面更加整洁、专业。

具体步骤如下：

STEP 1 以列为单位选取文本。按住【Alt】键的同时拖动鼠标选定多余的下画线，如图1 106所示。

STEP 2 按【Delete】键删除选中的内容，最后得到整齐的下画线，如图1-107所示。

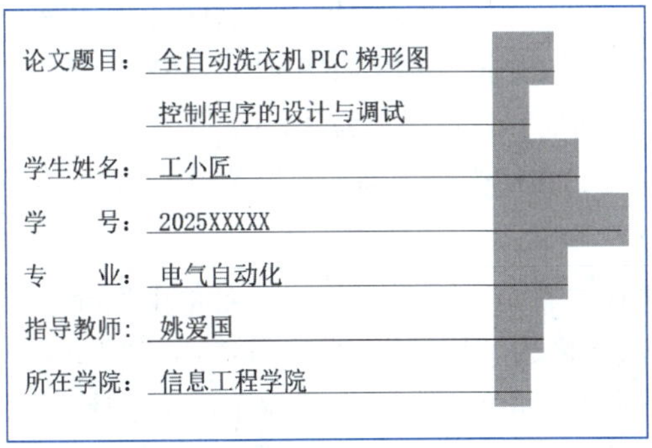

图1-106　以列为单位选取文本

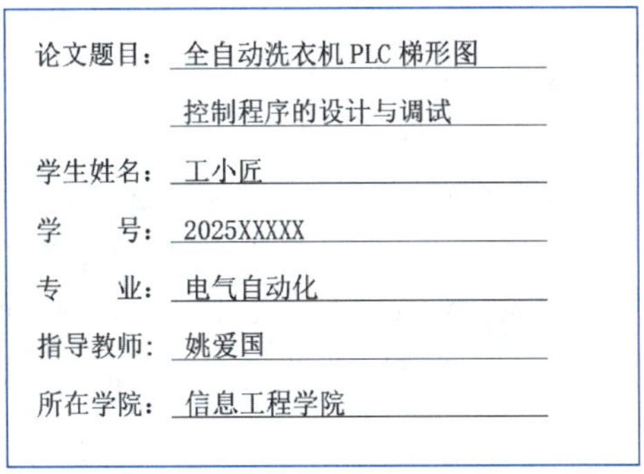

图1-107　调整后效果

任务要求3：样式建立。为毕业论文建立和应用样式可以简化文档的编辑过程，也方便后续修改和维护。新建“论文正文”样式，格式为“宋体、小四、首行缩进2字符、1.5倍行距、大纲级别设置为正文文本”；修改“标题1”样式，字体中文为黑体，西文为Times New Roman，小三号加粗，1.5倍行距，段前、段后各0.5行，居中对齐、大纲级别设置为1级；修改“标题2”样式，字体中文为黑体，西文为Times New Roman，四号加粗，1.5倍行距，居左对齐、大纲级别设置为

2级；修改“标题3”样式，字体中文为黑体，西文为Times New Roman，小四号加粗，1.5倍行距，居左对齐、大纲级别设置为3级。

具体步骤如下：

STEP 1 在“开始”选项卡中找到“样式”区域，单击右下角的“样式和格式”对话框启动器，进入“样式和格式”任务窗格，单击“新样式”按钮，弹出“新建样式”对话框，为样式命名为“论文正文”，设置字体为“宋体”，字号为“小四”，如图1-108所示。单击左下角的“格式”按钮，在下拉菜单中选择“段落”命令，弹出“段落”对话框，特殊格式设置为“首行缩进2字符”，行距设置为“1.5倍行距”。在“大纲级别”下拉菜单中选择“正文文本”，如图1-109所示。单击“确定”按钮保存样式。

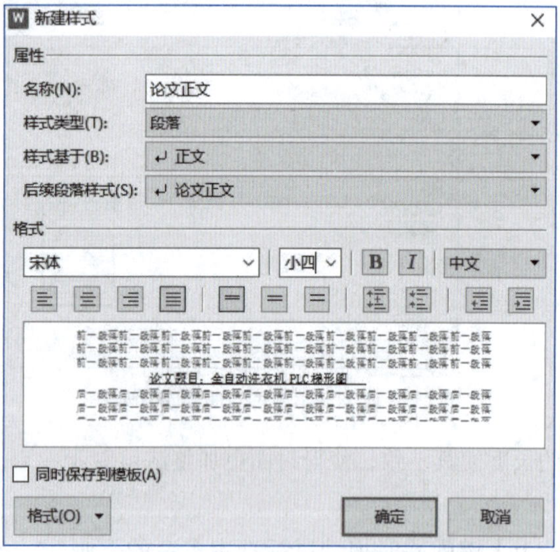

图1-108 “新建样式”对话框

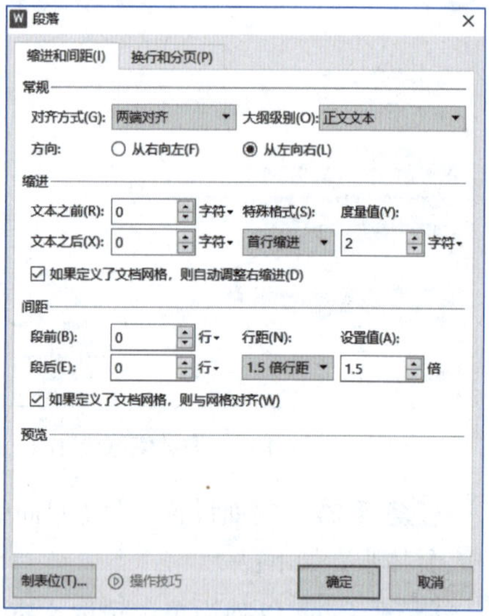

图1-109 “段落”对话框

STEP 2 在样式列表中，找到“标题1”样式并右击，在弹出的快捷菜单中选择“修改样式”命令，弹出“修改样式”对话框，单击“格式”按钮，设置中文字体为“黑体”，西文字体为“Times New Roman”，字号为“小三号”，并单击“加粗”按钮，如图1-110所示。在左下角的“格式”下拉菜单中选择“段落”命令，弹出“段落”对话框，设置行距为“1.5倍行距”，段前和段后间距各设置为“0.5行”，对齐方式选择“居中对齐”，在“大纲级别”下拉菜单中选择“1级”，如图1-111所示。单击“确定”按钮保存修改。

STEP 3 在样式列表中，找到“标题2”样式并右击，在弹出的快捷菜单中选择“修改样式”命令，弹出“修改样式”对话框，设置中文字体为“黑体”，西文字体为“Times New Roman”，字号为“四号”，并单击“加粗”按钮。在左下角的“格式”下拉菜单中选择“段落”命令，弹出“段落”对话框，行距设置为“1.5倍行距”，对齐方式选择“居左对齐”，在“大纲级别”下拉菜单中选择“2级”。单击“确定”按钮保存修改。

STEP 4 在样式列表中，找到“标题3”样式并右击，在弹出的快捷菜单中选择“修改样式”命令，弹出“修改样式”对话框，设置中文字体为“黑体”，西文字体为“Times New Roman”，字号为“小四号”，并单击“加粗”按钮。在左下角的“格式”下拉菜单中选择“段落”命令，弹出“段落”对话框，行距设置为“1.5倍行距”，对齐方式选择“居左对齐”，在“大纲级别别”下拉菜单中选择“3级”。单击“确定”按钮保存修改。

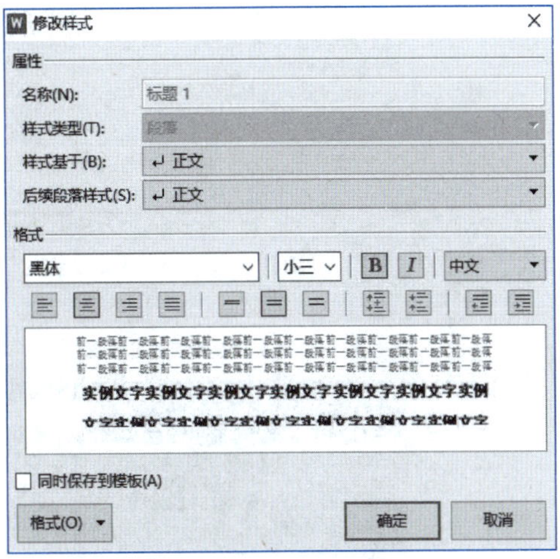

图1-110　“修改样式”调整

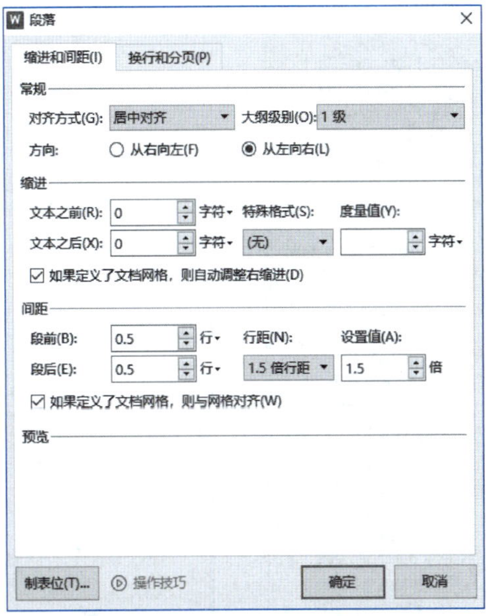

图1-111　“标题1段落格式”调整

任务要求4： 样式应用。参照“毕业论文编辑-示范终稿.pdf”中的最终结果，将建立及修改的样式应用到对应的段落和标题中。

具体步骤如下：

STEP 1 完成任务要求2所有自定义样式后，“样式”选项组中列表处会显示出新样式名称，如图1-112所示。

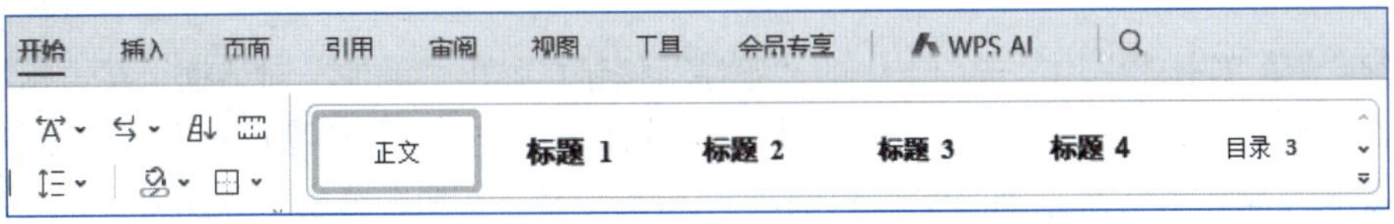

图1-112　“样式”显示

STEP 2 打开“毕业论文编辑-示范终稿.pdf”文件，仔细查看标题和段落的样式。

STEP 3 返回到WPS文字编辑文档，单击“视图”选项卡中的“导航窗格”按钮，以启用文档的导航窗格功能。快速定位文档中的标题和段落。“导航窗格”示意如图1-113所示。

STEP 4 在导航窗格中，可以看到文档的大纲结构，包括各级标题。根据“毕业论文编辑-示范终稿.pdf”中的样式和结构，选择WPS文档中的相应段落或标题。在“开始”选项卡的“样式”列表中，找到并单击与所选段落或标题对应的样式（如“标题1”“标题2”“标题3”“论文正文”），如图1-114所示。重复此步骤，直到所有段落和标题都已正确应用相应的样式。

STEP 5 仔细检查文档的每个部分，确保所有标题和段落都已正确应用样式。如果发现有误应用的样式，选择相应的段落或标题，并在样式列表中选择正确的样式进行更正。确保文档的格式与“毕业论文编辑 - 示范终稿 .pdf”中的样式和结构一致。

任务要求5： 插入题注。确保论文中的图表有序且易于引用提升论文的专业性和可读性。按顺序给论文中的所有图表添加题注（按图一、图二、图三……的顺序），并参照“毕业论文编辑-

示范终稿.pdf”中的最终效果修改图表的名称。

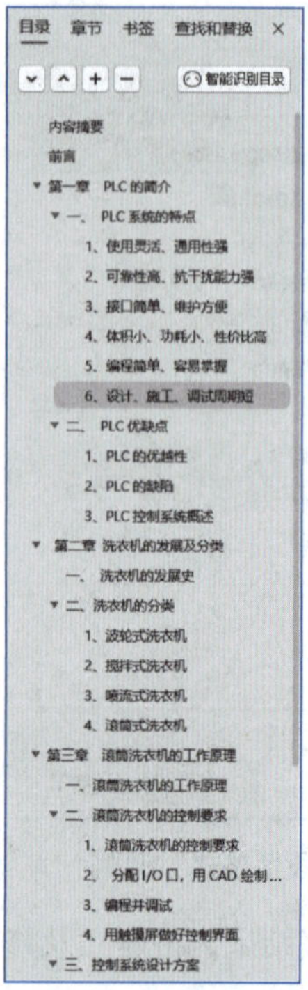

图1-113 “导航窗格”示意

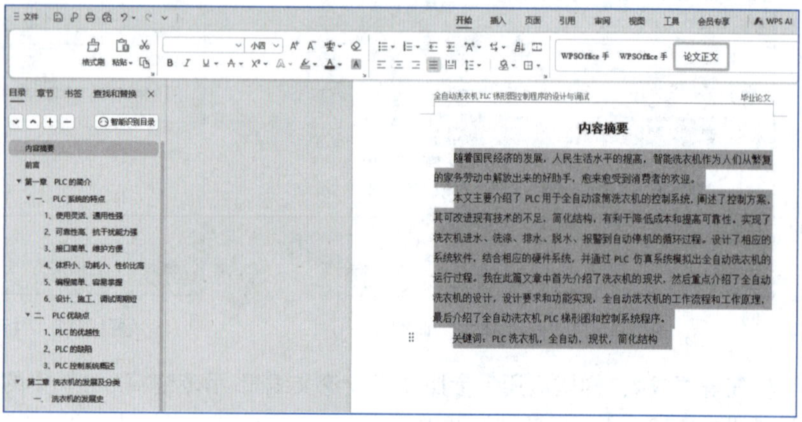

图1-114 对应“样式”的使用

具体步骤如下：

STEP 1 定位到“第一章 PLC的简介”中“四、洗衣机的PLC控制系统概述”最后一段的图中。

STEP 2 单击“引用”选项卡中的“题注”按钮，弹出“题注”对话框，在“标签”下拉列表中选择“图”选项（如果默认不是“图”，请选择它）。“位置”选项设置为“所选项目下方”（或根据需求选择其他位置），如图1-115所示。单击“编号”按钮，弹出“题注编号”对话框，在“格式”下拉列表中选择“一,二,三，…”选项，如图1-116所示。对照“毕业论文编辑-示范终稿.pdf”，将图的名称“题注”内容填写完整。单击“确定”按钮，WPS将自动为图表添加题注，如图1-117所示。

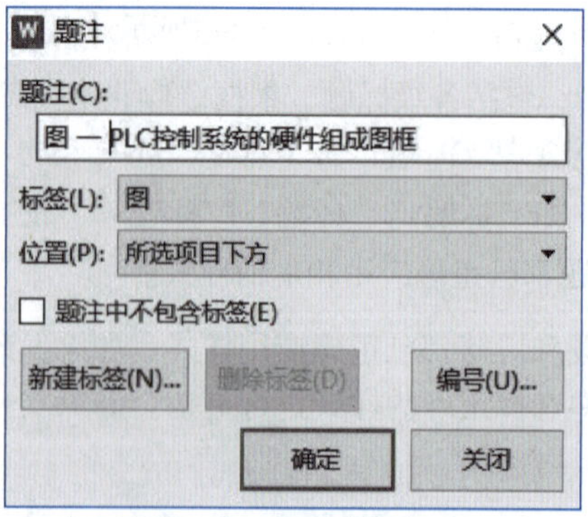

图1-115 “题注”对话框

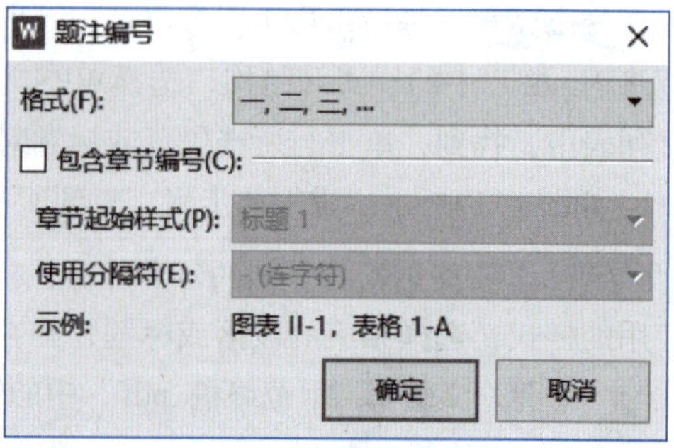

图1-116 “题注编号”对话框

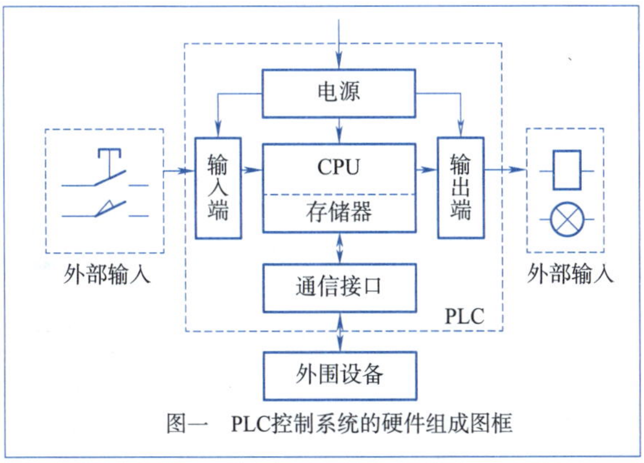

图1-117　“题注”添加展示

STEP 3 定位到文档中的下一个图表。重复STEP 2中的操作，修改该图表的名称。对文档中所有图表重复此过程，直到所有图表都添加了正确的题注和名称。

任务要求6：创建目录。在封面后自动生成目录，并在目录前添加标题“目录”，格式为“宋体、四号、加粗、居中”，目录内容格式为“宋体、小四、行距为1.5倍”，目录格式应用“标题1、标题2、标题3”样式，显示级别设置3级。

具体步骤如下：

STEP 1 检查文档中的各级标题是否已经使用“标题1、标题2、标题3”等样式进行了格式化。如果没有，需要先选中相应的标题文字，然后在“开始”选项卡中的“样式”区域选择对应的标题样式。

STEP 2 将光标放置在封面页的下一页，在该位置插入一个空行，在空行中输入“目录”二字，并设置“目录”二字格式为“黑体、三号、加粗、居中”。

STEP 3 单击“引用”选项卡中的“目录”下拉按钮，在下拉列表中选择“自定义目录”命令，弹出“目录”对话框，“显示级别”设置为3。还可设置是否显示页码、页码右对齐、使用超链接等，这里使用默认设置即可，如图1-118所示。

STEP 4 单击“确定”按钮，将自动生成目录并插入到文档中，如图1-119所示。

STEP 5 选中所有目录内容，并设置其格式为“宋体、小四、行距为1.5倍”。

任务要求7：目录跳转。从目录中的“第一章 PLC的简介”标题处，按下【Ctrl】键并单击，通过目录链接直接跳转到正文部分。

具体步骤如下：

STEP 1 在文档中找到目录页，在目录中找到“第一章 PLC的简介”标题。

STEP 2 将鼠标指针移动到“第一章PLC的简介”标题上，然后按下【Ctrl】键的同时单击，就会自动跳转到文档中的“第一章PLC的简介”正文部分。

STEP 3 目录中的其他内容也可按此方法进行操作。

任务要求8：插入批注。批注功能方便用户在文档中进行注释、提出修改意见或交流讨论，有助于提升文档协作、审阅、修订及个人学习的效率和效果。给“第一章PLC的简介”的第一段“PLC可编程控制器：英文全称Programable Logic Controller，定义是：一种数字运算操作的电子系统，专为在工业环境应用而设计的。”添加批注“此处英文单词及定义有误，建议修改为：PLC可编程控制器：英文全称Programmable Logic Controller，简称PLC，是一种专门为工业环境下应用而设计的数字运算操作电子系统。”

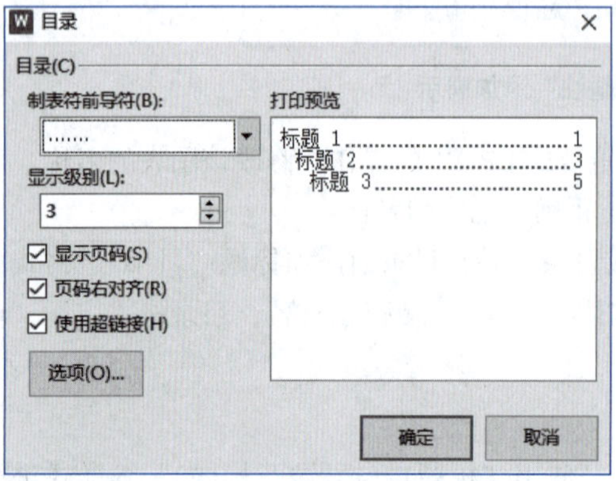

图1-118 “目录”对话框

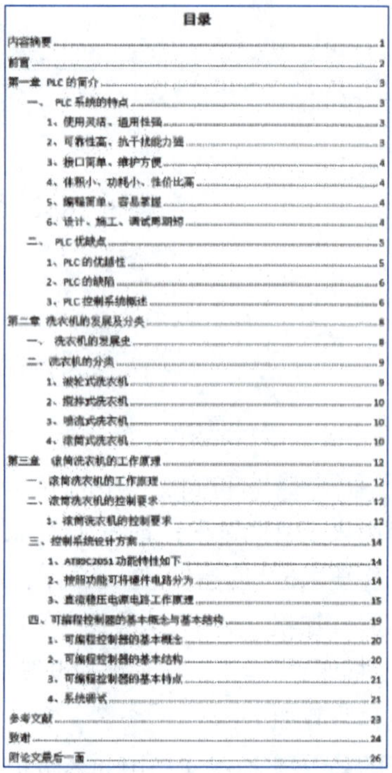

图1-119 “目录”效果展示

具体步骤如下：

STEP 1 在文档中找到“第一章PLC的简介”的第一段，并定位到“PLC可编程控制器：英文全称Programable Logic Controller，定义是：一种数字运算操作的电子系统，专为在工业环境应用而设计的。”这句话并选中。

STEP 2 单击“审阅”选项卡中的“插入批注”按钮，此时，右侧或旁边会出现一个批注框，在此处输入批注内容：“此处英文单词及定义有误，建议修改为：PLC可编程控制器：英文全称Programmable Logic Controller，简称PLC，是一种专门为工业环境下应用而设计的数字运算操作电子系统。”，如图1-120所示。

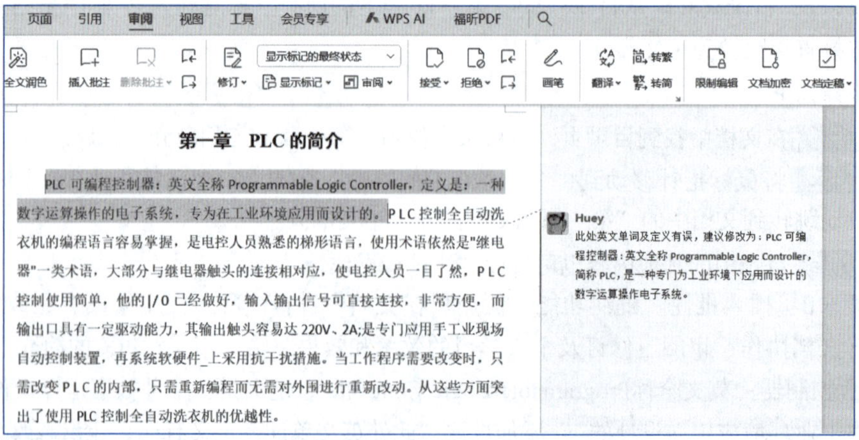

图1-120 添加“批注”功能

任务要求9：页眉、页脚和页码设置。为文档添加页眉和页脚，页眉左侧添加论文题目“全自动洗衣机PLC梯形图控制程序的设计与调试”，右侧添加文本“毕业论文”、并添加页眉横线；页码设置在页脚中间位置。

具体步骤如下：

STEP 1 单击“插入”选项卡中的“页眉页脚”按钮，进入页眉/页脚编辑模式，如图1-121所示。

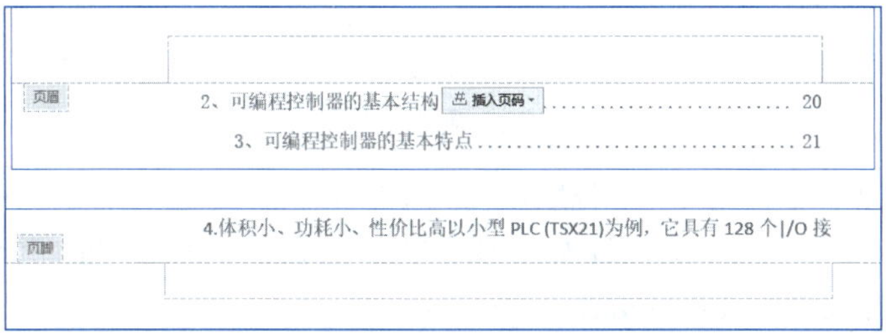

图1-121　添加“页眉页脚”

STEP 2 在页眉区域，将光标位于左侧，输入论文题目“全自动洗衣机PLC梯形图控制程序的设计与调试”后，将光标移动到页眉右侧，输入文本“毕业论文”。

STEP 3 如果页眉横线未自动出现，可单击“页眉页脚”选项卡中的“页眉横线”按钮，在展开的面板中选择页眉横线类型，如图1-122所示。

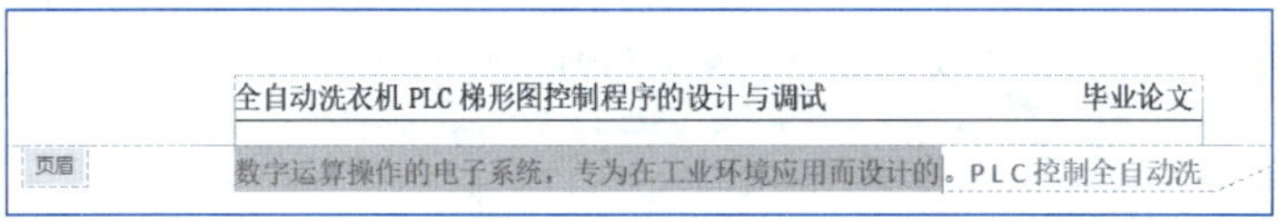

图1-122　“页眉”效果展示

STEP 4 切换到页脚区域，单击“插入页码”按钮，在展开的对话框中选择样式为“1，2，3…”，设置位置为“居中”，应用范围为“整篇文档”，单击“确定”按钮完成页码设置，如图1-123所示。

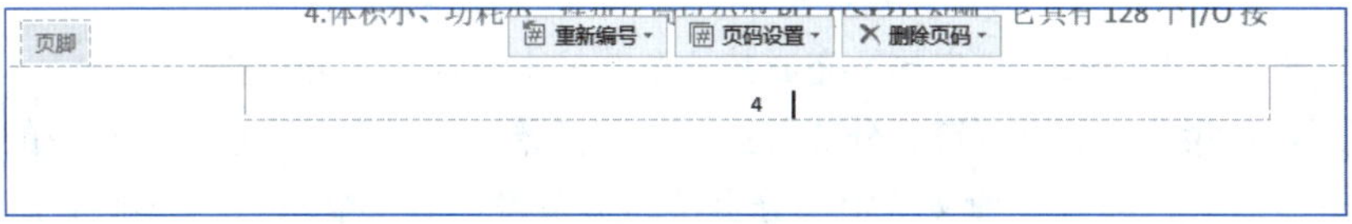

图1-123　“页脚”效果展示

STEP 5 完成后关闭“页眉页脚”视图。

任务要求10：插入分节符、分页符。在需要重新编排页眉和页码的位置（内容摘要前)插入“下一页分节符”，在需要分章的位置（每个样式“标题1”首字前）插入“分页符”。从论文正文开始设置页眉和页码，起始页码设置为“1”，应用范围选择“本节”。去除封面、目录、页眉和页脚中所有内容（选择删除本节页眉和页码）。

具体步骤如下：

STEP 1 在文档中找到“内容摘要”页，将光标定位到的标题1“内容摘要”前，单击“页面”选项卡中的“分隔符”下拉按钮，在下拉列表中选择“下一页分节符”选项。（或者单击“插入”选项卡中的“分页”下拉按钮，在下拉列表中选择“下一页分节符”选项），如图1-124所示。

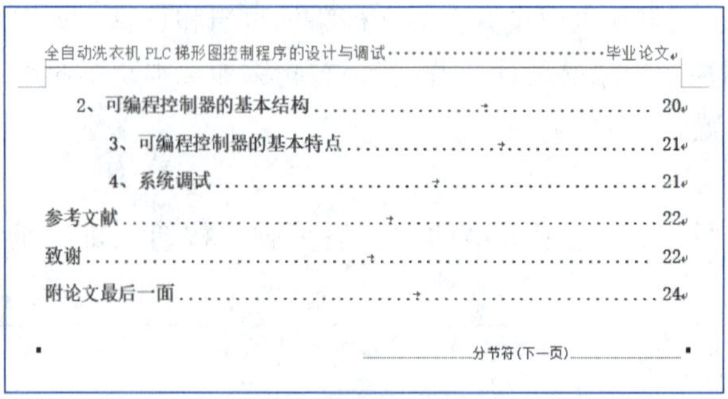

全自动洗衣机 PLC 梯形图控制程序的设计与调试……………………毕业论文

2、可编程控制器的基本结构……………………20

3、可编程控制器的基本特点……………………21

4、系统调试……………………21

参考文献……………………22

致谢……………………22

附论文最后一面……………………24

分节符(下一页)

图1-124　添加“分节符”

STEP 2 将光标定位到样式“标题1”首字前，单击“页面”选项卡中的“分隔符”下拉按钮，在下拉列表中选择“分页符”选项。（或者单击“插入”选项卡中的“分页”下拉按钮，在下拉列表中选择“分页符”选项），如图1-125所示。

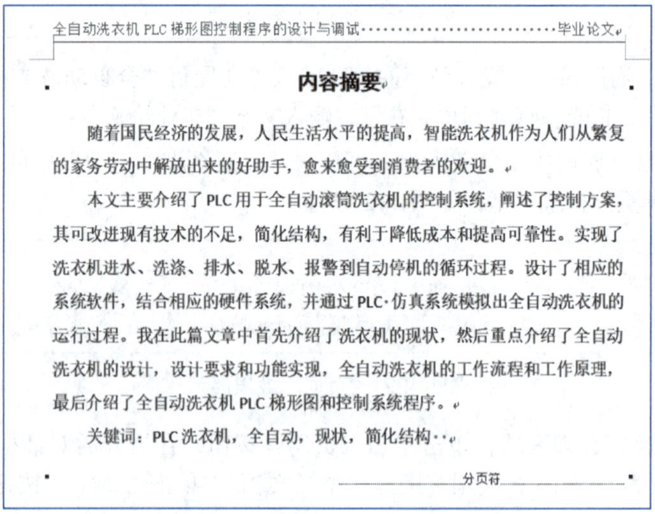

全自动洗衣机 PLC 梯形图控制程序的设计与调试……………………毕业论文

内容摘要

随着国民经济的发展，人民生活水平的提高，智能洗衣机作为人们从繁复的家务劳动中解放出来的好助手，愈来愈受到消费者的欢迎。

本文主要介绍了 PLC 用于全自动滚筒洗衣机的控制系统，阐述了控制方案，其可改进现有技术的不足，简化结构，有利于降低成本和提高可靠性。实现了洗衣机进水、洗涤、排水、脱水、报警到自动停机的循环过程。设计了相应的系统软件，结合相应的硬件系统，并通过 PLC·仿真系统模拟出全自动洗衣机的运行过程。我在此篇文章中首先介绍了洗衣机的现状，然后重点介绍了全自动洗衣机的设计，设计要求和功能实现，全自动洗衣机的工作流程和工作原理，最后介绍了全自动洗衣机 PLC 梯形图和控制系统程序。

关键词：PLC 洗衣机，全自动，现状，简化结构··

分页符

图1-125　添加“分页符”

STEP 3 重复上述STEP 2步骤，完成其他章节的末尾插入“分页符”。

STEP 4 删除多余的分页符、分节符：单击“开始”选项卡→“段落”组中的“显示/隐藏编辑标记”按钮，即可看到文档中的分页符、分节符（通常显示为一条虚线），选中多余的分页符、分节符，按【Delete】键删除即可。

STEP 5 整篇文档变为2节，封面和目录为第1节，内容摘要页开始至文档结束为第2节。在第2节的页眉处双击，进入页眉编辑页面，单击“页眉页脚”选项卡中的“同前节”按钮，可设置与第1节不同的页眉。

STEP 6 选中第1节中页眉区域的所有内容，按【Delete】键删除，关闭“页眉页脚”退出操作页面。

STEP 7 在第1节的页脚处双击，进入页脚编辑页面，单击“删除页码”下拉按钮，在下拉列表中选择“本节”选项，即可删除本节页码，如图1-126所示。

STEP 8 起始页码设置，在第2节的页脚处双击，进入页眉页脚编辑页面，单击“页眉页脚”选项卡中的“页码”下拉按钮，在下拉列表中选择“页码”命令，弹出“页码”对话框，在

“页码编号”区域设置起始页码为“1”，在“应用范围”区域选择“本节”单选按钮，如图1-127所示。

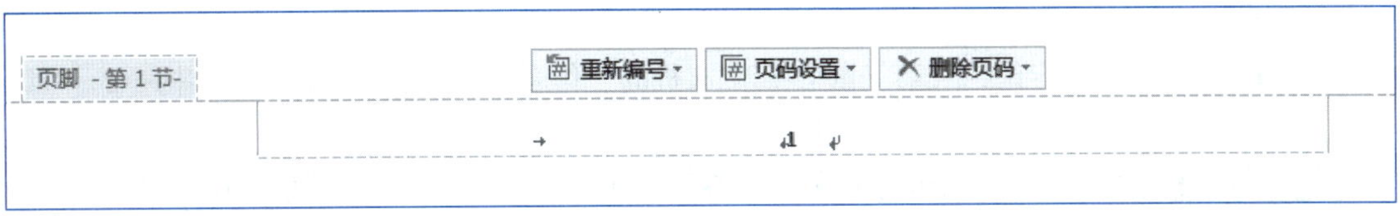

图1-126　删除本书页码

任务要求11：参考文献设置。为参考文献添加自动编号[1]、[2]……，并调整参考文献的格式，使其符合“作者.书名.版本.出版社”的顺序规范。

具体步骤如下：

STEP 1 选中参考文献内容（用鼠标拖动或按住【Shift】键单击选中所有参考文献内容）。

STEP 2 单击“开始”选项卡→“段落”组中的“项目编号”下拉按钮，在下拉列表中选择“自定义项目符号”命令，弹出“项目符号和编号”对话框，选择“编号”选项卡，选择一种编号样式（如1, 2, 3...）单击“自定义”按钮，弹出“自定义编号列表”对话框，在“编号格式”文本框左边输入“[”，右边输入“]”（需切换到英文输入法），这样编号就会显示为[1]、[2]……，如图1-128所示。单击“确定”按钮应用编号格式。

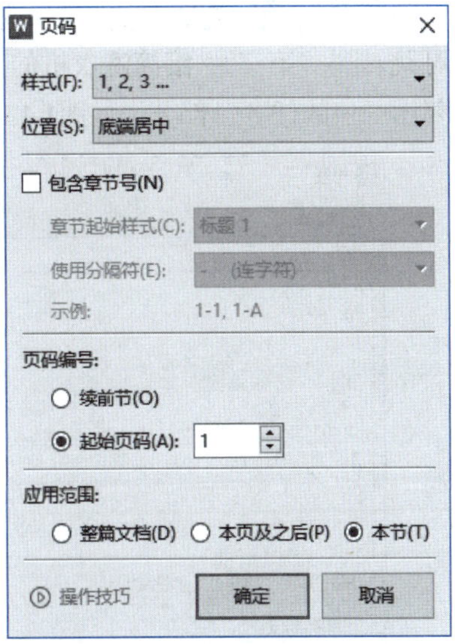

图1-127　“页码”格式调整

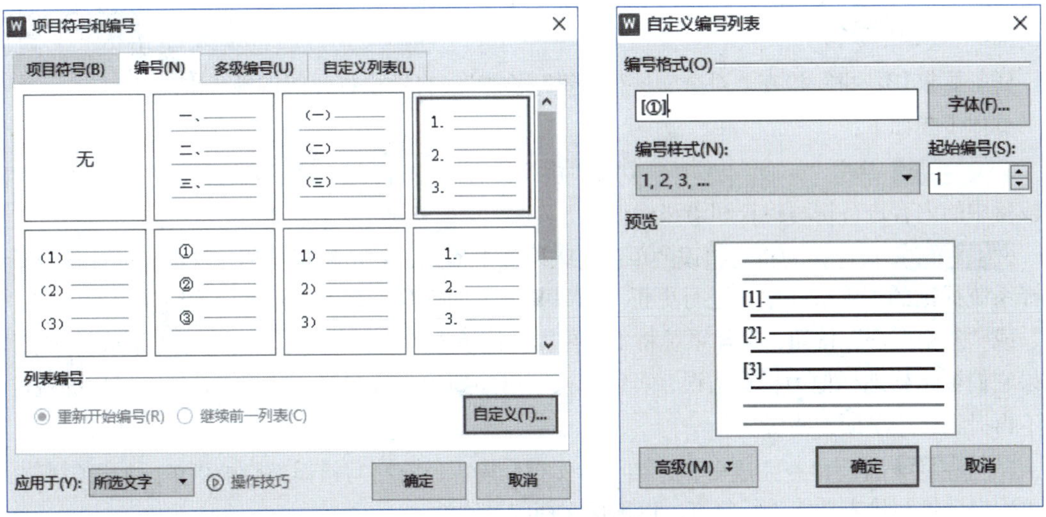

图1-128　添加“自定义编号列表”

STEP 3 手动调整参考文献格式，使其符合“作者.书名.出版社.版本”的顺序，并使用“.”作为分隔符。

任务要求12：插入书签并设置超链接。在“第三章 滚筒洗衣机的工作原理→五、可编程……

结构→2、可编程……结构→PLC主要由……的任务”部分，插入书签“PLC”，方便快速定位到论文中关于PLC的详细内容，提高论文的导航性和阅读效率。

具体步骤如下：

STEP 1 将光标定位到“第三章 滚筒洗衣机的工作原理→五、可编程……结构→2、可编程……结构→PLC主要由……的任务”部分。

STEP 2 单击“插入”选项卡中的“书签”按钮，弹出“书签”对话框，在“书签名”文本框中输入“PLC”，单击“添加”按钮，书签“PLC”就被插入到文档中，如图1-129所示。

STEP 3 验证书签，在文档左侧导航窗格中即可看到书签“PLC”，单击书签“PLC”，即可跳转到“第三章 滚筒洗衣机的工作原理→五、可编程……结构→2、可编程……结构→PLC主要由……的任务”部分，如图1-130所示。

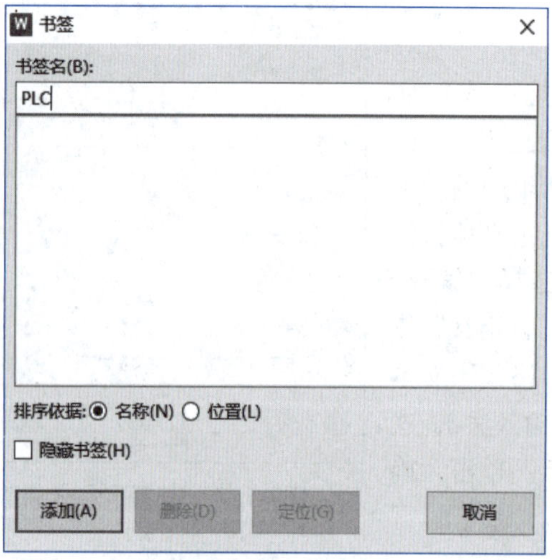

图1-129 “书签”对话框

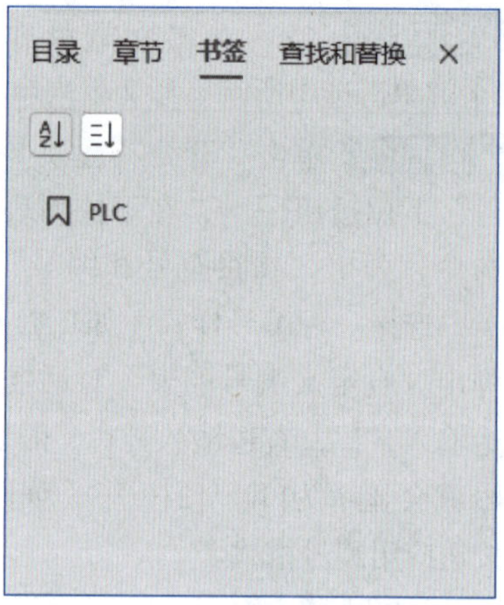

图1-130 “导航窗格”书签使用

任务要求13：拼写检查。对全文进行“拼写检查”，自动检查并纠正拼写错误。

具体步骤如下：

STEP 1 单击“审阅”选项卡中的“拼写检查”按钮，在弹出的“拼写检查”对话框中，对段落中的内容进行拼写检查和语法检查。

STEP 2 被标记为拼写错误的单词可采取以下操作，右击错误单词，在弹出的快捷菜单中选择系统提供的正确拼写建议进行更正。如果某个单词拼写正确但仍被标记为错误，可单击“忽略”或“忽略全部”按钮，这样系统将不会再提示该单词的错误。对于一些专业术语或特殊名词，如果它们被错误地标记为拼写错误，可以单击“添加到词典”按钮，这样，系统在以后的检查中将不再提示这些单词为错误。

STEP 3 拼写检查完成后，仔细查看文档，确保所有拼写错误都已被更正。如果需要，可以再次启动拼写检查功能进行复查，以确保文档的准确性。

任务要求14：更新目录。文档所有内容修改完成后，更新目录页码。

具体步骤如下：

STEP 1 将光标定位到目录页面，单击“引用”选项卡中的“更新目录”按钮。

STEP 2 弹出“更新目录”对话框，选择“只更新页码”单选按钮，单击“确定”按钮完成目录页码的自动更新，如图1-131所示。

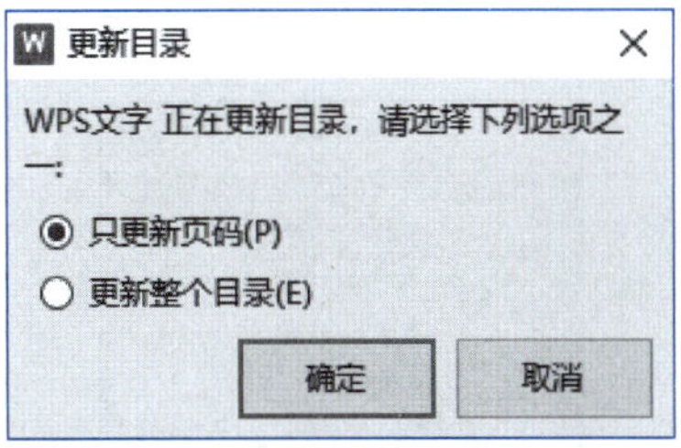

图1-131　“更新目录”对话框

STEP 3 尝试其他更新目录页码的方法：（1）右击选中的目录，在弹出的快捷菜单中选择“更新域”命令，弹出“更新目录”对话框，同样可以选择“只更新页码”或“更新整个目录”单选按钮。选择好更新方式后，单击“确定”按钮即可完成目录页码的更新。（2）快捷键更新，选中目录内容，然后按【F9】键，即可快速更新目录。

任务要求15： 预览与打印。利用WPS文字的打印预览功能查看文档的最终效果，并根据预览结果进行最后的调整和优化。在打印文档时，将其导出为PDF格式，以确保格式的一致性和可读性。

具体步骤如下：

STEP 1 选择“文件”菜单中的“打印”命令，或单击工具栏中的“打印预览”按钮，或按【Ctrl+P】组合键，均可进入打印预览界面。

STEP 2 在打印预览界面中，可以看到文档的打印效果预览图，通过滚动条查看文档的多页内容，确保每一页的内容都正确无误，检查文档的页眉、页脚、页码、图片等是否按照预期排列和显示，如图1-132所示。

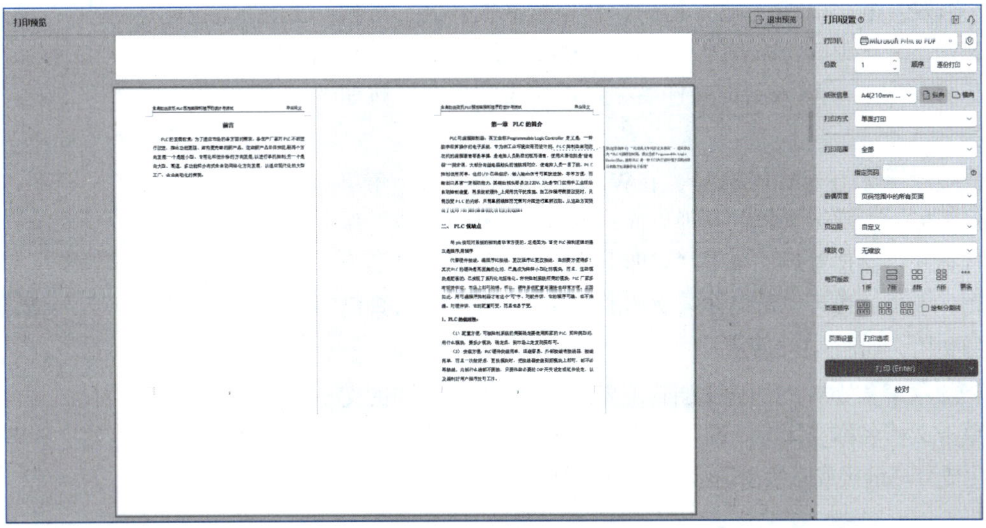

图1-132　“打印预览”功能

STEP 3 如果发现预览效果不符合预期，关闭打印预览模式，返回到文档编辑界面，对文档的字体、字号、段落格式、页面布局等进行调整。

STEP 4 如果文档不需要修改，将其导出为PDF格式。在打印预览界面右侧的“打印设置”区域单击“打印机”下拉按钮，在下拉菜单中选择“Microsoft Print to PDF”命令，如图1-133所示，单击“打印”按钮，弹出“将打印输出另存为”对话框，将PDF文件保存在桌面，文件名为“毕业论文文字修订”，保存类型为“PDF文档”，如图1-134所示。

任务要求16： 保存该文档，并将其上传至云盘以便后续访问和分享。

具体步骤如下：

STEP 1 完成文档的编辑后，选择“文件”菜单中的“保存”命令，或单击快速访问工具栏中的“保存”按钮，或按【Ctrl+S】组合键，自动将文档保存到最近一次保存的位置。

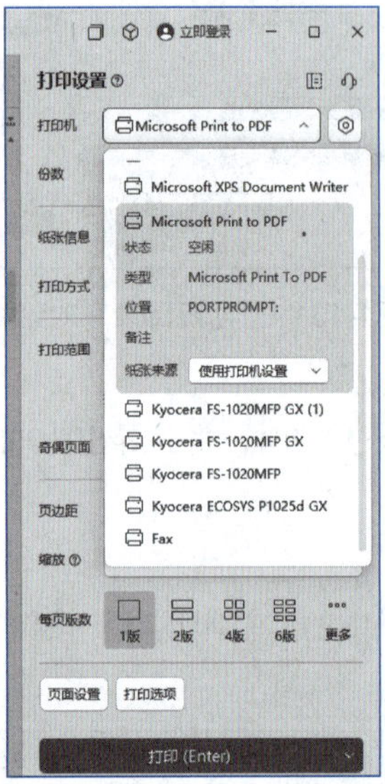

图1-133 “打印机”下拉菜单

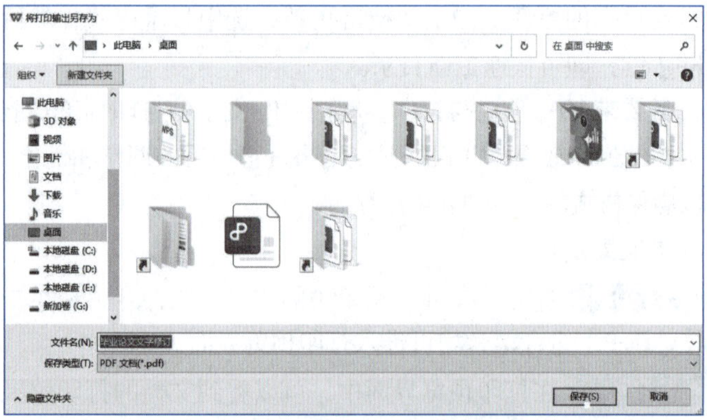

图1-134 “将打印输出另存为”对话框

STEP 2 若需要更改文档的保存位置或文件名，可选择“文件”菜单中的“另存为”命令，在弹出的对话框中选择新的保存路径，并输入新的文件名，最后单击“保存”按钮即可。

STEP 3 登录WPS账号，在WPS文档界面的右上角单击云形图标。在云文档的管理界面，单击“上传到云盘”按钮，选择好存储位置后，单击“立即上传”按钮，系统开始上传文档。上传完成后，可以在云文档的管理界面查看和管理已上传的文档，如图1-135所示。

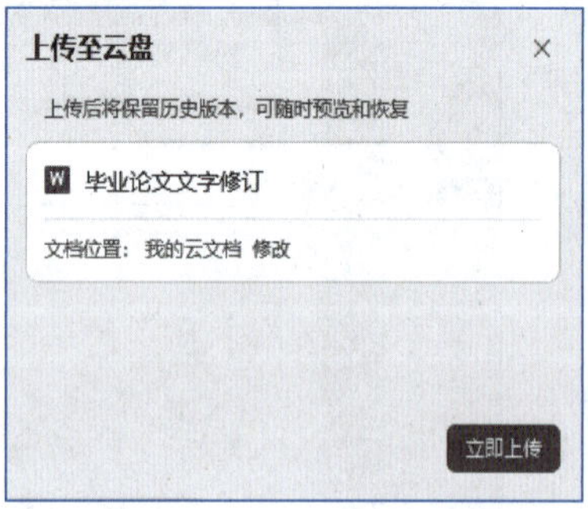

图1-135 “上传至云盘”功能

STEP 4 在WPS的云文档管理界面中，找到已上传的文档，单击文档名称或图标，即可在线访问该文档。若要分享文档，可单击文档右侧的“分享”按钮，生成分享链接或直接发送给他人，如图1-136所示。

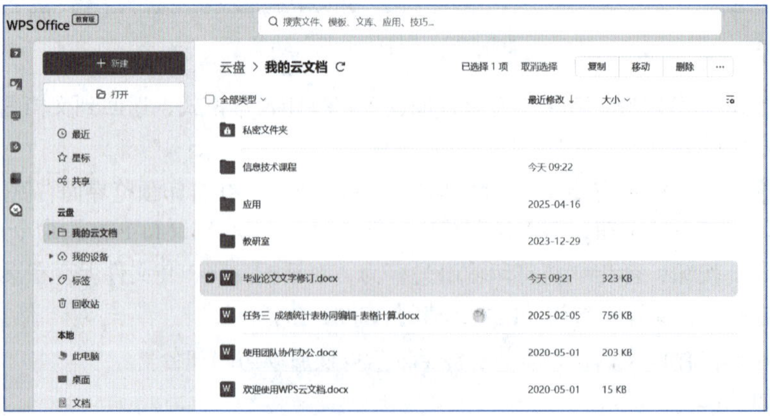

图1-136 “分享文档”功能

项目二

策无遗算　电子表格处理

项目导读　　琢匠心　铸精品

信息技术＋实习

亲爱的青年学子们：

在知识的田野上耕耘，每一步都蕴含着对智慧的追求与对匠心的传承。《诗经》有云：“如切如磋，如琢如磨。”这不仅是对工匠精神的经典诠释，也是你们在学习道路上应秉持的态度。在项目二中，你们将踏上一段岗位实习阶段任务的探索之旅，不仅学习技能，更领悟匠心，将“琢匠心　铸精品”的精神内化于心，外化于行。

任务一的光伏项目跟进统计表制作，恰如《道德经》所言“图难于其易，为大于其细”。通过建立规范的数据框架，你们将领悟“九层之台起于累土”的实践哲学。每个单元格的精准录入都是对工匠精神的致敬，每张表格的清晰架构都是对国家新能源战略的微观注解。

任务二的公式与函数运用，是对“明者因时而变，知者随事而制”的躬身实践。当你们用函数推演工期天数、统计设备总量时，每一组公式的嵌套都是对“分毫必究”职业态度的锤炼。通过精确计算项目成本与收益，你们将理解：数据逻辑的严谨性，恰似古时漕运“毫厘定盈亏”的智慧，是支撑绿色能源高质量发展的数字基石。

任务三的农光互补数据分析，将带领你们走进“格物致知”的智慧殿堂。通过排序梳理乡镇供电优先级，用筛选定位高效益项目，每一次操作都是对乡村振兴战略的数字化注解。当你们透视不同区域的能源产出差异，或是汇总片区投资贡献时，便是在用数据丈量“农光互补”如何让荒坡焕生机、让阳光变黄金。

任务四的数据可视化呈现，则是“一图胜千言”的现代演绎。用三维饼图展现收入份额的“生态版图”，以动态图表对比投资成本的“山川脉络”。当你们用数据条标注高发电量项目，或是用切片器联动展示片区协同效能时，这些可视化成果将成为讲述中国新能源故事的“数字帛书”，向世界传递东方智慧的创新表达。

亲爱的同学们，当你们在电子表格的方寸之间编织数据经纬时，请始终铭记：每个数值都连着万家灯火，每张图表都映照山河锦绣。愿你们以数据为舟，以责任为楫，在新能源革命的浪潮中，书写属于Z世代的“双碳”答卷！

任务一　项目跟进统计表制作——电子表格基本操作

情境引入

工小匠踏入光伏行业实习，肩负起跟进光伏项目的重任。光伏产业作为新能源领域的重要组成部分，正经历着技术的飞跃与市场需求的激增，工小匠深刻体会到这一行业的蓬勃生机与无限潜力。为了精准掌握项目进展，他迅速投入行动，着手制作光伏项目跟进统计表，通过WPS电子表格处理的基本操作，细致记录每一项数据，为项目的顺利推进奠定坚实基础。

任务分析

（1）运用WPS电子表格创建工作表，管理光伏项目数据。

（2）通过行列操作与序列填充，高效记录项目进展。

（3）设置数据有效性，调整单元格格式，提升表格实用性。项目效果如图2-1所示。

光伏项目跟进统计表

序号	项目名称	负责人	性别	联系电话	部门	开工日期	截止日期	工期（天数）	项目状态	购买设备数量			备注
										光伏组件	逆变器	购买金额	
1	分布式光伏电站	李小明	男	137057152[illegible]	高度部	2021/5/1	2021/9/1			7	3		
2	分布式光伏电站	涂祥	男	137057152[illegible]	设计部	2021/6/8	2021/7/21			8	4		
3	分布式光伏电站	张西安	男	137057152[illegible]	工程部	2021/5/3	2021/9/2			9	5		
4	光伏扶贫	刘志	男	137057162[illegible]	设计部	2021/9/4	2021/12/3			10	6		
5	分布式光伏电站	李小明	男	137057152[illegible]	高度部	2021/5/5	2021/9/4			3	7		
6	分布式光伏电站	张西安	男	137057152[illegible]	工程部	2021/5/6	2021/9/5			5	8		
7	光伏扶贫	周美	女	137057162[illegible]	高度部	2022/3/7	2022/8/6			7	9		
8	光伏扶贫	张西安	男	137057152[illegible]	工程部	2022/3/15	2022/8/7			9	10		
9	光伏扶贫	朱闽	女	137057852[illegible]	工程部	2022/3/9	2022/8/8			*11*	*11*		
10	光伏扶贫	李伟	男	137057852[illegible]	研发部	2022/3/10	2022/8/9			*13*	*12*		
11	光伏扶贫	程浩	男	137057852[illegible]	工程部	2022/7/11	2022/8/10			*15*	*13*		
12	水上光伏	朱闽	女	137057852[illegible]	工程部	2022/3/12	2022/8/11			*17*	*14*		
13	水上光伏	胡苏	女	137057852[illegible]	设计部	2021/2/16	2021/4/12			*19*	8		
14	水上光伏	赵璐	女	137057152[illegible]	设计部	2021/2/14	2021/4/13			2	9		
15	水上光伏	张西安	男	137057152[illegible]	工程部	2021/2/15	2021/4/14			4	*17*		
日期：	2025年2月3日	制表人：	李星										

图2-1　项目二之任务一的效果图

知识链接

一、工作表与数据管理

在WPS表格中，用户可以单击工作表标签右侧的“+”按钮 + ，或者右击现有工作表标签，在弹出的快捷菜单中选择“插入工作表”命令插入新的工作表，如图2-2所示。新插入的工作表将默认命名为Sheet加上一个序列号，如“Sheet1”“Sheet2”等。为了更好地组织和管理数据，用户可以为工作表自定义名称。右击工作表标签，在弹出的快捷菜单中选择“重命名”命令，然后输入新的名称即可，如图2-3所示。注意，工作表名称中不能包含某些特殊字符，且在同一工作簿中，工作表名称必须唯一。

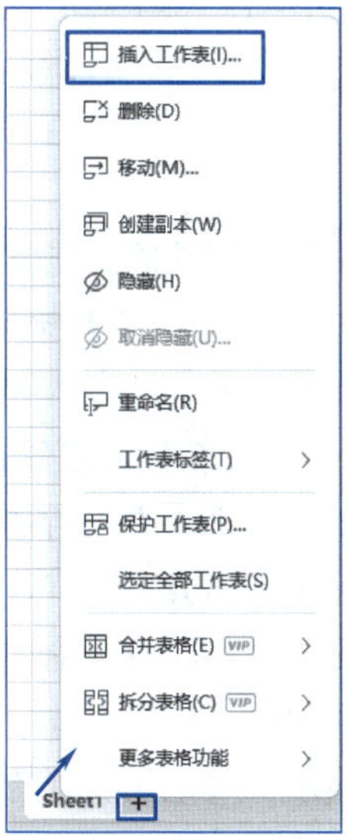

图2-2　创建新的工作表

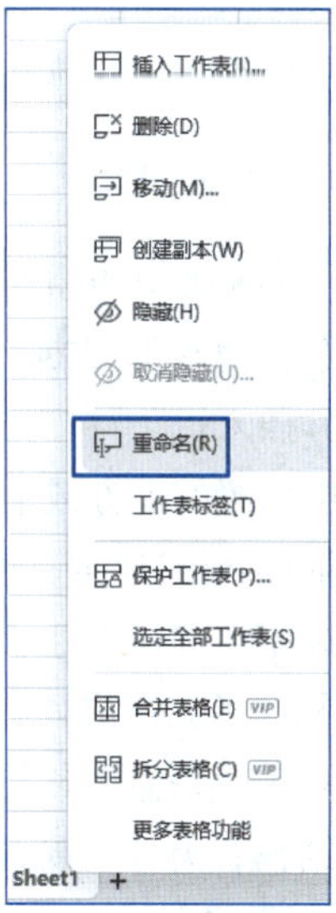

图2-3　工作表重命名

在复制与粘贴数据时，首先选中需要复制的单元格区域，右击后选择“复制”命令，或者按【Ctrl+C】组合键，即可将选中的数据复制到剪贴板中。在目标位置单击选中起始单元格，右击后选择“粘贴”命令，或者按【Ctrl+V】组合键，即可将剪贴板中的数据粘贴到目标位置。需要注意的是在粘贴时还可以选择“选择性粘贴”命令，以粘贴为数值、格式、公式等不同类型的数据，如图2-4所示。在复制和粘贴数据时，注意检查粘贴选项，以避免公式错误或数据链接问题。如果用户只想清除单元格的格式而保留其内容，可以选中需要清除格式的单元格区域，右击后选择“清除内容”→“格式”命令。

在设置单元格日期型格式时，用户可以选中需要设置日期格式的单元格，右击后选择“设置单元格格式”命令，弹出“单元格格式”对话框，选择“数字”选项卡，在“分类”列表框中选择“日期”类型，然后从提供的日期格式中选择一种合适的格式。单击“确定”按钮后，选中的单元格将应用所选的日期格式。利用日期格式可以更方便地进行时间序列数据的分析和展示。设置日期格式以便更直观地展示时间序列数据，如销售趋势、库存变化等，如图2-5所示。

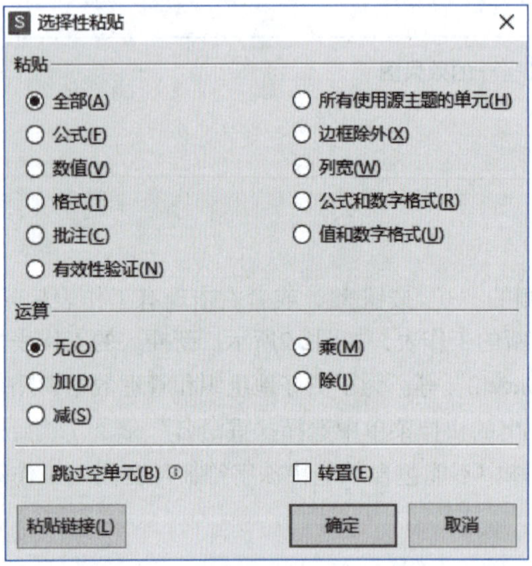

图2-4 “选择性粘贴”对话框

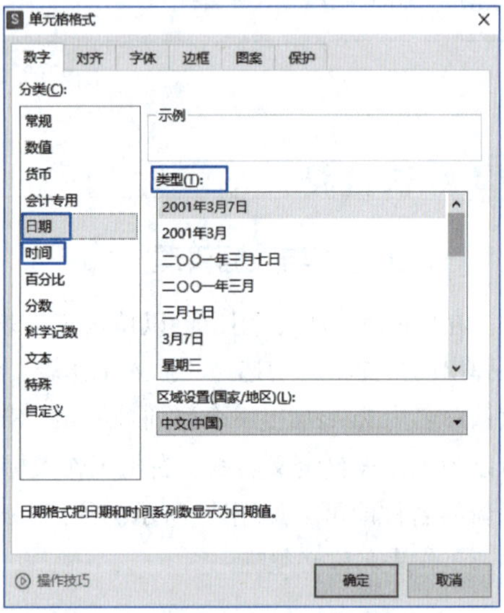

图2-5 “单元格格式”对话框

二、行列操作与序列填充

在WPS表格中，行列操作和序列填充是日常数据处理中的常用功能，能够有效提升工作效率并帮助用户更好地组织和管理数据。插入行或列的操作可以通过选中需要插入新行或列的位置，右击后选择“在上方插入行”“在下方插入行”“在左边插入列”“在右边插入列”命令实现。新行或新列将插入到选中位置的上方或下方或左侧或右侧，适用于添加新数据或分隔不同类型的数据，如图2-6所示。需要隐藏行或列时，可以通过选中需要隐藏的行或列，右击后选择“隐藏”命令完成。隐藏后的行或列不再显示在工作表中，但其数据仍然保留，不会丢失。若需恢复显示，可以选中隐藏行或列相邻的可见行或列，右击后选择“取消隐藏”命令即可。隐藏功能常用于简化工作表视图，便于聚焦关键信息。使用时需注意，在插入行或列时，应确保选中正确的位置，以避免破坏现有数据的结构；另外，隐藏行或列后，若需恢复显示，须记住隐藏的位置，以便准确执行取消隐藏操作。如图2-7所示。

填充句柄是WPS表格中用于快速生成序列数据的实用工具。用户可以在某个单元格中输入起始值，如“1”），然后将鼠标指针移动到该单元格的右下角，当指针变为黑色十字形状时，按住鼠标左键向下或向右拖动，系统会自动填充连续的序号或序列数据。这一功能特别适用于快速生成序号、日期序列或其他规律性数据，能够显著提高数据录入效率。注意使用填充句柄时，可以通过调整拖动的距离来控制序号的增量和终止值，灵活满足不同的数据填充需求，如图2-8所示。

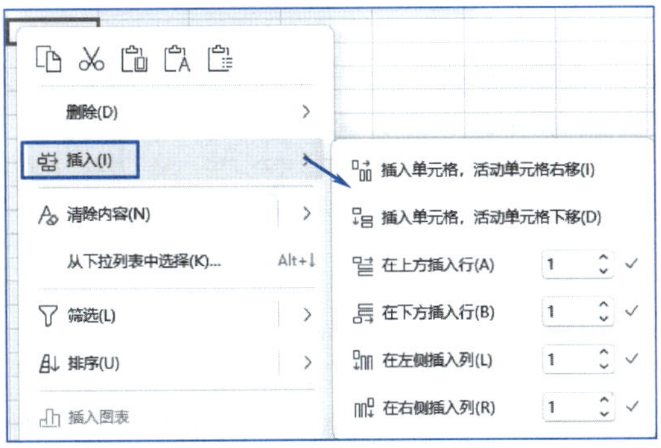

图2-6　“插入”命令

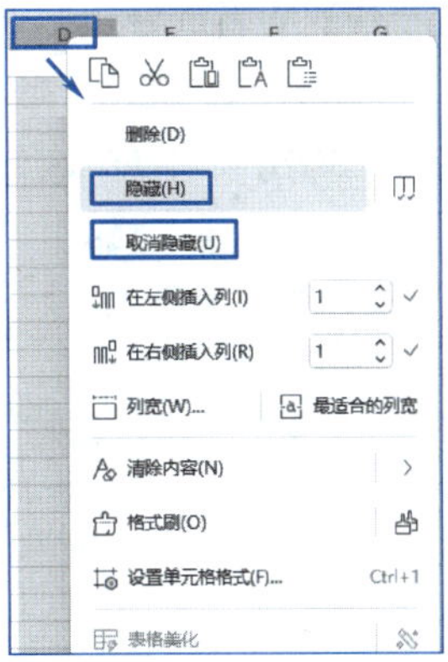

图2-7　“隐藏”和“取消隐藏”命令

三、数据有效性与文本编辑

在WPS表格中，数据有效性与文本编辑是数据处理的重要功能，能够帮助用户规范数据输入、提高数据准确性，并高效完成文本内容的编辑与更新。

数据有效性功能用于限制单元格中输入数据的类型和范围，从而确保数据的规范性和一致性。设置数据有效性时，需选中目标单元格区域，单击“数据”选项卡中的“有效性”按钮，弹出“数据有效性”对话框，选择“设置”选项卡，设置允许输入的数据类型（如整数、小数、日期或文本长度等）以及相应的范围（如最小值、最大值或特定值列表等）。完成设置后单击“确定”按钮，所选单元格区域将应用数据有效性规则。这一功能常用于创建下拉列表或限制输入范围，例如，设置性别选项或年龄范围，从而避免错误输入并减少数据验证的工作量，如图2-9所示。

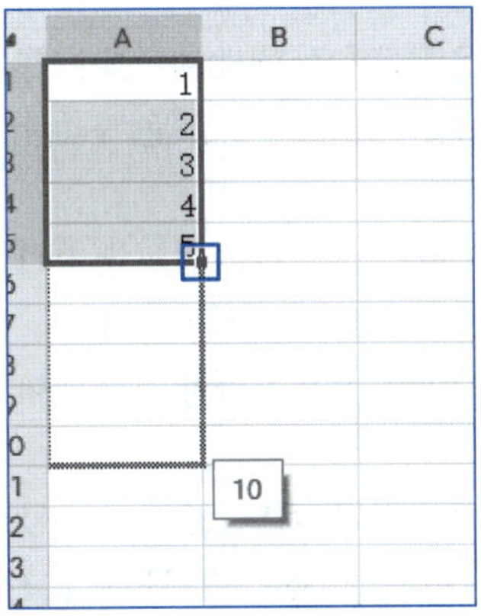

图2-8　使用“填充句柄”

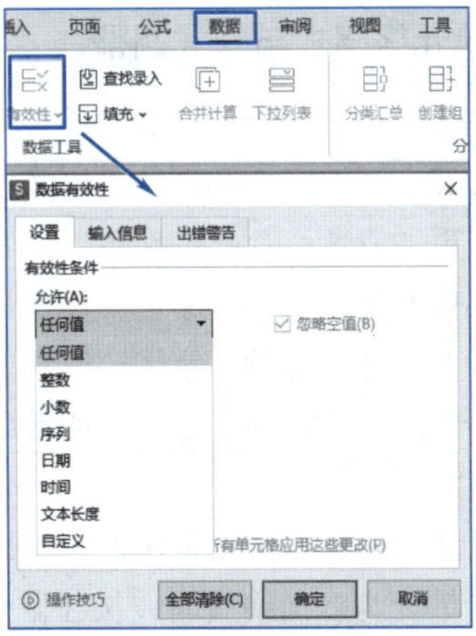

图2-9　“数据有效性”对话框

文本编辑功能是电子表格操作中的基础技能。用户可以通过双击目标单元格直接进入编辑模式，输入或修改文本内容，完成后按【Enter】键或单击其他单元格即可退出编辑模式。此外，若需批量替换特定单元格中的文本内容，可以使用“查找和替换”功能。单击“开始”选项卡中的“查找”按钮，在其下拉菜单中选择“替换”命令，弹出“替换”对话框，输入要查找的文本和替换为的文本，并设置查找范围（如当前工作表或选定单元格区域）及匹配方式（如完全匹配或部分匹配）。单击“全部替换”按钮后，系统将一次性替换所有符合条件的文本内容。这一功能特别适用于快速更新或修正多处相同的数据，例如，批量修改产品名称或更新日期格式，如图2-10所示。

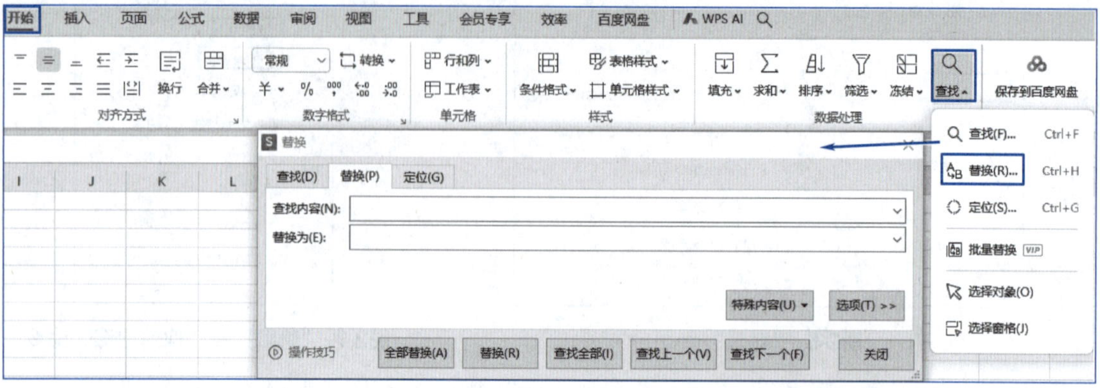

图2-10 “替换”对话框

在实际应用中，数据有效性与文本编辑功能具有广泛的使用场景。例如，设置数据有效性可以确保数据输入的准确性和一致性，适用于创建标准化数据输入模板；在特定单元格中输入或修改数据则能够满足数据分析或报告的需求；而批量替换文本内容则能够高效更新或修正数据，提升工作效率。在使用这些功能时，需注意以下几点：首先，合理设置数据有效性规则可以有效避免错误输入并减少后续数据验证的工作量；其次，在输入或修改数据时，应确保数据的准确性和一致性；最后，灵活运用查找和替换功能可以快速完成多处数据的更新或修正。通过掌握数据有效性与文本编辑的相关操作，用户可以更加高效地处理电子表格数据，为后续的数据分析与应用奠定坚实基础。

四、单元格格式与样式调整

在WPS表格中，单元格格式与样式调整是提升工作表美观性和可读性的重要操作。通过合理设置字体样式、调整行高和列宽，以及设置边框格式、合并单元格和填充颜色等功能，用户可以使数据呈现更加清晰、专业的效果。

设置字体类型、大小、颜色及样式是优化数据展示的基础操作。可以通过选中目标单元格区域，在“开始”选项卡的“字体”组中选择所需的字体类型、字号、字形（如加粗、倾斜、下画线）以及字体颜色等属性。这一功能常用于增强数据的视觉冲击力和可读性，如加粗标题、突出显示重要信息等。

调整行高和列宽是优化工作表布局的重要手段。可以通过将鼠标指针移动到行号或列标的交界处，当指针变为双向箭头时，按住鼠标左键拖动来调整行高或列宽。也可以右击行号或列标，在弹出的快捷菜单中选择“行高”或“列宽”命令，输入具体数值进行精确设置。若需要行高或列宽自动适应单元格内容的大小，可以在“开始”选项卡的“单元格”组中，单击“行和列”按钮并选择“最合适的行高”或“最合适的列宽”命令。这一功能能够使工作表更加美观且易于阅读，但在调整时需注意保持工作表的整体美观性和一致性。

设置单元格边框格式、合并单元格并居中以及设置图案格式是突出重要数据和美化工作表外观的有效方法。可以通过选中目标单元格区域，在“开始”选项卡的“字体”组中，单击“边框”

下拉按钮，选择所需的边框样式，或单击“其他边框”按钮，弹出“单元格格式”对话框，在“边框”选项卡中进行自定义设置。若需合并单元格，可以选中连续的矩形区域，单击“合并后居中”按钮将单元格合并并设置文本居中对齐。还可以通过“单元格格式”对话框中的“图案”选项卡为单元格设置底纹颜色，或单击“填充效果”按钮，弹出“填充效果”对话框，在其中设置渐变色等复杂图案格式。这些功能常用于突出重要数据或美化工作表外观，但在使用时需注意与工作表整体风格的协调性。

在实际应用中，单元格格式与样式调整功能具有广泛的使用场景。例如，设置字体样式可以增强数据的视觉冲击力和可读性；调整行高和列宽能够使工作表布局更加合理；设置边框格式、合并单元格并居中以及填充颜色等功能则可以突出重要数据并提升工作表的专业性和美观性。在使用这些功能时，需注意以下几点：首先，合理设置字体样式可以使数据更易于理解和识别，但应避免过度使用加粗、倾斜等样式；其次，调整行高和列宽时需保持工作表的整体美观性和一致性；最后，在设置边框格式、合并单元格并居中以及填充颜色时，需注意与工作表整体风格的协调性。通过掌握单元格格式与样式调整的相关操作，用户可以更加高效地优化电子表格的视觉效果，为数据展示和分析提供有力支持。

任务实施

任务要求1：创建新的工作表。在本工作簿文件（要求与素材.xlsx）中，找到“素材”工作表，并在其后插入一张新的工作表，命名为“光伏项目跟进统计表”。

具体步骤如下：

STEP 1 双击打开“2.1要求与素材.xlsx”工作簿文件，单击“页面”选项卡中的“纸张方向”按钮，将其设置为“横向”。

STEP 2 在工作簿中，右击“素材”工作表标签，在弹出的快捷菜单中选择“插入工作表”命令，弹出“插入工作表”对话框，在“插入”区域选择“当前工作表之后”单选按钮，单击“确定”按钮，生成新的工作表，如图2-11所示。

STEP 3 双击新工作表标签，输入名称“光伏项目跟进统计表”，完成重命名。

任务要求2：粘贴字段名。将“素材”工作表中的字段名行（包含所有字段名）选择性粘贴（仅粘贴数值）到“光伏项目跟进统计表”工作表的A1单元格。

具体步骤如下：

STEP 1 单击“素材”工作表标签，选中第2~3行。右击选中区域，在弹出的快捷菜单中选择“复制”命令。

STEP 2 单击“光伏项目跟进统计表”工作表标签，选中A1单元格。右击A1单元格，在弹出的快捷菜单中选择“粘贴为数值”命令，完成字段名的粘贴，如图2-12所示。

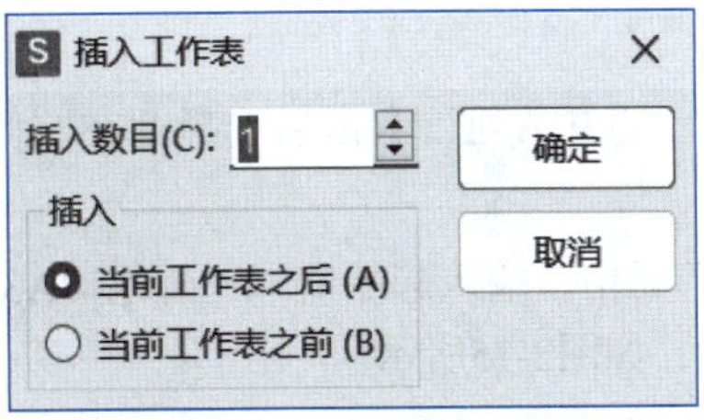

图2-11 “插入工作表”对话框

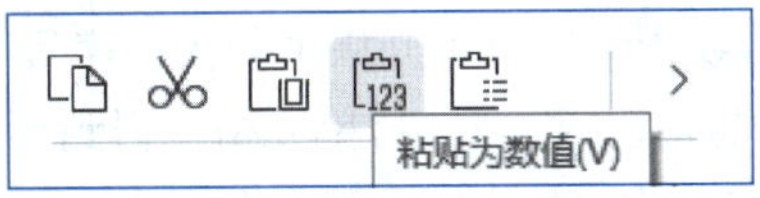

图2-12 “粘贴为数值”命令

任务要求3：复制数据记录。将“素材”工作表中前15条数据记录（即从A4到L18区间范围内的所有单元格）复制到“光伏项目跟进统计表”工作表从A3开始的单元格区域中，并清除这些单元格的格式。同时，将“开工日期”和“截止日期”列的数据格式设置为日期型。

具体步骤如下：

STEP 1 单击“素材”工作表标签，选中A4单元格。按住【Shift】键，继续单击L18单元格，选中整个数据区域。

STEP 2 右击选中的区域，在弹出的快捷菜单中选择“复制”命令。

STEP 3 单击“光伏项目跟进统计表”工作表标签，选中并右击A3单元格，在弹出的快捷菜单中选择“粘贴”命令。

STEP 4 保持新粘贴的数据区域选中状态，单击“开始”选项卡中的“清除”下拉按钮，在下拉列表中选择“格式”命令，清除单元格格式，如图2-13所示。

STEP 5 选中“开工日期”和“截止日期”列，右击后选择“设置单元格格式”命令，弹出“单元格格式”对话框，选择“数字”选项卡，选择“日期”格式，并设置合适的日期类型，如图2-14所示。

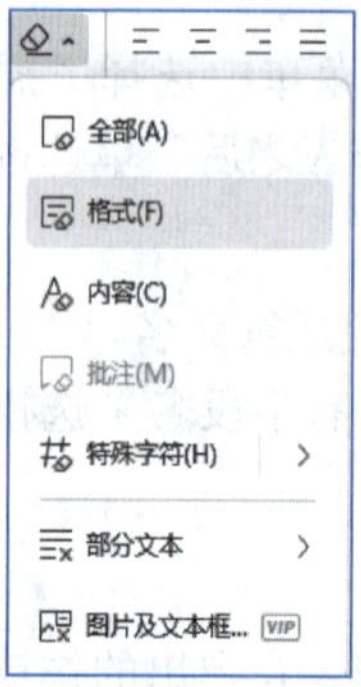

图2-13 “清除”下拉列表

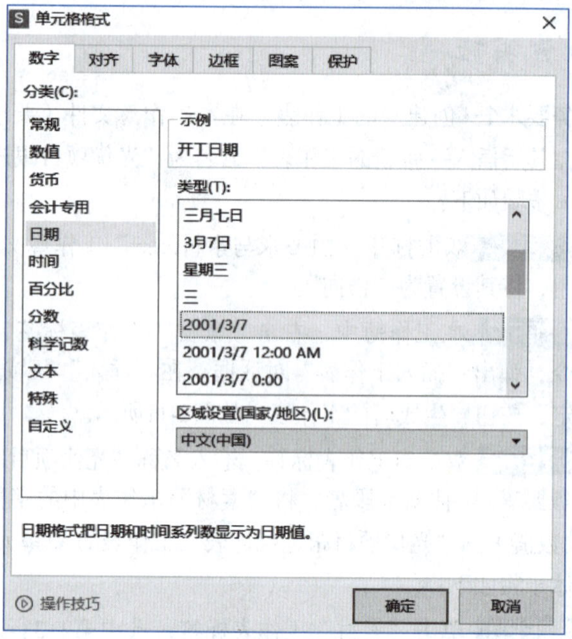

图2-14 “单元格格式”对话框“数字”选项卡

任务要求4：插入序号列。在“项目名称”列前插入一列，作为序号列。在A1单元格中输入“序号”，并冻结首行。然后在A3:A17单元格区域使用填充句柄功能自动填入序号“1，2，…”。

具体步骤如下：

STEP 1 在“光伏项目跟进统计表”工作表中，选中A列，右击后选择“在左侧插入列”命令。

STEP 2 在A1单元格中输入“序号”。选中A3单元格，输入起始值“1”。拖动A3单元格右下角的“填充句柄”至A17单元格，得到等差数据序列，如图2-15所示。

STEP 3 单击选中“A1”单元格，单击“视图”选项卡中的“冻结窗格”按钮，在其下拉列表中选择“冻结首行”命令，如图2-16所示。

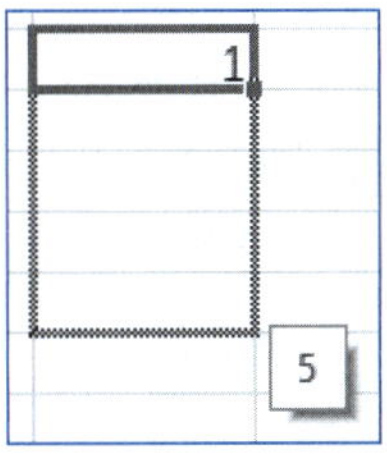

图2-15　拖动填充句柄进行自动填充

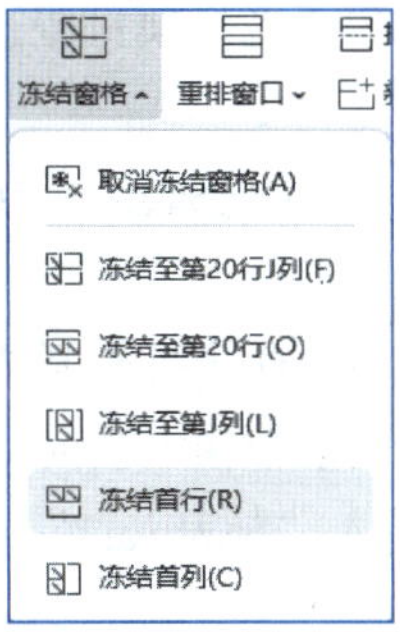

图2-16　选择“冻结窗格”下拉列表中的“冻结首行”命令

任务要求5：插入性别列。在“联系电话”列前插入一列，字段名为“性别”。使用数据有效性功能为这一列设置性别选项（如“男”“女”）。

具体步骤如下：

STEP 1 在“光伏项目跟进统计表”工作表中，选中D列，右击后选择“在左侧插入列”命令。

STEP 2 在新插入的D1单元格中输入“性别”。选中D列中需要设置数据有效性的单元格区域（如D3:D17），单击“数据”选项卡中的“有效性”按钮（或在下拉菜单中选择“有效性”命令），如图2-17所示。

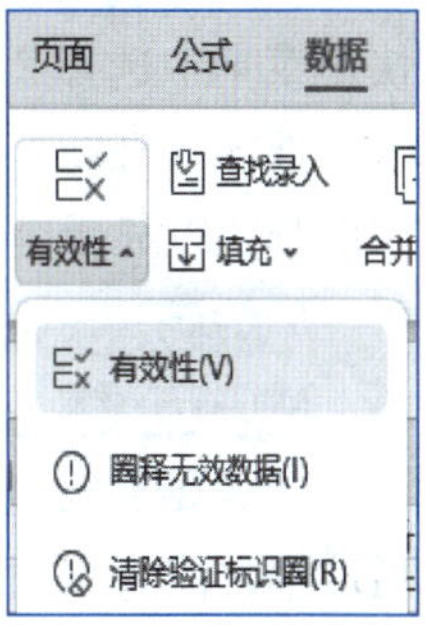

图2-17　“有效性”下拉列表的“有效性”命令

STEP 3 在“数据有效性”对话框中，在“允许”下拉列表中选择“序列”选项，如图2-18所示。

STEP 4 在“来源”文本框中输入“男,女”（英文逗号分隔），单击“确定”按钮，如图2-19所示。

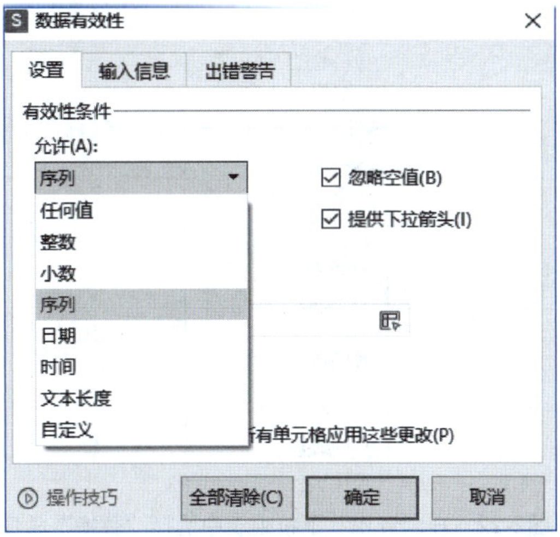

图2-18　“有效性”条件允许为序列

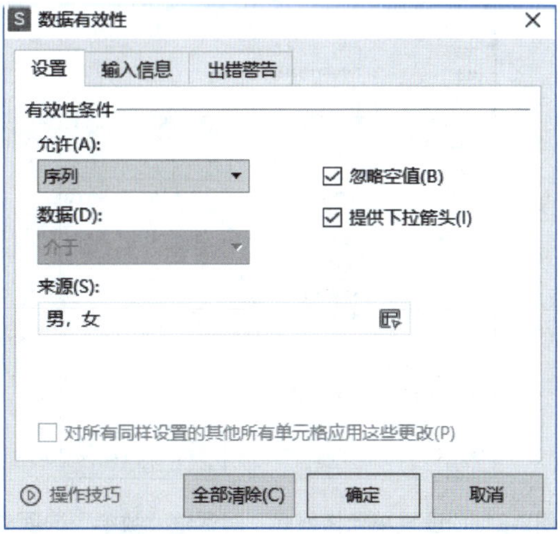

图2-19　英文逗号分隔“男”和“女”

STEP 5 在D4至D18中分别输入性别为男、男、男、男、男、男、女、男、女、男、男、女、女、女、男。

任务要求6：隐藏列。隐藏字段名为“联系电话”的列。

具体步骤如下：

STEP 1 在“光伏项目跟进统计表”工作表中，选中E列（“联系电话”列）。

STEP 2 右击E列标签，在弹出的快捷菜单中选择“隐藏”命令，如图2-20所示。

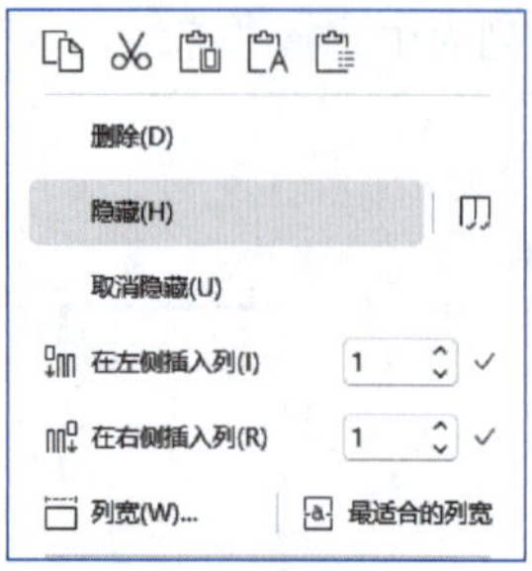

图2-20 在快捷菜单中选择“隐藏”命令

任务要求7：添加日期和制表人信息。在A18单元格中输入“日期：”，在B18单元格中输入当前日期（格式应为“2024年11月28日”）。在C18单元格中输入“制表人：”，在D18单元格中输入“李星”。

具体步骤如下：

STEP 1 选中A18单元格，输入文字“日期：”。

STEP 2 选中B18单元格，输入当前日期（如“2024-11-28”）。右击B18单元格，在弹出的快捷菜单中选择“设置单元格格式”命令，弹出“设置单元格格式”对话框，选择“数字”选项卡，选择“日期”类型，并设置合适的日期格式。如图2-21所示。单击“确定”按钮，适当调整B列的列宽以显示全部内容。

STEP 3 选中C18单元格，输入文字“制表人：”。

STEP 4 选中D18单元格，输入文字“李星”。

任务要求8：替换部门名称并取消隐藏列。将工作表中所有“安装部”替换为“调试部”。然后取消之前隐藏的“联系电话”列的隐藏状态。

具体步骤如下：

STEP 1 单击“开始”选项卡中的“查找”按钮，在下拉菜单中选择“替换”命令，如图2-22所示。

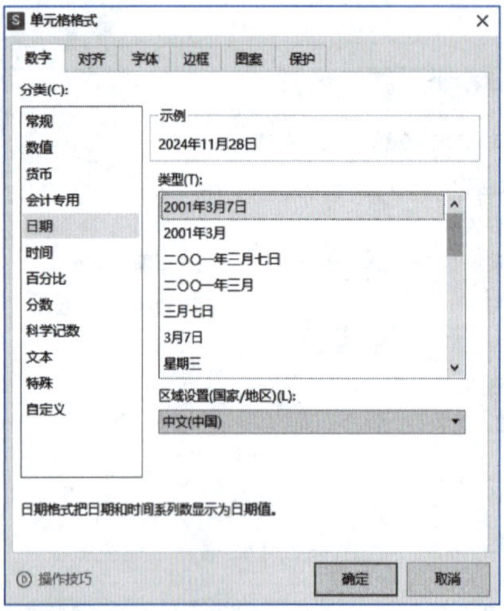

图2-21 “设置单元格格式”对话框“数字”选项卡

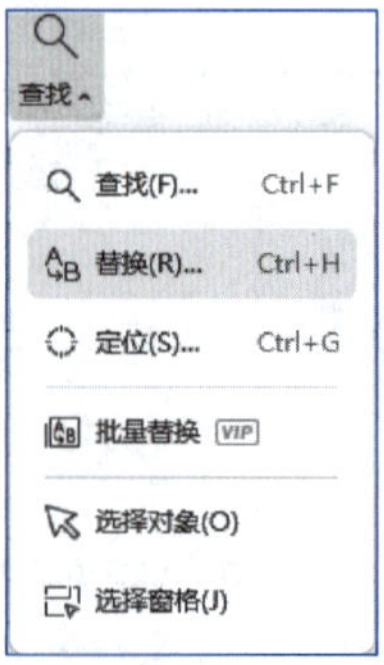

图2-22 在“查找”下拉列表中选择“替换”命令

STEP 2 弹出“替换”对话框，在“查找内容”文本框中输入“安装部”，在“替换为”文本框中输入“调试部”，单击“全部替换”按钮，确认替换操作，如图2-23所示。

STEP 3 同时选中D和F列标签并右击，在弹出的快捷菜单中选择“取消隐藏”命令，取消隐藏的“联系电话”列。

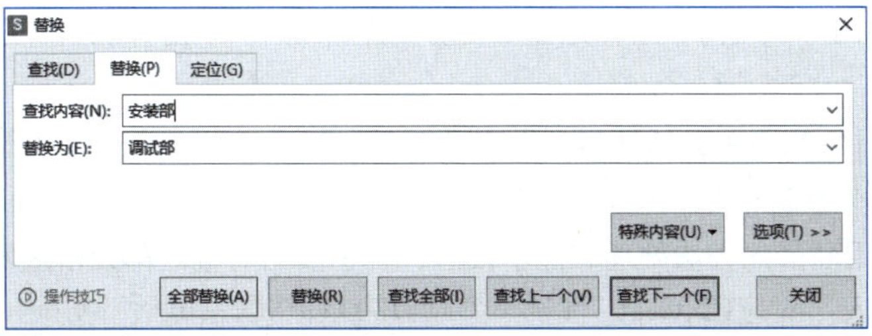

图2-23　“替换”对话框

任务要求9： 插入标题行。在第一行之前插入一行，将A1:N1单元格区域设置为跨列居中，并输入标题“光伏项目跟进统计表”。

具体步骤如下：

STEP 1 选中第1行并右击，在弹出的快捷菜单中选择“在上方插入行”命令。

STEP 2 选中A1:N1单元格区域，右击后选择“设置单元格格式”命令，弹出“单元格格式”对话框，选择“对齐”选项卡，设置“水平对齐”为“跨列居中”，文本控制为“合并单元格”，如图2-24所示。

图2-24　“单元格格式”对话框“对齐”选项卡

STEP 3 单击“确定”按钮，然后在A1单元格中输入标题“光伏项目跟进统计表”。

任务要求10： 调整表头格式。取消冻结首行，然后拆分窗口以更好地调整表头格式。使用文本控制和文本对齐方式合理设置字段名，确保表格中所有文本的对齐方式均为居中对齐。最后，取消拆分窗口。

具体步骤如下：

STEP 1 单击“视图”选项卡中的“冻结窗格”按钮，在其下拉列表中选择“取消冻结窗格”命令。

STEP 2 选中B4单元格（或任意需要拆分的单元格），单击“视图”选项卡中的“拆分窗口”命令。

STEP 3 选中A2:A3单元格区域，单击“开始”选项中的“合并”下拉按钮，在其下拉列表中选择“合并居中”命令，如图2-25所示。

STEP 4 使用同样的方法处理其他字段名，各字段名对应的单元格区域如下：“项目名称”对应B2:B3，“负责人”对应C2:C3，“性别”对应D2:D3，“联系电话”对应E2:E3，“部门”对应F2:F3，“开工日期”对应G2:G3，“截止日期”对应H2:H3，“工期（天数）”对应I2:I3，“项目状态”对应J2:J3，“购买设备数量”对应K2:M2，“备注”对应N2:N3。

STEP 5 单击“视图”选项卡中的“取消拆分”按钮。

STEP 6 选中A4:N19单元格区域，单击“开始”选项卡中的“水平居住”按钮，如图2-26所示。

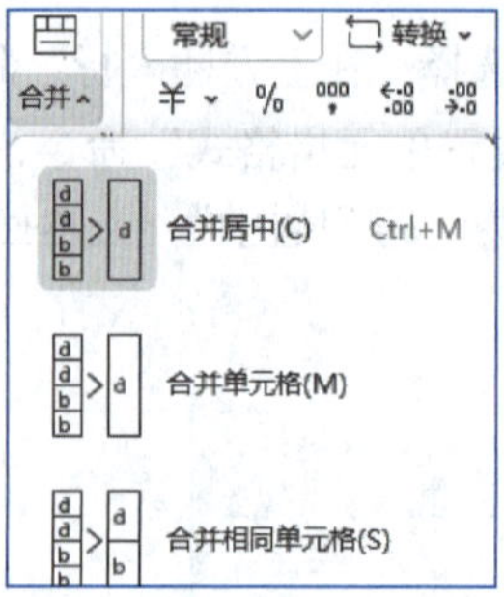

图2-25　选择“合并居中”命令

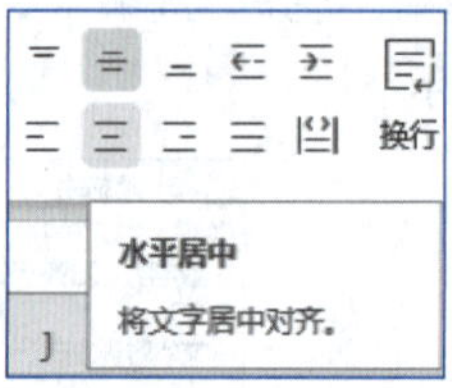

图2-26　单击“水平居中”按钮

任务要求11： 设置文字格式。将标题文字格式设置为仿宋、14磅、蓝色加粗；将字段名行的文字格式设置为仿宋、11磅、加粗；将记录行和表格说明文字的数据格式设置为宋体、10磅。

具体步骤如下：

STEP 1 选中工作表中A1单元格的标题内容后右击，在弹出的快捷菜单中选择“设置单元格格式”命令，弹出“设置单元格格式”对话框，选择“字体”选项卡，设置字体为“仿宋”，字号为“14”，颜色选择“蓝色”，字形设置为“粗体”。确认设置无误后，单击“确定”按钮完成设置。

STEP 2 选中工作表中A2:N3单元格区域并右击，在弹出的快捷菜单中选择“设置单元格格式”命令，弹出“单元格格式”对话框，选择“字体”选项卡，设置字体为“仿宋”，字号为“11”，字形为“粗体”。检查设置后，单击“确定”按钮完成设置。

STEP 3 选中工作表中A4:N19单元格区域的记录行及表格说明文字并右击，在弹出的快捷菜单中选择“设置单元格格式”，弹出“单元格格式”对话框，选择“字体”选项卡，设置字体为“宋体”，字号为“10”。确认无误后，单击“确定”按钮完成设置。

任务要求12： 调整行高和列宽。将该表的所有行和列设置为最适合的行高和列宽，以便内容能够清晰显示。

具体步骤如下：

STEP 1 单击工作表左上角的行号与列标交汇处的全选按钮，选中整张工作表。单击“开始”选项卡中的“行和列”按钮，在其下拉列表中选择“最适合的行高”命令，如图2-27所示。

STEP 2 保持整张工作表的选中状态，再次单击“开始”选项卡中的“行和列”按钮，在其下拉列表中选择“最适合的列宽”命令，使列宽适应内容，确保表格内容清晰可读。

任务要求13： 设置边框格式。将工作表中除第一行和第十九行外的数据区域设置边框格式为：外边框粗实线、内边框实线。

具体步骤如下：

STEP 1 选中A2:N18单元格区域（排除标题和表格说明行）。

STEP 2 右击选中区域，在弹出的快捷菜单中选择“设置单元格格式”命令，弹出“单元格格式”对话框，选择“边框”选项卡，首先选择线条样式为“粗实线”，然后单击“预置”区域的“外边框”按钮。接着，将线条样式切换为“实线”，单击“预置”区域的“内部”按钮，如图2-28所示，确认设置后，单击“确定”按钮应用边框格式。

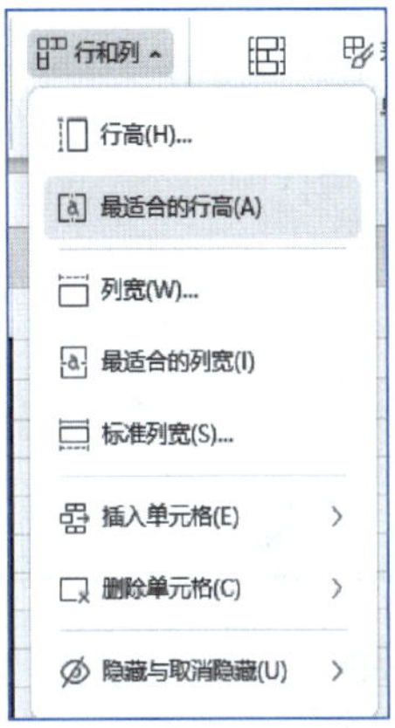

图2-27　在“行和列”下拉列表中选择“最适合的行高”命令

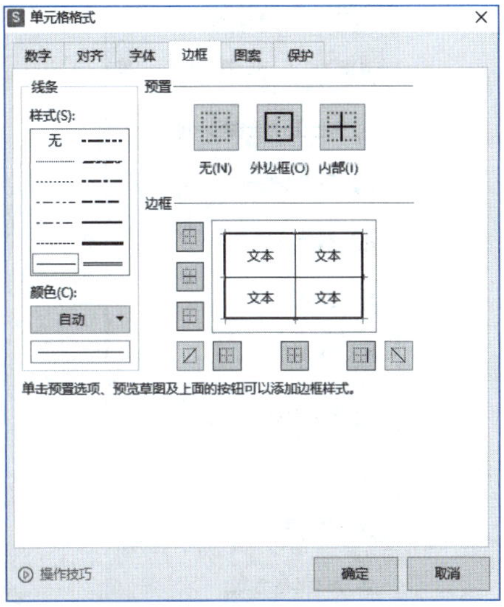

图2-28　“单元格格式”对话框“边框”选项卡

任务要求14： 特殊边框格式。将工作表中字段名部分（A2:N3）的边框格式设置为外边框粗实线、内边框粗实线；记录行部分（A4:N18）的内边框垂直线条设置为粗实线。

具体步骤如下：

STEP 1 选中A2:N3单元格区域，右击后选择“设置单元格格式”命令，弹出“单元格格式”对话框，选择“边框”选项卡，选择线条样式为“粗实线”，单击“预置”区域的“外边框”和“内部”按钮。确认后，单击“确定”按钮。

STEP 2 选中A4:N18单元格区域，右击后选择“设置单元格格式”命令，弹出“单元格格式”对话框，选择“边框”选项卡，选择线条样式为“粗实线”。单击边框预览图中的中间垂直线条以应用粗实线。确认无误后，单击“确定”按钮。

任务要求15： 设置填充颜色。将工作表中I4:J18和N4:N18单元格区域设置填充颜色为橙色、着色4、浅色80%，以增加表格的可读性。

具体步骤如下：

STEP 1 选中I4:J18单元格区域，按住【Ctrl】键，继续选中N4:N18单元格区域。

STEP 2 单击“开始”选项卡→“字体设置”组中的“填充颜色”按钮，在其下拉列表中选择“主题颜色”中的“橙色，着色4，浅色80%”（位于第2行、第8列），如图2-29所示。确认选择后，单击任意单元格或按

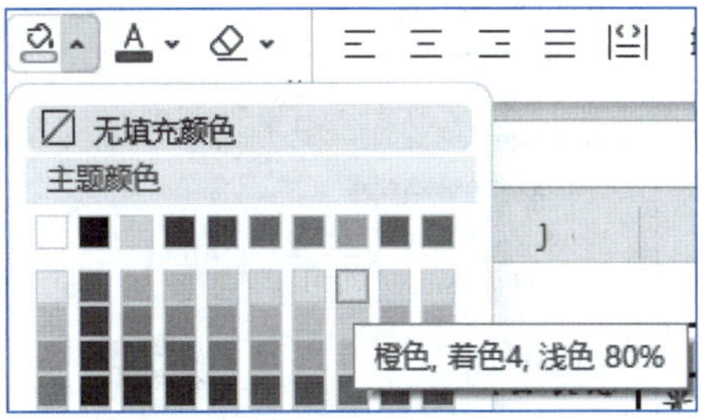

图2-29　“填充颜色”下拉列表

【Enter】键以应用填充颜色。

任务要求16：条件格式。设置所有设备数量（光伏组件和逆变器数量）大于10箱的单元格格式为字体颜色蓝色、字形加粗倾斜，以便快速识别出重要数据。

具体步骤如下：

STEP 1 选中K4:L18单元格区域，该区域包含光伏组件和逆变器数量的数据。单击“开始”选项卡中的“条件格式”按钮，在其下拉列表中选择“新建规则”命令（见图2-30），弹出“新建格式规则”对话框，如图2-31所示。

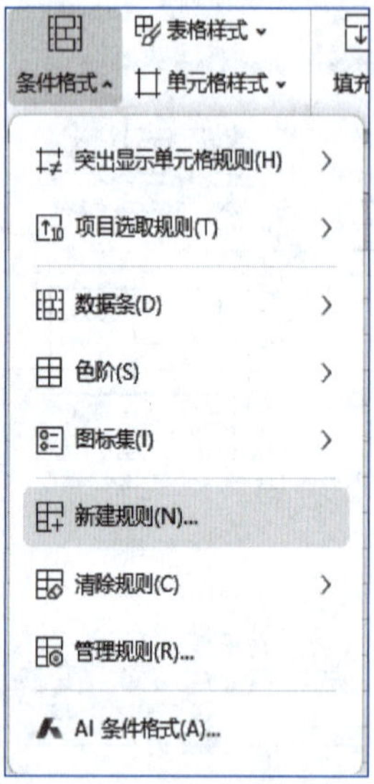

图2-30 “条件格式”下拉列表

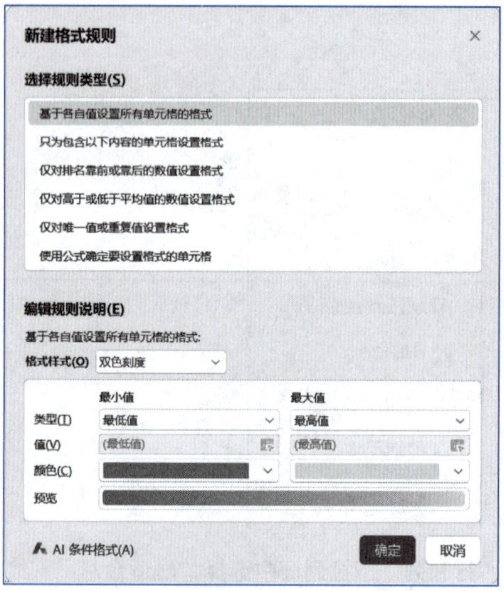

图2-31 “新建格式规则”对话框

STEP 2 在“新建格式规则”对话框中，设置“选择规则类型”为“只为包含以下内容的单元格设置格式”，在“编辑规则说明”区域，选择“单元格值”“大于”“10”，如图2-32所示。

STEP 3 单击“格式”按钮，弹出“单元格格式”对话框，选择“字体”选项卡，设置字体颜色为“蓝色”，字形为“加粗倾斜”。确认设置无误后，单击“确定”按钮，返回到“新建格式规则”对话框，单击“确定”按钮以应用条件格式，如图2-33所示。

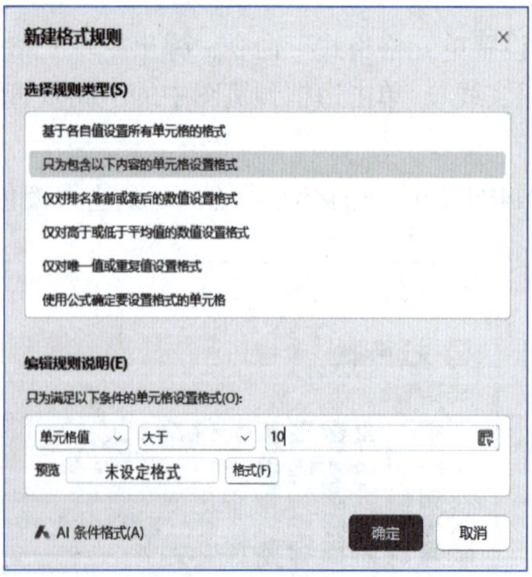

图2-32 设置规则内容

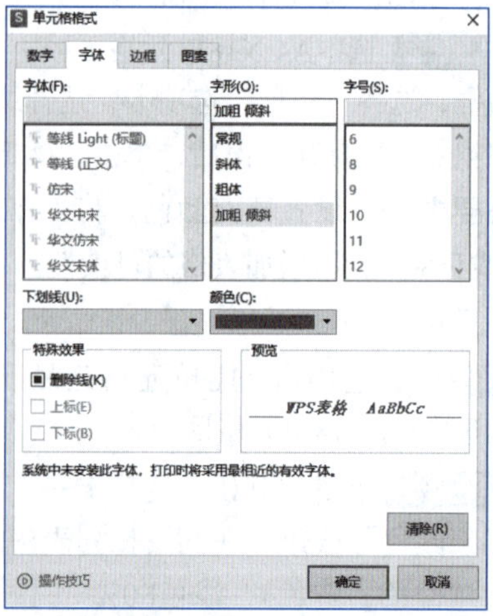

图2-33 “单元格格式”对话框中“字体”设置

任务要求17： 预览和保存。打印预览检查电子表格制作效果是否符合预期，确保文档的美观性和数据准确性，无误后保存文档。

具体步骤如下：

STEP 1 选择“文件”菜单中的“打印”→“打印预览”命令，查看电子表格的打印效果。

STEP 2 确认预览效果符合预期后，单击“退出预览”按钮关闭打印预览界面，返回到电子表格编辑界面，单击“保存”按钮。

任务二　项目跟进统计表计算——公式与函数

情境引入

工小匠在光伏行业实习中，继完成统计表制作后，又面临数据计算的挑战。他深知，准确的数据计算和分析对项目跟进至关重要。于是，工小匠运用WPS电子表格的公式与函数功能，对光伏项目跟进统计表中的数据进行精确计算，确保每一项数据都准确无误，为项目的决策提供了有力的数据支持。

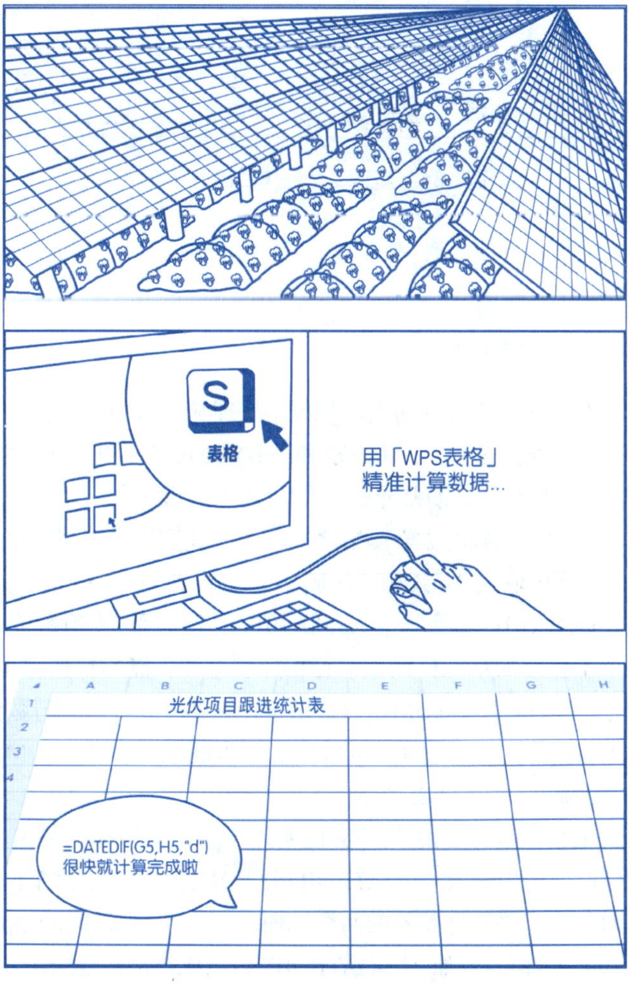

任务分析

（1）运用基本数学运算处理光伏项目数据。

（2）利用条件判断、求和、计数等函数进行数据分析。

（3）通过文本处理和单元格引用，确保数据准确无误，为决策提供支持。项目效果如图2-34所示。

光伏项目跟进统计表

序号	项目名称	负责人	性别	联系电话	部门	开工日期	截止日期	工期（天数）	项目状态	购买设备数量			备注	部门	逆变器总数量
										光伏组件	逆变器	购买金额		设计部	77
1	分布式光伏电站	李小明	男	137057152[redacted]	安装部	2021/5/1	2021/9/1	123	进行中	7	3	24503.64	5248	工程部	156
2	分布式光伏电站	涂禅	男	137057152[redacted]	设计部	2021/6/8	2021/7/21	43	已停工	8	4	30004.16	5249	安装部	37
3	分布式光伏电站	张西安	男	137057152[redacted]	工程部	2021/5/3	2021/9/2	122	进行中	9	5	35504.68	5250	研发部	26
4	光伏扶贫	刘志	男	137057162[redacted]	设计部	2021/9/4	2021/12/3	90	已停工	10	6	41005.2	6251		
5	分布式光伏电站	李小明	男	137057152[redacted]	安装部	2021/5/5	2021/9/4	122	进行中	3	7	30501.56	5248		
6	分布式光伏电站	张西安	男	137057152[redacted]	工程部	2021/5/6	2021/9/5	122	进行中	5	8	38002.6	5250		
7	光伏扶贫	周美	女	137057162[redacted]	安装部	2022/3/7	2022/8/6	152	进行中	7	9	45503.64	6254		
8	光伏扶贫	张西安	男	137057152[redacted]	工程部	2022/3/15	2022/8/7	145	进行中	9	10	53004.68	5250		
9	光伏扶贫	朱阆	女	137057852[redacted]	工程部	2022/3/9	2022/8/8	152	进行中	11	11	60505.72	5250		
10	光伏扶贫	李伟	男	137057852[redacted]	研发部	2022/3/10	2022/8/9	152	进行中	13	12	68006.76	5251		
11	光伏扶贫	程浩	男	137057852[redacted]	工程部	2022/7/11	2022/8/10	30	已停工	15	13	75507.8	5252		
12	水上光伏	朱阆	女	137057852[redacted]	工程部	2022/3/12	2022/8/11	152	进行中	17	14	83008.84	5250		
13	水上光伏	胡苏	女	137057852[redacted]	设计部	2021/2/16	2021/4/12	55	已停工	19	8	66009.88	5254		
14	水上光伏	赵璐	女	137057152[redacted]	设计部	2021/2/14	2021/4/13	58	已停工	2	9	35501.04	5261		
15	水上光伏	张西安	男	137057152[redacted]	工程部	2021/2/15	2021/4/14	58	已停工	4	17	67502.08	5250		
16	水上光伏	周美	女	137057162[redacted]	安装部	2021/2/19	2021/4/27	67	已停工	6	18	75003.12	6254		
17	水上光伏	赵璐	女	137057152[redacted]	设计部	2021/2/17	2021/4/16	58	已停工	8	19	82504.16	5261		
18	水上光伏	赵璐	女	137057152[redacted]	设计部	2021/2/18	2021/4/17	58	已停工	10	20	90005.2	5261		
19	能源回收	陈阳	男	137057152[redacted]	研发部	2023/5/1	2024/4/5	340	进行中	12	4	38006.24	5266		
20	能源回收	陈阳	男	137057152[redacted]	研发部	2023/5/2	2024/1/6	249	进行中	6	8	40003.12	5266		
21	能源回收	陈阳	男	137057152[redacted]	研发部	2023/12/3	2024/9/7	279	进行中	7	2	21003.64	5266		
22	能源回收	程浩	男	137057852[redacted]	工程部	2023/5/4	2024/9/8	493	进行中	8	0	16004.16	5252		
23	能源回收	朱阆	女	137057852[redacted]	工程部	2023/5/5	2023/9/9	127	进行中	9	25	105504.68	5250		
24	能源回收	王萍	女	137057152[redacted]	工程部	2021/5/24	2021/9/23	122	进行中	10	4	34005.2	5271		
25	水上光伏	王萍	女	137057152[redacted]	工程部	2021/5/25	2021/6/30	36	已停工	11	2	29005.72	5271		
26	水上光伏	王萍	女	137057152[redacted]	工程部	2021/5/26	2022/9/25	487	进行中	11	8	50005.72	5271		
27	水上光伏·	张西安	男	137057152[redacted]	工程部	2021/5/27	2021/9/26	122	进行中	0	29	101500	5250		
28	能源回收	刘志	男	137057162[redacted]	设计部	2024/5/28	2025/9/27	487	进行中	15	11	68507.8	6251		
29	能源回收	王萍	女	137057152[redacted]	工程部	2021/5/29	2021/9/28	122	进行中	17	10	69008.84	5271		
30	能源回收	王萍	女	137057152[redacted]	工程部	2021/5/30	2021/9/29	122	进行中	19	0	38009.88	5271		
	合计				7					288	296				

图2-34　项目二之任务二的效果图

知识链接

一、基本数学运算与日期函数

在WPS表格中，基本数学运算与日期函数是数据处理和分析的核心工具，能够帮助用户快速完成数值计算和时间相关的分析任务。其中，求和函数SUM和日期差异函数DATEDIF是两种常用的函数，分别用于计算数值总和和日期差异，具有广泛的应用场景。

SUM函数是WPS表格中最基础的数学函数之一，用于计算指定区域或单元格范围内数值的总和。用户可以在目标单元格中输入“=SUM（区域）”公式，其中“区域”为需要计算总和的单元格范围。例如，“=SUM(A1:A10)”表示计算A1到A10单元格范围内所有数值的总和。SUM函数支持对一列、一行或多个不连续的单元格区域进行相加求总和，能够快速得出结果。在财务报表、销售数据统计、库存管理等场景中，SUM函数常用于计算某一列或某一行数值的总和，从而简化数据处理流程。需要注意的是，如果选择的区域中包含非数值型数据，SUM函数会自动忽略这些数据，确保计算结果的准确性，如图2-35所示。

DATEDIF函数用于计算两个日期之间差异的实用工具，能够根据需求返回年、月或日的差异值。用户可以在目标单元格中输入“=DATEDIF(开始日期,结束日期,"单位")”公式，其中“开始日期”和“结束日期”为需要计算差异的两个日期，“单位”为返回的差异单位，可以是“Y”（年）、“M”（月）或“D”（日）。例如，“=DATEDIF(A1, B1, "Y")”表示计算A1和B1两个日期之间的年数差异。DATEDIF函数在人力资源管理、项目管理和合同管理等领域具有重要应用，例如，计算员工工龄、项目周期或合同期限等。在使用DATEDIF函数时，需确保“开始日期”和“结束日期”均为有效的日期格式，同时“单位”参数必须为“Y”“M”“D”之一，否则函数将返回错误。

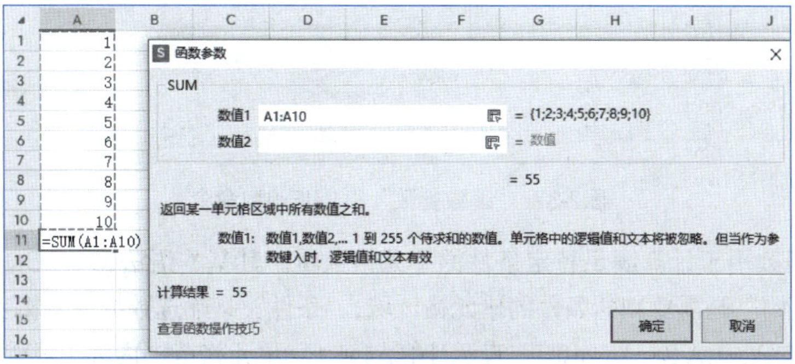

图2-35　“函数参数”SUM函数命令

在实际应用中，SUM函数和DATEDIF函数能够显著提升数据处理的效率和准确性。SUM函数适用于需要快速计算数值总和的场景，例如，财务报表中的收入总计或库存管理中的库存总量；而DATEDIF函数则适用于需要计算时间差异的场景，例如，员工工龄统计或项目周期分析。

二、条件判断、求和、计数与排名函数

在WPS表格中，条件判断、求和、计数与排名函数是数据处理和分析的重要工具，能够帮助用户根据特定条件进行数据筛选、计算和排序。这些函数包括IF、SUMIF、COUNTIF和RANK，分别用于条件判断、条件求和、条件计数和数值排名，具有广泛的应用场景。

IF函数是WPS电子表格中最常用的条件判断函数，用于根据指定条件返回不同的结果。其基本语法为“=IF(条件, 真值, 假值)”，其中“条件”是需要判断的逻辑表达式，“真值”是条件满足时返回的结果，“假值”是条件不满足时返回的结果。例如，“=IF(A1>=60, "及格", "不及格")”表示判断A1单元格的值是否大于60，若满足条件则返回“及格”，否则返回“不及格”。IF函数在成绩判定、库存预警、合同状态判断等场景中具有重要应用。在使用IF函数时，需确保条件表达式的正确性，同时真值和假值可以是数值、文本或公式等任意类型的数据，如图2-36所示。

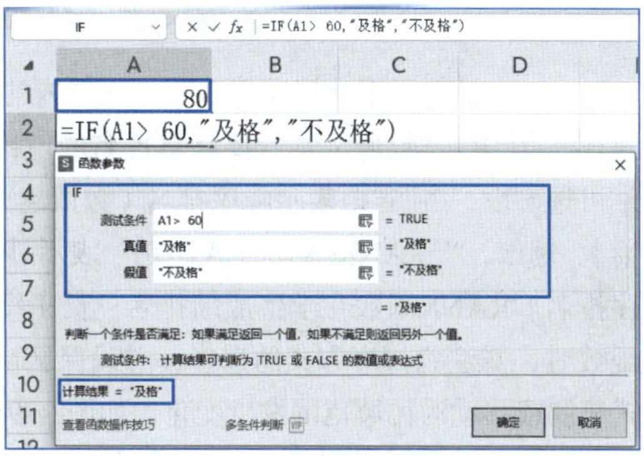

图2-36　“函数参数”IF函数命令

SUMIF函数用于对满足特定条件的单元格进行求和。其基本语法为“=SUMIF(范围, 条件, [求和范围])”，其中，“范围”是需要判断条件的单元格区域，“条件”是筛选数据的逻辑表达式或具体值，“求和范围”是可选参数，表示需要求和的单元格区域（若省略，则默认为“范围”中的数值）。例如，“=SUMIF(A1:A10 ,">=60", B1:B10)”表示对A1到A10单元格范围内大于或等于60的对应B列数值进行求和。SUMIF函数在销售数据统计、库存管理等场景中常用于根据产品类别、销售区域等条件对销售额或库存数量进行求和。在使用SUMIF函数时，需确保范围和条件的匹配性，以避免返回错误或不符合预期的结

果，如图2-37所示。

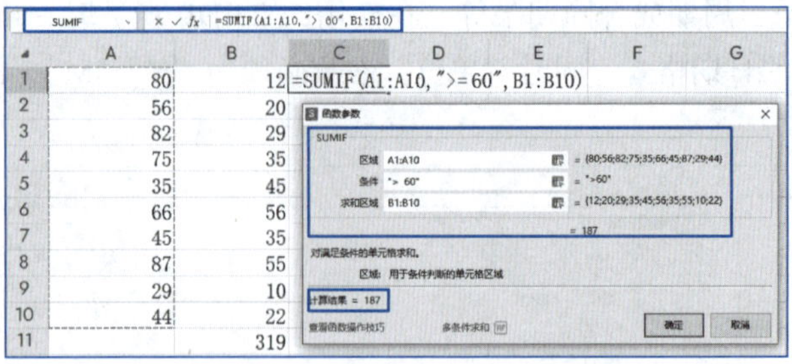

图2-37 “函数参数”SUMIF函数命令

COUNTIF函数用于计算满足特定条件的单元格数量。其基本语法为“=COUNTIF(范围, 条件)”，其中，“范围”是需要判断条件的单元格区域，“条件”是筛选数据的逻辑表达式或具体值。例如，“=COUNTIF(A1:A10 , ">=60")”表示计算A1到A10单元格范围内大于或等于60的单元格数量。COUNTIF函数在市场调研、质量管理等场景中常用于统计满足特定条件的受访者数量或不合格产品的数量。在使用COUNTIF函数时，同样需确保范围和条件的匹配性，以保证计算结果的准确性，如图2-38所示。

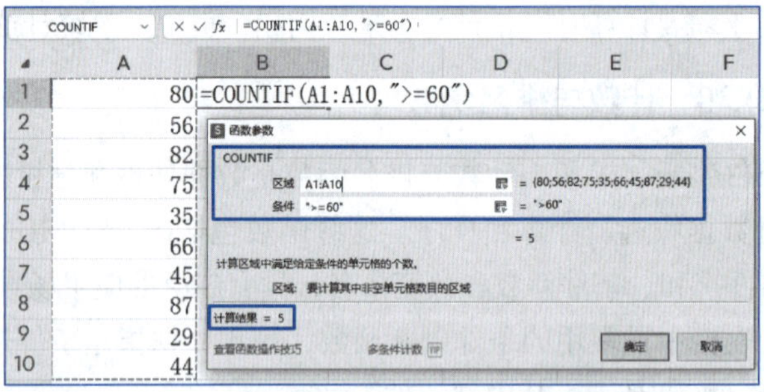

图2-38 “函数参数”COUNTIF函数命令

RANK函数用于计算数值在某一区域内的排名。其基本语法为“=RANK(数值, 区域, [排序方式])”，其中，“数值”是需要计算排名的值，“区域”是包含该数值的单元格范围，“排序方式”是可选参数，0或省略表示降序排名（数值越大排名越靠前），1表示升序排名（数值越小排名越靠前）。例如，“=RANK(A1,A1:A10,0)”表示计算A1单元格中的数值在A1到A10单元格范围内的降序排名。RANK函数在学生成绩排名、员工绩效考核排名等场景中具有重要应用。在使用RANK函数时，需注意排序方式的选择，并确保区域参数使用绝对引用（如$A$1:$A$10），以避免在公式复制或移动时区域范围发生变化，如图2-39所示。

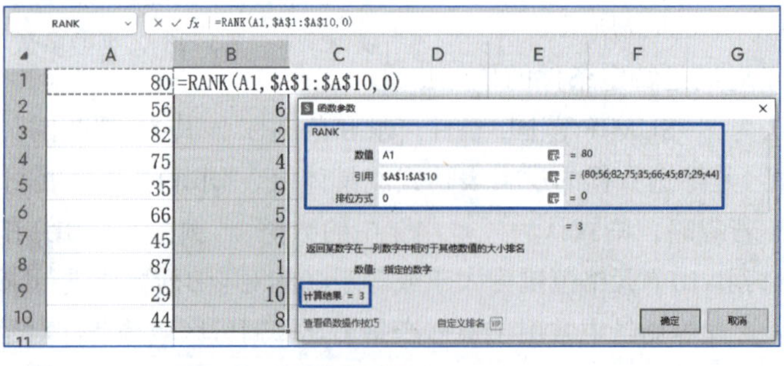

图2-39 “函数参数”RANK函数命令

三、文本处理与四舍五入函数

在WPS表格中，文本截取函数（LEFT、RIGHT、MID）和四舍五入函数（ROUND）是两类常用的函数，分别用于文本操作和数值精度调整，具有广泛的应用场景。

文本截取函数包括LEFT、RIGHT和MID，用于从文本字符串中提取特定部分的字符。LEFT函数从文本的左侧开始截取指定数量的字符，其语法为"=LEFT(文本, 截取长度)"；RIGHT函数则从文本的右侧开始截取，语法为"=RIGHT(文本, 截取长度)"；而MID函数则根据指定的起始位置和长度，从文本字符串中截取子字符串，其语法为"=MID(文本, 起始位置, 截取长度)"。例如，"=LEFT(A1, 3)"表示从A1单元格的文本中截取左侧的前3个字符，如图2-40所示。而"=MID(A1, 4, 2)"表示从A1单元格的文本中第4个字符开始截取2个字符，如图2-41所示。这些函数常用于提取身份证号码中的出生日期、性别标识等特定信息，或处理包含特定格式的数据（如日期、时间、编号）时截取所需部分。在使用这些函数时，需确保提供的起始位置和截取长度在文本字符串的有效范围内，否则可能返回错误或空字符串。

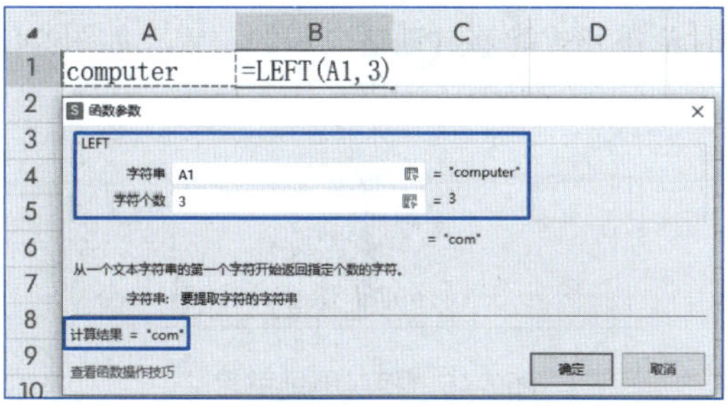

图2-40　"函数参数"LEFT函数命令

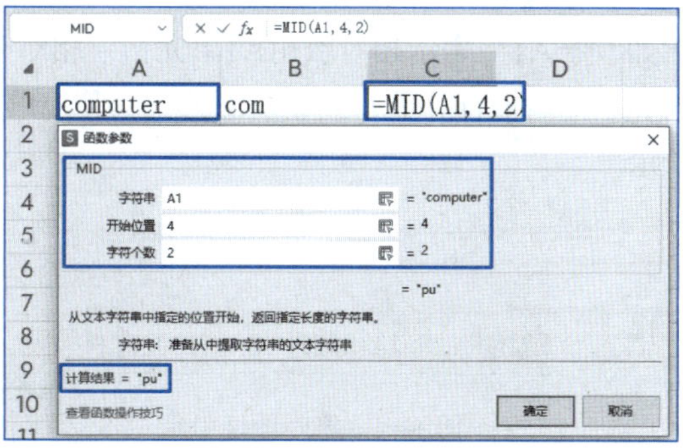

图2-41　"函数参数"MID函数命令

ROUND函数用于将数值四舍五入到指定的小数位数，其语法为"=ROUND(数值, 小数位数)"。其中，"数值"是需要四舍五入的数值，"小数位数"是保留的小数位数。例如，"=ROUND(A1, 2)"表示将A1单元格中的数值四舍五入到小数点后两位，如图2-42所示。ROUND函数在财务报表中常用于对金额进行四舍五入以满足精度要求，或在统计分析中对计算结果进行四舍五入以简化数据呈现。需要注意的是，四舍五入操作可能引入微小误差，特别是在进行多次四舍五入时，因此在实际应用中应根据需求选择合适的小数位数，以确保数据的准确性。

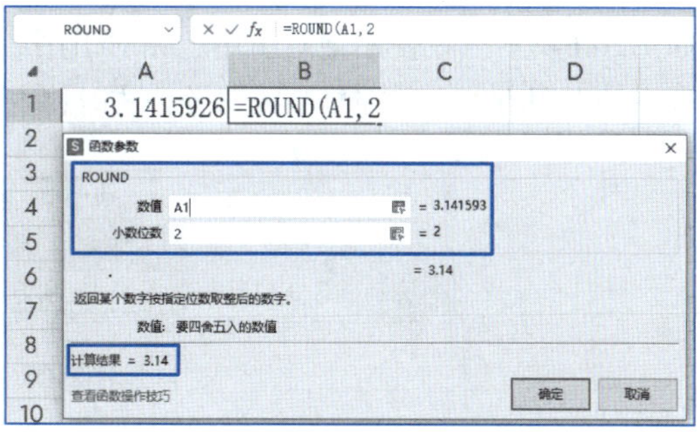

图2-42　"函数参数"ROUND函数命令

四、单元格位置的引用

在WPS表格中，单元格位置的引用是公式计算和数据分析的基础操作，能够帮助用户灵活地处理数据并实现复杂的计算任务。根据引用方式的不同，单元格引用可以分为三维地址引用、绝对引用、相对引用和混合引用，掌握这些引用方式的使用方法，可以更加高效地完成复杂的数据计算和分析任务，为数据驱动的决策提供有力支持。

三维地址引用是一种跨工作表的引用方式，允许用户在一个公式中引用多个工作表中的相同单元格位置，从而实现跨表计算或数据汇总。其语法为“工作表名!单元格地址”，例如，“=Sheet1!A1+Sheet2!A1”表示将Sheet1和Sheet2工作表中A1单元格的值相加，如图2-43所示。三维地址引用常用于汇总多个工作表的数据，例如，月度销售数据汇总或部门预算汇总。在使用三维地址引用时，需确保引用的工作表存在且名称正确，同时注意跨表引用可能导致的性能问题，特别是在处理大量数据时。

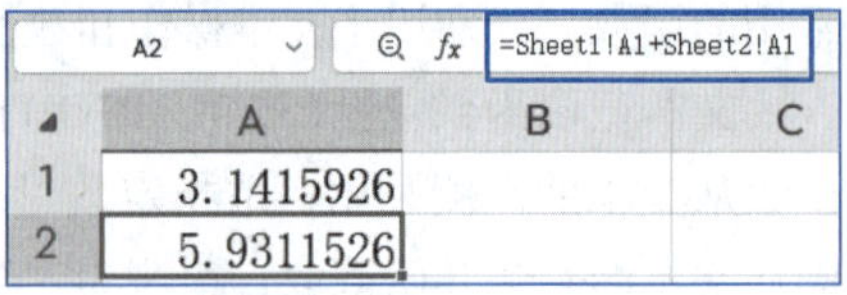

图2-43　三维地址引用

绝对引用是指在复制或移动公式时，单元格地址保持不变。通过在行号或列标前添加$符号来实现，例如，“=$A$1”表示绝对引用A1单元格。绝对引用适用于设置固定参数或常数（如税率、折扣率）的场景，或在创建动态图表或数据表时确保某些单元格的值不随公式复制而改变，如图2-44所示。

相对引用则是默认的引用方式，单元格地址在复制或移动公式时会根据相对位置自动调整，例如，“=A1”表示相对引用A1单元格。相对引用适用于创建可以自动调整公式范围的表格，如求和、平均值计算等，或在复制公式到其他单元格时希望公式能够自动适应新的位置，如图2-45所示。

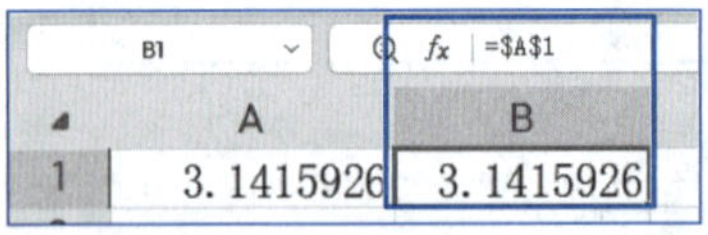

图2-44　绝对地址引用

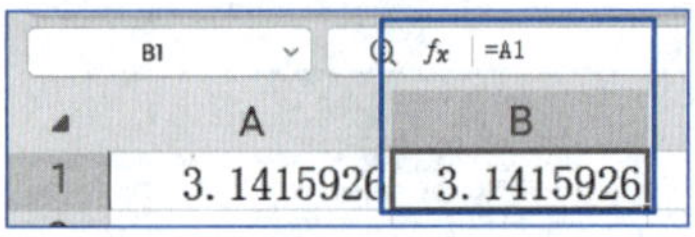

图2-45　相对地址引用

混合引用结合了绝对引用和相对引用的特点，可以固定行号而让列标相对，或固定列标而让行号相对。例如，“=A$1”表示列相对、行绝对的混合引用，而“=$A1”表示列绝对、行相对的混合引用。混合引用适用于计算具有固定行或列的数据，例如，计算每列的总分或每行的平均分，如图2-46所示。在使用绝对引用、相对引用或混合引用时，需根据公式的需求和预期的行为选择合适的引用方式，并在复制或移动公式时检查引用是否正确调整。

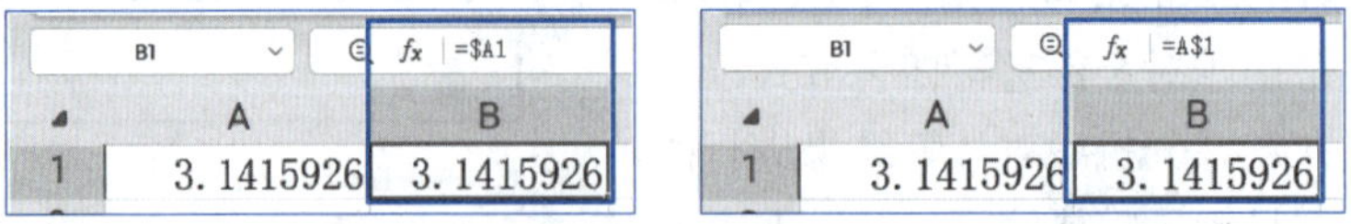

图2-46　混合地址引用

任务实施

任务要求1：在“光伏项目跟进统计表”工作表中的橙色底纹区域使用求和函数SUM分别计算光伏组件数量和逆变器数量。

具体步骤如下：

STEP 1 双击打开“2.2要求与素材.xlsx”工作簿。

STEP 2 单击“光伏项目跟进统计表”工作表标签，选中K4:K34单元格区域，单击“开始”

选项卡中的“求和”下拉按钮Σ，在其下拉列表中选择“求和”命令，如图2-47所示，按【Enter】键确认，得到光伏组件的总和。

STEP 3 选中L34 单元格，单击“公式”选项卡中的“插入函数”按钮，弹出“插入函数”对话框，如图2-48所示。在“选择函数”列表框中选择“SUM”函数，单击“确定”按钮，弹出“函数参数”对话框，设置“数值1”为“L4:L33”单元格区域，即选取L4~L33 单元格区域，如图2-49所示，单击“确定”按钮，可得到逆变器的数量。

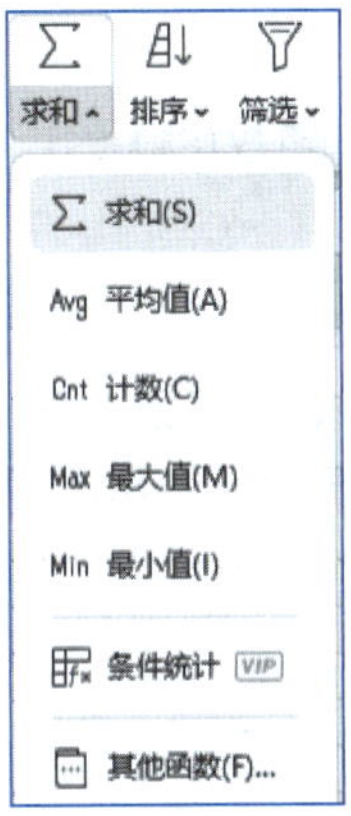

图2-47　“求和”下拉列表“求和”命令

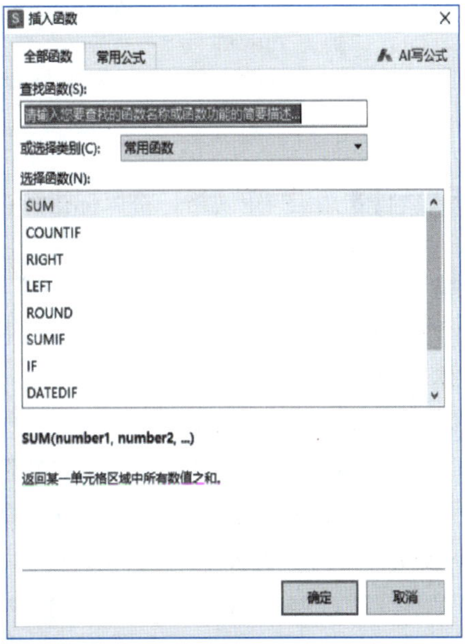

图2-48　“插入函数”对话框中选择SUM函数

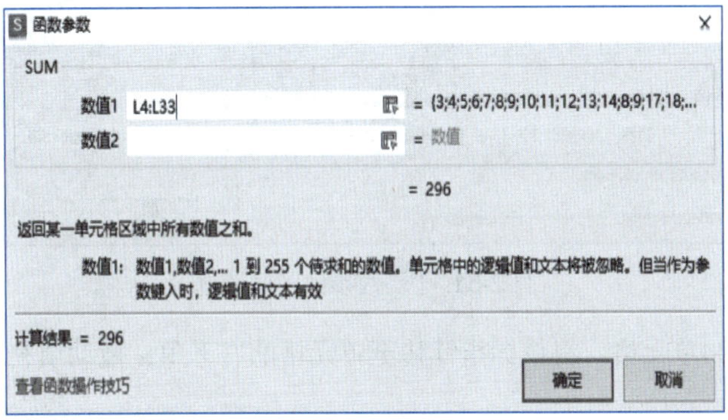

图2-49　SUM“函数参数”对话框

任务要求2：在“光伏项目跟进统计表”工作表的“工期天数”列计算所有天数，销售额的计算方法为使用DATEIF函数，分（年月日）多种演示，最后根据要求，将结果填在“工期天数”单元格内。

具体步骤如下：

STEP 1 选定I4单元格，单击“公式”选项卡中的“插入函数”按钮，弹出“插入函数”对话框，在“选择函数”列表框中选择“DATEIF”函数，单击“确定”按钮，弹出“函数参数”对话框，设置“开始日期”为“G4”单元格，设置“终止日期”为“H4”单元格，设置“比较日期”为“d”，如图2-50所示，单击“确定”按钮，得到工期天数。

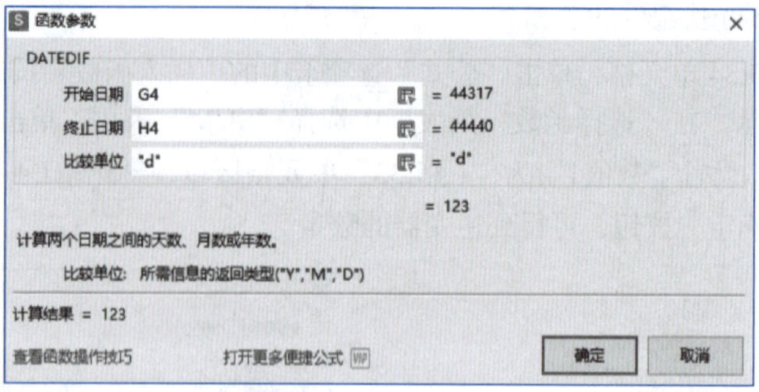

图2-50 “函数参数”对话框

STEP 2 选定I4单元格，将鼠标指针移至单元格的右下角，拖动填充句柄至I33单元格，得到所有工期天数。

任务要求3：在“光伏项目跟进统计表”工作表中使用条件判断函数IF根据工期天数在120天以上（含120天）工期状态为“进行中”，否则为“已停工”。

具体步骤如下：

STEP 1 选定J4单元格，单击“公式”选项卡中的“插入函数”按钮，弹出“插入函数”对话框。在“选择函数”列表框中选择“IF”函数，单击“确定”按钮，弹出“函数参数”对话框，设置“测试条件”为I4≥120，设置“真值”为"进行中"，设置“假值”为"已停工"，单击“确定”按钮，得到工期状态，如图2-51所示。

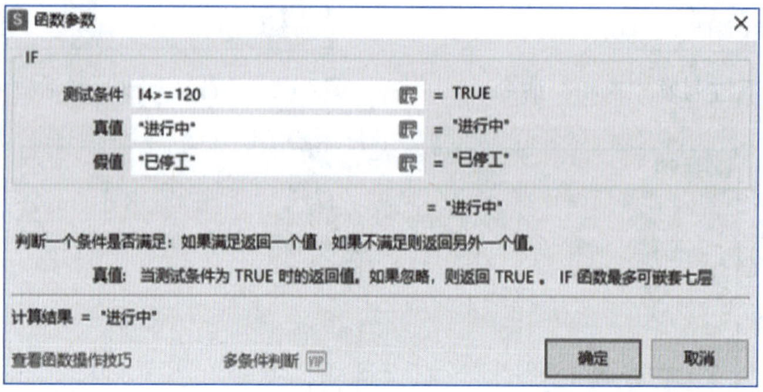

图2-51 “函数参数”对话框

STEP 2 选定J4单元格，将鼠标指针移至单元格的右下角，拖动填充句柄至J33单元格，得到所有工期状态。

任务要求4：在“光伏项目跟进统计表”工作表中的“联系电话”列使用“三维地址”的引用填入“通讯录”工作簿中的“通讯人”工作表中的“联系电话”列的数据。

操作步骤

STEP 1 双击打开“通讯录”工作簿。

STEP 2 单击“光伏项目跟进统计表”工作表标签，选中E4单元格，输入“=”，单击“通讯录”工作簿中的“通讯人”工作表标签，单击C4单元格，按【Enter】键确认，得到1号客户的联系电话。

STEP 3 选中“2.2要求与素材”工作簿中的“光伏项目跟进统计表”工作表中的 E4单元

格，将光标定位在“[通讯录.xlsx]通讯人!$C$4”中的“$C$4”处，按【F4】键，将绝对地址“$C$4”转换为相对地址“C4”，如图2-52所示。

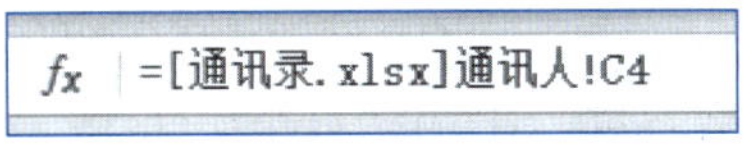

图2-52　将绝对地址转换为相对地址

STEP 4 选定E4单元格，将鼠标指针移至单元格的右下角，拖动填充句柄至E33单元格，得到所有联系电话。

任务要求5： 在“光伏项目跟进统计表”工作表中的“逆变器总数量”列中使用条件求和函数SUMIF计算截至本月所有部门数量逆变器数量总和。

具体步骤如下：

STEP 1 单击“光伏项目跟进统计表”工作表标签，单击P3单元格，输入“=SUMIF($F$4:$F$33,F5,$L$4:$L$33)”，按【Enter】键确认，得到设计部的逆变器总数量。

STEP 2 选中P3单元格，将鼠标指针移至单元格的右下角，拖动填充句柄至P6单元格，依次得到工程部、安装部、研发部的逆变器总数量。

任务要求6： 在“光伏项目跟进统计表”工作表中的“购买金额”列中使用四舍五入函数ROUND计算出两种设备的总金额。

具体步骤如下：

STEP 1 单击“光伏项目跟进统计表”工作表标签，选定M4单元格，单击“公式”选项卡中的“插入函数”按钮，弹出“插入函数”对话框。在“选择函数”列表框中选择“ROUND”函数，单击“确定”按钮，弹出“函数参数”对话框，设置“数值”为“K4*设备单价!B3+L4*设备单价!B4”，“小数位数”为“2”，如图2-53所示，单击“确定”按钮，得到购买金额。

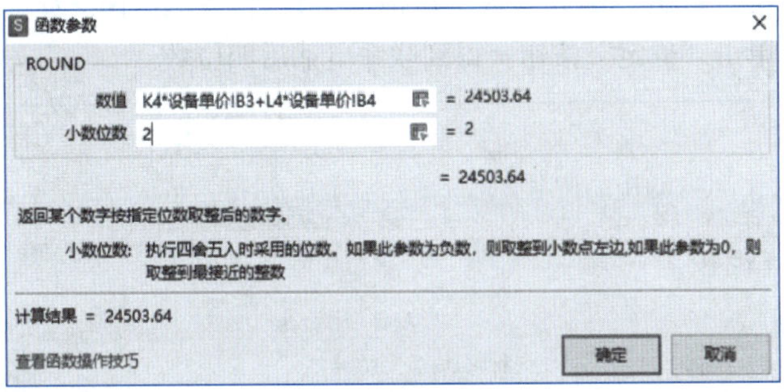

图2-53　ROUND“函数参数”对话框

STEP 2 选中M4单元格，在编辑栏中，将光标定位在B3处，按【F4】键，将相对地址“B3”转换为绝对地址“$B$3”，使用同样的方法，将B4转换为绝对地址，如图2-54所示，按【Enter】键确认。

图2-54　相对地址转换为绝对地址

STEP 3 选定M4单元格，将鼠标指针移至单元格的右下角，拖动填充句柄至M33单元格，得到所有购买金额。

任务要求7： 在“光伏项目跟进统计表”工作表中的单元格F34使用条件计数函数COUNTIF计算出设计部的总个数。

具体步骤如下：

STEP 1 单击“光伏项目跟进统计表”工作表标签，选定F34单元格，单击“公式”选项卡中的“插入函数”按钮，弹出“插入函数”对话框。

STEP 2 在“选择函数”列表框中选择“COUNTIF”函数，单击“确定”按钮，弹出“函数参数”对话框，设置“区域”为“F4:F33”，“条件”为"设计部"，如图2-55所示，单击“确定”按钮，得到设计部的个数。

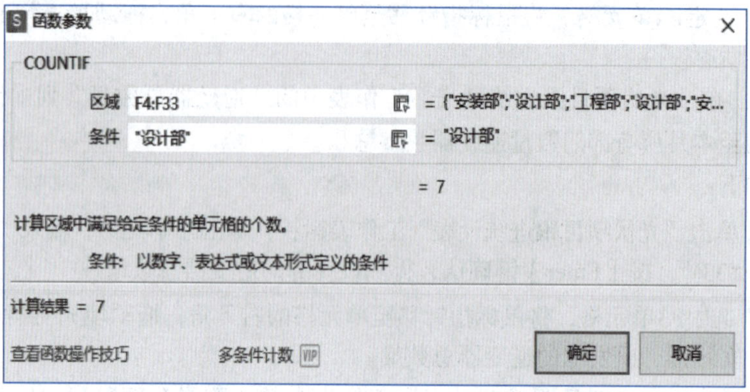

图2-55 COUNTIF“函数参数”对话框

任务要求8：在“光伏项目跟进统计表”工作表中的“备注”列使用字符串截取函数RIGHT提取联系电话列的后四位号码。

具体步骤如下：

STEP 1 单击“光伏项目跟进统计表”工作表标签，选定N4单元格，单击“公式”选项卡中的“插入函数”按钮，弹出“插入函数”对话框，在“选择函数”列表框中选择“RIGHT”函数，单击“确定”按钮，弹出“函数参数”对话框，设置“字符串”为“E4”，“字符个数”为“4”，如图2-56所示，单击“确定”按钮，得到联系电话后四位数。

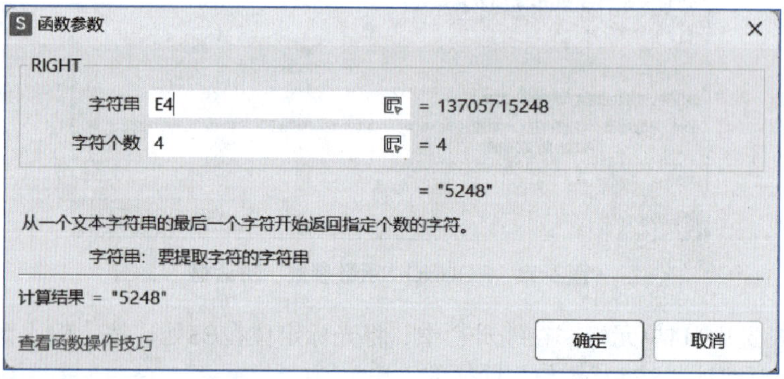

图2-56 RIGHT“函数参数”对话框

STEP 2 选定N4单元格，将鼠标指针移至单元格的右下角，拖动填充句柄至N33单元格，得到所有联系电话的后四位数。

任务要求9：预览和保存。打印预览检查电子表格制作效果是否符合预期，确保数据准确无误后保存文档。

具体步骤如下：

STEP 1 选择“文件”菜单中的“打印”→“打印预览”命令，查看电子表格的打印效果。

STEP 2 确认预览效果符合预期后，关闭打印预览界面，返回到电子表格编辑界面，单击“保存”按钮。

任务三 项目数据统计表——数据分析

情境引入

工小匠在光伏行业的实习中，深入探索光伏农光互补项目。面对海量数据，他运用WPS电子表格，细致分析变压器容量与并网容量，直观感受到光伏如何助力乡村振兴。数据跃然表上，光伏之光照亮田野希望，激发了他对绿色能源未来的无限憧憬，引领我们步入数据统计与分析的实践之旅。

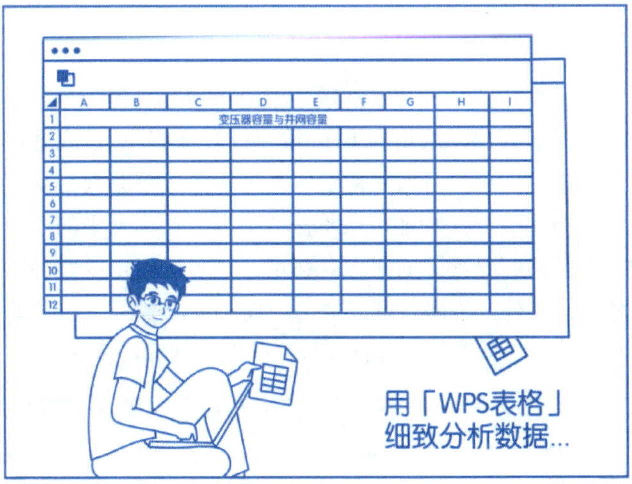

任务分析

（1）运用数据排序功能，整理光伏农光互补项目数据。
（2）通过数据筛选，提取变压器容量与并网容量关键信息。
（3）利用分类汇总和数据透视表，深入分析数据，助力乡村振兴，效果如图2-57所示。

「光伏助力乡村振兴」农光互补项目数据统计表								
序号	片区编号	所属乡镇	供电所	变压器容量（kV·A）	理论并网容量（MW）	预计投资建设成本（万元）	预计年上网电量（MW·h）	预计年收入（万元）
23	三	尖山街道	两山供电所	11540	6.793	1100	4389	170
25	五	玉舍镇(含纸厂乡)	玉舍供电所	7657	8.44	1107	479	190
20	三	董地(街道)	两山供电所	13245	7.789	1178	4970	170
24	四	果布夏乡	野钟供电所	7990	7.855	1200	5083	178
14	四	花夏乡	野钟供电所	12554	8.65	1204	533	193
22	三	老鹰山街道	两山供电所	23570	8.561	1230	5687	175
13	四	顺场乡	野钟供电所	9976	8.09	1309	33048	182
5	四	野钟乡	野钟供电所	12233	9.674	1455	5083	187
9	六	比德镇	比德供电所	10087	10.32	1456	619	210
10	六	化乐镇	比德供电所	12066	11.25	1488	602	220
27	三	经开区（以朵街道）	两山供电所	15689	11.990	1500	6087	197
17	五	坪寨乡	玉舍供电所	18776	11.78	1590	650	231
19	四	龙场乡	龙场供电所	13675	9.43	1700	565	196
18	五	海坪街道办	玉舍供电所	5568	9.47	1712	578	198
21	五	勺米镇	玉舍供电所	15645	12.86	1790	689	261
26	四	营盘乡	龙场供电所	20078	9.83	1803	607	200
16	一	猴场乡	蟠龙供电所	9768	14.657	1987	8850	330
8	三	新桥街道办	两山供电所	8775	8.472	2010	5356	176
4	二	杨梅乡	杨梅供电所	18790	12.558	2111	735	284
6	二	都格镇	发耳供电所	20543	12.765	2310	768	273
1	一	阿夏镇	阿夏供电所	15689	15.68	2509	9211	337
2	二	鸡场镇	发耳供电所	16999	13.008	2532	826	276
3	二	新街乡	杨梅供电所	20087	13.563	2760	877	295
12	一	米箩镇	阿夏供电所	23124	16.384	2878	10832	345
7	二	发耳镇	发耳供电所	17554	14.550	3045	914	305
15	一	蟠龙镇	蟠龙供电所	32765	16.9	3547	9832	367
11	六	陡箐镇	陡箐供电所	51875	41.5	6972	24900	875

图2-57 项目数据统计表效果图

知识链接

一、数据排序

数据排序是指将一组数据按照某种特定的顺序重新排列的过程，是数据处理中一项基础且重要的操作。排序的顺序可以是升序（从小到大）、降序（从大到小），或者根据自定义规则进行排列，如图2-58所示。通过排序，用户可以快速定位、分析和比较数据，从而提升数据处理的效率和准确性。在WPS电子表格中，排序功能可以单击“数据”选项卡中的“排序”按钮实现。在排序时可以选择按一列或多列进行排序，对于多列排序，还可以指定主要关键字和次要关键字，以精确控制数据的排列顺序。此外，排序时可以勾选“数据包含标题”复选框（见图2-59），完成排序后，标题行不纳入排序范围，从而保持数据表结构的完整性和可读性。

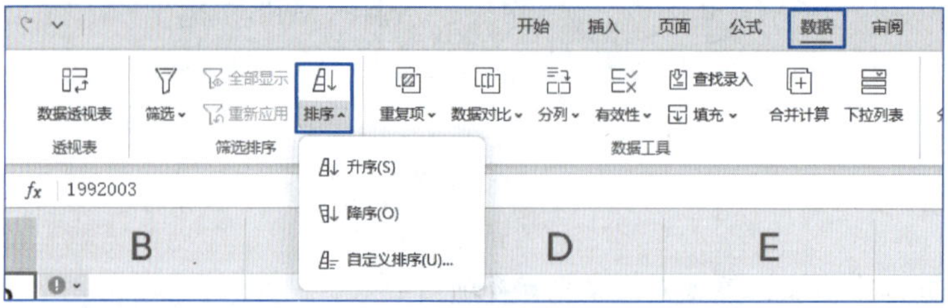

图2-58 “数据”选项卡中的“排序”按钮

排序操作不仅适用于整个工作表，也适用于工作表中选定的任意区域，为用户提供了灵活的操作方式。

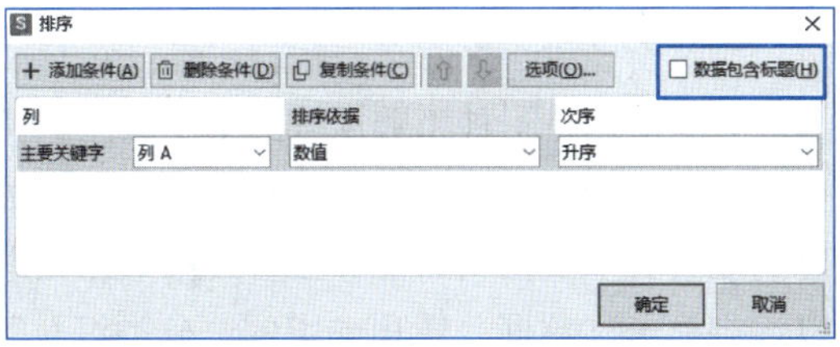

图2-59 “排序”对话框

在实际应用中，数据排序具有广泛的使用场景。例如，当需要快速找出数据中的最大值或最小值时，可以通过排序功能轻松定位目标数据；在制作报表或进行数据分析时，排序能够使数据更清晰地展示，便于用户理解和比较；对于包含多个字段的数据集，通过多列排序可以满足复杂的排序需求，例如，先按部门排序，再按销售额排序，从而更精确地控制数据的排列顺序。在使用排序功能时，需注意在进行排序前，应确保数据已经清洗干净，避免错误数据影响排序结果；在进行多列排序时，需合理设置主要关键字和次要关键字的顺序，这将直接影响数据的最终排列结果。

二、数据筛选

数据筛选是指从数据清单中提取出满足特定条件的记录，同时隐藏不满足条件的记录，是数据分析中常用的一种手段。通过筛选功能，用户可以快速定位到感兴趣的数据子集，从而提升数据处理的效率。WPS表格提供了多种筛选功能，包括自动筛选和高级筛选，如图2-60所示，分别适用于简单条件和复杂条件的筛选任务。自动筛选操作简便，用户只需单击数据区域中任一个单元格中的下拉按钮，选择需要显示的数据值即可完成筛选。高级筛选则适用于更复杂的条件筛选，用户需要在数据区域以外的空白区域建立一个条件区，并在条件区中输入多个条件表达式，然后执行“高级筛选”命令，将符合条件的记录复制到工作表的另一个区域中，或直接在原有区域显示筛选结果，如图2-61所示。

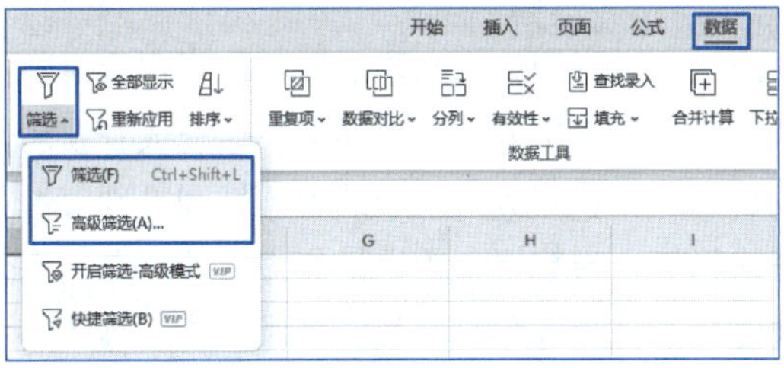

图2-60 “数据”选项卡中的“筛选”按钮

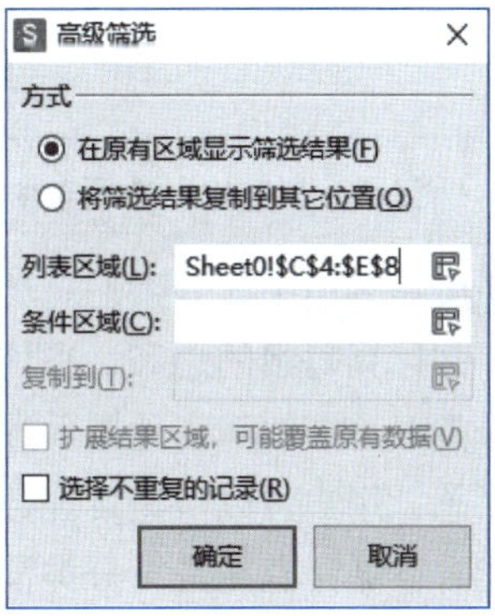

图2-61 “高级筛选”对话框

在实际应用中，数据筛选功能具有广泛的使用场景。例如，当需要从大量数据中提取出符合特定条件的记录时，可以使用自动筛选功能快速完成；在数据分析过程中，通过筛选可以快速定位到感兴趣的数据子集，从而提高分析效率；而高级筛选功能则适用于处理复杂条件的数据筛选任务，例如，同时满足多个条件的记录筛选。在使用筛选功能时，需注意在使用自动筛选时，需确保数据区域中已经选中了包含需要筛选字段的单元格，以保证筛选的准确性；高级筛选需要建立条件区，条件区的设置必须准确无误，否则可能导致筛选结果不正确；筛选结果可以直接在原有区域显示，也可以复制到其他区域，用户应根据实际需求选择合适的方式。

三、分类汇总

分类汇总是一种将数据按照某个或某些特征进行分组和汇总的方法，能够帮助用户对数据进行横向和纵向的比较，从而发现数据之间的关联性和差异性。在数据分析和报表制作中，分类汇总功能具有重要作用，能够显著提高数据处理的效率和准确性。在WPS表格中，分类汇总功能可以通过单击“数据”选项卡中的“分类汇总”按钮实现，如图2-62所示。用户需要先对数据清单按要分类的数据列进行排序，然后选择要汇总的字段和汇总方式（如求和、计数、平均值等），最后执行分类汇总命令即可，如图2-63所示。分类汇总完成后，WPS表格会自动对列表中的数据进行分级显示，用户可以单击分级显示区上方的按钮控制数据的显示级别，从而灵活查看和分析不同层级的数据。

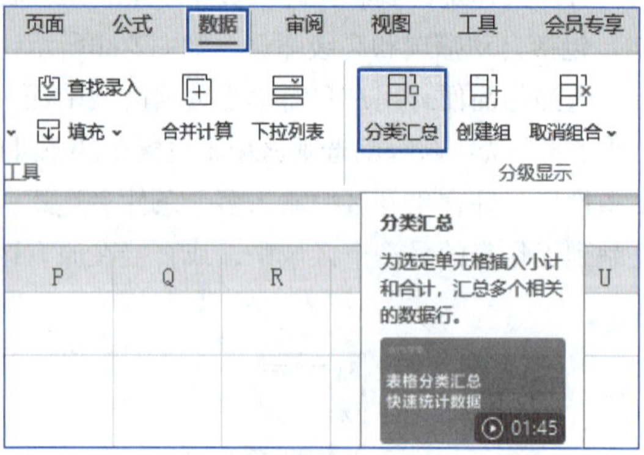

图2-62 “数据”选项卡中的“分类汇总”按钮

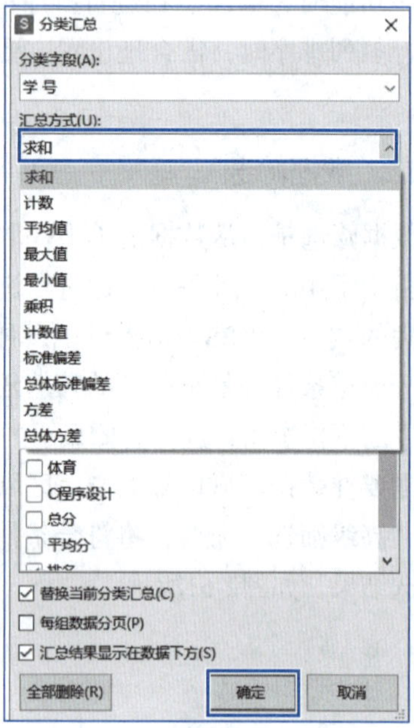

图2-63 “分类汇总”对话框

在实际应用中，分类汇总功能具有广泛的使用场景。例如，当需要按照某个字段对数据进行分组，并计算每组的总和、平均值等统计指标时，可以使用分类汇总功能快速完成；在制作报表时，分类汇总能够清晰地展示数据的分组和汇总情况，从而提高报表的可读性和易理解性；通过分类汇总，用户可以快速发现数据中的异常值或趋势，为数据分析提供有力支持。在使用分类汇总功能时，需注意在进行分类汇总前，务必确保数据已经按照要分类的字段进行了排序，否则汇总结果可能不正确；根据分析需求选择合适的汇总方式（如求和、计数、平均值等）；分类汇总后可以利用分级显示功能控制数据的显示级别，方便查看和分析不同层级的数据。

任务实施

任务要求1：建立“简单排序”工作表，在工作表中将数据区域按照“年上网电量（MW•h）”列的降序重新排列。

具体步骤如下：

STEP 1 双击打开“2.3要求与素材.xlsx”工作簿。

STEP 2 右击“农光互补项目数据统计表”工作表标签，在弹出的快捷菜单中选择“创建副本”命令。

STEP 3 右击得到的新工作表标签，在弹出的快捷菜单中选择“重命名”命令，将新工作表重命名为“简单排序”。

STEP 4 单击“简单排序”工作表标签，选中H列中任一有数据的单元格，单击“数据”选项卡中的“排序”下拉按钮，在其下拉列表中选择“降序”命令。

任务要求2：建立“复杂排序”工作表，在“复杂排序”工作表中，将数据区域以“片区编号”为第一关键字，按照“一、二、三、四、五、六”升序；“预计年收入”为第二关键字的降序；“供电所”为第三关键字的笔画升序进行排列。

具体步骤如下：

STEP 1 右击“简单排序”工作表标签，在弹出的快捷菜单中选择“创建副本”命令。

STEP 2 右击复制得到的“简单排序（2）”工作表标签，在弹出的快捷菜单中选择“重命名”命令，将新工作表重命名为“复杂排序”。

STEP 3 单击“数据”选项卡中的“排序”→“自定义排序”命令，弹出“排序”对话框，在“主要关键字”排序条件中的“次序”下拉列表中选择“自定义序列”选项，如图2-64所示，弹出“自定义序列”对话框，在“输入序列”文本框中输入“一,二,三,四,五,六”（中间用【Enter】键或英文半角状态下的逗号隔开），单击“添加”按钮，新定义的“一,二,三,四,五,六”就添加到了“自定义序列”列表框中，如图2-65所示，单击“确定”按钮。

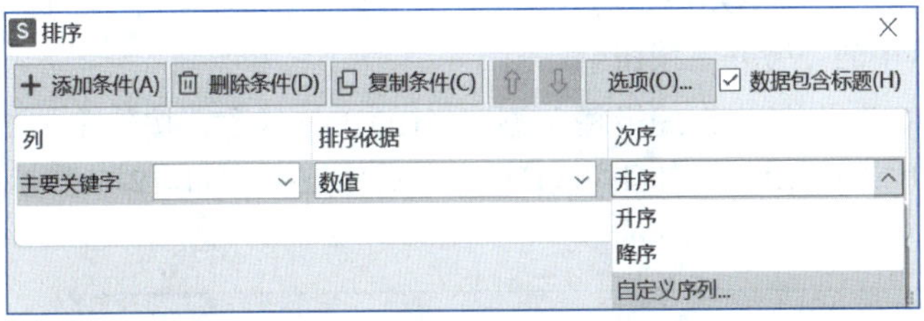

图2-64　在“排序”对话框中选择“自定义序列”选项

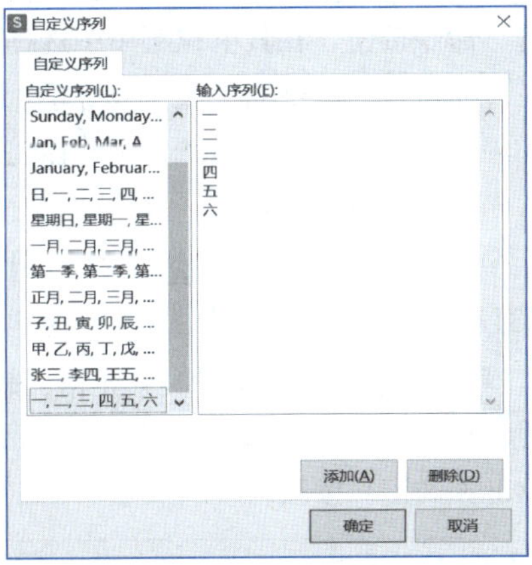

图2-65　“自定义序列”对话框

STEP 4 选中整个数据清单，单击“数据”选项卡中的“排序”按钮，在主要关键字中选择“片区编号”，在“次序”下拉列表中选择STEP 3定义的序列，如图2-66所示；单击“添加条件”按钮，在新增的次要关键字中选择“预计年收入”，在“次序”下拉列表中选择“降序”；单击“添加条件”按钮，在新增的次要关键字中选择“供电所”，在“次序”下拉列表中选择“升序”，单击“选项”按钮，弹出“排序选项”对话框，在“方式”区域选中“笔画排序”单选按钮，如图2-67所示，单击“排序选项”对话框中的“确定”按钮，再单击“排序”对话框中的“确定”按钮。

任务要求3：建立“筛选”工作表，在本工作表内统计“预计投资建设成本”较大客户数，即“预计投资建设成本”大于或等于3 000的客户数。

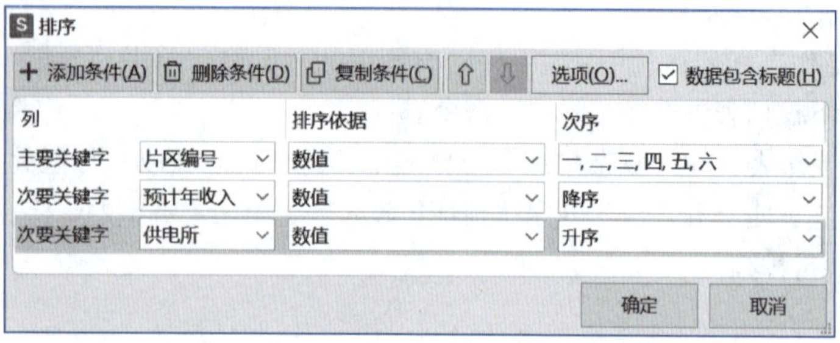

图2-66　按照“自定义序列”进行排序

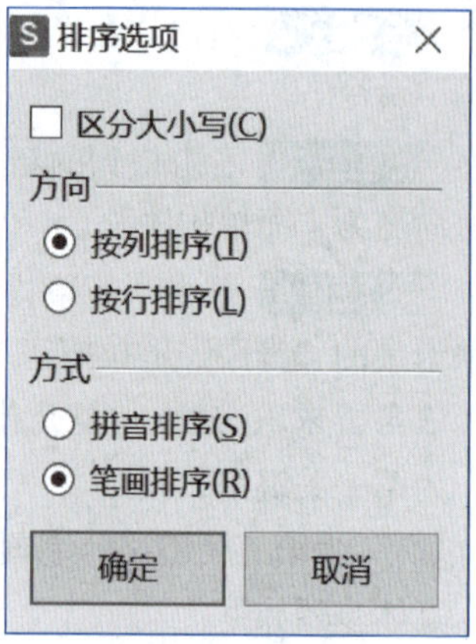

图2-67　按照“笔画顺序”进行排序

具体步骤如下：

STEP 1 右击“复杂排序”工作表标签，在弹出的快捷菜单中选择“创建副本”命令。

STEP 2 右击复制得到的“复杂排序（2）”工作表标签，在弹出的快捷菜单中选择“重命名”命令，将该工作表重命名为“筛选”。

STEP 3 单击“筛选”工作表标签，选中整个数据清单，单击“数据”选项卡中的“筛选”按钮。

STEP 4 单击“预计投资建设成本”字段名所在单元格右侧的下拉按钮，单击“数字筛选”命令按钮，在其下拉菜单中选择“大于或等于”命令，弹出“自定义自动筛选方式”对话框，在“显示行”区域的“大于或等于”右侧文本框中输入“3000”，单击“确定”按钮。

任务要求4：用COUNT函数在C31单元格内显示“投资较大供电所”数量。

具体步骤如下：

STEP 1 在“筛选”工作表中，选中B31单元格，输入文本“投资较大供电所数：”，选中A31和B31单元格，单击“开始”选项卡中的“合并”按钮。

STEP 2 单击C31 单元格，输入“=”号，在编辑栏左侧选择COUNT函数，按住【Ctrl】键，选择符合筛选条件记录中有数字的列的记录行，如G列或H列中的有效数据，如图2-68所示，单击“确定”按钮。

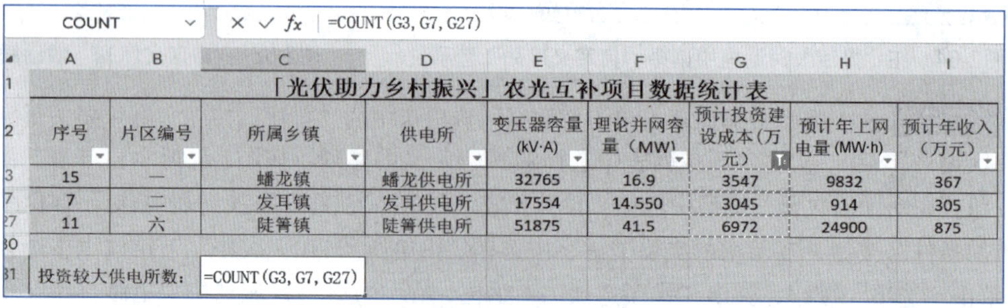

图2-68　使用COUNT函数统计记录数

任务要求5：建立“高级筛选”工作表，筛选出“投资产量较优良的供电所”，即表格中“预计年上网电量”大于5 000（含5 000）且“预计年收入”大于200（含200）的结果复制到A33单元格。

具体步骤如下：

STEP 1 右击“筛选”工作表标签，在弹出的快捷菜单中选择“创建副本”命令。

STEP 2 右击复制得到的“筛选（2）”工作表标签，在弹出的快捷菜单中选择“重命名”命令，将该工作表重命名为“高级筛选”。

STEP 3 单击“数据”选项卡中的“筛选”按钮，显示全部数据并取消筛选。

STEP 4 复制H2单元格“预计年上网电量（MW•h）”字段名和I2单元格“预计年收入（万元）”字段名分别至K2和L2单元格。选中K3单元格输入“>=5 000”，L3单元格输入“>=200”，完成筛选条件的建立，如图2-69所示。

STEP 5 选中整个数据清单，单击“数据”选项卡中的“筛选”→“高级筛选”命令，弹出“高级筛选”对话框，设置“方式”区域为“将筛选结果复制到其他位置”，“列表区域”为数据清单区域，“条件区域”为K2到L3，“复制到”为A33单元格，如图2-70所示，单击“确定”按钮。

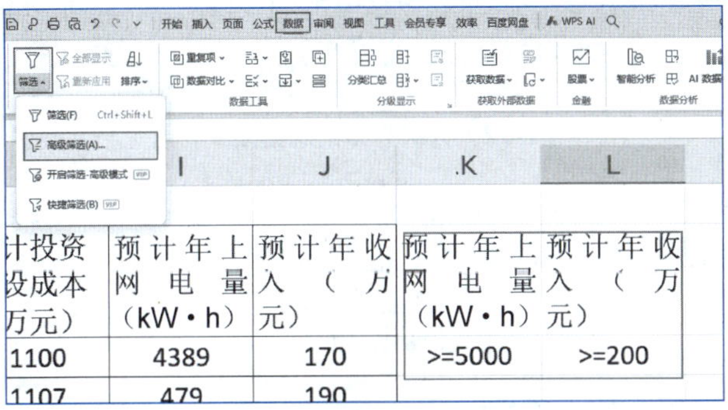

图2-69　“高级筛选”筛选条件

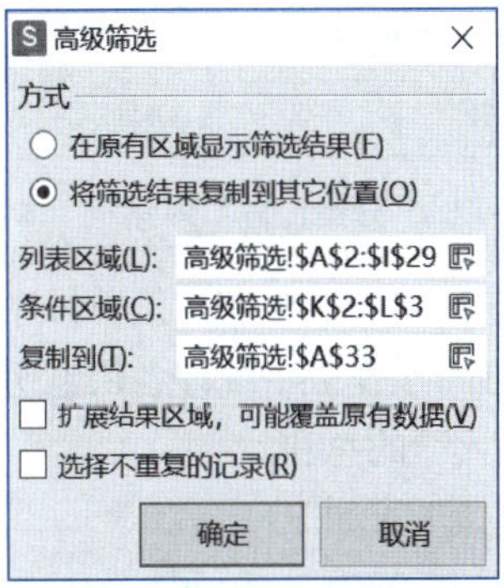

图2-70　“高级筛选”对话框和筛选条件

任务要求6：用COUNT函数在B39单元格内显示“投资优良供电所”数量。

具体步骤如下：

STEP 1 在“高级筛选”工作表中选中A39单元格，输入文本“投资优良供电所：”。

STEP 2 选中B39单元格，输入“=”号，在编辑栏左侧选择COUNT函数，选择符合筛选条件记录中有数字的列的记录行，如H列或I列中的有效数据，单击“确定”按钮。

任务要求7：复制“简单排序”工作表，建立“分类汇总”工作表，在本工作表中先自定义排序，然后统计不同片区“预计年收入”总额。

具体步骤如下：

STEP 1 右击“简单排序”工作表标签，在弹出的快捷菜单中选择“创建副本”命令。

STEP 2 右击复制得到的“简单排序（2）”工作表标签，在弹出的快捷菜单中选择“重命名”命令，将该工作表重命名为“分类汇总”。

STEP 3 选中“片区编号”列的任一单元格，单击“数据”选项卡中的“排序”→“自定义排序”命令，弹出“排序”对话框，在第一个排序条件“列”中选择“片区编号”，“次序”选择“自定义序列”选项，左边序列内选择“一,二,三,四,五,六”，单击“确定”按钮。

STEP 4 选中整个数据清单，单击“数据”选项卡中的“分类汇总”按钮，弹出“分类汇总”对话框，设置分类字段为“片区编号”，汇总方式为“求和”，在“选定汇总项”列表框中选中“预计年收入（万元）”，并取消选中其他汇总项，如图2-71所示，单击“确定”按钮，如图2-72所示。

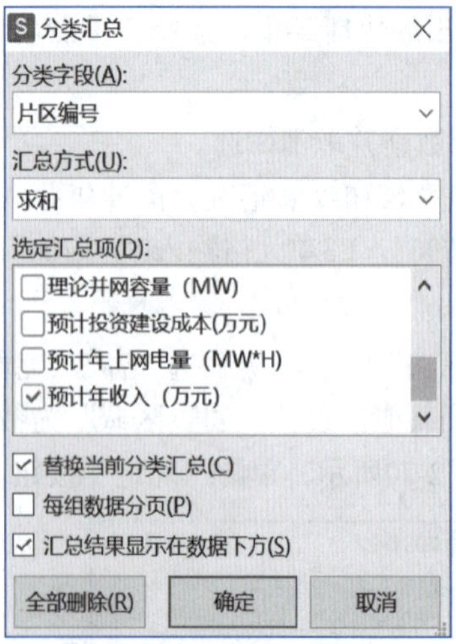

图2-71 “分类汇总”对话框

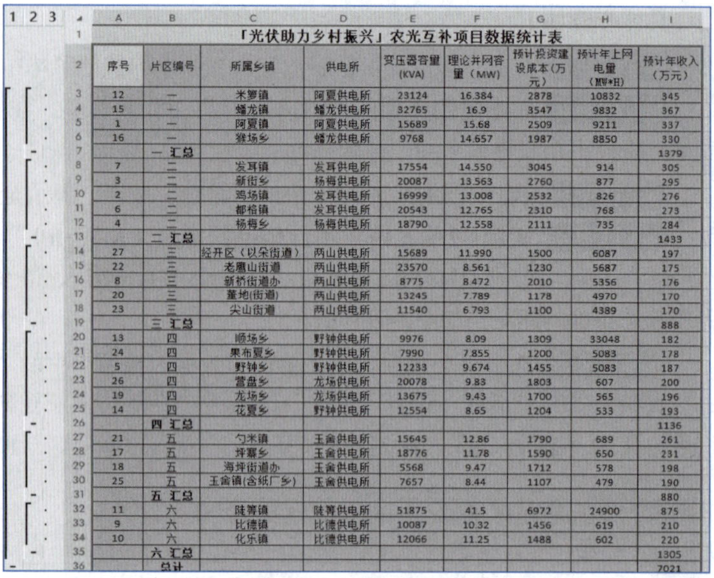

「光伏助力乡村振兴」农光互补项目数据统计表

序号	片区编号	所属乡镇	供电所	变压器容量(KVA)	理论并网容量（MW）	预计投资建设成本(万元）	预计年上网电量（MW*H）	预计年收入（万元）
12	一	米箩镇	阿夏供电所	23124	16.384	2878	10832	345
15	一	蟠龙镇	蟠龙供电所	32765	16.9	3547	9832	367
1	一	阿夏镇	阿夏供电所	15689	15.68	2509	9211	337
16	一	猴场乡	蟠龙供电所	9768	14.657	1987	8850	330
	一 汇总							1379
7	二	发耳镇	发耳供电所	17554	14.550	3045	914	305
3	二	新街乡	杨梅供电所	20087	13.563	2760	877	295
2	二	鸡场镇	发耳供电所	16999	13.008	2532	826	276
6	二	都格镇	发耳供电所	20543	12.765	2310	768	273
4	二	杨梅乡	杨梅供电所	18790	12.558	2111	735	284
	二 汇总							1433
27	三	经开区（以朵街道）	两山供电所	15689	11.990	1500	6087	197
22	三	老鹰山街道	两山供电所	23570	8.561	1230	5687	175
8	三	新桥街道办	两山供电所	8775	8.472	2010	5356	176
20	三	董地(街道)	两山供电所	13245	7.789	1178	4970	170
23	三	尖山街道	两山供电所	11540	6.793	1100	4389	170
	三 汇总							888
13	四	顺场乡	野钟供电所	9976	8.09	1309	33048	182
24	四	果布戛乡	野钟供电所	7990	7.855	1200	5083	178
5	四	野钟乡	野钟供电所	12233	9.674	1455	5083	187
26	四	营盘乡	龙场供电所	20078	9.83	1803	607	200
19	四	龙场乡	龙场供电所	13675	9.43	1700	565	196
14	四	花戛乡	野钟供电所	12554	8.65	1204	533	193
	四 汇总							1136
21	五	勺米镇	玉舍供电所	15645	12.86	1790	689	261
17	五	坪寨乡	玉舍供电所	18776	11.78	1590	650	231
18	五	海坪街道办	玉舍供电所	5568	9.47	1712	578	198
25	五	玉舍镇(含纸厂乡)	玉舍供电所	7657	8.44	1107	479	190
	五 汇总							880
11	六	陡箐镇	陡箐供电所	51875	41.5	6972	24900	875
9	六	比德镇	比德供电所	10087	10.32	1456	619	210
10	六	化乐镇	比德供电所	12066	11.25	1488	602	220
	六 汇总							1305
	总计							7021

图2-72 分级显示汇总结果

任务要求8：复制“简单排序”工作表，建立“数据透视表”，在本工作表中统计各供电所“预计年上网电量”和“预计年收入”的总和。

具体步骤如下：

STEP 1 右击“简单排序”工作表标签，在弹出的快捷菜单中选择“创建副本”命令。

STEP 2 右击复制得到的“简单排序（2）”工作表标签，在弹出的快捷菜单中选择“重命名”命令，将该工作表重命名为“数据透视表”。

STEP 3 单击数据区域内的任意单元格，单击“数据”选项卡中的“数据透视表”按钮或单击“插入”选项卡中的“数据透视表”按钮，弹出“创建数据透视表”对话框，如图2-73所示。

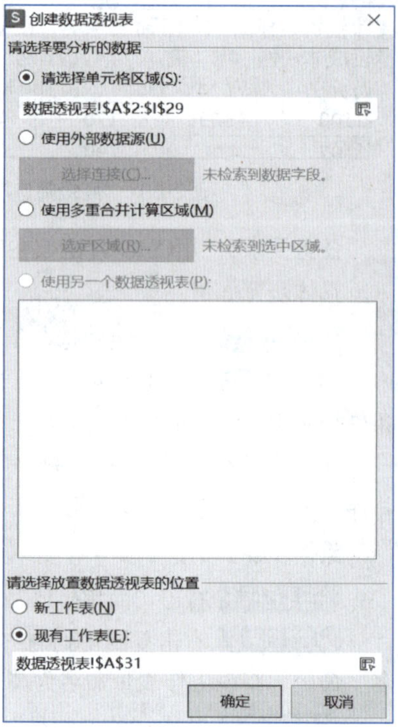

图2-73 “创建数据透视表”对话框

STEP 4 在“请选择要分析的数据”区域设置“请选择单元格区域”为系统默认的整张工作表数据区域，也可以单击文本框右侧的折叠按钮，自行选择数据区域的单元格区域引用。

STEP 5 在“请选择放置数据透视表的位置”区域，选择“现有工作表”作为数据透视表的显示位置，并将显示区域设置为“数据透视表”工作表中的A31 单元格位置，单击“确定”按钮，会在“数据透视表”工作表中生成一个“数据透视表”框架和“数据透视表字段”列表框，如图2-74所示。

STEP 6 拖动“字段列表”区域的“供电所”字段按钮到框架的“行”区域，拖动“预计年上网电量”和“预计年收入”字段按钮到“值”区域，并设置透视表内的字体大小为10磅，设置列宽为自动调整列宽，透视表生成后的效果如图2-75所示。

图2-74　“数据透视表”框架及“数据透视表”字段列表框

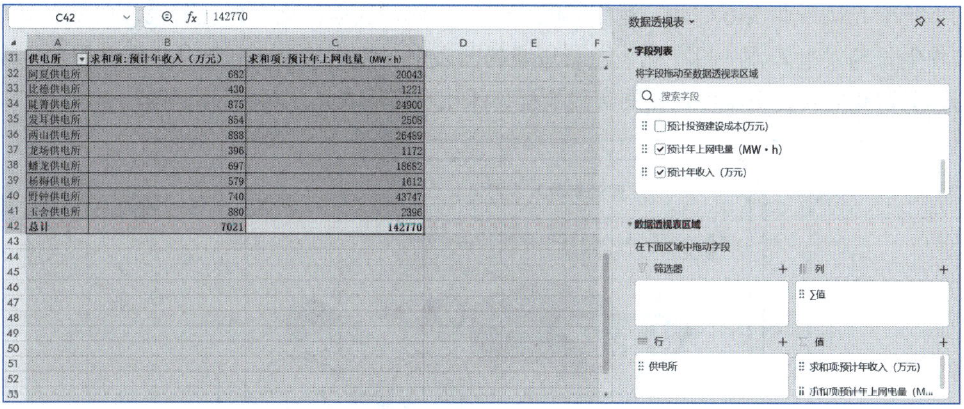

图2-75　各供电所“预计年上网电量”和“预计年收入”的总和

任务要求9：在数据透视表工作表中插入一个动态数据透视图。

具体步骤如下：

在“数据透视表”工作表中，选定整个数据透视表A31至C42单元格区域，单击“插入”选项卡中的“数据透视图”按钮，生成数据透视图，如图2-76所示。

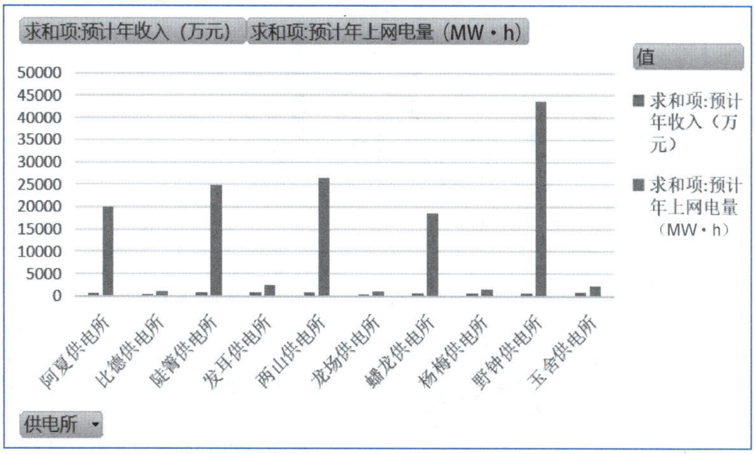

图2-76　各供电所“预计年上网电量”和“预计年收入”动态图

任务要求10： 预览和保存。打印预览检查电子表格的数据分析效果是否符合预期，确保数据准确无误后保存文档。

具体步骤如下：

STEP 1 选择“文件”菜单中的“打印”→“打印预览”命令，查看电子表格的打印效果。

STEP 2 确认预览效果符合预期后，关闭打印预览界面，返回电子表格编辑界面，单击“保存”按钮。

任务四　项目数据统计表——数据可视化

情境引入

工小匠于光伏行业实习期间，运用WPS表格，将烦琐数据转化为直观图表，众多乡镇光伏板下的作物生长与发电效益一目了然。色彩斑斓的图表中，光伏与农业和谐共生跃然眼前，激发探索热情，引领我们共赴数据可视化的实践征程，深化对光伏农光互补项目的理解。

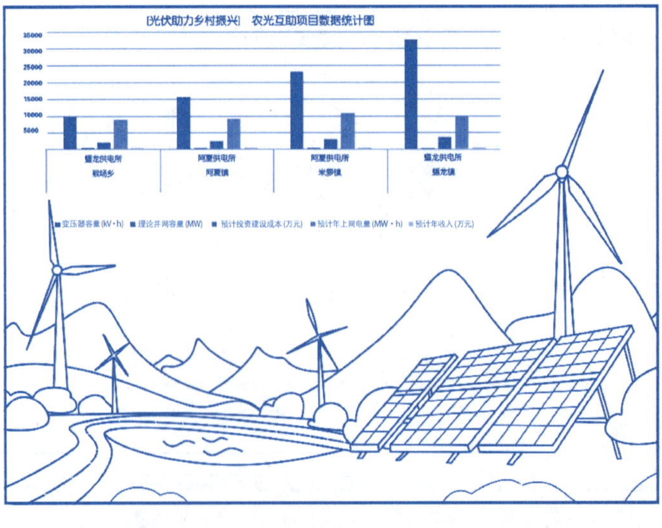

任务分析

（1）选择并制作适合光伏农光互补项目的图表，展示数据。

（2）利用超级表、迷你图等功能，丰富数据表现形式。

（3）运用切片器及图表美化技巧，提升图表可视化效果，效果如图2-77所示。

「光伏助力乡村振兴」农光互补项目数据统计表

序号	片区编号	所属乡镇	供电所	变压器容量（kV·A）	理论并网容量（MW）	预计投资建设成本（万元）	预计年上网电量（MW·h）	预计年收入（万元）
23	三	尖山街道	两山供电所	11540	6.793	1100	4389	170
25	五	玉舍镇(含纸厂乡)	玉舍供电所	7657	8.44	1107	479	190
20	三	董地(街道)	两山供电所	13245	7.789	1178	4970	170
24	四	果布夏乡	野钟供电所	7990	7.855	1200	5083	178
14	四	花夏乡	野钟供电所	12554	8.65	1204	533	193
22	三	老鹰山街道	两山供电所	23570	8.561	1230	5687	175
13	四	顺场乡	野钟供电所	9976	8.09	1309	33048	182
5	四	野钟乡	野钟供电所	12233	9.674	1455	5083	187
9	六	比德镇	比德供电所	10087	10.32	1456	619	210
10	六	化乐镇	比德供电所	12066	11.25	1488	602	220
27	三	经开区（以朵街道）	两山供电所	15689	11.990	1500	6087	197
17	五	坪寨乡	玉舍供电所	18776	11.78	1590	650	231
19	四	龙场乡	龙场供电所	13675	9.43	1700	565	196
18	五	海坪街道办	玉舍供电所	5568	9.47	1712	578	198
21	五	勺米镇	玉舍供电所	15645	12.86	1790	689	261
26	四	营盘乡	龙场供电所	20078	9.83	1803	607	200
16	一	猴场乡	蟠龙供电所	9768	14.657	1987	8850	330
8	三	新桥街道办	两山供电所	8775	8.472	2010	5356	176
4	二	杨梅乡	杨梅供电所	18790	12.558	2111	735	284
6	二	都格镇	发耳供电所	20543	12.765	2310	768	273
1	一	阿夏镇	阿夏供电所	15689	15.68	2509	9211	337
2	二	鸡场镇	发耳供电所	16999	13.008	2532	826	276
3	二	新街乡	杨梅供电所	20087	13.563	2760	877	295
12		米箩镇	阿夏供电所	23124	16.384	2878	10832	345
7	二	发耳镇	发耳供电所	17554	14.550	3045	914	305
15	一	蟠龙镇	蟠龙供电所	32765	16.9	3547	9832	367
11	六	陡箐镇	陡箐供电所	51875	41.5	6972	24900	875

图2-77　效果图

知识链接

一、图表选择与制作

在WPS表格中，图表是数据可视化的重要工具，能够直观地展示数据的分布、趋势和对比关系，帮助用户更好地理解数据并发现其中的规律和趋势。在使用时需要根据数据的类型和展示目的选择合适的图表类型，例如，柱状图适用于展示数据的对比关系，折线图适合呈现数据的趋势变化，饼图用于显示数据的占比情况，而散点图则常用于分析数据的相关性。制作图表时，用户可以通过调整图表样式、数据系列、坐标轴、数据标签等元素，确保图表清晰、准确地传达信息。在工作汇报、学术研究、日常分享等场景中，图表是不可或缺的元素，能够显著提升数据展示的效果和说服力。

在使用图表功能时，需注意以下几点：首先，选择图表类型时，需结合数据的性质和展示目的，确保图表能够准确传达信息；其次，制作图表时，需注意图表元素的协调性和美观性，例如，合理设置坐标轴范围、调整数据标签的位置和字体大小等，以提高信息的可读性和视觉效果。通过掌握图表选择与制作的操作方法和使用技巧，用户可以更加高效地完成数据可视化任务，为数据分析和展示提供有力支持。

二、超级表的制作

超级表（又称表格格式）是WPS电子表格中的一种特殊数据表格，具有自动扩展、筛选、汇总等强大功能，能够显著简化数据处理和分析的流程，提高工作效率。制作超级表时，用户需选中目标数据区域，然后按【Ctrl+T】组合键或单击“插入”选项卡中的“表格”按钮将其转换为超级表。超级表提供了多种样式和格式化选项，用户可以根据实际需求选择合适的样式，并调整表格的外观和布局。超级表的自动扩展功能使其能够动态适应新增数据的需求，而内置的筛选和汇总功能则使用户能够快速对数据进行分类和统计，从而更高效地提取所需信息。

在实际应用中，超级表功能具有广泛的使用场景。例如，在财务管理中，超级表可以自动扩展以记录新增的财务数据，并通过筛选功能快速提取特定时间段或类别的财务信息；在库存管理中，超级表的汇总功能能够帮助用户实时统计库存数量；在数据分析报告中，超级表的格式化选项和筛选功能可以提升数据展示的专业性和可读性。在使用超级表时，需注意以下几点：首先，利用超级表的自动扩展功能，可以轻松应对数据的增减，避免手动调整表格范围的烦琐操作；其次，通过筛选和汇总功能，用户可以快速提取所需信息，提升数据处理的效率。

三、迷你图

迷你图是WPS电子表格中的一种小型图表，能够在单元格中嵌入并直观展示数据的趋势或分布情况。用户可以选择折线图、柱形图、盈亏图等类型的迷你图来呈现数据，制作时需指定数据源和迷你图类型，并设置样式、颜色等属性。迷你图的最大优势在于节省空间的同时提供数据可视化的功能，适用于需要在大量数据中快速识别趋势或异常值的场景。通过迷你图，用户可以在不离开当前单元格的情况下查看数据的变化趋势，从而提升数据分析和展示的效率。

在实际应用中，迷你图功能具有广泛的使用场景。例如，在仪表盘设计中，迷你图可以用于展示关键指标的变化趋势；在数据监控表中，迷你图能够帮助用户快速识别数据的波动情况。在使用迷你图时，需注意以下几点：首先，选择迷你图类型时，需结合数据的性质和展示需求，例如，折线图适合展示连续数据的变化趋势，柱形图则适合对比离散数据；其次，设置迷你图样式时，需注意与整体表格风格的协调性，例如，选择与表格主题一致的颜色和样式，以提升视觉效果。

四、切片器

切片器是WPS电子表格中用于筛选数据透视表数据的工具，提供了一种交互式的操作方式，使用户能够动态查看和分析数据。通过切片器，用户可以轻松筛选数据透视表中的数据，并实时查看图表的变化，从而更灵活地探索数据子集。切片器不仅简化了数据筛选的过程，还提高了工作效率，使得数据分析更加直观和易于操作，帮助用户快速定位所需信息。

在实际应用中，切片器功能具有广泛的使用场景。例如，在销售数据分析中，切片器可以用于筛选不同地区、时间段或产品类别的销售数据；在市场调研报告中，切片器能够帮助用户动态查看不同市场细分的数据变化。在使用切片器时，需注意以下几点：首先，利用切片器的交互式功能，可以方便地筛选和查看数据，提升数据分析的灵活性；其次，设置切片器样式时，需注意与整体报表风格的协调性，例如，选择与报表主题一致的颜色和布局，以增强视觉效果。

五、图表美化

图表美化是指对图表进行格式化和样式调整，以提高其可读性和视觉效果，使数据更加易于理解和记忆。用户可以通过调整图表的标题、图例、数据标签、颜色、字体等元素，以及添加背景、边框等装饰元素，来提升图表的专业性和吸引力。在制作报告、演示文稿等场合中，美观的图表不仅能够增强观众的兴趣和注意力，还能显著提高信息的传达效果。通过图表美化，用户可以将复杂的数据以直观、美观的方式呈现，从而更好地支持数据分析和决策。

在实际应用中，图表美化功能具有广泛的使用场景。例如，在商务报告中，通过美化图表可以提升报告的专业性和说服力；在学术演讲中，美观的图表能够帮助观众更直观地理解研究数据；在产品展示中，精心设计的图表可以增强产品的吸引力和竞争力。在进行图表美化时，需注意要注重色彩搭配和元素协调，确保图表整体风格一致且美观；根据展示场合和观众需求，选择合适的图表样式和装饰元素，例如，在正式场合中使用简洁大方的设计，而在创意展示中则可以采用更具视觉冲击力的样式。

任务实施

任务要求1： 使用素材所提供的数据，先排序再汇总，使用“三维饼图”来表达“各供电所预计年收入所占总收入的份额”。

具体步骤如下：

STEP 1 双击打开“4.4要求与素材.xlsx”工作簿。

STEP 2 右击“素材”工作表标签，在弹出的快捷菜单中选择“移动”命令，弹出“移动或复制工作表”对话框，选择“移至最后”选项，选中“建立副本”复选框，单击“确定”按钮。

STEP 3 右击得到的新工作表的标签“素材（2）”，在弹出的快捷菜单中选择“重命名”命令，将新工作表重命名为“各供电所预计年收入所占总收入的份额”。

STEP 4 选中“供电所”列的任一单元格，单击“数据”选项卡中的“排序”→“升序”按钮。

STEP 5 选择表格区域，单击“数据”选项卡中的“分类汇总”按钮，弹出“分类汇总”对话框，设置分类字段为“供电所”，汇总方式为“求和”，在“选定汇总项”区域选中“预计年收入”复选框，并取消选中其他汇总项对应的复选框，单击“确定”按钮。单击左边“2”按钮，隐藏明细项，显示各类别的汇总数据和总计数据。

STEP 6 选择D2:D39区域的单元格，按住【Ctrl】键的同时选择I2:I39单元格区域，如图2-78所示。

	A	B	C	D	E	F	G	H	I
1	「光伏助力乡村振兴」农光互补项目数据统计表								
2	序号	片区编号	所属乡镇	供电所	变压器容量（kV·A）	理论并网容量（MW）	预计投资建设成本（万元）	预计年上网电量（MW·h）	预计年收入（万元）
5				阿夏供电所 汇总					682
8				比德供电所 汇总					430
10				陡箐供电所 汇总					875
14				发耳供电所 汇总					854
20				两山供电所 汇总					888
23				龙场供电所 汇总					396
26				蟠龙供电所 汇总					697
29				杨梅供电所 汇总					579
34				野钟供电所 汇总					740
39				玉舍供电所 汇总					880
40				总计					7021

图2-78　在工作表中选择有效数据区域

STEP 7 单击“插入”选项卡中的“图表”按钮，弹出“图表”对话框，单击左边的“饼图”按钮，在右侧窗格中选择“三维”选项卡，单击第一个图标，完成基本图表的创建，如图2-79所示。

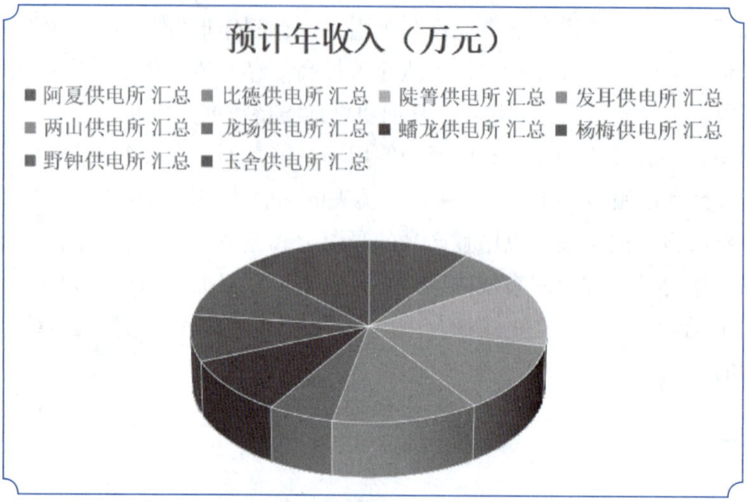

图2-79　三维饼图基本图表的创建

STEP 8 右击“图表标题”，在弹出的快捷菜单中选择“编辑文字”命令，修改标题名称为“各供电所预计年收入所占总收入份额图”。

STEP 9 右击图表数据系列区域，在弹出的快捷菜单中选择“添加数据标签”命令，如图2-80所示，图表系列会显示数据标签。

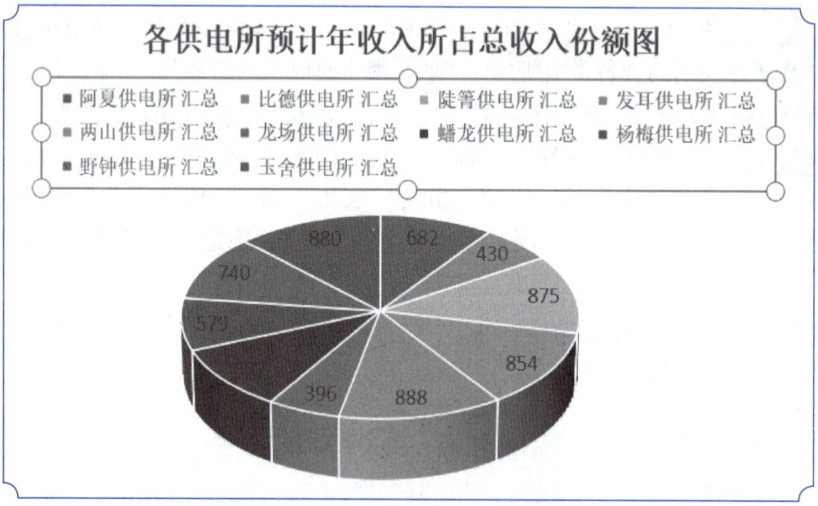

图2-80　添加图表数据标签

STEP 10 右击任一数据标签，在弹出的快捷菜单中选择“设置数据标签格式”命令，在窗口右侧打开“属性”面板，在“标签选项”区域勾选“百分比”复选框，并取消勾选“值”复选框，如图2-81所示，在“标签位置”区域选择“数据标签内”单选按钮。

STEP 11 右击图例区域，在弹出的快捷菜单中选择“设置图例格式”命令，在窗口右侧打开“属性”面板，在“图例选项”区域设置“图例位置”→“靠下”，如图2-82所示。

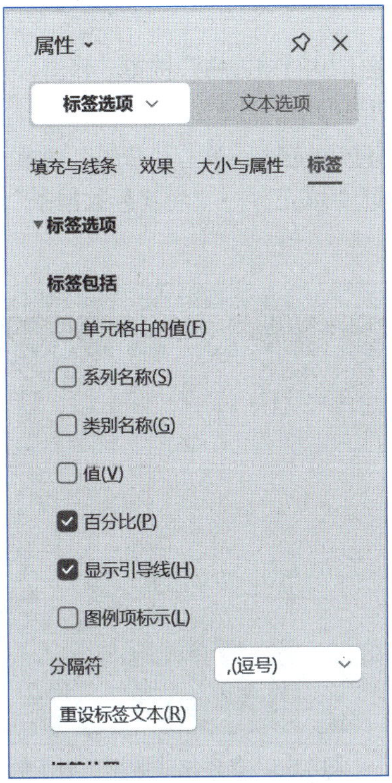

图2-81　设置“标签选项”区域

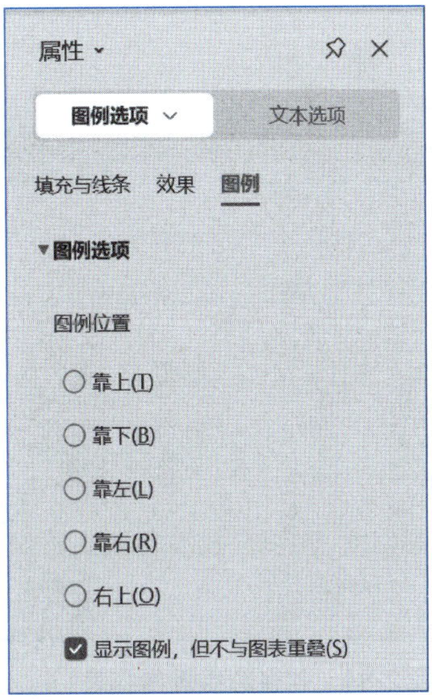

图2-82　设置“图例选项”区域

STEP 12 选中图表，按住鼠标左键将图表移至合适的位置，用鼠标调整图表控点改变图表至合适大小，如图2-83所示。

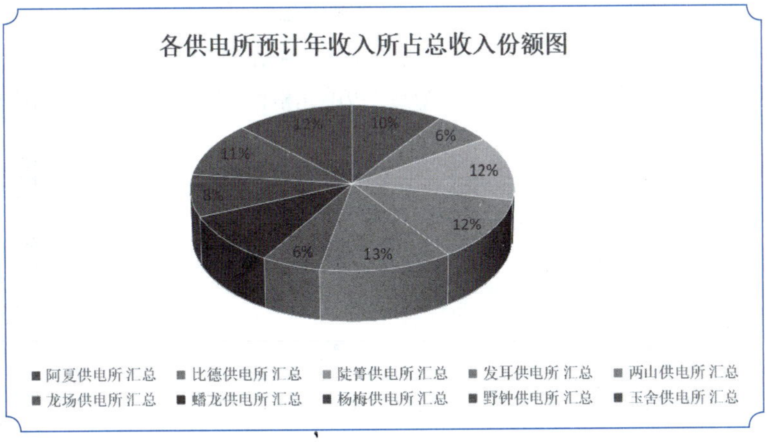

图2-83　合理调整图表大小和位置

任务要求2： 使用素材所提供的数据，将“「光伏助力乡村振兴」农光互补项目数据统计表”制作成超级表格；将“预计年收入”列使用“条件格式”“浅蓝色数据条”显示。

具体步骤如下：

STEP 1 右击“素材”工作表标签，在弹出的快捷菜单中选择“移动”命令，弹出“移动或复制工作表”对话框，选择“移至最后”选项，勾选“建立副本”复选框，单击“确定”按钮。

STEP 2 右击得到的新工作表的标签“素材（2）”，在弹出的快捷菜单中选择“重命名”

命令，将新工作表重命名为“超级表格”。

STEP 3 选择整体表格区域，单击“插入”选项卡中的“表格”按钮，弹出“创建表”对话框，单击“确定”按钮（或按【Ctrl+T】组合键），初表如图2-84所示。

STEP 4 选择“预计年收入（万元）”列的I3至I29单元格，单击“开始”选项卡中的“条件格式”按钮，在其下拉列表中选择“数据条”→“渐变填充”→“浅蓝色数据条”，如图2-85所示。

「光伏助力乡村振兴」农光互补项目数据统计表

序号	片区编号	所属乡镇	供电所	变压器容量(KVA	理论并网容量（	预计投资建设成本(万元）	预计年上网电量（	预计年收入（万元）
23	三	尖山街道	两山供电所	11540	6.793	1100	4389	170
25	五	玉舍镇(含纸厂乡)	玉舍供电所	7657	8.44	1107	479	190
20	三	董地(街道)	两山供电所	13245	7.789	1178	4970	170
24	四	果布夏乡	野钟供电所	7990	7.855	1200	5083	178
14	四	花夏乡	野钟供电所	12554	8.65	1204	533	193
22	三	老鹰山街道	两山供电所	23570	8.561	1230	5687	175
13	四	顺场乡	野钟供电所	9976	8.09	1309	33048	182
5	四	野钟乡	野钟供电所	12233	9.674	1455	5083	187
9	六	比德镇	比德供电所	10087	10.32	1456	619	210
10	六	化乐镇	比德供电所	12066	11.25	1488	602	220
27	三	经开区（以朵街道）	两山供电所	15689	11.990	1500	6087	197
17	五	坪寨乡	玉舍供电所	18776	11.78	1590	650	231
19	四	龙场乡	龙场供电所	13675	9.43	1700	565	196
18	五	海坪街道办	玉舍供电所	5568	9.47	1712	578	198
21	五	勺米镇	玉舍供电所	15645	12.86	1790	689	261
26	四	营盘乡	龙场供电所	20078	9.83	1803	607	200
16	一	猴场乡	蟠龙供电所	9768	14.657	1987	8850	330
8	三	新桥街道办	两山供电所	8775	8.472	2010	5356	176
4	二	杨梅乡	杨梅供电所	18790	12.558	2111	735	284
6	二	都格镇	发耳供电所	20543	12.765	2310	768	273
1	一	阿夏镇	阿夏供电所	15689	15.68	2509	9211	337
2	二	鸡场镇	发耳供电所	16999	13.008	2532	826	276
3	二	新街乡	杨梅供电所	20087	13.563	2760	877	295
12	一	米箩镇	阿夏供电所	23124	16.384	2878	10832	345
7	二	发耳镇	发耳供电所	17554	14.550	3045	914	305
15	一	蟠龙镇	蟠龙供电所	32765	16.9	3547	9832	367
11	六	陡箐镇	陡箐供电所	51875	41.5	6972	24900	875

图2-84　创建超级表格初表

「光伏助力乡村振兴」农光互补项目数据统计表

序号	片区编号	所属乡镇	供电所	变压器容量(KVA	理论并网容量（	预计投资建设成本(万元）	预计年上网电量（	预计年收入（万元）
23	三	尖山街道	两山供电所	11540	6.793	1100	4389	170
25	五	玉舍镇(含纸厂乡)	玉舍供电所	7657	8.44	1107	479	190
20	三	董地(街道)	两山供电所	13245	7.789	1178	4970	170
24	四	果布夏乡	野钟供电所	7990	7.855	1200	5083	178
14	四	花夏乡	野钟供电所	12554	8.65	1204	533	193
22	三	老鹰山街道	两山供电所	23570	8.561	1230	5687	175
13	四	顺场乡	野钟供电所	9976	8.09	1309	33048	182
5	四	野钟乡	野钟供电所	12233	9.674	1455	5083	187
9	六	比德镇	比德供电所	10087	10.32	1456	619	210
10	六	化乐镇	比德供电所	12066	11.25	1488	602	220
27	三	经开区（以朵街道）	两山供电所	15689	11.990	1500	6087	197
17	五	坪寨乡	玉舍供电所	18776	11.78	1590	650	231
19	四	龙场乡	龙场供电所	13675	9.43	1700	565	196
18	五	海坪街道办	玉舍供电所	5568	9.47	1712	578	198
21	五	勺米镇	玉舍供电所	15645	12.86	1790	689	261
26	四	营盘乡	龙场供电所	20078	9.83	1803	607	200
16	一	猴场乡	蟠龙供电所	9768	14.657	1987	8850	330
8	三	新桥街道办	两山供电所	8775	8.472	2010	5356	176
4	二	杨梅乡	杨梅供电所	18790	12.558	2111	735	284
6	二	都格镇	发耳供电所	20543	12.765	2310	768	273
1	一	阿夏镇	阿夏供电所	15689	15.68	2509	9211	337
2	二	鸡场镇	发耳供电所	16999	13.008	2532	826	276
3	二	新街乡	杨梅供电所	20087	13.563	2760	877	295
12	一	米箩镇	阿夏供电所	23124	16.384	2878	10832	345
7	二	发耳镇	发耳供电所	17554	14.550	3045	914	305
15	一	蟠龙镇	蟠龙供电所	32765	16.9	3547	9832	367
11	六	陡箐镇	陡箐供电所	51875	41.5	6972	24900	875

图2-85　条件格式数据条显示数据

任务要求3：用“迷你图”的折线图显示各列数据迷你图。

具体步骤如下：

STEP 1 在“预计年收入”后的J2单元格中输入“迷你图”字样，选择E3:I29单元格区域，单击“插入”选项卡中的“迷你图”下拉按钮，在其下拉列表中选择“折线图”命令，弹出“创建迷你图”对话框，将“选择放置迷你图的位置”区域的“位置范围”设置为J3:J29单元格区域，如图2-86所示，单击“确定”按钮。

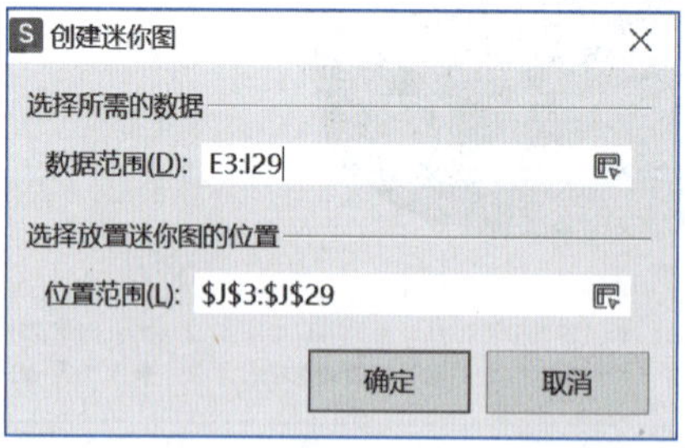

图2-86　“创建迷你图”对话框

STEP 2 在“迷你图工具”选项卡中勾选“高点”“低点”“首点”“尾点”“标记”复选框，如图2-87所示，创建迷你图，如图2-88所示。

图2-87　“迷你图工具”选项卡中的勾选范围

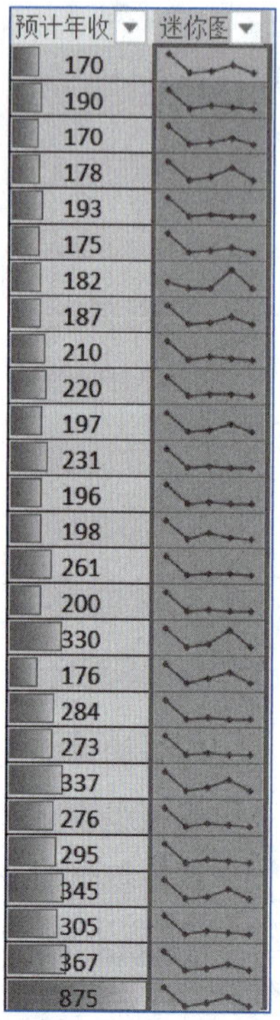

图2-88　建立迷你图

任务要求4：使用素材所提供的数据，制作一张柱形图图表，插入“切片器”，使用“片区编号”制作数据动态图。

具体步骤如下：

STEP 1 选取B2至I29单元格区域，单击“插入”选项卡中的“图表”按钮，弹出“图表”对话框，在左侧导航区选择“柱形图”，在右侧窗格中选择“簇状”柱形图的第一个图表，单击图表区的“图表标题”，修改为“「光伏助力乡村振兴」农光互补项目数据统计图”，完成图表的创建，如图2-89所示。

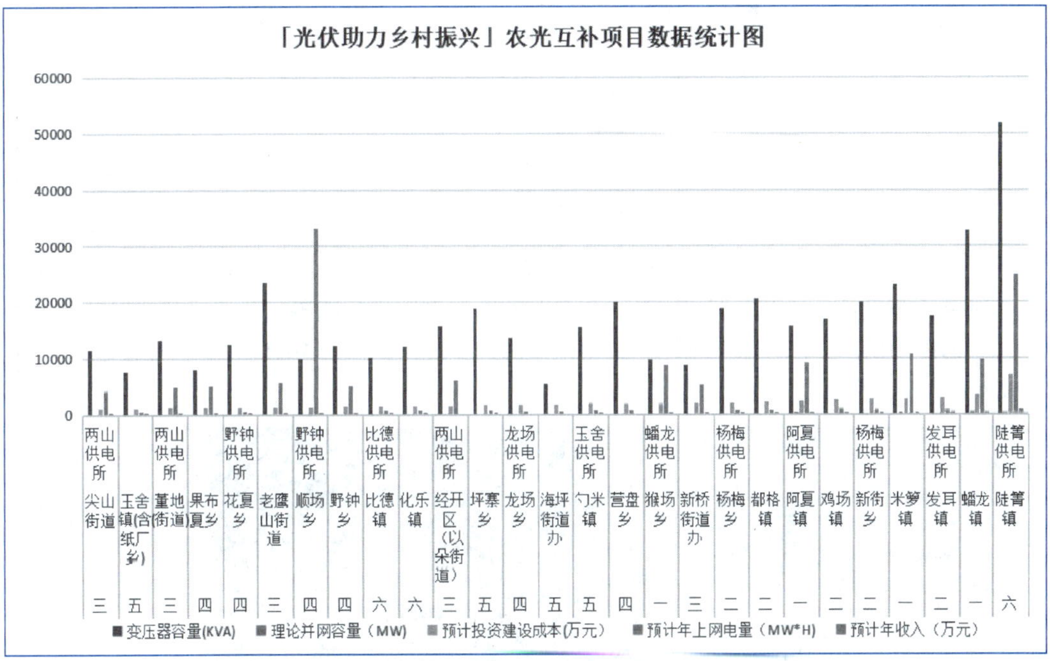

图2-89　创建柱形图

STEP 2 单击表格内任一单元格，单击“表格工具”选项卡中的“插入切片器”按钮，弹出“插入切片器”对话框，勾选“片区编号”复选框，单击“确定”按钮，如图2-90所示。

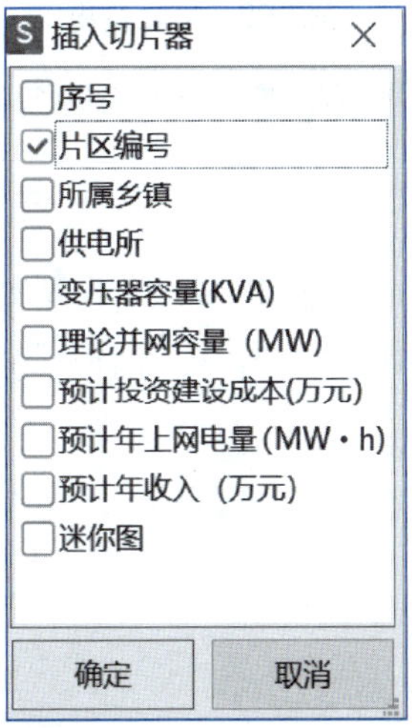

图2-90　“插入切片器”对话框

STEP 3 合理调整“切片器”的位置，单击“片区编号”下的任一编号，就可以单独查看每一个片区的单独数据，例如，单击选择片区编号“一”，如图2-91所示。

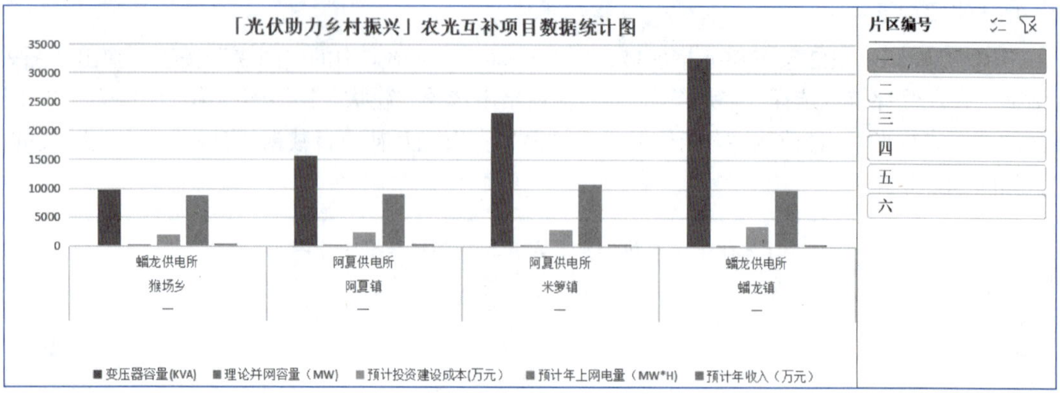

图2-91　动态显示指定片区数据

STEP 4 美化图表，右击图表区域，在弹出的快捷菜单中选择“设置图表区域格式”命令，在窗口右侧打开“属性”面板，在“填充与线条”的“填充区域”选择“渐变填充”单选按钮，在“色标颜色”下拉面板中选择“浅绿，着色4，浅色40%”（第四行的第八列），美化结果如图2-92所示。

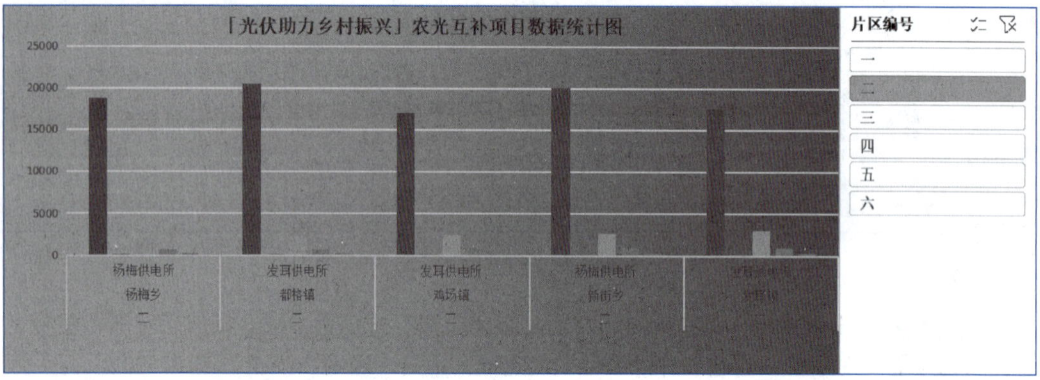

图2-92　美化结果

任务要求5：预览和保存。打印预览检查电子表格的图表效果是否符合预期，确保无误后保存文档。

具体步骤如下：

STEP 1 选择“文件”菜单中的“打印”→“打印预览”命令，查看电子表格的打印效果。

STEP 2 确认预览效果符合预期后，关闭打印预览界面，返回到电子表格编辑界面，单击“保存”按钮。

项目三

映日生辉　演示文稿制作

项目导读

承匠心　续华章

信息技术＋工作

亲爱的青年学子们：

“择一事，终一生；守正笃实，久久为功。”从青铜器上的一刀一刻到卫星发射的一丝一毫，中华民族的匠心传承始终闪耀着智慧的光芒。今天，你们将执起数字时代的“匠心之笔”，用演示文稿的方寸屏幕，既致敬千年匠魂，又描绘科技未来，让每一帧设计都成为初心与创新的交响。

任务一的工匠精神演示文稿制作，是对“一生一事”精神内核的数字化传承。你们将走进大国工匠年度人物的辉煌世界，感受他们“匠心独运，精益求精”的执着追求。每一页文稿的编排、每一次交互的设计，都将是你们对匠心精神的致敬与传承。希望你们能从中汲取力量，将大国工匠们的“守专长、制精品”的职业信仰内化于心，用你们的智慧与创意，打磨出既实用又美观的演示文稿，展现出匠心独运的魅力。

任务二的科技演示文稿创意设计，则是对“久久为功”创新精神的时代诠释。在这里，新技术将成为你们创意的源泉，引领你们领略科技带来的无限可能。通过深入挖掘新技术的核心优势与广泛应用，你们将用创意与智慧，将其融入演示文稿的设计之中，展现出科技的力量与美。希望你们能够紧跟时代步伐，关注新技术的发展，用你们的作品，为科技的进步贡献一份力量，让更多人了解并关注新技术。

亲爱的同学们，在项目三有关职场阶段任务的实施中，你们将不仅掌握演示文稿制作的技能，更能深刻理解匠心精神与创新思维的重要性。希望你们能够“承匠心，续华章”，用你们的智慧与热情，书写属于自己的精彩篇章。在成长的道路上，始终保持对知识的渴望与对梦想的追求，以匠心筑梦，以创新前行。未来已来，期待你们在新时代的浪潮中，以匠心致远，以创新映日，绽放出属于自己的璀璨光芒！

任务一　工匠精神演示文稿制作——交互设计

情境引入

工小匠毕业后，入职国内PPT设计公司，首接重任——为工匠精神宣传晚会打造PPT。面对挑战，他铭记“承匠心，续华章”，深潜交互设计，力求每一帧都闪耀匠心光芒。工小匠穿梭于创意与技术的交汇点，引领我们步入PPT交互设计的殿堂，共同探索工匠精神在演示文稿中的生动呈现与深度传达。

任务分析

（1）创建并编辑工匠精神演示文稿，确保内容精准传达。

（2）精心排版与设计，增强视觉效果与阅读体验。

（3）运用动画与交互设置，提升演示文稿的互动性与吸引力，效果图如图3-1所示。

图3-1　最终效果图

知识链接

一、演示文稿的创建与编辑

在WPS演示中，创建与编辑演示文稿是制作高质量演示内容的核心环节。用户可以通过导入功能将Word、PDF等文档直接转换为演示文稿，保留原有格式和排版，同时支持手动调整和优化内容布局。在创建过程中，用户可以根据演示设备的屏幕尺寸和分辨率，选择合适的文稿大小和页面比例（如4:3、16:9等），确保演示内容能够完整、清晰地展示。WPS演示提供了多种预设风格模板，涵盖商务、教育、科技等类型，用户可根据演示主题和受众喜好快速构建专业、美观的演示文稿。此外，WPS演示支持多种视图模式（如普通、幻灯片浏览、备注页、阅读等），用户可根据编辑和演示需求灵活切换，提高工作效率和演示效果。

在编辑过程中，用户可以通过设置网格、对齐对象、调整对象层级、使用智能参考线和标尺等操作，精确控制对象位置和布局，实现专业级的设计效果。图片编辑功能支持裁剪、旋转、调整大小、添加边框和对齐等操作，同时提供多种滤镜和效果，使图片更加生动、吸引人。用户还可以插入音频和视频文件，并设置播放方式和音量，丰富演示内容，提升观众体验。文字和元素的编辑操作包括丰富的格式设置选项（如字体、字号、颜色、加粗、斜体等），以及文本框、形状等元素的编辑和格式化操作，使演示文稿更加丰富多彩。此外，用户可以根据需要插入文本框、绘制直线、曲线和多边形等形状，并设置形状格式和样式，进一步增强演示文稿的表现力和视觉效果。

在实际应用中，WPS演示文稿的创建与编辑功能广泛应用于教育培训、商务汇报和学术交流等场景。例如，教师可以将课程讲稿转换为演示文稿，用于课堂教学和在线授课；商务人士可以将项目报告、市场分析等内容制作成演示文稿，用于向客户或领导汇报；研究人员可以将研究成果以演示文稿形式展示，便于同行了解研究内容和进展。在使用过程中，需注意保持内容简洁明了，避免过多文字堆砌；根据演示场合和设备选择合适的文稿大小和页面比例；充分利用WPS演示文稿提供的各种视图和编辑工具，以提高工作效率和演示效果。

二、排版与设计

在WPS演示中，排版与设计是提升演示文稿视觉效果和可读性的关键环节。用户可以通过设置段落格式（如项目符号、缩进、行距、段距、分栏等）来优化文本排版，使内容更加整齐、易读。此外，改变文本框的大小、位置、边框、填充等属性也会影响文本排版效果，用户可根据设计需求灵活调整，以实现理想的排版效果。WPS演示文稿还支持编辑逻辑操作（如结合、组合、拆分、相交、减除等），帮助用户灵活处理对象布局和关系，实现复杂的设计效果。对于演示文稿中的表格，用户可以进行框线编辑和单元格格式设置（如调整框线粗细、颜色、样式，设置单元格背景色、字体、对齐方式等），并通过应用表格主题样式快速统一表格风格，提升数据展示效果和整体美观度。

在实际应用中，排版与设计功能广泛应用于数据分析报告、产品介绍和学术论文汇报等场景。例如，在数据分析报告中，用户可以通过编辑表格框线和单元格格式，清晰展示数据结果和趋势；在产品介绍中，利用文本框和编辑逻辑突出产品特点，结合图片和视频等多媒体元素，提升观众兴趣；在学术论文汇报中，通过优化段落格式和文本框属性，使内容更加清晰有条理，同时利用表格展示实验数据，增强汇报的专业性。在使用过程中，需注意保持段落格式的整体一致性，避免格式混乱；充分利用编辑逻辑操作处理对象布局，避免层次关系混乱；确保表格数据准确且格式清晰，并选择合适的表格主题样式以提升美观度。

三、动画制作与高级设置

在WPS演示中，动画制作与高级设置是提升演示文稿动态效果和交互性的重要功能。用户可以为页面添加切换效果（如淡出、推出等），并自定义切换速度、声音等参数，以增强视觉冲击力。同时，用户可以为对象（如文字、图片等）添加自定义动画效果（如飞入、擦除等），并通过设置动画触发方式（如单击时、之前、之后等）和持续时间，精确控制动画的播放时机和顺序。动画窗格是管理和调整动画效果的核心工具，用户可以在其中查看所有动画效果的列表和顺序，并进行添加、删除、调整顺序等操作，实现精细化的动画控制。此外，计时功能允许用户精确控制动画的播放时间和速度，而动画组合功能则支持将多个动画效果组合成动画序列或动画组，以实现更复杂的动态展示效果。WPS演示文稿还支持制作交互式动画，用户可以通过为对象添加动作链接或设置超链接，实现点击跳转页面、播放视频等交互效果，增强演示文稿的趣味性和参与度。对于学术性内容，内置的公式编辑器支持插入和编辑数学公式、化学方程式等复杂内容，提升演示文稿的专业性。

在实际应用中，动画制作与高级设置功能广泛应用于产品演示、学术报告和培训教程等场景。例如，在产品演示中，动画效果可以生动展示产品功能和使用方法，吸引观众注意力；在学术报告中，动画和公式编辑器能够清晰展示研究成果和计算过程，增强说服力；在培训教程中，交互式动画可以帮助学员通过互动学习新知识和技能。在使用过程中，需注意动画效果的简洁流畅，避免过度堆砌；合理利用动画触发方式和时间轴功能，精确控制动画节奏；确保交互式动画的链接准确且易于操作，以提升观众的参与度和体验度。

四、母版设置

在WPS演示中，母版设置是统一演示文稿风格和布局的核心功能。母版是演示文稿的基础模板，定义了幻灯片的基本布局、样式和格式，通过修改母版，用户可以快速统一整个演示文稿的外观。用户可以单击“视图”选项卡中的“幻灯片母版”按钮访问和编辑母版，在母版视图中，可以修改标题幻灯片、普通幻灯片及其他布局幻灯片的样式。母版中的元素（如标题、文本、图片、形状等）可以编辑字体、颜色、大小、位置等属性，这些修改将自动应用到所有基于该母版的幻灯片上。用户可以选择应用WPS提供的预设母版，也可以根据需求自定义母版，使其更符合个人风格或品牌形象。

在实际应用中，母版设置功能广泛应用于企业演示、学术报告和个人演示等场景。例如，企业可以制作统一的演示文稿母版，确保所有员工的演示文稿风格一致，提升企业专业形象；学术研究人员可以制作符合学术规范的母版，包括标题页、目录页等布局，提高报告的专业性；个人用户则可以设计具有个人特色的母版，如添加个人Logo或选择个性化配色方案，使演示文稿更具吸引力。在使用母版时，需注意保持整体风格的一致性和协调性，避免设计过于复杂或混乱；确保所有幻灯片基于相同母版，以维持演示文稿的统一性；自定义母版时，可参考优秀的设计资源获取灵感，结合需求进行调整。通过掌握母版设置功能，用户可以高效创建风格统一、专业美观的演示文稿，满足不同场景的需求。

五、演示文稿的演示与交互

在WPS演示中，演示与交互功能是提升演示效果和观众体验的关键环节。WPS支持多种放映方式，包括从头开始、当页开始、自定义放映和会议等，用户可根据实际需求选择合适的放映方式。在演示过程中，除了可使用鼠标或键盘翻页操作外，还支持遥控器、触摸屏等设备操作，提高演示的灵活性和便捷性。此外，用户可以使用放映指针、墨迹画笔和放大镜等工具辅助演示：放映指针帮助观众聚焦重点内容，墨迹画笔支持在幻灯片上添加临时标注，放大镜则用于放大细节信息，确保观众清晰查看内容。排练计时功能允许用户预先设定每张幻灯片的播放时间，控制演示节奏；双屏播放功能则可在双屏环境下将演示内容投影到大屏幕，同时将备注信息显示在演讲者屏幕上，提升演示的专业性和效率。用户还可以为对象设置动作链接，实现页面跳转、播放音频视频等交互操作，增强演示文稿的互动性和趣味性。

在实际应用中，演示与交互功能广泛应用于公开演讲、教学演示和会议汇报等场景。例如，在公开演讲中，放映指针和墨迹画笔可以辅助说明重点内容；在教学演示中，排练计时功能帮助教师控制教学节奏；在会议汇报中，动作链接和双屏播放功能提升汇报的互动性和专业性。在使用过程中，需提前熟悉各种放映方式和辅助工具，确保演示过程顺畅；根据场合选择合适的放映方式和工具，提升演示效果；设置动作链接时，需确保链接准确且易于操作，避免意外情况影响演示效果。通过掌握这些功能，用户可以创建互动性强、效果出色的演示文稿，满足不同场景的需求。

任务实施

任务要求1：新建PPT演示文稿，命名为“弘扬工匠精神.pptx”并保存到桌面。

具体步骤如下：

STEP 1 启动WPS Office软件，如桌面上有快捷方式，则双击该快捷方式图标。

STEP 2 启动WPS Office软件后，选择“新建”→“Office文档”→“演示”→“空白演示文稿”。

STEP 3 单击快速访问工具栏中的按钮，弹出“另存为”对话框，输入文件名“弘扬工匠精神”，本地位置选择“桌面”，完成设置后单击“保存”按钮。

任务要求2：母版设置。单击“视图”选项卡中的“幻灯片母版”按钮，在母版空白版式幻灯片中插入素材文件夹中的“母版图片.jpg”，插入矩形形状覆盖在图片上，在填充选项对话框中，选择“渐变填充”，并设置渐变样式为“线性渐变”，渐变角度为0°。保留两个光圈，并设置左光圈色标颜色为深红（位置19%），右光圈色标颜色也为深红（位置为74%，透明度设置为100%），左下角插入“母版图片2.png”。

具体步骤如下：

STEP 1 在WPS演示中，单击“视图”选项卡中的“幻灯片母版”按钮，进入幻灯片母版视图，在左侧窗格中选择“空白版式”作为编辑的基础，如图3-2所示。

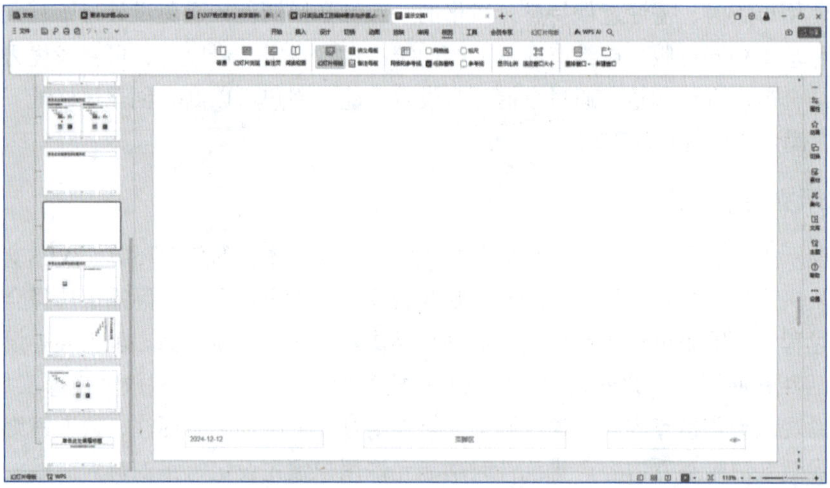

图3-2 空白版式幻灯片母版

STEP 2 在右侧的母版空白版式幻灯片上，单击“插入”选项卡中的“图片”按钮，在其下拉菜单中选择“本地图片”命令，弹出“插入图片”对话框，选择多媒体素材文件夹中的“母版图片.jpg”，单击“打开”按钮插入。调整插入的图片大小，使其完全铺满整个幻灯片背景。

单击“插入”选项卡中的“形状”按钮，在其下拉列表中选择“矩形”形状，如图3-3所示。此时鼠标指针变为十字形状（+），在幻灯片上拖动鼠标绘制一个矩形，覆盖在图片上。

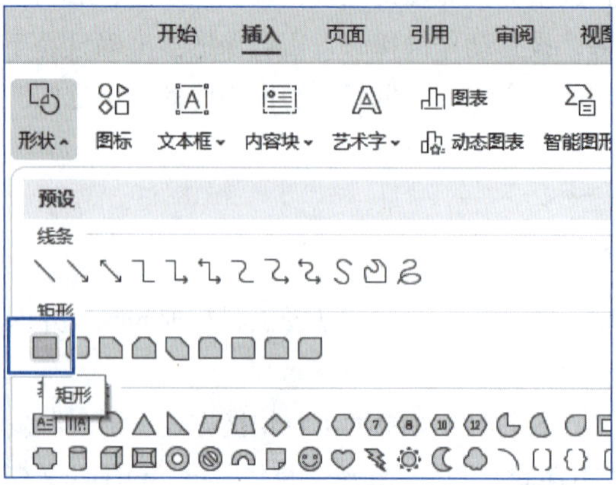

图3-3 添加“矩形”形状

STEP 3 设置矩形形状的填充和边框。选中刚刚插入的矩形形状，单击“绘图工具”选项卡中的“轮廓”下拉按钮，在其下拉菜单中选择“无边框颜色”命令，单击“形状填充”按钮，在其下拉菜单中选择“更多设置”命令，在窗口右侧打开“对象形状”面板，在“填充与线条”选项卡的“填充”区域选择“渐变填充”单选按钮，并设置渐变样式为“线性渐变”，渐变角度为0°。保留两个渐变光圈，并设置左光圈色标颜色为深红（位置19%），右光圈色标颜色也为深红（位置为74%，透明度设置为100%），如图3-4所示。

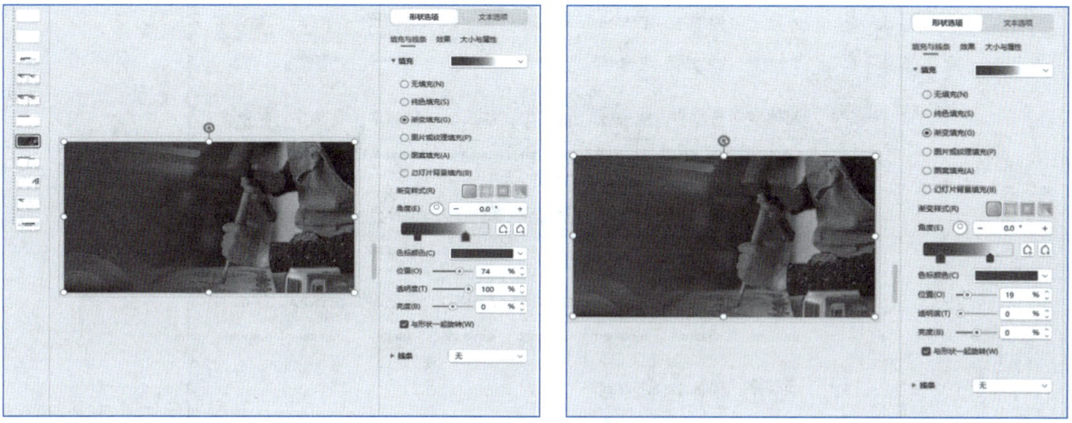

图3-4　矩形渐变填充

任务要求3：幻灯片美化。在幻灯片中插入相关文字、图片、形状、公式等对象并进行设置，美化幻灯。

具体步骤如下：

STEP 1 美化第1张幻灯片，回到普通视图，单击选中第1张幻灯片并右击，在弹出的快捷菜单中选择“版式”→“空白”版式，单击“插入”选项卡中的“形状”按钮，选择直线，按住【Shift】键插入自选图形直线0.5磅（调整末端箭头），在“线条”区域选中“渐变色”单选按钮，如图3-5所示设置直线的渐变样式为“线性渐变”，保留两个光圈，左侧（橙色，角度0，位置0%，透明度100%，亮度60%），右侧（橙色，角度0，位置100%，透明度0%，亮度60%），复制这根直线，并将其水平翻转。

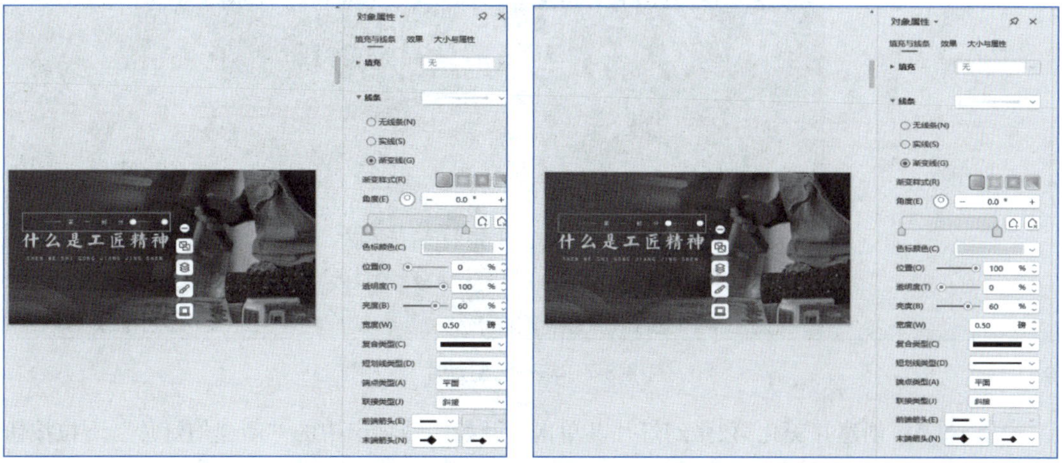

图3-5　直线箭头，渐变填充

STEP 2 安装字体并插入文字。单击桌面底部的“开始”按钮，通过“开始”菜单进入Windows系统的“控制面板”窗口，打开“字体”文件夹，复制素材中“汉仪颜楷简.ttf”字体安装包到“字体”文件夹中，安装所需字体，如图3-6所示。

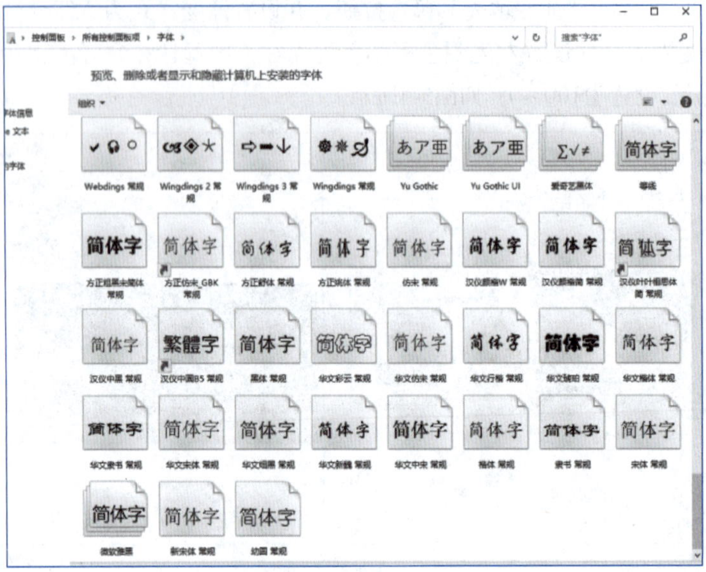

图3-6 “字体”窗口

STEP 3 参考效果，单击“插入”选项卡中的“文本框”下拉按钮，在其下拉菜单中选择“横向文本框”命令，在幻灯片中插入文本框，复制“工匠精神文字素材.txt”文件中对应的文字，调整字体格式：“注重每一个细节”字体设置为“汉仪文黑-55简、字号18”，主标题字体设置为“汉仪颜楷简、字号82”，副标题字体设置为“汉仪文黑-55简 (正文)，字号18”，汇报人字体设置为“汉仪文黑-55简，字号20”，如图3-7所示。

图3-7 第一张幻灯片

STEP 4 创建并美化第2张幻灯片。单击“开始”选项卡中的“新建幻灯片”下拉按钮，在其下拉列表中选择“从版式新建”→“空白”版式，建立幻灯片，如图3-8所示。

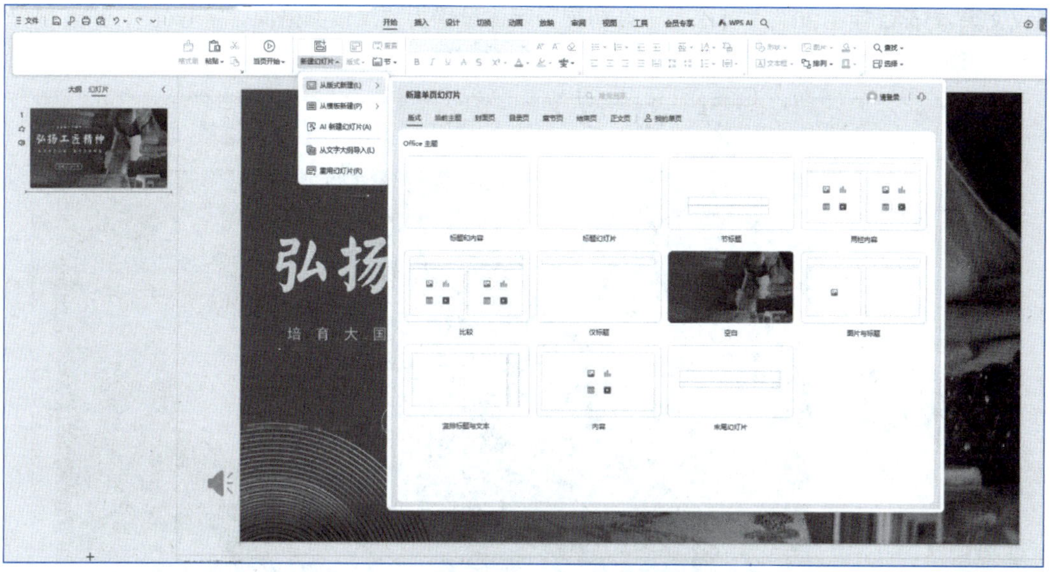

图3-8　新建“空白版式”幻灯片

插入文本框，输入“目录”，字体设置为“汉仪颜楷简、字号72”。单击“插入”选项卡中的“形状”按钮，选择“圆角矩形”，插入圆角矩形（高2.47，宽15.15），将左上角黄色菱形块往右拖动，使圆角达到最圆，插入圆形（高2.47，宽2.47），将圆形与圆角矩形的左侧重合。调整圆角矩形和圆形的填充、轮廓颜色。插入两个文本框，序号字体设置为“汉仪颜楷简，字号36”，“什么是工匠精神”字体设置为“汉仪文黑-55简（正文），字号18”。将圆角矩形、圆形和两个文本框组合为一个对象。按住【Ctrl】键移动复制该组合图形三次。全选四个组合图形，并对齐、纵向分布、左对齐，如图3-9所示。

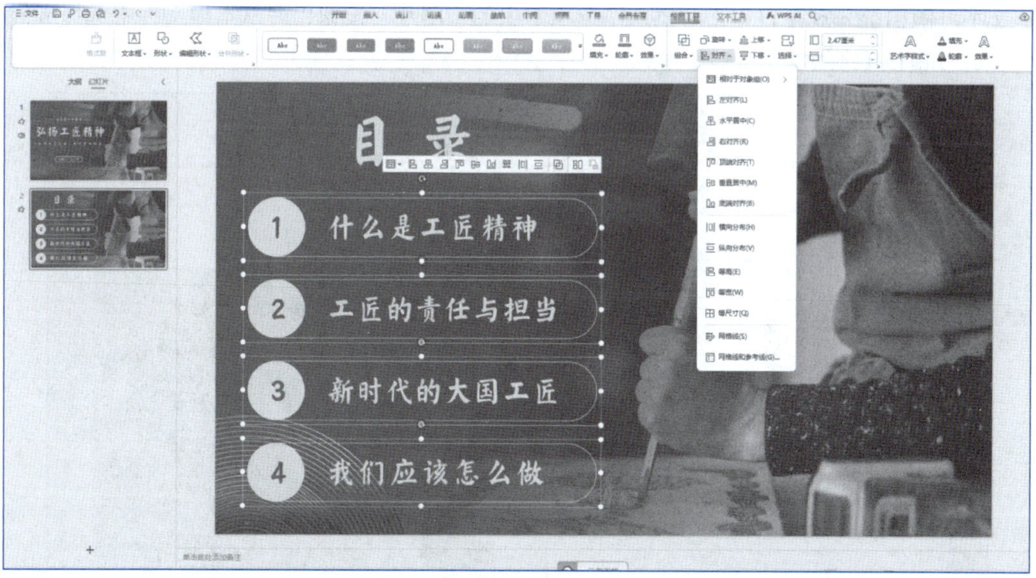

图3-9　形状对齐

STEP 5 创建并美化第3张幻灯片。新建第3张幻灯片，将其版式设置为空白幻灯片。参考效果，在幻灯片上插入文本框并输入或粘贴相应的内容，调整字体格式：“第一部分”字体设置为

“汉仪文黑-55简、字号20”，“什么是工匠精神”字体设置为“汉仪颜楷简、字号66”，拼音部分设置为“汉仪文黑-55简（正文）、字号18”，如图3-10所示。

图3-10 第3张幻灯片

STEP 6 创建并美化第4张幻灯片。鼠标光标定位在第3张幻灯片后面，按【Enter】键新建第4张幻灯片，在第4张幻灯片中，插入直线，调整末端箭头和渐变填充，插入文本框并输入或粘贴相应的文字，调整字体格式：“什么是工匠精神”字体设置为“汉仪颜楷简、字号36”。插入一个白色的自选图形和一个深红色的自选图形，并将它们组合在一起。复制工匠精神文字素材.txt的文字，调整字体格式：“什么是工匠?”字体设置为“汉仪文黑-55简、字号24”。将文本框内文字（有工艺……为工匠）设置“汉仪文黑-55简、20字体”，段落设置为1.2倍行距，后续幻灯片文本框文字可做出统一规范，单击“插入”选项卡中的“图片”按钮，并从本地文件中选择image4.png插入，如图3-11所示。

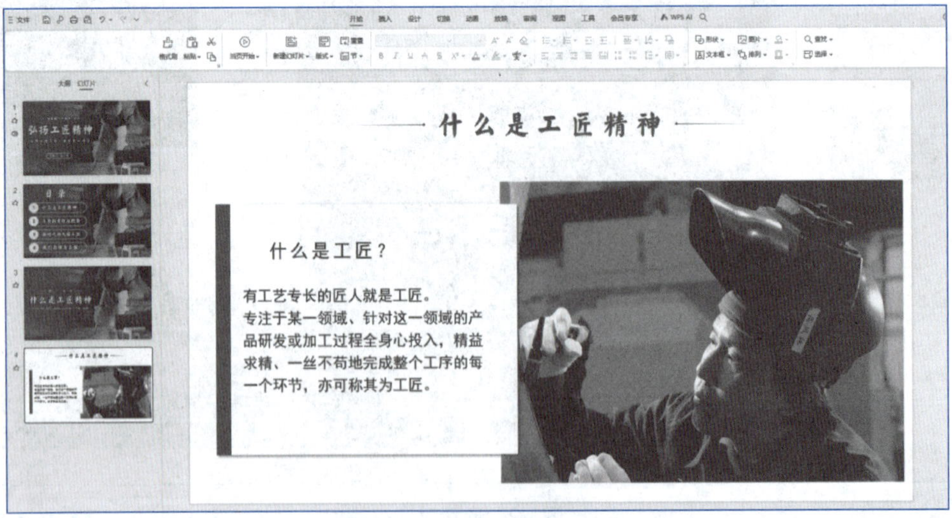

图3-11 第4张幻灯片

STEP 7 创建并美化第5张幻灯片。按【Ctrl+D】组合键复制第4张幻灯片的内容到第5张。

单击“插入”选项卡中的“文本框”→“横向文本框”命令，在幻灯片中插入文本框，单击“绘图工具”选项卡，设置文本框的轮廓为深红色，无填充，并添加阴影效果，复制工匠精神文字素材.txt文件中对应的文字，调整字体格式。全选幻灯片中的三个文本框，并对它们进行对齐和横向分布操作，如图3-12所示。

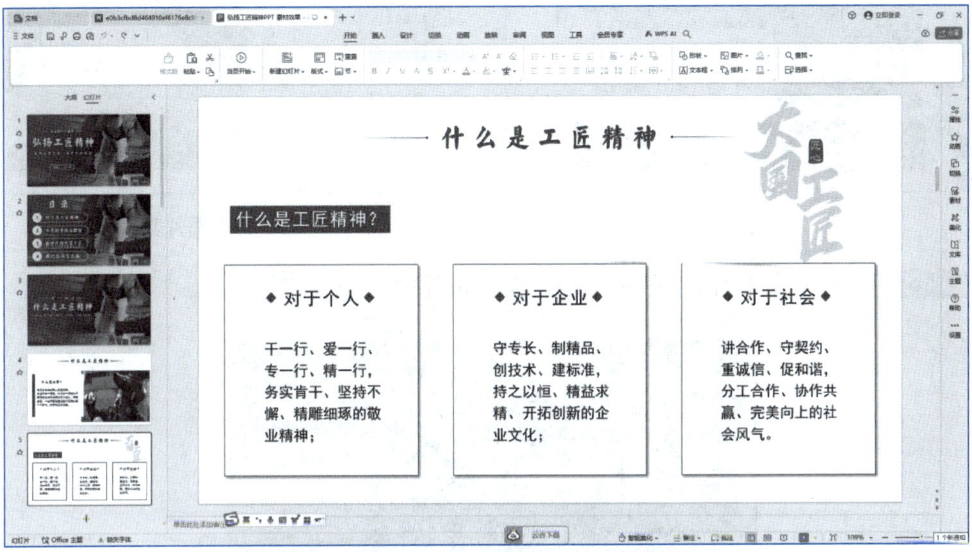

图3-12　第5张幻灯片

STEP 8 创建并美化第6张幻灯片，按【Ctrl+D】组合键复制第五张幻灯片的内容到第6张。单击“插入”选项卡中的“智能图形”按钮，弹出“智能图形”对话框，从SmartArt图形列表中选择“水平项目符号列表”。在智能图形后方添加新的项目符号，并根据需要更改颜色方案为着色6，如图3 13所示。

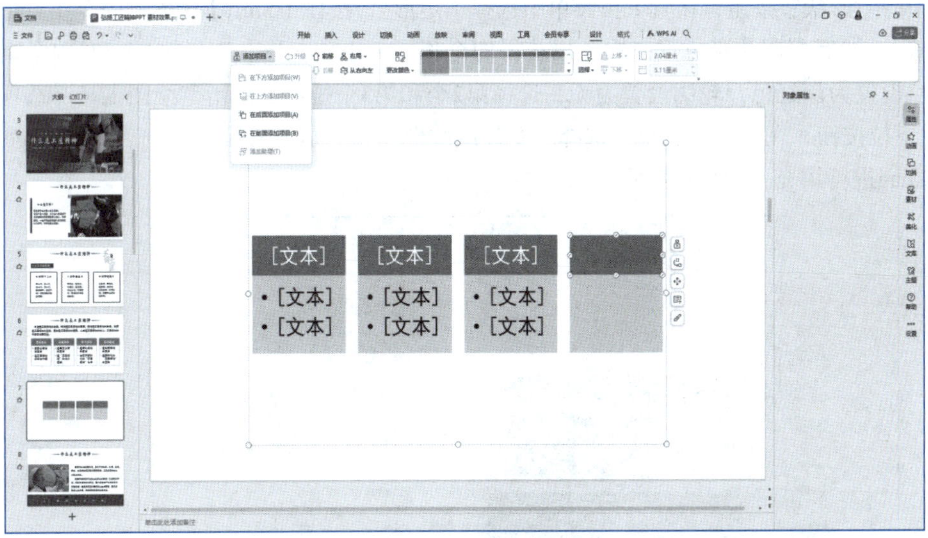

图3-13　智能图形

STEP 9 创建并美化第7张和第8张幻灯片，按【Ctrl+D】组合键分别复制第六张幻灯片的内容到第7张和第8张幻灯片。在第7张幻灯片中单击“插入”选项卡中的“图片”按钮，并从本地文件中选择image6.png、image8.png插入；在第8张幻灯片上插入image9.png，如图3-14和图3-15所示。

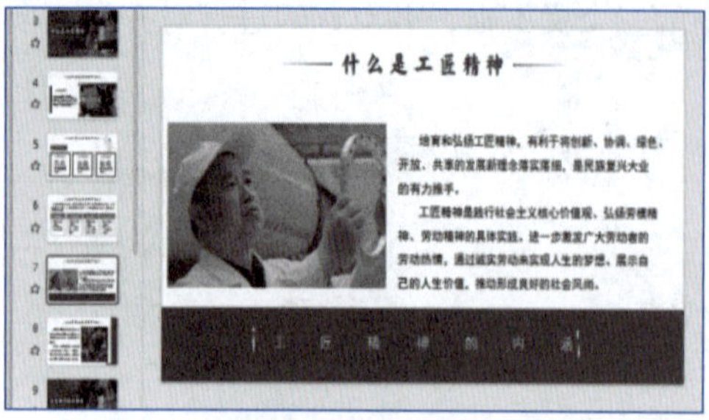

图3-14 第7张幻灯片

图3-15 图片裁剪

STEP 10 第9张幻灯片，参考效果图制作，如图3-16所示。

图3-16 第9张幻灯片

STEP 11 创建并美化第10张幻灯片，新建第10张幻灯片，在当前幻灯片上，单击“插入”选项卡中的“形状”按钮，在其下拉菜单中选择“矩形”，按住【Shift】键绘制一个正方形（确保长宽相等），然后复制该正方形三次，以获得四个相同大小的矩形。选择第1个和第4个矩形，将填充颜色设置为深红色，轮廓设置为无，选择第2个和第3个矩形，单击“绘图工具”选项卡中的“填充”下拉按钮，在其下拉菜单中选择“图片或纹理”→“本地图片”命令，选择image10.png、image11.png进行填充，如图3-17所示。

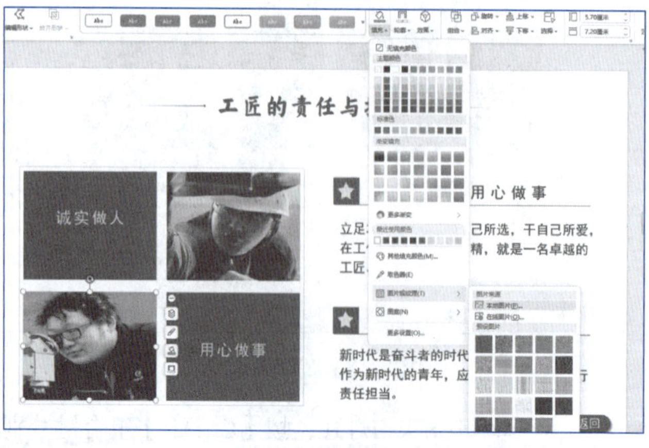

图3-17 图片填充形状

STEP 12 第11、12张幻灯片，参考效果制作，如图3-18和图3-19所示。

图3-18　第11张幻灯片

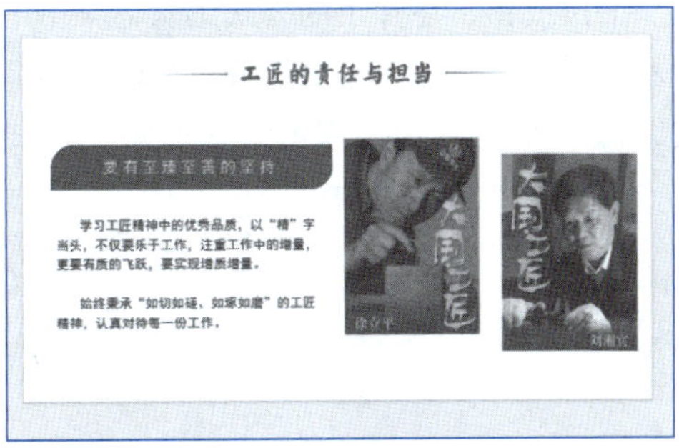

图3-19　第12张幻灯片

STEP 13 建立第13张幻灯片，单击“插入”选项卡中的“形状”按钮，在其下拉菜单中选择“矩形”。在幻灯片上绘制一个矩形，大小可根据需要进行调整。选中矩形，单击“绘图工具”选项卡中的“填充”下拉按钮，在其下拉菜单中选择“取色器”命令。使用取色器工具从图3-20所示的颜色中提取所需的粉色。确保矩形的填充颜色与参考图示中的粉色相匹配。

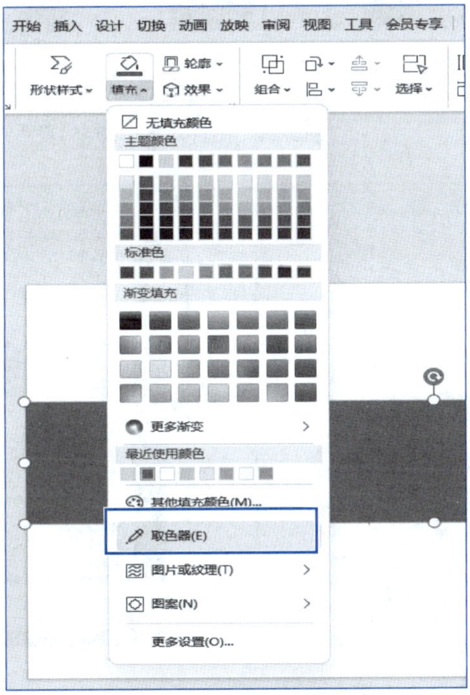

图3-20　取色器提取颜色

插入6张图片（image14.png、image15.png、image16.png、image17.png、image18.png、image19.png），按住【Ctrl】键选中全部图片，统一设置高为8 cm、宽为6 cm，参考效果放置图层，选择上面三张图片顶端对齐，低端对齐，横向分布，如图3-21所示，下三张重复上述的对齐和分布步骤，确保它们也形成整齐的布局。设置图片动画缩放，从屏幕中心放大。

STEP 14 建立第14张幻灯片，单击“插入”选项卡中的“形状”按钮，在其下拉菜单中选择“矩形”→“同侧圆角矩形”，设置填充无，轮廓深红，插入矩形图形，插入等腰三角形，单击“绘图工具”选项卡中的“旋转”→“向左旋转90°”命令，如图3-22所示，插入形状“流程图”→“延期”图形，全选三个图形组合，插入image22.png图片。单击“插入”选项卡中的“公式”下拉按钮，在弹出的公式编辑器菜单中选择“插入新公式”命令，开始编辑公式，如图3-23所示。使用公式编辑器中的符号和模板编辑公式，参考多媒体素材文件夹中“公式.jpg”，确保公式编辑正确，并根据需要调整公式的大小和位置。

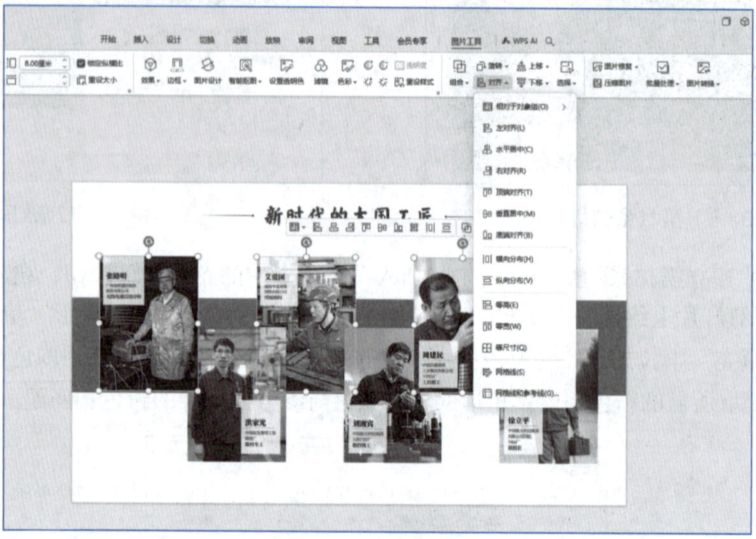

图3-21　图片对齐

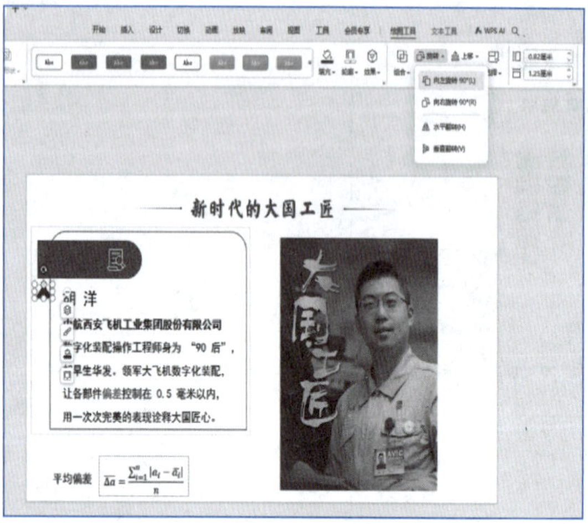

图3-22　形状旋转

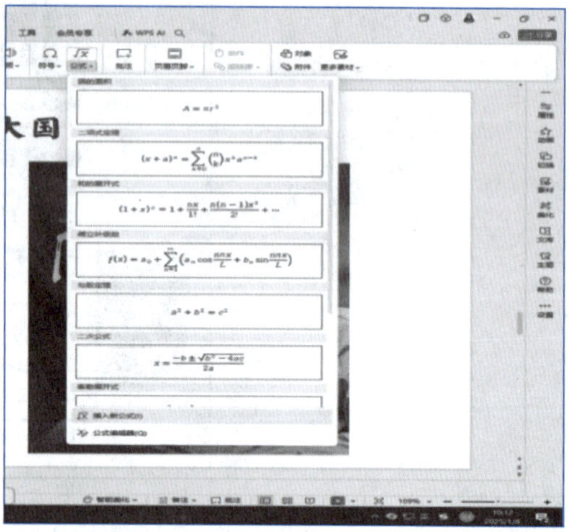

图3-23　插入公式

STEP 15 第15~17张幻灯片，参考弘扬工匠精神.pptx素材效果图制作。

STEP 16 建立第18张幻灯片，单击“插入”选项卡中的“形状”按钮，在其下拉菜单中选择“线条”→“曲线”形状。在幻灯片上绘制曲线形状，并使用编辑顶点功能调整曲线的弧度，如图3-24所示，注意：编辑顶点时，可以单击曲线上的点并拖动来调整其位置，从而改变曲线的形状和弧度。

参考效果图插入形状（三个圆角矩形）和图片，调整图层，右击选中的对象，在弹出的快捷菜单中选择“置于顶层”“上移一层”“下移一层”“置于底层”命令调整图层顺序。也可以通过“选择窗格”功能查看和调整图层顺序，如图3-25所示。单击“开始”选项卡中的“选择”按钮，在其下拉菜单中选择“选择窗格”命令，在“选择窗格”面板中选中对象并调整叠放次序，旋转合适的角度，按【Ctrl+G】组合键组合。

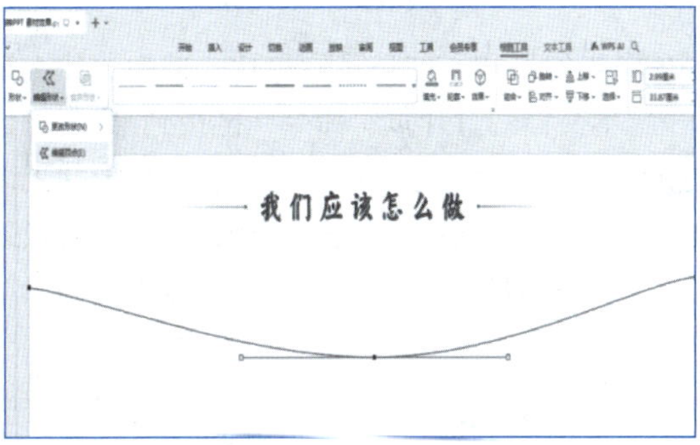

图3-24　编辑顶点调整弧度

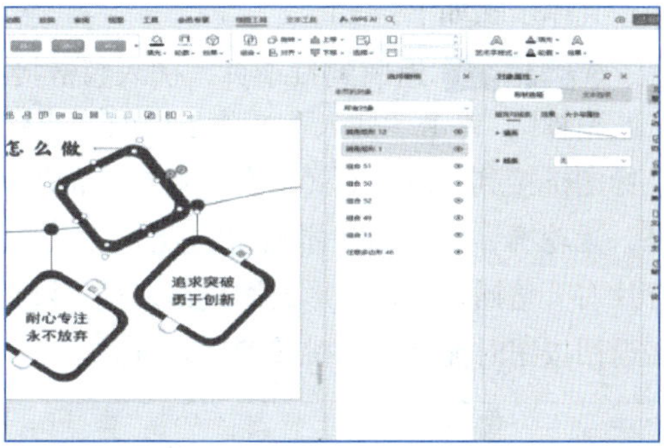

图3-25　调整图层

STEP 17 建立第19张幻灯片，插入一个圆角矩形，按【Ctrl+D】组合键复制一个，底层圆角矩形设置无轮廓、填充深红，顶层圆角矩形设置深红轮廓、填充白色，组合两个图形。插入一个圆，按【Ctrl+D】组合键复制一个，底层圆设置无轮廓、填充深红，顶层圆设置橙色短划线轮廓、填充无，组合两个图形，如图3-26所示。

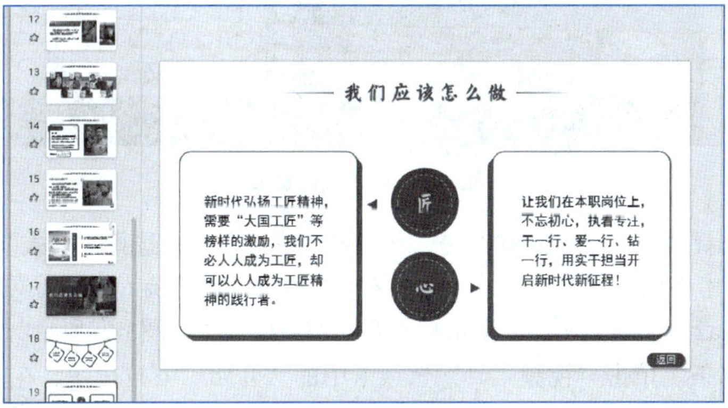

图3-26　第19张幻灯片

STEP 18 第20张幻灯片参考效果图制作。如图3-27所示。

图3-27　第20张幻灯片

任务要求4：幻灯片的交互设计。设置目录超链接、返回按钮、视频自动播放、背景音乐跨页播放、动画效果及顺序设置、切换效果与自动换片。

具体步骤如下：

STEP 1 返回到目录页，插入超链接，选定第2张幻灯片，即目录幻灯片，选中“什么是工匠精神”，单击“插入”选项卡中的“超链接”→“本文档幻灯片页”命令，链接到第3张。目录标题链接到对应的页（避免有超链接的字体改变颜色，可在文字上方插入形状，设置形状无填充，无轮廓，针对形状添加超链接），参考效果加入返回目录超链接，如图3-28所示。在第8张幻灯片右下角插入圆角矩形返回按钮，选择圆角矩形，并将其链接到幻灯片第2页（目录页）确保单击返回按钮时能够正确跳转到目录页。

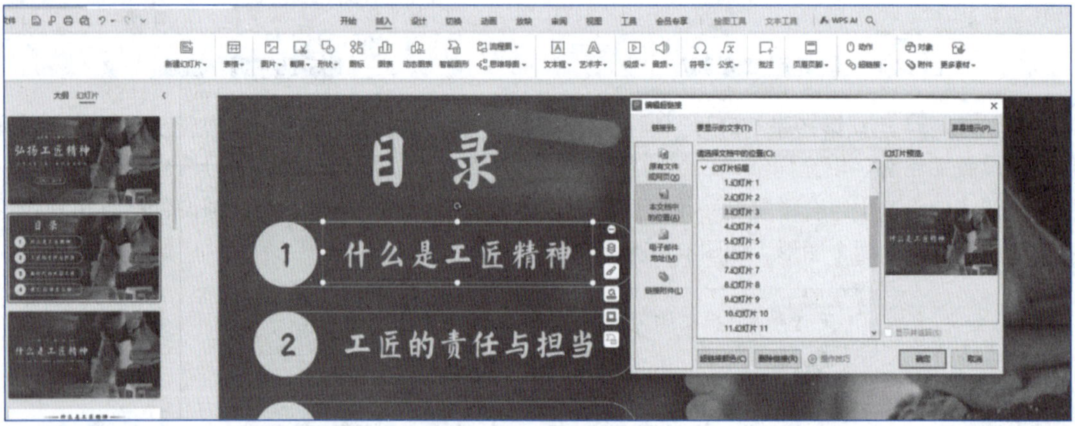

图3-28　插入“超链接”

STEP 2 选择第21张幻灯片并右击，在弹出的快捷菜单中选择“版式”→“空白”版式，单击“插入”选项卡中的“视频”→“嵌入视频”按钮，弹出“插入视频”对话框，选择多媒体素材文件夹中media2.mp4视频文件，单击“打开”按钮插入，如图3-29所示。选中视频，视频周围会出现播放控制条。单击“视频工具”选项卡中的“开始”下拉按钮，在其下拉菜单中选择“自动”或“单击”命令。若选择“自动”命令，视频将在幻灯片切换时自动播放，若选择“单击”命令，需通过单击视频控件触发播放。

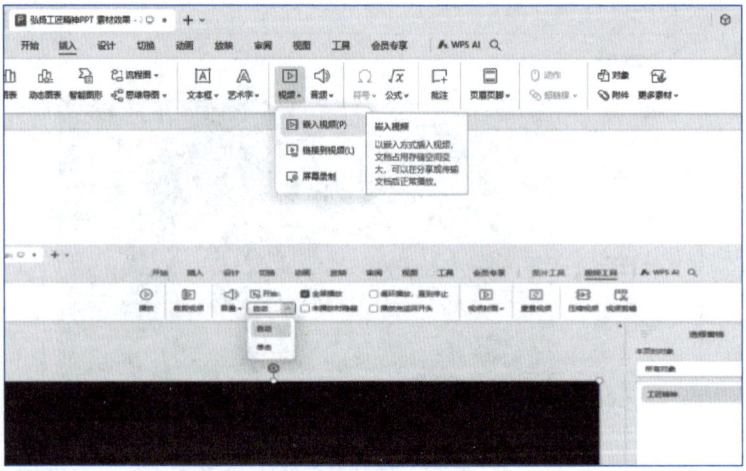

图3-29　插入视频

STEP 3 在第1张幻灯片中插入音频，嵌入音频选择多媒体素材文件夹中的media1.mp3音频文件，单击“音频工具”选项卡中的“开始”下拉按钮，在其下拉菜单中选择“自动”命令，设置为“自动”后幻灯片切换时音频将自动开始播放。

在“音频工具”选项卡中选中“跨幻灯片播放”单选按钮，设置至20页停止，勾选“放映时隐藏”复选框，设置完成后在幻灯片放映时，音频图标将不会显示，如图3-30所示。

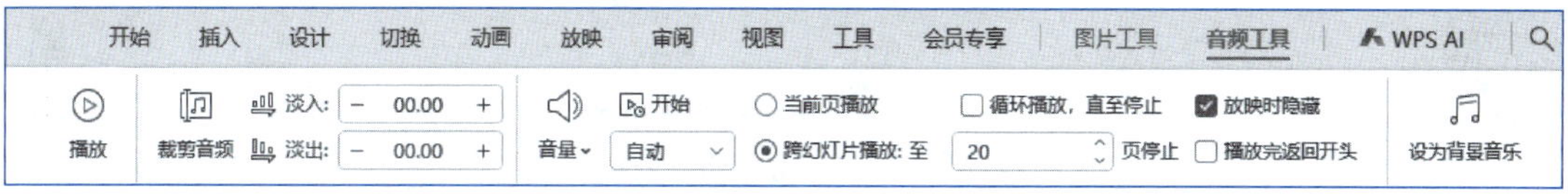

图3-30 “音频工具”选项卡

STEP 4 为每页幻灯片设置动画效果，选择幻灯片中的对象，单击“动画”选项卡“动画”组中的下拉按钮，可以查看可用的动画效果列表。选择你想要应用的动画效果。动画效果可以分为进入、强调、退出和动作路径四大类。在“动画”选项卡的“持续”微调框中选择一个合适的时间长度，或者手动输入一个值，设置持续时间。选择文本，在“动画”选项卡下，选择“飞入”动画，单击“效果选项”按钮右下角的“其他效果选项”按钮，在弹出的对话框中单击“动画文本”下拉按钮，选择“按字母”选项，并根据需要调整字母之间的延迟时间，动画文本“按字母”增强，如图3-31所示。在动画窗格中，可以设置动画触发方式，选择“单击时”选项需要手动单击鼠标（或其他可以触发单击事件的设备）才能触发该动画效果。选择“与上一个动画同时”选项，指当与此动画相关联的对象和上一个动画对象同时出现动画效果。选择“上一个动画之后”选项，表示该动画会在上一个动画播放完毕后自动播放。

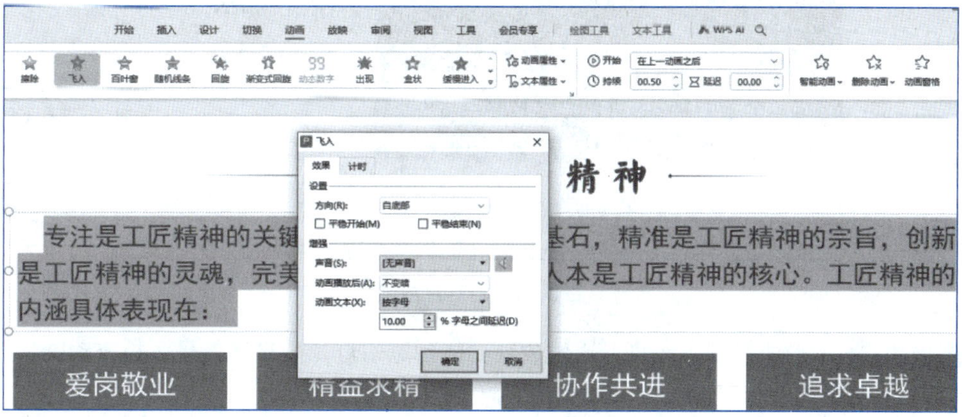

图3-31 动画效果

STEP 5 设置幻灯片切换效果，单击“切换”选项卡“切换到此幻灯片”组→“飞机”切换效果，效果选项设置为“向右飞”，如图3-32所示，单击“切换到”选项卡中的“应用到全部”按钮，这样，所有幻灯片都将使用相同的切换效果，如图3-33所示。

任务要求5： 放映最终效果，保存文件。通过放映功能预览幻灯片的最终效果，确认无误后，选择“文件”菜单中的“保存”命令。

具体步骤如下：

STEP 1 幻灯片放映。如果从第1张幻灯片开始播放，可以按【F5】键。如果从当前页幻灯片开始播放按【Shift+F5】组合键，或者单击右下角状态栏中的“播放”按钮，如图3-34所示。

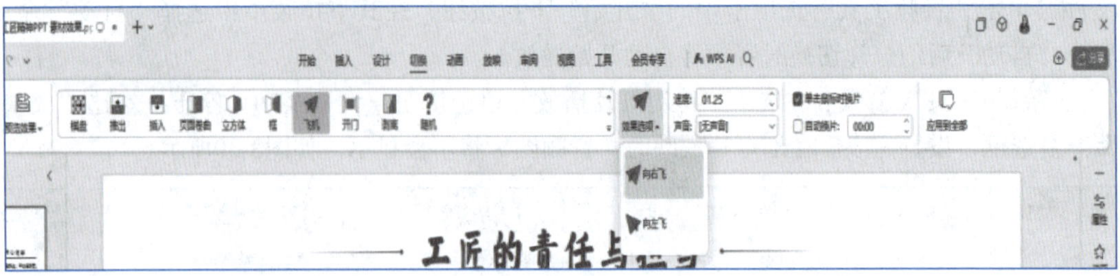

图3-32　幻灯片切换效果

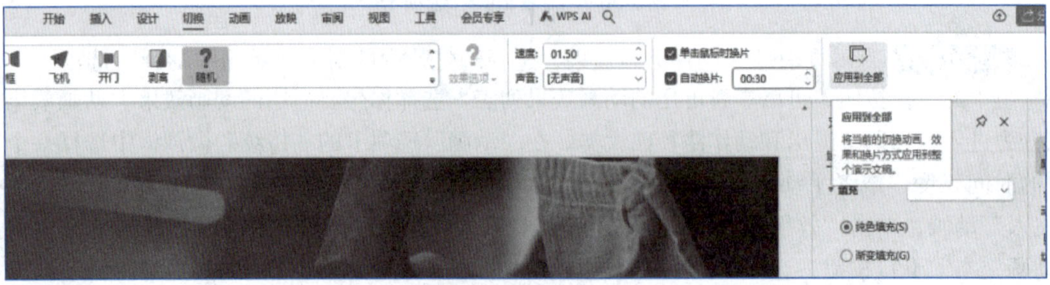

图3-33　幻灯片切换效果应用到全部

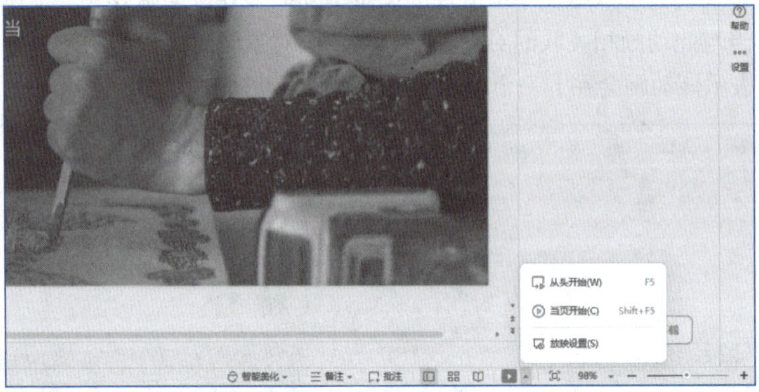

图3-34　幻灯片放映

STEP 2 单击切换到下一页，通过放映功能预览幻灯片的最终效果，检查动画、切换效果、超链接等功能是否正常运行，确保演示内容的完整性和流畅性。

STEP 3 确认无误后按【Esc】键或者右击退出放映，最后单击“保存”按钮保存文件。

任务二　科技演示文稿制作——创意设计

情境引入

工小匠毕业后，加入国内某PPT设计公司，受命制作5G技术发布PPT。他秉持为客户创造和提升演示价值的宗旨，将创意融入每一页设计，力图让5G技术的未来跃然屏上。工小匠夜以继日，匠心独运，力求每一细节都闪耀科技之光，引领我们共赴科技演示文稿的创意设计之旅。

任务分析

（1）运用高级编辑技巧，精心制作5G技术演示文稿。

（2）优化内容，确保科技信息的准确传达与吸引力。

（3）采用高级美化策略，结合动画与视觉效果，提升演示效果，效果图如图3-35所示。

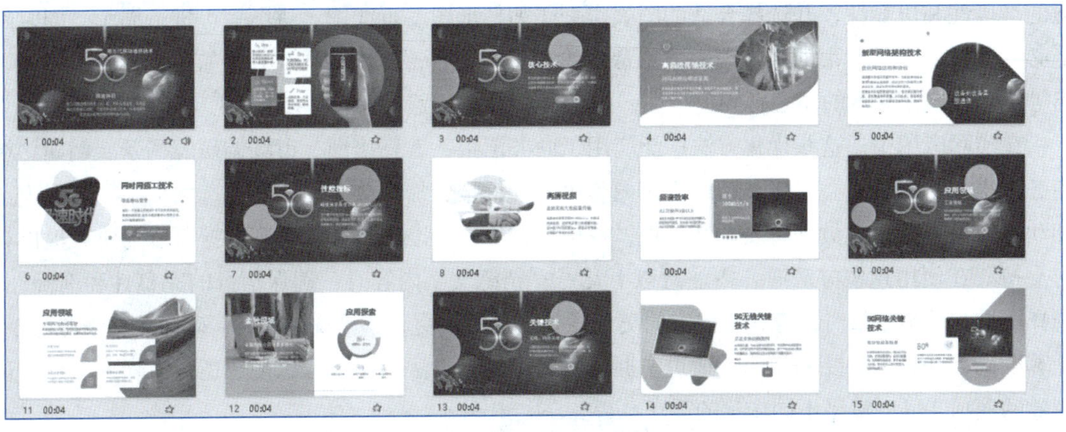

图3-35　最终效果图

知识链接

一、演示文稿的高级编辑技巧

在WPS演示中，高级编辑要重点掌握三个编辑原则，即亲密原则、对比原则和重复原则。通过合理运用亲密原则，用户可以将相关元素紧密组合，形成清晰的视觉分组，帮助观众更好地理解信息的关联性。对比原则则利用颜色、大小、字体等视觉元素的差异，突出重要信息，使演示文稿层次分明，引导观众的注意力。重复原则通过在演示文稿中重复使用相同的视觉元素（如字体、颜色、图标等），增强整体的一致性和统一性，提升专业感。此外，WPS演示文稿提供的智能套用和推荐版式功能，可以根据内容自动推荐合适的版式，帮助用户快速创建专业、美观的页面布局。用户还可以通过图片或纹理填充形状，丰富演示文稿的视觉效果，使信息展示更加生动有趣；利用文本弯曲路径与效果功能，创建独特的文本排版效果，进一步增强文本的视觉表现力。

在实际应用中，这些高级编辑技巧广泛应用于企业年度报告、产品发布会、教育培训、学术演讲以及创意展示等场景。例如，在企业年度报告中，运用亲密、对比、重复等排版原则，可以使报告内容更加清晰、有条理；在教育培训中，智能套用功能能够快速创建符合专业要求的演示页面；在创意展示中，图片填充形状和文本弯曲路径可以打造独特的视觉风格，吸引观众的注意力。在使用这些技巧时，需注意保持整体设计的平衡和协调，避免过度使用导致视觉混乱；选择智能版式时，需根据实际内容进行调整和优化；使用图片或纹理填充形状时，需确保图片质量清晰且与主题相关。

二、演示文稿内容优化方法

在WPS演示中，内容优化方法是提升演示效果和信息传达效率的关键。首先，中心思想明确是内容优化的基础，用户应在演示文稿的开头或每个部分开始时清晰阐述核心观点，帮助观众快速把握演示的重点。其次，文字内容精练，要求对文本进行去粗取精的处理，确保每句话都能传达有价值的信息，避免冗长和重复。此外，通过表达转换与分类总结，用户可以将复杂信息转换为简洁明了的表达形式（如图表、流程图等），并对相似或相关信息进行分类总结，提高信息的组织性和可读性。图形表达是优化内容的有效手段，利用流程图、组织结构图、思维导图等图形工具，可以直观展示复杂的逻辑关系或过程，使信息更易于理解。在数据呈现方面，用户需确保数据的准确性和可靠性，并选择合适的图表类型（如柱形图、折线图、饼图等）进行展示，同时附上必要的说明文字，帮助观众理解数据背后的意义。最后，智能动画效果（如切入切出、飞入飞出等）可以增强演示的动态感和趣味性，提高观众的参与度。

在实际应用中，这些优化方法广泛应用于商务汇报、教育培训、市场调研等场景。例如，在商务汇报中，明确中心思想和精练文字内容可以使汇报更加高效有力；在教育培训中，图形表达和动画效果有助于学员理解复杂知识点；在市场调研中，准确解读和呈现数据可以为决策提供有力支持。在使用这些方法时，需注意以下几点：精练文字内容时，确保信息的完整性和准确性；选择图形和动画效果时，考虑与内容的契合度和观众的接受度；呈现数据时，确保数据来源可靠、计算准确，并附上必要的说明。通过掌握这些内容优化方法，用户可以创建逻辑清晰、信息传达高效的演示文稿，满足不同场景的需求。

三、演示文稿的高级美化策略

在WPS演示中，高级美化策略是提升演示文稿视觉效果和专业性的重要手段。首先，规范字体使用是美化演示文稿的基础，用户应选择合适的字体和字号，确保文字的可读性和美观性，同时注意字体版权问题，避免使用侵权字体。免版权字体与情感暗示是字体选择的关键，用户需熟悉常用免版权字体的特点，并根据演示文稿的主题和风格选择合适的字体，例如，圆润字体传递温和、亲切的情感，而锋利字体则传达锐利、严谨的感觉。其次图形化、视觉化表达通过使用图片、图标、图表等视觉元素，使信息更加直观生动，同时需保持图形元素的一致性和协调性。WPS演示提供的一键美化功能，可以快速为演示文稿添加专业的美化效果，如调整更多主题、调整配色方案等，显著提升演示文稿的视觉效果。此外，数据可视化表达通过在线图表功能或内置工具，将复杂数据转换为直观的图表形式，帮助观众更好地理解数据背后的意义。构建视觉层次通过调整元素的大小、颜色、透明度等属性，使演示文稿更具层次感和空间感，同时需保持整体的平衡和协调。最后，统一文稿风格（如主题颜色、字体样式、布局等）能够增强演示文稿的一致性和专业感。

在实际应用中，这些美化策略广泛应用于品牌宣传、产品发布、项目汇报、教育培训等场景。例如，在品牌宣传中，规范字体使用和图形化表达可以展现品牌形象；在项目汇报中，一键美化功能和数据可视化表达能够提升汇报的专业性和美观度；在教育培训中，构建视觉层次和统一文稿风格有助于观众更好地理解知识点。在使用这些策略时，需注意以下几点：选择字体和配色方案时，需与演示文稿主题契合，避免过于花哨；添加图形元素时，保持简洁性和协调性，避免过度装饰；使用一键美化功能时，需根据实际需求调整优化，确保效果符合审美标准。

四、动画与视觉效果

在WPS演示中，动画与视觉效果是提升演示文稿动态表现力和观众参与度的重要工具。WPS提供的智能动画效果功能能够根据内容自动推荐合适的动画效果（如切入切出、飞入飞出、放大/缩小等），使演示更加生动有趣。用户还可以通过创意动画设计，自定义动画路径、速度、触发方式等参数，创建独特的动画效果，满足个性化的演示需求。通过巧妙运用动画效果，用户可以突出演示文稿中的重点信息，引导观众的视线流动，增强演示的节奏感和趣味性。

在实际应用中，动画与视觉效果功能广泛应用于产品演示、教育培训、企业年会等场景。例如，在产品演示中，创意动画设计可以生动展示产品的特点和优势，吸引观众的注意力；在教育培训中，动画效果能够辅助说明复杂的知识点或过程，帮助学生更好地理解；在企业年会中，动画效果可以营造氛围，增强现场互动效果，提升活动的趣味性和观赏性。在使用动画效果时，需注意以下几点：首先，遵循适度原则，避免过度使用导致观众疲劳或注意力分散；其次，在设计创意动画时，确保动画的连贯性和流畅性，注重细节处理（如过渡效果、声音效果等），以提升整体观赏体验；最后，在演示过程中，注意与观众的互动和反馈，及时调整动画节奏和效果，以满足观众的需求和期望。通过掌握这些功能，用户可以创建动态丰富、互动性强的演示文稿，提升演示效果和观众体验。

任务实施

任务要求1：创建文档并保存。新建PPT文档，命名为“第五代移动通信技术”保存到桌面。

具体步骤如下：

STEP 1 启动WPS Office软件，如桌面上有快捷方式，则双击该快捷方式图标。

STEP 2 启动 WPS Office软件后，选择“新建”→“Office文档”→“演示”→“空白演示文档”。

STEP 3 单击快速访问工具栏中的“保存”按钮，弹出“另存为”对话框，在其中输入文件名“第五代移动通信技术”，本地位置选择“桌面”，完成设置后单击“保存”按钮。

任务要求2：幻灯片创意设计。在幻灯片中插入文本框并添加相关文字，同时对内容进行优化，插入图片、形状等对象进行高级美化设置，通过创意的布局和元素搭配，增强信息的层次感和可读性，让观众能轻松地理解和吸收演示的核心信息。

具体步骤如下：

STEP 1 单击“设计”选项卡中的“格式”按钮，在其右侧的面板中选中“图片或纹理填充”单选按钮，插入图片来自本地文件，选择“背景素材 3.jpg”作为背景，如图3-36所示。

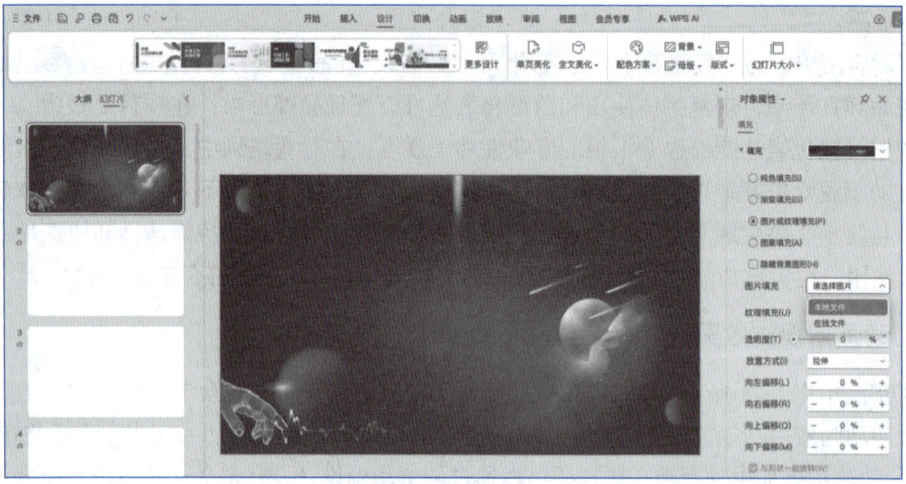

图3-36　背景填充

STEP 2 单击“插入”选项卡中的“文本框”下拉按钮，在其下拉菜单中选择“横向文本框”命令，在幻灯片中绘制文本框，如图3-37所示，输入文本“第五代移动通信技术”，单击“开始”选项卡，在字体列表中选择宋体、28号，并在字体颜色列表中选择“白色”，如图3-38所示。按照相同的方法，添加其他文本内容，“急速体验”文本，选择宋体-简、28号，字体颜色列表中选择“其他字体颜色”，在颜色编号内输入“46F9FE”。对于“急速体验”下方的文本部分，选择宋体、18号，并在字体颜色列表中选择“白色，背景1，深色35%”，如图3-39~图3-42所示。

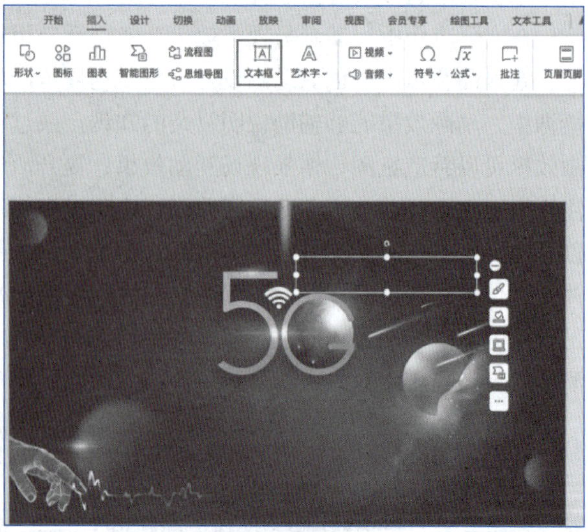

图3-37　插入文本框

图3-38　输入文本内容

图3-39　插入文本框

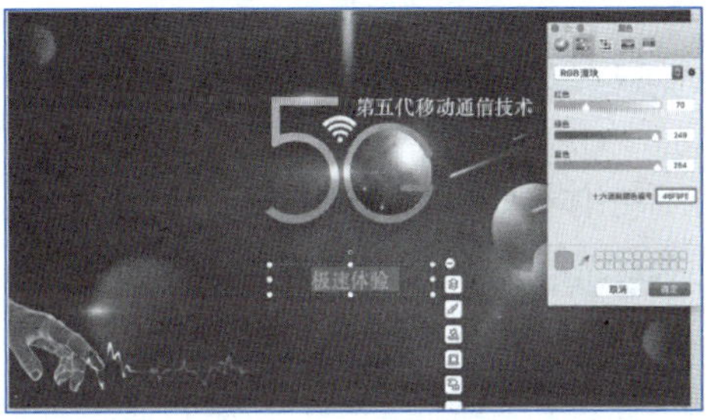

图3-40　输入文本内容

图3-41　插入文本框

图3-42　输入文本内容

STEP 3 选择第2张幻灯片，设置背景图片，参照第1张幻灯片的背景图片样式，为第2张幻灯片设置相同的背景图片。接着制作右侧三个圆形形状：单击“插入”选项卡中的“形状”按钮，在其下拉列表中选择“椭圆”形状。此时，鼠标指针将变为十字形状，在幻灯片编辑区的右侧拖动鼠标绘制第一个圆形形状，如图3-43所示。重复上述步骤，再绘制两个圆形形状，确保它们均位于幻灯片的右侧。然后设置第一个圆形形状格式：单击“绘图工具”选项卡中的“形状填充”下拉按钮，在其下拉列表中选择“其他填充颜色”命令，弹出“颜色”对话框，在颜色编号内输入“A5B592”，并调整“透明度”为50%。进一步设置第二个圆形形状格式：选中第二个圆形形状，单击“绘图工具”选项卡中的“形状填充”按钮，在窗口右侧打开面板的“填充”区域选择“渐变填充”单选按钮，并设置“渐变样式”为“线性渐变”，调整渐变角度为135°，并添加两个渐变光圈，第一个光圈设置为“颜色编号：A5B592”，透明度为35%，位置为0%；第二个光圈设置为相同的“颜色编号：A5B592”，透明度为100%，位置为80%。最后，设置第三个圆形形状格式：选中第三个圆形形状，按照设置第二个圆形形状的方法进入渐变填充设置界面，设置渐变角度为135°，并添加两个渐变光圈，第一个光圈设置为“颜色编号：B55475”，透明度为53%，亮度调整为–25%，位置为0%；第二个光圈设置为相同的“颜色编号：B55475”，但透明度为100%，亮度同样为–25%，位置为81%，如图3-44所示。

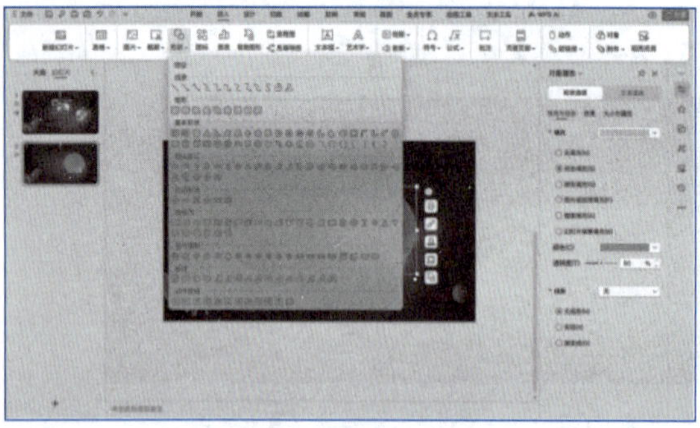

图3-43　插入形状、设置格式

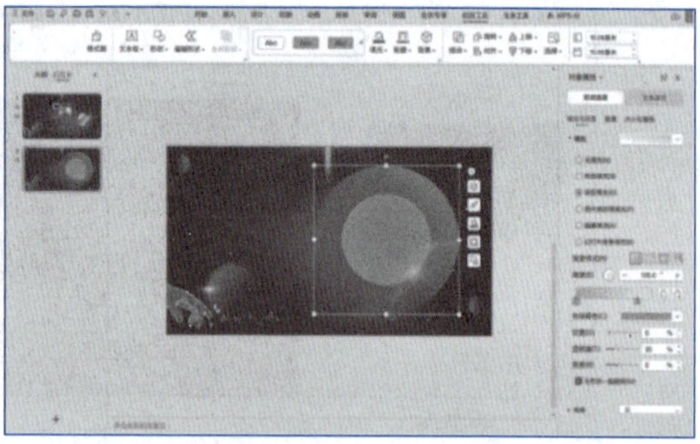

图3-44　圆形格式设置

STEP 4 单击“插入”选项卡中的“图片”按钮，在其下拉菜单中选择“手机图片/拍照”命令，导入素材“图1”，在文本位置添加所需的文本内容，单击“开始”选项卡，对文本进行格式设置，将字体样式更改为宋体-简，字体颜色调整为“颜色编号:46F9FE”，字号设定为32号。

STEP 5 单击“插入”选项卡中的“形状”按钮，在其下拉列表中选择“基本形状”→“椭圆”，将鼠标移至幻灯片左侧，按住左键拖动绘制出所需的两个圆形，圆形绘制完成后，单击“绘图工具”选项卡中的“形状填充”下接按钮，在“主题颜色”中选择“白色，背景1，深色15%”。接下来选中另一个圆形，在“形状填充”下拉菜单中选择“无填充颜色”，再单击“形状轮廓”下拉按钮并选择“实线”，在紧随其后的颜色选项中选择“白色，背景1，浅色25%”，并设置轮廓宽度为1磅。此时，圆形形状已按照指定要求设置完成，效果如图3-45所示。

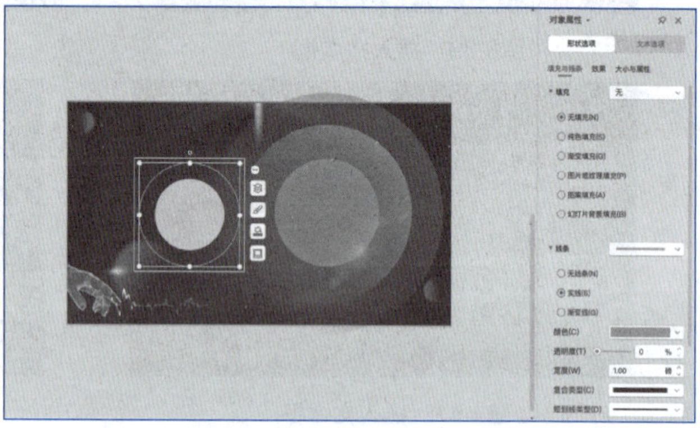

图3-45　插入无填充形状、设置格式

STEP 6 单击“插入”选项卡中的“形状”按钮，在其下拉列表中选择“矩形”→“圆角矩形”，单击“绘图工具”选项卡，对圆角矩形进行如下设置：选择其中三个圆角矩形，将其颜色填充设置为纯白色，选择另一个圆角矩形，进行自定义颜色填充，颜色编号:927BEE。单击“插入”选项卡中的“图片”按钮插入所需图片，并根据需要插入文本框以添加文本内容。对于文本的设置，遵循以下规范：小标题“宋体-简字体，颜色为黑色，字号24号”，内容文本“宋体-简，黑色，16号”。

STEP 7 选择第3张幻灯片，单击“插入”选项卡中的“形状”按钮，在其下拉列表中选择圆形，并在幻灯片的右上方绘制一个圆形，设置圆形形状：单击“绘图工具”选项卡中的“形状填充”下拉按钮，在颜色选择器中设置填充颜色为“46F9FE”，绘制其他形状：在幻灯片的左侧，再次绘制一个圆形，并设置其填充颜色为“D092A7”。在幻灯片的右下方，绘制一个圆角矩形，并设置其填充颜色，如图3-46和图3-47所示。添加文本：选中右下方的圆角矩形并右击，在弹出的快捷菜单中选择“添加文本”命令，输入所需的文本内容，并将字体设置为“等线（正文）”，字号为12号。插入箭头图片：单击“插入”选项卡中的“图片”按钮，在弹出的对话框中选中图片后单击“打开”按钮，将箭头图片插入幻灯片中，并根据需要进行调整。插入一个圆形，再插入5G图片，按住【Ctrl】键选择图片和圆形，单击“绘图工具”选项卡中的“合并形状”按钮，在其下拉列表中选择“相交”运算。

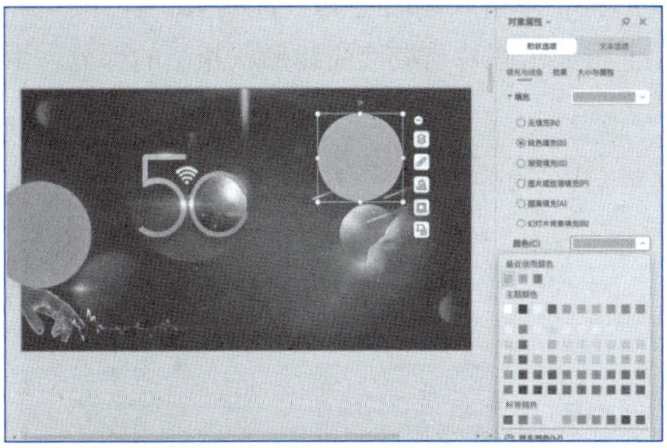

图3-46　“圆形”形状添加及设置

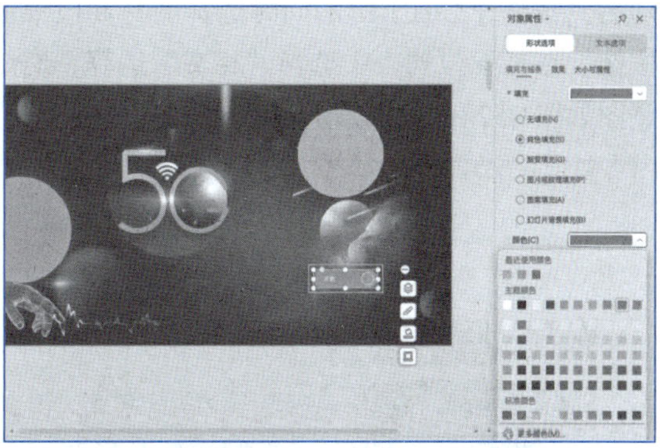

图3-47　“圆角矩形”形状添加及设置

STEP 8 选择第3张幻灯片，插入文本框，单击“文本框”按钮，在幻灯片的右上方位置绘制一个文本框，并输入文本“PART ONE”。设置PART ONE文本格式：将字体设置为“宋体-简”、黑色、115号，透明度设置为96%。添加标题文本：在幻灯片右侧空白区域插入一个文本框，在新插入的文本框中输入所需的标题文本“核心技术”，设置标题文本格式：宋体-简、白色、40号、加粗。在标题文本框下方再插入一个文本框，在新插入的文本框中输入与标题相对应的文本内容，设置文本格式：宋体-简、白色、16号，参照图3-48~图3-50所示效果。

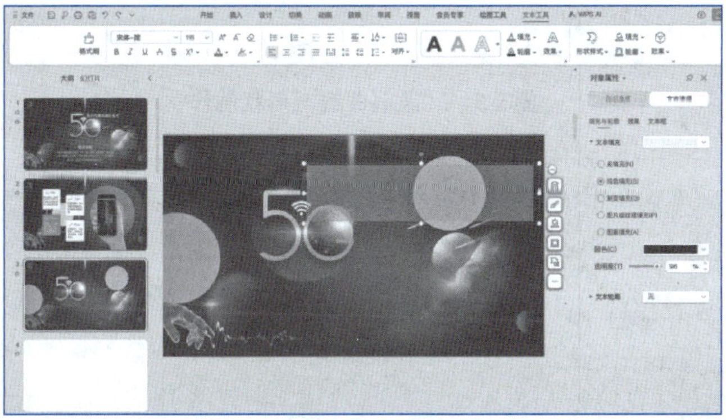

图3-48　添加文本（一）

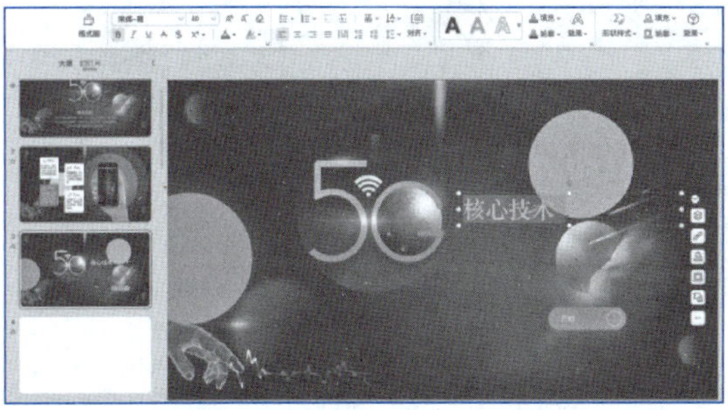

图3-49　添加文本（二）

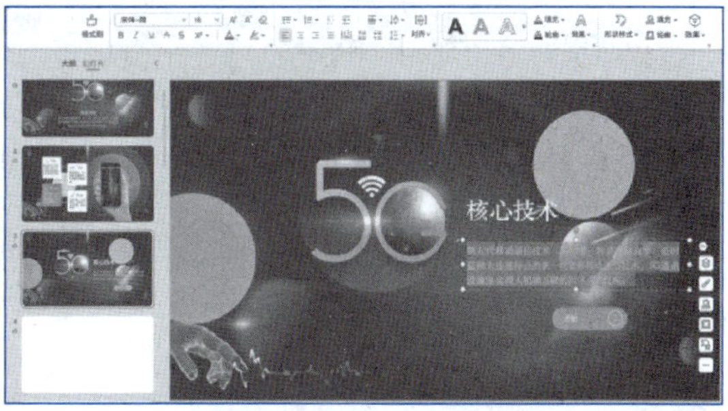

图3-50　添加文本（三）

STEP 9 选择第4张幻灯片，插入一个“矩形”形状，单击“绘图工具”选项卡中的“编辑形状”按钮，在其下拉列表中选择“编辑顶点”命令，在顶点编辑模式下，调整矩形的顶点位置，将其变形为波浪曲线形状，如图3-51所示。插入图片：从自己的文件中选择要插入的图片，随后，按住【Ctrl】键的同时选择图片和波浪曲线形状，单击“绘图工具”选项卡“合并形状”按钮，在其下拉列表中选择“相交”运算，幻灯片上将显示图片与波浪曲线形状相交的部分，示意图如图3-52和图3-53所示。

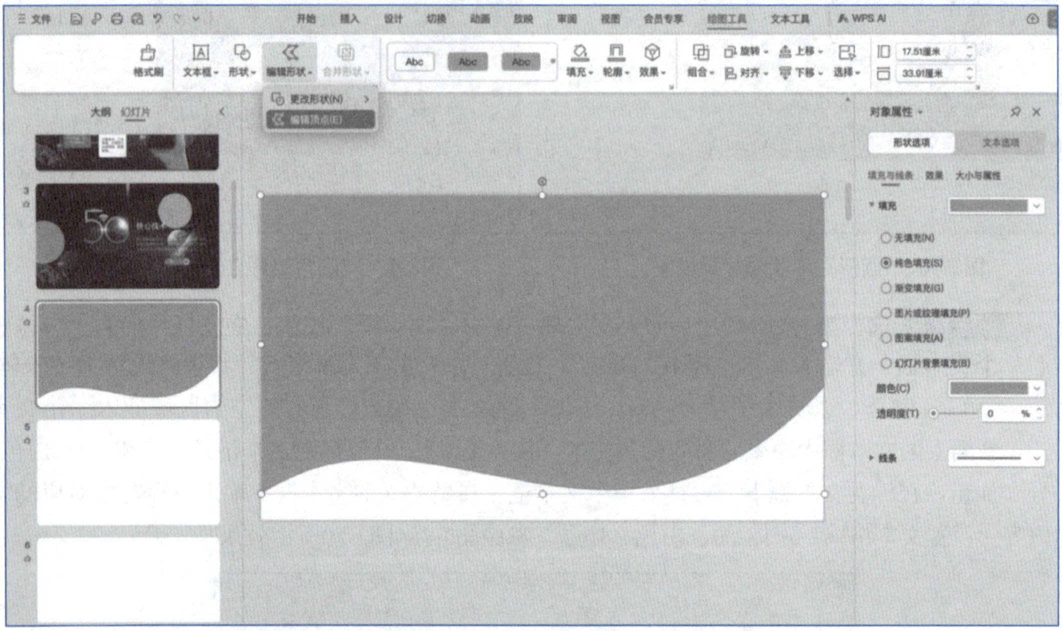

图3-51 “波浪曲线”形状制作

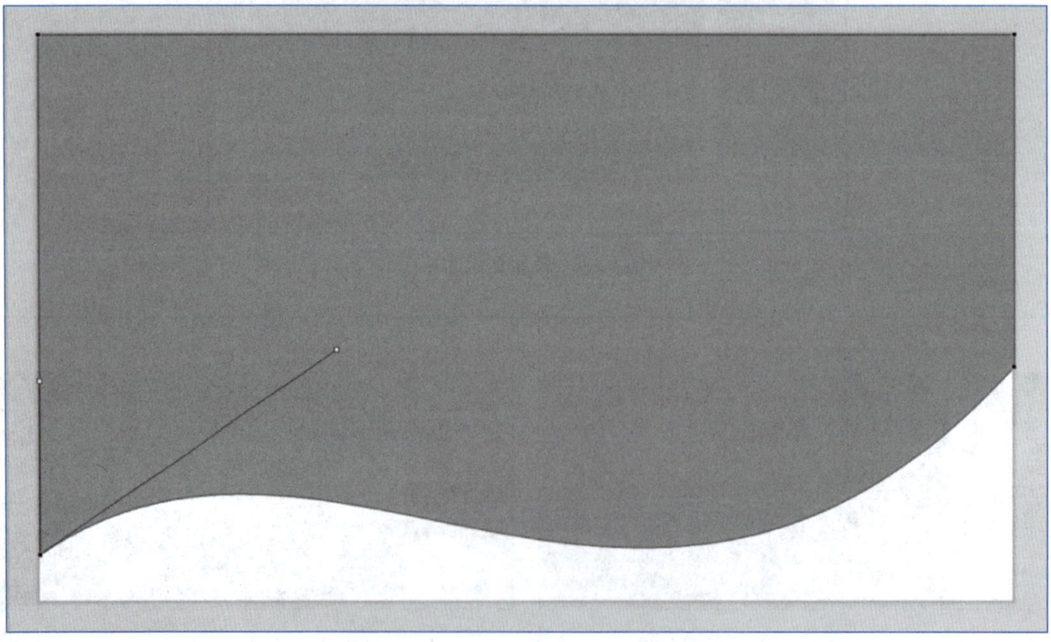

图3-52 “波浪曲线”形状制作编辑顶点

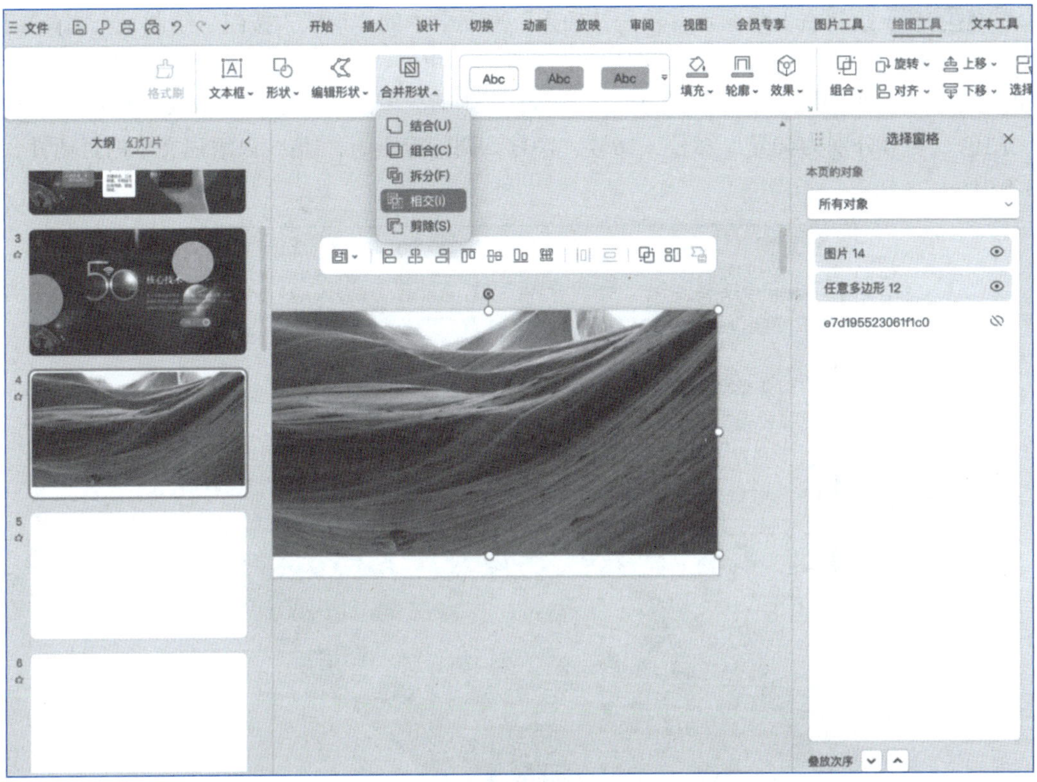

图3-53　图片形状相交运算

STEP 10 按【Ctrl+D】组合键复制波浪曲线形状，进入形状格式设置界面，单击“绘图工具”选项卡中的“设置形状格式”对话框启动器，在右侧打开的面板中选择“渐变填充”单选按钮，将其类型设置为“线性渐变”，渐变角度为45°，接着配置渐变光圈的颜色，起始颜色设置为927BEE，结束颜色设置为46F9FE，查看设置效果，如图3-54所示。

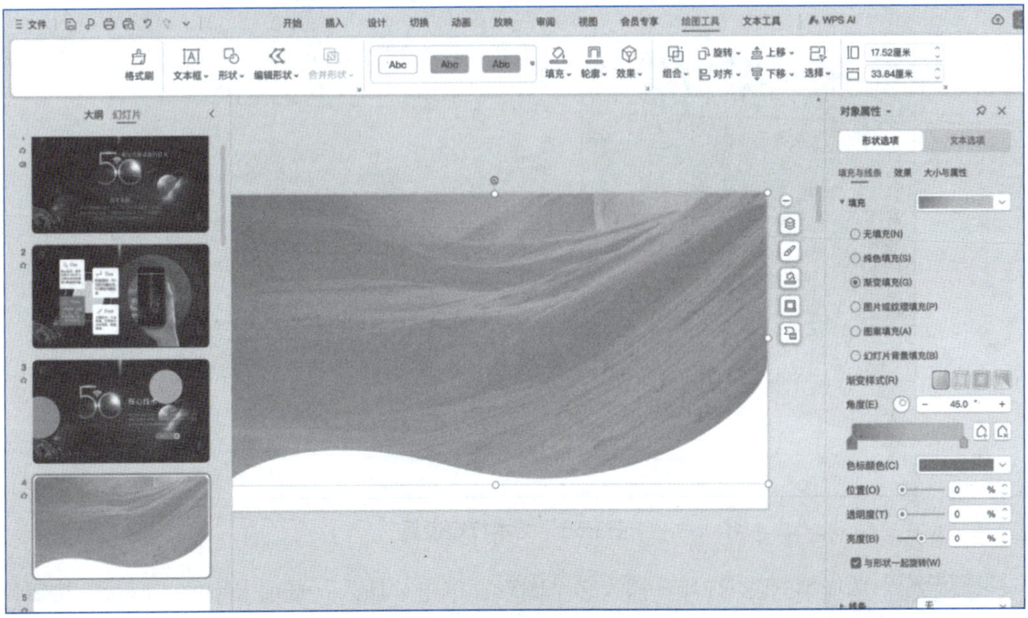

图3-54　波浪曲线形状颜色填充

STEP 11 绘制右上角图片，单击“插入”选项卡中的“形状”按钮，绘制一个圆角矩形，随后，插入素材图片，选择刚插入的图片和圆角矩形，单击“绘图工具”选项卡中的“合并形状”按钮，在其下拉列表中选择“相交”运算，如图3-55所示。插入文本，并设置文本格式为：宋体-简、白色、字号分别为40号、28号、16号、10号，调整行距为1.5倍，以增强文本的可读性，如图3-56所示。

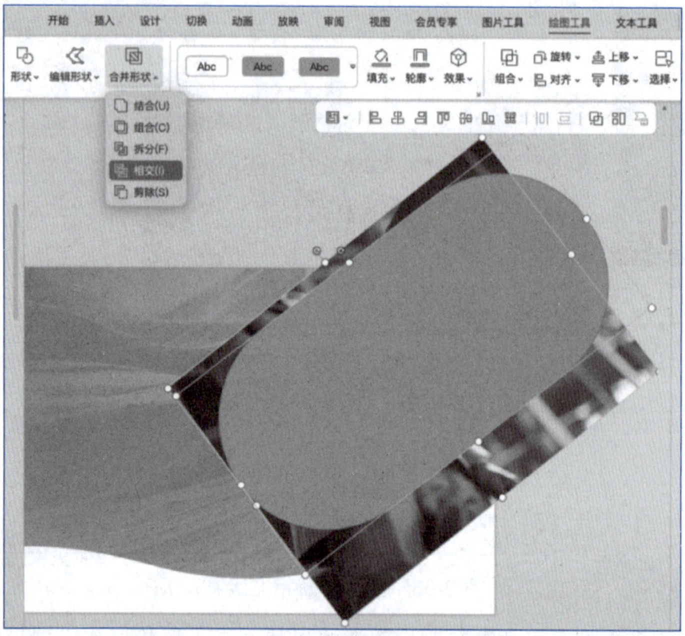

图3-55　图片和形状相交运算

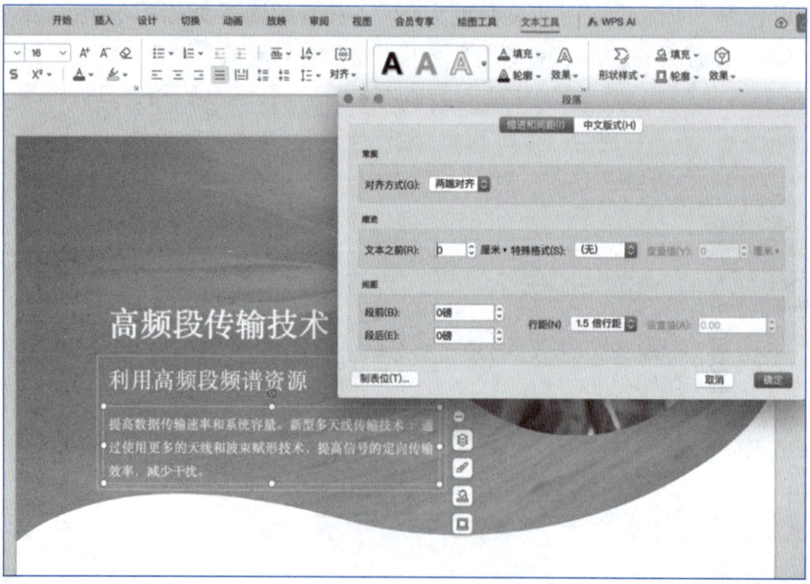

图3-56　文本行距设置

STEP 12 选择第5张幻灯片，插入多个圆形，单击“插入”选项卡中的“形状”按钮，在幻灯片上绘制多个圆形，根据需要调整它们的大小和位置，设置圆形颜色，选中一个圆形，单击

“绘图工具”选项卡“设置形状格式”组中的形状“填充”按钮，依次填充“F3A447，809EC2，D092A7”颜色，如图3-57所示。插入并设置文本格式：插入所需的文本内容，对于标题：选中标题文本，将字体设置为“宋体-简、黑色，文本1，浅色25%、40号、加粗”。对于小标题：将字号设置为24号。对于内容文本：设置为“黑色、16号”。

图3-57　圆形制作

STEP 13 选择第8张幻灯片，单击“插入”选项卡中的“形状”按钮，在幻灯片左侧的图片区域，绘制一个圆形。选中该圆形，单击“绘图工具”选项卡“设置形状样式”组中的“形状填充”按钮，在颜色编号处输入“927BEE”。单击“形状效果”按钮，在其下拉菜单中选择“更多设置”命令，在窗口右侧打开的面板中设置“透明度”为90%，以创建一个具有透明度的浅蓝色圆形。插入圆角矩形及图片：插入多个圆角矩形，根据需要调整它们的大小和位置。选中所有圆角矩形，单击“绘图工具”选项卡中的“合并形状”按钮，在下拉列表中选择“结合”运算。插入所需图片，并将其放置在合并后的圆角矩形形状上方，同时选中图片和合并后的形状，再次单击“合并形状”按钮，在下拉列表中选择“相交”运算，如图3-58所示。

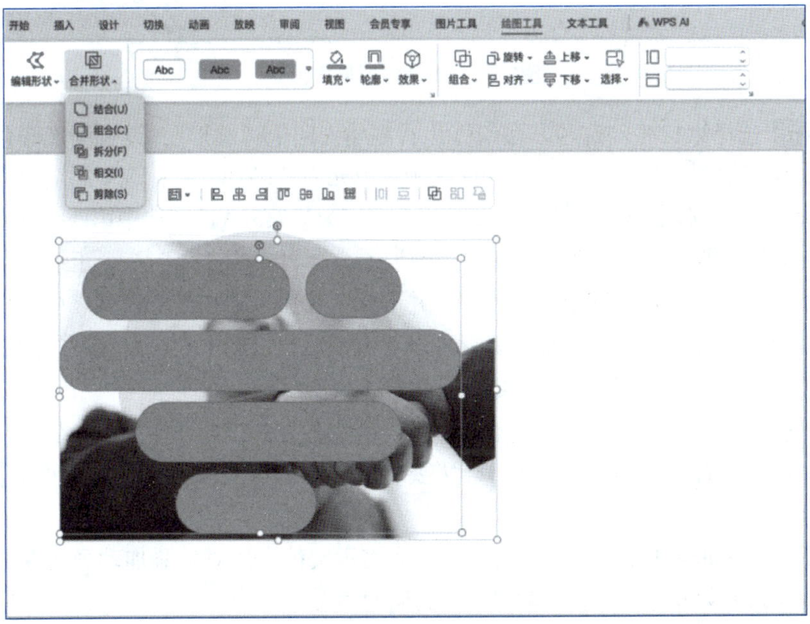

图3-58　圆角矩形图片制作

STEP 14 选择第9张幻灯片，插入圆角矩形与图片，在幻灯片的右侧区域，插入一个圆角矩形和所需图片，选中图片和圆角矩形，单击“绘图工具”选项卡中的“合并形状”按钮，在下拉列表中选择“相交”运算。单击“绘图工具”选项卡中的“形状效果”按钮，在其下拉列表中选择“阴影”，在右侧面板的“阴影”区域设置阴影颜色为“黑色”、透明度为85%、大小为100%、模糊为63磅、角度为90°、距离为44磅。在相同或适当位置，再次插入一个圆角矩形，选中该圆角矩形，单击“绘图工具”选项卡中的“形状填充”按钮，选择“渐变填充”单选按钮，渐变样式选择“线性渐变”、渐变角度45°、颜色从“D092A7”过渡到“B55475”、位置变为100%，亮度为–25%，并为该圆角矩形添加阴影效果，设置透明度为46%、大小100%、模糊87、角度90°、距离21磅，如图3-59所示。下方的两个圆角矩形参照幻灯片效果制作。

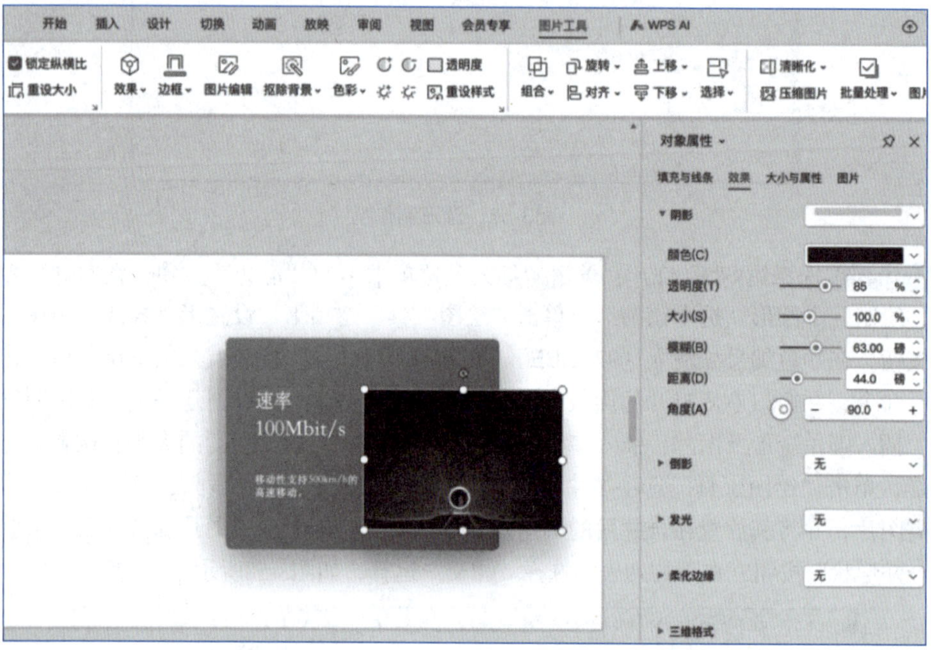

图3-59　圆角矩形格式设置

STEP 15 选择第12张幻灯片，在幻灯片右侧插入四个“圆形”，设置圆形颜色填充：选中第一个圆形，在“绘图工具”选项卡下，设置颜色填充为“E7BC29”；选中第二个圆形，设置颜色填充为“B55475”；选中第三个圆形，设置颜色填充为“7153A1”；选中第四个圆形，设置颜色填充为“7D9263”。插入矩形并剪除：在每个圆形上方，再次“插入”一个矩形，选中矩形和对应的圆形，单击“绘图工具”选项卡中的“合并形状”按钮，并在其下拉列表中选择“剪除”运算。对于通过剪除运算得到的每个新形状，可以双击该形状以选中它，并在“绘图工具”选项卡下调整其阴影效果，以增强视觉效果，如图3-60~图3-62所示。

STEP 16 参照前面的方法，完成剩余幻灯片的制作。确保每一张幻灯片的内容都与既定的主题和布局要求相符合。在制作过程中，若需要将相关的内容元素进行组合，可按【Ctrl+G】组合键进行组合。

任务要求3：添加动画和视觉、听觉效果。为演示文稿中的对象添加动画效果、设置幻灯片的切换效果、插入音频并进行设置，增强演示文稿的动态表现力与沉浸感。

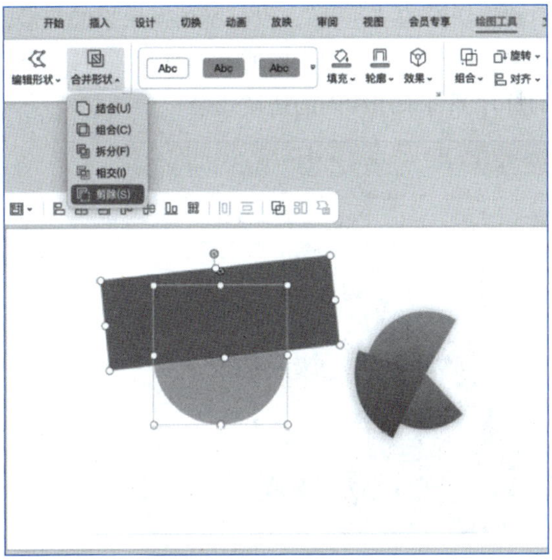

图3-60　扇形制作（一）

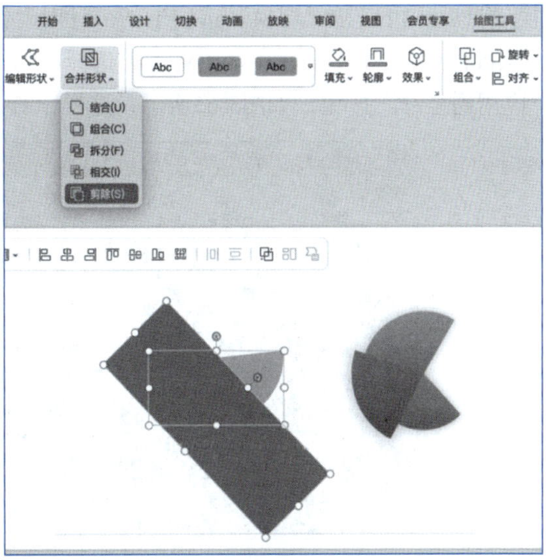

图3-61　扇形制作（二）

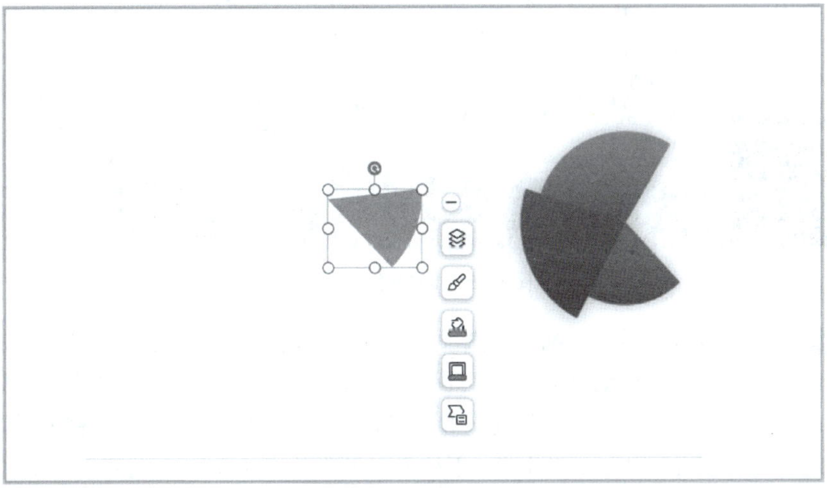

图3-62　扇形制作（三）

具体步骤如下：

STEP 1 依次选择每页幻灯片中需要添加动画效果的对象，在“动画”选项卡中浏览并选择适合的动画效果，设置动画参数：在应用了动画效果后，可以在“动画”选项卡的“计时”组中设置动画的持续时间。设置动画触发方式：对于每个动画，选择“计时”以进一步设置动画的触发方式，在“计时”组中，可以选择动画是在“单击时”触发，还是在“与上一个动画同时”或“上一个动画之后”自动播放，如图3-63和图3-64所示。

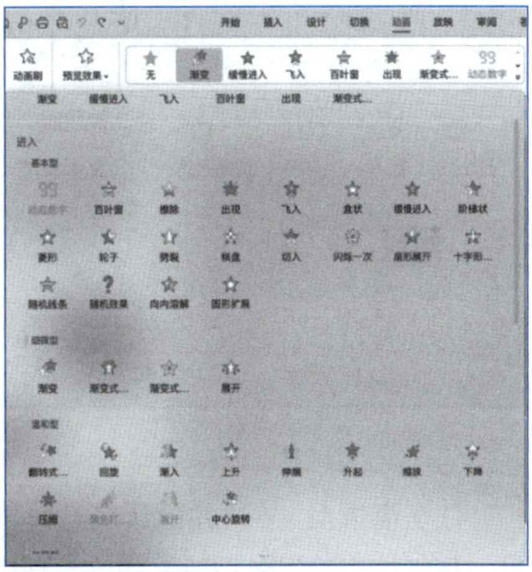

图3-63　动画效果（一）

STEP 2 单击“切换”选项卡，浏览并选择希望应用于幻灯片的切换效果，调整切换速度：在选择了切换效果后，可以在“切换”选项卡的“计时”组中调整切换的“速度”，以控制切换效果的快慢，应用到全部幻灯片：如果希望将当前选择的切换效果应用到演示文稿中的所有幻灯片，可以点击“应用到全部”按钮，如图3-65所示，这样，所有幻灯片都将采用相同的切换效果。

图3-64　动画效果（二）

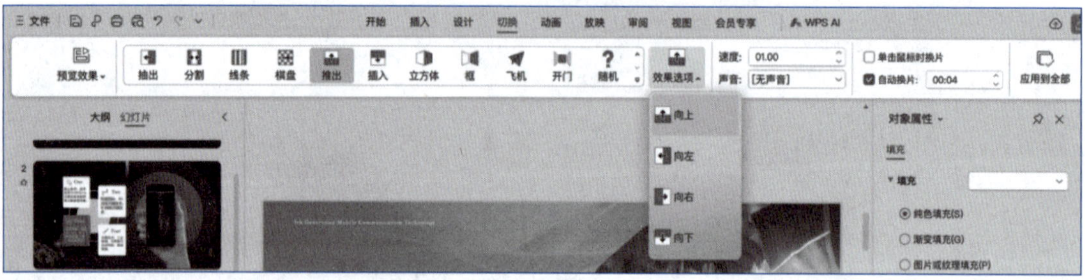

图3-65　切换效果（三）

STEP 3 插入音频，单击“插入”选项卡中的“音频”按钮，选择“嵌入音频”命令，在弹出的“插入音频”对话框中选择要插入的音频文件，单击“打开”按钮即可。音频工具设置：插入音频后，功能区出现“音频工具”选项卡，在该选项卡中可对音频进行各种设置，如自动播放：在“音频工具”选项卡中，在“开始”下拉列表中选择“自动”，此时音频在幻灯片放映时自动播放，如图3-66所示。

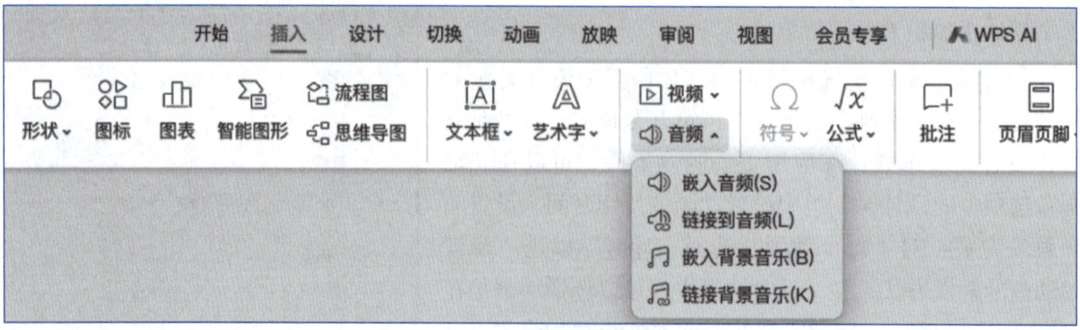

图3-66　音频工具

任务要求4：放映并确认最终效果，保存文件。利用放映功能全面预览幻灯片的整体呈现效果，仔细核查确保各项效果均符合预期要求后，将文件保存，为后续的展示或分享提供便利。

具体步骤如下：

STEP 1 单击“放映”选项卡中的“从头开始”或“当页开始”按钮启动放映，如图3-67所示。也可单击幻灯片右下角的播放按钮进行播放，如图3-68所示。

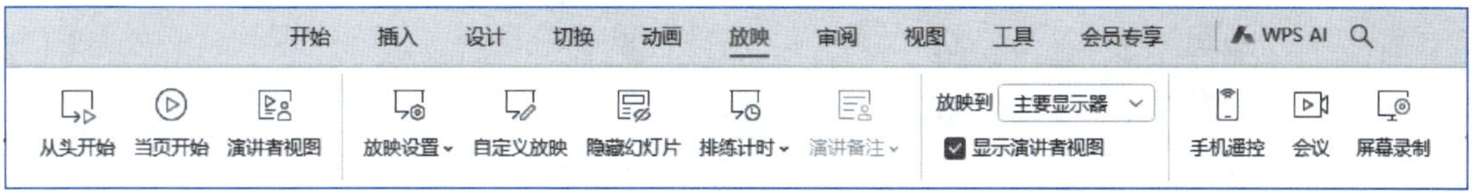

图3-67 从头开始，当页开始

STEP 2 单击，幻灯片将自动切换到下一页。右击，将弹出一个快捷菜单，其中包含多个命令，如“上一页”“下一页”“结束放映”等。选择定位幻灯片，可切换到指定页，检查演示效果，如图3-69所示。

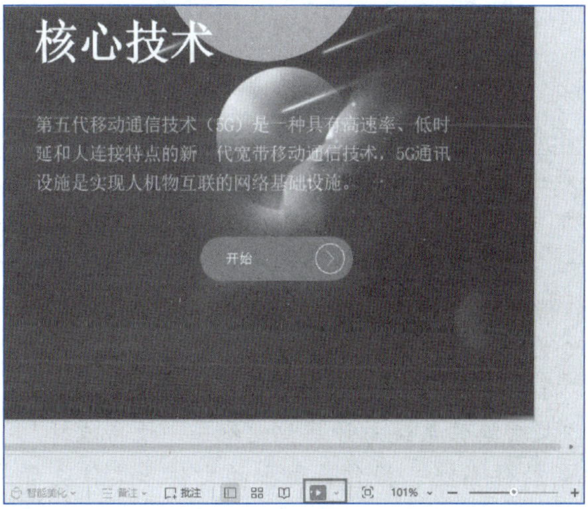

图3-68 幻灯片放映

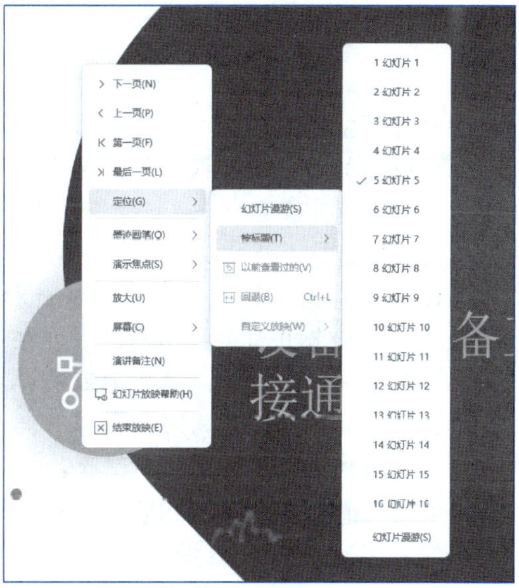

图3-69 切换到指定页

STEP 3 全面预览幻灯片的整体呈现效果，仔细核查确保各项效果均符合预期要求，按【Esc】键退出放映，单击“保存”按钮，保存文件。

项目四

探微知著　信息时代探索

项目导读　　以匠心　致创新

信息技术＋生活

亲爱的青年学子们：

欢迎你们踏上这场探索信息时代的奇妙旅程！在这个由数据和信息构筑的广阔天地中，“路漫漫其修远兮，吾将上下而求索”不仅是你们求知路上的座右铭，更是我们共同追求的文化精髓。而“以匠心致创新”，则是引领我们探索未知、创造未来的不竭动力。

回望信息技术的发展历程，从最初的机械计算到如今智能设备的普及，每一步都凝聚着匠人的智慧与创新的精神。在任务一“探寻数字化与计算机硬件——信息感知”中，我们将一起追溯信息技术的源头，从数制转换到数据编码，从计算机的分类到硬件组成，每一步都如同匠人精心雕琢作品般细腻。你们将通过这些基础知识的积累，对信息产生初步的感知，为后续的探索打下坚实的基础。

随着信息的流转，我们步入了任务二“探索操作系统与计算机网络——信息流转”的世界。在这里，我们将深入了解计算机的软件系统、操作系统中的文件和文件夹管理，以及计算机网络的奥秘。这些信息流转的通道，如同匠人精心铺设的桥梁，连接着信息的彼岸，让你们在信息世界中畅游无阻。

然而，信息的海洋浩瀚无垠，如何精准地捕获、提取和分析信息，成为任务三“精通信息检索——信息应用”的核心挑战。在这一阶段，你们将培养起对信息的敏感度，学会运用搜索引擎和专业平台，如同匠人挑选材料般精准，捕获有价值的信息。同时，你们还将学会判断信息的可靠性、真实性和准确性，对信息可能产生的影响进行预期分析，从而自觉地利用信息解决生活、学习和工作中的实际问题。

最终，我们抵达任务四“提升信息素养与社会责任——信息赋能”的彼岸。在这里，信息素养不仅是对信息技能的掌握，更是对信息社会责任的担当。你们将学会在信息社会中遵守法律法规，维护个人和公共信息安全，如同匠人守护作品般严谨。同时，你们还将关注信息技术创新所带来的社会问题，从社会发展、职业发展的视角进行理性的判断和负责的行动。这种对信息的敬畏与责任，正是“匠心”精神的最高体现。

亲爱的学子们，让我们携手共进，在探索信息时代的道路上，不断感知信息的魅力、流转信息的智慧、应用信息的力量、赋能信息的未来。愿你们以匠心雕琢每一处细节，以创新引领每一步前行，共同书写信息时代的新篇章！

任务一　探寻数字化与计算机硬件——信息感知

情境引入

从工小匠踏入智慧校园的那一刻起，每一天学习和生活都与信息技术紧密相连。智慧工院上数字化课程表与导航、混合教学的互动课堂、智能图书馆与资料检索、智能门禁系统、虚拟现实技术实训室等，让工小匠体验到数字化生活带来的便捷与乐趣。

今年校园开放日主题为“信息技术探索之旅”，新生工小匠参观了硬件实训室，了解了计算机硬件系统及信息数字化、进制编码等基础知识，并在老师悉心指导下，亲手完成了计算机硬件的安装实践。

任务分析

（1）掌握信息技术的相关概念，包括定义、发展历程、应用领域及影响。

（2）熟悉不同数制间的转换方法及基本运算，为数字化表达打下基础。

（3）学习数据编码与表示，了解字符、图像、音频等编码在数据存储与传输中的应用。

（4）在深入了解计算机硬件系统的基础上，完成计算机硬件安装的实践操作。

知识链接

一、信息技术的相关概念

以计算机技术、通信技术和网络技术为核心的信息技术深入影响了人类社会的各个领域，对人类的生活和工作方式产生了巨大的影响，随着科学技术的不断进步，信息技术将得到更深、更广和更快的发展。

1. 信息与信息技术

信息在不同的领域有不同的定义，一般来说，信息是对客观世界中各种事物的运动状态和变化的反映。简单地说，信息是经过加工的数据，或者说信息是数据处理的结果，信息泛指人类社会传播的一切内容，如音信、消息、通信系统传输和处理的对象等。在信息化社会，信息已成为科技发展日益重要的资源。

信息技术（information technology, IT）是一门综合的技术，人们对信息技术的定义因其使用的目的、范围和层次不同而有所不同。联合国教科文组织对信息技术的定义为："应用在信息加工和处理中的科学，技术与工程的训练方法以及管理技巧和应用；计算机及其与人、机的相互作用，与人相应的社会、经济和文化等诸种事物。"该定义强调的是信息技术的现代化应用与高科技含量，主要指一系列与计算机相关的技术。狭义范围内的信息技术是指对信息进行采集、传输、存储、加工和表达的各种技术的总称。

信息技术主要是指应用计算机科学和通信技术来设计、开发、安装和实施信息系统及应用软件，主要包括传感技术、通信技术、计算机技术和缩微技术。

传感技术。传感技术是关于从自然信源获取信息，并对之进行处理（变换）和识别的一门多学科交叉的现代科学与工程技术，它涉及传感器、信息处理和识别的规划设计、开发、建造、测试、应用及评价改进等活动，传感技术、计算机技术和通信技术一起称为信息技术的三大支柱，其主要任务是延长和扩展人类收集信息的功能。目前，传感技术已经发展了一大批敏感元件，例如，通过照相机、红外和紫外等光波波段的敏感元件来帮助人们提取肉眼所见不到的重要信息，也可通过超声和次声传感器来帮助人们获得人耳听不到的信息。

通信技术。通信技术又称通信工程，主要研究的是通信过程中的信息传输和信号处理的原理和应用。目前，通信技术得到飞速发展，从传统的电话、电报、收音机和电视到如今的移动通信（手机）、传真、卫星通信、光纤通信和无线通信等现代通信方式，从而使数据和信息的传递效率得到大大提高，通信技术已成为办公自动化的支撑技术。

计算机技术。计算机技术是信息技术的核心内容，其主要研究任务是延长人的思维器官处理信息和决策的功能，计算机技术作为一个完整系统所运用的技术，主要包括系统结构技术、系统管理技术、系统维护技术和系统应用技术等。近年来，计算机技术同样获得飞速发展，尤其是随着多媒体技术的发展，计算机的体积越来越小，但应用功能却越来越强大。

缩微技术。缩微技术是一种涉及多学科、多部门、综合性强且技术成熟的现代化信息处理技术，其主要研究任务是延长人的记忆器官存储信息的功能。例如，在金融系统、卫生系统、保险系统和工业系统均采用缩微技术复制纸质载体的文件，从而改变了过去传统管理方法，提高了档案文件、文献资料的管理水平，提高了经济效益。

总的来说，现代信息技术是一个内容十分广泛的技术群，它包括微电子技术、光电子技术、通信技术、网络技术、感测技术、控制技术和显示技术等。此外，物联网和云计算作为信息技术新的高度和形态被提出，并得到了发展，根据中国物联网校企联盟的定义，物联网为当下大多数技术与计算机互联网技术的结合，它能更快、更准地收集、传递、处理和执行信息，是科技的最新呈现形式与应用。

2. 信息化社会

信息化社会又称信息社会，是脱离工业化社会以后，信息将起主要作用的社会。一般认为，信息化是指以计算机信息技术和传播手段为基础的信息技术和信息产业在经济和社会发展中的作用日益加强，并发挥主导作用的动态发展过程。信息化社会是指以信息产业在国民经济中的比重、信息技术在传统产业中的应用程度和信息基础设施建设水平为主要标志的社会。

在信息化社会里，人类借助计算机与通信技术，其处理信息的能力和传输信息的速度得到快速提高，信息社会的交流在很大程度上围绕信息网络及其服务中心开展，因此信息网络已成为信息化社会的基础设施。进入21世纪后，世界各国都在加强信息化建设，而信息化建设又推动了计算机科学技术的发展与信息化社会的发展，促进了计算机文化的产生，并彻底改变了人们的工作方式和生活方式，从而产生了移动电子商务、无纸化办公、远程教学、网络会议和网上购物等新的生活理念。

如今，计算机技术水平的高低是衡量信息化社会人才素质的重要标志，计算机文化的普及程度也标志着一个国家的综合发展水平，并将影响整个国家的信息化进程。因此，只有掌握计算机技术与计算机文化，才能真正适应信息化社会的建设需要，才能创造出更加灿烂辉煌的人类文明。

二、数制转换及运算

1. 计算机中数据的表示方法

计算机是由电子器件组成的，电子器件中的电路只有导通和中断两种状态，电位也只有高和低两种状态，所以在计算机中的数都使用二进制表示而不用十进制表示。在计算机系统中使用二进制数的原因在于二进制数具有以下优越性：

（1）技术实现比较简单，具有可行性，二进制数只需要两个数字符号，即0和1，在电路中可以用两种不同的状态（低电平0和高电平1）来表示它们，其运算电路的实现比较简单，而要制造出具有10种稳定状态的电子器件分别代表十进制中的10个基本数码相对较困难。

（2）二进制数的计算具有简单性。

（3）采用二进制具有可靠性，二进制只有两种状态，数字处理、存储和传输不易出错。

（4）采用二进制具有逻辑性，可以用二进制数据的基本代码“1”和“0”直接代表逻辑“真”和“假”。

如图4-1所示，表示了计算机中电路状态与二进制数之间的关系。

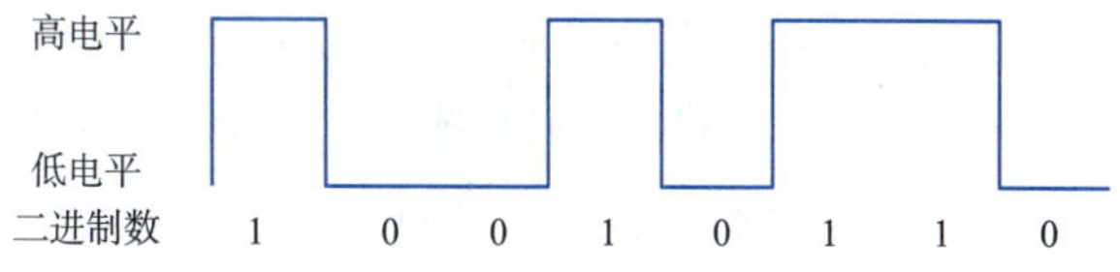

图4-1 电路状态与二进制数之间的关系

在计算机内部，数值、字符、指挥计算机动作的指令等的存储、处理与传送均采用二进制的形式。为了书写与阅读方便，计算机中还引入了八进制数和十六进制数。

2. 进位计数制的基本概念

进位计数制是人们利用符号进行计数的科学方法。在采用进位计数制的数字系统中，如果只用r个基本符号（如0，1，2，…，r−1）表示数值，则称其为基r数制，又称r进制，r称为该数制的基数，而数制中每一固定位置对应的单位值称为位权，第n位的位权为r^{n-1}数制有很多种，在计算机中常用的数制有十进制、二进制、八进制和十六进制，与之对应的数分别称为十进制数、二进制数、八进制数和十六进制数。

1）十进制数

十进制数是生活中最常用的一种进制数，也是人们最容易理解的一种进制数，它一共有0~9共10个基本数码，按“逢十进一，借一当十”的规则进行运算。为了与其他进制数相互区别，我们常用$(数)_{10}$或$(数)_D$来标明该数为十进制数。例如，$(123)_{10}$或$(123)_D$都表示十进制数123。

2）二进制数

二进制数一共有0、1共2个基本数码，按“逢二进一，借一当二”的规则进行运算。为了与其他进制数相互区别，我们常用$(数)_2$或$(数)_B$来标明该数为二进制数。例如，$(11001)_2$或$(11001)_B$都表示二进制数11001。

3）八进制数

八进制数一共有0、1、2、3、4、5、6、7共8个基本数码，按“逢八进一，借一当八”的规则进行运算。为了与其他进制数相互区别，我们常用$(数)_8$或$(数)_O$来标明该数为八进制数。例如，$(567)_8$或$(567)_O$都表示八进制数567。

4）十六进制数

十六进制数一共有0、1、2、3、4、5、6、7、8、9、A、B、C、D、E、F共16个基本数码，按“逢十六进一，借一当十六”的规则进行运算。为了与其他进制数相互区别，我们常用$(数)_{16}$或$(数)_H$来标明该数为十六进制数。例如，$(5AF)_{16}$或$(5AF)_H$都表示十六进制数5AF。

常见进制数基本情况，见表4-1。

表4-1　常见进制数基本情况

	二进制数	八进制数	十进制数	十六进制数
运算规则	逢二进一，借一当二	逢八进一，借一当八	逢十进一，借一当十	逢十六进一，借一当十六
基数	2	8	10	16
基本数码	0、1	0、1、……、7	0、1、……、9	0、1、……、9、A、……、F
位权	2^{n-1}，2^{-k}	8^{n-1}，8^{-k}	10^{n-1}，10^{-k}	16^{n-1}，16^{-k}
表示方法	$(11001)_2$	$(456)_8$	$(128)_{10}$	$(5AB)_{16}$
	$(11001)_B$	$(456)_O$	$(128)_D$	$(5AB)_H$

3. 进制之间的转换

进制之间的转换是指将一个数字从一种数制表示转换为另一种数制表示的过程。常用的进制转换有三种：非十进制数转换成十进制数、十进制数转换成非十进制数和非十进制数之间的转换。

1）非十进制数转换成十进制数

非十进制数$a_1a_2\cdots a_{m-1}a_ma_{m+1}\cdots$转换成十进制数采用“位权法”，即把各非十进制数按权展开，然后求和。转换方式如下：

$$N = a_{n-1} \times r^{n-1} + a_{n-2} \times r^{n-2} + \cdots + a_1 \times r^1 + a_0 \times r^0 + a_{-1} \times r^{-1} + \cdots + a_{-m} \times r^{-m} = \sum_{i=-m}^{n-1} \left(a_i \times r^i \right) \qquad (4\text{-}1)$$

式中，r为对应进制的基数；a为对应位数码值；n为整数部分的总位数；m为小数部分的总位数。

【例4-1】将$(1001.01)_2$转换为十进制数。

解：$(1001.01)_2=1\times2^3+0\times2^2+0\times2^1+1\times2^0+0\times2^{-1}+1\times2^{-2}=8+0+0+1+0+0.25=9.25$

【例4-2】将$(38A.11)_{16}$转换为十进制数。

解：$(38A.11)_{16}=3\times16^2+8\times16^1+10\times16^0+1\times16^{-1}+1\times16^{-2}$

$=768+128+10+0.0625+0.003\,9$

$=906.066\,4$

常用进制对照表可以帮助理解和记忆不同进制之间相同数值的表示方式。表4-2是常用进制对照表，展示了十进制数0到15在四种不同进制中的表示。

表4-2　常用进制对照表

十进制	二进制	八进制	十六进制	十进制	二进制	八进制	十六进制
1	0001	1	1	9	1001	11	9
2	0010	2	2	10	1010	12	A
3	0011	3	3	11	1011	13	B
4	0100	4	4	12	1100	14	C
5	0101	5	5	13	1101	15	D
6	0110	6	6	14	1110	16	E
7	0111	7	7	15	1111	17	F
8	1000	10	8	16	10000	20	10

2）十进制数转换成非十进制数

将十进制数转换成非十进制数时，首先要将十进制数以小数点为界限划分成整数部分和小数部分，然后对两部分采用不同的换算方法。

十进制整数转化为非十进制整数采用“余数法”，即除基数取余数。把十进制整数逐次用任意进制数的基数去除，一直到商是0为止，然后将所得到的余数从右到左排列，首次取得的余数排在最右面。

①十进制整数转换为二进制数：一个十进制整数转换为二进制整数通常采用除二取余法，即用2连续除，直到商为0，逆序排列余数即可得到，简称除二取余法。

【例4-3】将25转换为二进制数。

解：

除数	商	余数
2	25	
2	12	1
2	6	0
2	3	0
2	1	1
	0	1

↑ 余数逆排

所以$25=(11001)_2$

②十进制整数转换成十六进制数或八进制数：把十进制数转换为十六进制数或八进制数时，将除数2转换成16或8再取余数，并将余数逆序排列即可。

【例4-4】将347转换为十六进制数。

解：

除数	被除数/商	余数
16	347	
16	21	11(B)
16	1	5
	0	1

↑ 余数逆排

所以$347=(15B)_{16}$

十进制小数转换成非十进制小数采用“进位法”，即乘基数取整数。把十进制小数不断用其他进制的基数去乘，直到小数的当前值等于0或满足所要求的精度为止，最后将所得到的乘积的整数部分正序排列，首次取得的整数排在最左面。

【例4-5】将0.312 5转换为二进制数。

解：

$0.312\,5\times2=0.625$

$0.625\times2=1.25$

$0.25\times2=0.5$

$0.5\times2=1.0$

↓ 整数正排

所以$(0.3125)_{10}=(0.0101)_2$

3）非十进制数之间的转换。

二进制数转换为八进制数：按“3位并1位”的方法进行。

【例4-6】将$(110101010111)_2$转换为八进制数。

解：

110	101	010	111
6	5	2	7

所以$(110101010111)_2=(6527)_8$

①八进制数转换成二进制数：把每位八进制数用对应的3位二进制数展开表示，即“1位拆3位”。

【例4-7】将八进制数$(137)_8$转换成二进制数。

解：

1	3	7
1	011	111

所以$(137)_8=(1011111)_2$

由于4位二进制数恰好有16个组合状态，即1位十六进制数与4位二进制数是一一对应的。因此，十六进制数与二进制数的转换是十分简单的。

②十六进制数转换成二进制数：只要将每一位十六进制数用对应的4位二进制数替代即可，简称“1位分4位”。

【例4-8】将$(4AF8B)_{16}$转换为二进制数。

解：

4	A	F	8	B
0100	1010	1111	1000	1011

所以$(4AF8B)_{16}=(1001010111110001011)_2$

③二进制数转换为十六进制数：分别向左、向右每4位一组，依次写出每组4位二进制数所对

应的十六进制数，简称“4位合1位”。

【例4-9】将二进制数$(111010110)_2$转换为十六进制数。

解：　0001　1101　0110

　　　1　　D　　6

所以$(111010110)_2=(1D6)_{16}$

注意：转换时最后一组不足4位时必须加0补齐4位。

数制之间的相互转换，可以归纳为两大类，即非十进制（二、八、十六进制）与十进制之间的相互转换和非十进制之间的相互转换。具体转换方法如图4-2所示。

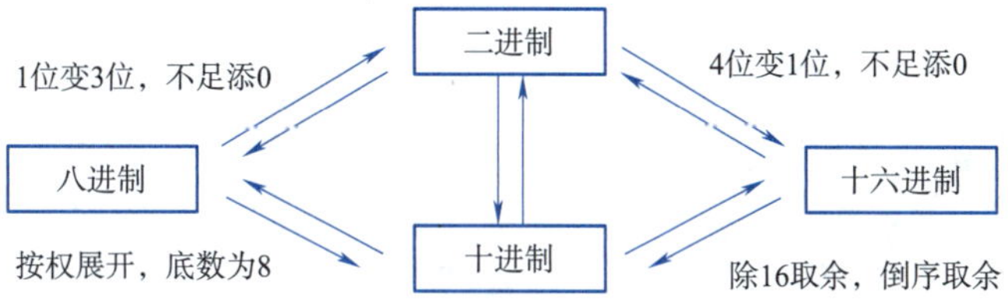

图4-2　进制之间转换方法图

三、数据信息的编码与表示

1. 数据编码与表示

所有可以被计算机接收和处理的符号的集合都称为数据，单纯的数据是没有任何意义的，只有经过加工和处理变成信息之后才有具体的意义。现实生活中存在着各种各样的数据，如数值数据、字符数据、声音数据、图形图像数据，要使计算机能够处理这些数据，首先需要将这些数据转换成由0和1表示的代码，这一转换过程称为编码。

计算机数据可以分为两大类：数值数据（包括无符号数、带符号数、浮点数）和非数值数据（西文字符、汉字、多媒体数据等）。

2. 数值数据编码

对数值数据的编码，需理解真值和机器数的概念。所谓真值指的是数据的真正数值，也就是现实生活中带正负号的十进制数。所谓机器数指的是用0和1进行编码的计算机内部的二进制序列。

对于带符号数值，为了使数值编码不产生二义性，还引入了原码、反码和补码等概念。

3. 西文字符编码

常用的西文字符编号方法为ASCII码（American Standard Code for Information Interchange，美国标准信息交换码），常用的西文字符有：数字10个、大小写字母52个、标点符号和运算符号32个、各类非打印控制码32个。7个二进制位的编码从0000000到1111111一共有128种组合，可以满足每个符号一个单独编码的需求。在ASCII码编码中：

编码的第0～32号及第127号（共34个）是控制字符或通信专用字符。

编码的第33～126号（共94个）是文本字符，其中第48～57号为0～9十个阿拉伯数字，65～90号为26个大写英文字母，97～122号为26个小写英文字母。

编码的其他部分为标点符号和运算符号等内容。ASCII码与字符对照关系见表4-3。

表4-3 ASCII码与字符对照关系

低4位	高3位							
	000	001	010	011	100	101	110	111
0000	NUL	DLE	SP	0	@	P	`	p
0001	SOH	DC1	!	1	A	Q	a	q
0010	STX	DC2	“	2	B	R	b	r
0011	ETX	DC3	#	3	C	S	c	s
0100	EOT	DC4	$	4	D	T	d	t
0101	ENQ	NAK	%	5	E	U	e	u
0110	ACK	SYN	&	6	F	V	f	v
0111	BEL	ETB	‘	7	G	W	g	w
1000	BS	CAN	(	8	H	X	h	x
1001	HT	EM	)	9	I	Y	i	y
1010	LF	SUB	*	:	J	Z	j	z
1011	VT	ESC	+	;	K	[	k	{
1100	FF	FS	,	<	L	\	l	|
1101	CR	GS	-	=	M	]	m	}
1110	SO	RS	.	>	N	^	n	~
1111	SI	US	/	?	O	_	o	DEL

4. 汉字编码

1）区位码、国标码和机内码

利用计算机处理汉字首先要解决汉字输入、内部处理和输出问题。汉字是二维平面图形文字，数量多（常用汉字有6 763个，其中一级汉字3 775个（按拼音排序），二级汉字3 008个（按部首排序），加上常用符号682个，总共有7 445个）、字形复杂，不可能像ASCII码那样能够使用七位二进制数来编码。

在国家标准《信息交换用汉字编码字符集　基本集》（GB/T 2312—1980）中，把汉字和图形符号排列在一个94行94列的二维代码表中，这些国标汉字与符号组成一个94×94的矩阵。矩阵中的每一行称为一个“区”，每一列称为一个“位”，因此，这个方阵实际上组成了一个有94个区（区号分别为01到94）、每个区内有94个位（位号分别为01到94）的汉字字符集。

把一个汉字用两个字节来表示，高字节为区号，低字节为位号。把汉字的区号和位号简单地组合在一起，就构成了该汉字的“区位码”。常用的7 445个汉字被放在第16至87区中（共72个区、每区有94个位）。

例如，汉字库中的第一个汉字为“啊”，它的区号为16，位号为01，则它的区位码为1601，具体编码为：

00010000　　00000001

高字节　　　低字节

国标码是在区位码的基础上经过转换得到的，使用国标码的原因主要是与ASCII码相互兼容，在国标码编码时，汉字均从第33区、33位开始。

国标码和区位码的转换关系为：

高字节 = 区码+20 H（H表示十六进制数）

低字节 = 位码+20 H

因此“啊”字的国标二进制数编码应为：

00110000　00100001

这就是“啊”字的“国标码”，即4833。在使用国标码时，计算机很难区分这个编码是表示一个汉字，还是表示两个西文字符。

汉字的机内码由国标码演化而来，为了区别汉字和西文字符，国标码把其编码的两个字节的最高位分别加“1”，就变成汉字的机内码。

机内码国标码的转换关系为：

高字节 = 国标码高字节+ 80 H

低字节 = 国标码低字节+ 80 H

“啊”字的机内码为：10110000　10100001。因为西文符号编码只用了一个字节的低7位，最高位是0，而机内码编码的汉字的最高位都是1，所以可以很好地区分汉字与西文符号。机内码避免了ASCII码和国标码同时使用时产生两义性问题。

2）输入码

汉字输入码是从输入设备输入汉字时使用的编码，也是我们使用各类输入法时输入的汉字编码，属于外码。常用的汉字输入码可以分为三类：

汉字音码，以汉字的拼音为基础，常用的有全拼、双拼、简拼等编码方案。

汉字形码，以汉字的形态结构和书写顺序特点为基础，常用的有五笔字型、郑码、表形码等。

汉字音形码，这是一种兼顾汉字拼音和形状结构两方面特性的输入码，常用的有自然码、二笔输入法等。

需要注意的是：不论采用哪种输入码输入汉字，对应汉字的“机内码”都是唯一的。对于同学们而言，要想使用计算机完成各项工作任务，第一件事情就是要把原始数据输入到计算机中去，选择一种高效的输入法十分有必要。

3）输出码

汉字的输出码可以用点阵方式来表示，目前汉字在显示器上显示的就是点阵汉字。点阵汉字有16×16点阵、24×24点阵、32×32点阵、48×48点阵等。所谓16×16点阵就是用16行、每行16个点，其中一个点用一个二进制位表示。若用1表示黑点，用0表示白点，则一个16×16的点阵汉字可用256位二进制数表示，存储时占用32 B。若用24×24点阵则存储一个汉字需要72 B。

汉字“宝”的16×16点阵十六进制数表示如图4-3所示。

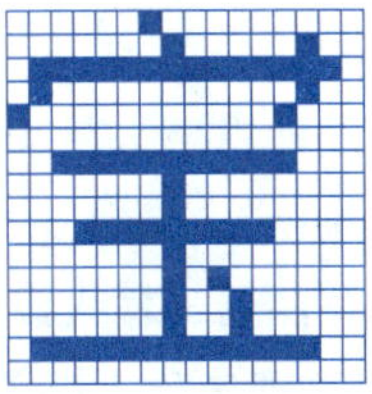

02H	00H	01H	04H	7FH	FEH	40H	04H
80H	08H	00H	00H	3FH	F8H	01H	00H
01H	00H	1FH	F0H	01H	00H	01H	40H
01H	20H	01H	20H	7FH	FCH	00H	00H

图4-3　汉字“宝”16×16点阵十六进制编码表示

16×16点阵汉字所取的点数比较少，用打印机打印出来效果不太好，所以进行字库设计时，通常会增加点阵的点数，目前字库一般要采用32×32点阵或48×48点阵进行汉字输出编码。

5. 信息存储单位

在计算机内部，各种信息都是以二进制编码形式存储的，而衡量这些存储容量的标准，便是信息存储单位。下面简单介绍信息存储单位。

计算机中的信息存储单位通常采用“位”“字节”“字”几种量纲。

1）位（bit）

位是计算机信息存储的最小单位，表示一位二进制信息。

2）字节（byte，B）

字节是信息存储的基本单位，一个字节由8位二进制数字组成（1 B=8 bit）。

计算机中的存储器（包括内存与外存）通常也是以字节数量来表示其容量。常用的单位有：

KB（千字节）	1 KB = 1 024 B
MB（兆字节）	1 MB = 1 024 KB
GB（吉字节）	1 GB = 1 024 MB
TB（太字节）	1 TB = 1 024 GB

3）字（word）

字是位的组合，并作为一个独立的信息单位处理。字又称计算机字，它的含义取决于机器的类型、字长以及使用者的要求。常用的固定字长有8位、16位、32位、64位等。信息单位用来描述机器内部数据格式，即数据（包括指令）在机器内的排列形式，如单字节数据、可变长数据（以字节位单位组成几种不同长度的数据格式）等。

4）机器字长

在讨论信息单位时，还有一个与机器硬件指标有关的单位，这就是机器字长。机器字长一般是指参加运算的寄存器所含有的二进制数的位数，它代表了机器的精度。机器的功能设计决定了机器的字长，一般大型机用于数值计算，为保证足够的精度，需要较长的字长，如32位、64位等。而小型机、微机的一般字长为16位、32位等。

四、计算机发展及分类

1. 计算机发展史

人类历史上的第一台计算机是电子数字积分计算机（electronic numerical integrator and computer, ENIAC），它诞生于1946年2月，由美国宾夕法尼亚大学莫尔电工学院与阿伯丁弹道研究所合作研制完成。ENIAC占地面积为170 m^2，质量30 t，功率150 kW，使用了18 800多个电子管，10 000多个电容器，7 000个电阻，1 500个继电器，内存容量为16 KB，字长为12位，加法速度为5 000次/s，乘法运算速度为300次/s，且可靠性差。ENIAC的诞生也宣告了一个新时代——计算机时代的开始。第一台电子计算机ENIAC如图4-4所示。

ENIAC诞生后，美籍匈牙利数学家冯·诺依曼提出了新的设计思想，在20世纪40年代末期研制出离散变量自动电子计算机（electronic discrete variable automatic computer，EDVAC），在这台机器中确定了计算机硬件的五个基本部件：运算器、控制器、存储器、输入设备和输出设备，其主要设计理论是采用二进制代码和存储程序工作方式。人们把该理论称为冯·诺依曼体系结构，冯·诺依曼也被誉为“现代电子计算机之父”。虽然计算机技术发展迅速，但冯·诺依曼体系结构至今仍然是计算机内在的基本工作原理，是我们理解计算机系统功能与特征的基础。

从ENIAC诞生至今，计算机技术以惊人的速度发展。计算机的发展过程实际上也是计算机不断进化与完善的历程。根据计算机所采用的电子元件。计算机的发展过程可划分为四个阶段，各阶段的特点见表4-4。

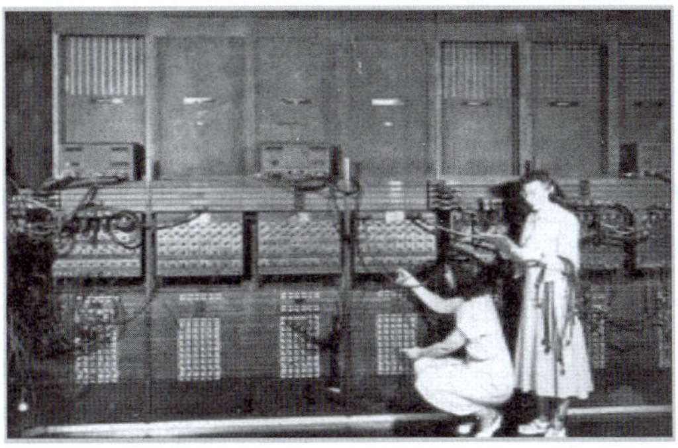

图4-4　第一台电子计算机ENIAC

表4-4　计算机发展各阶段的特点

阶　段	逻辑组件	运行速度	特　点
第一代：1946年至20世纪50年代后期	电子管	5 000到1万次	体积大，功耗大，速度慢
第二代：20世纪50年代后期至20世纪60年代中期	晶体管	几万次到十几万次	体积、功耗减小了，速度有所提高
第三代：20世纪60年代中期至20世纪70年代初	中、小规模集成电路	十几万次到几百万次	体积和功耗减小了，运行速度有所提高
第四代：20世纪70年代初至现在	大规模、超大规模集成电路	几千万次到百亿次	性能大幅度提高，价格大幅度下降，已应用到社会的各个领域

2. 计算机发展趋势

当前计算机正朝着巨型化、微型化、网络化和智能化的方向发展。

1）巨型化

巨型化是指研制速度更快的、存储量更大的和功能强大的巨型计算机。其运算能力一般在每秒一百亿次以上、内容容量在几百兆字节以上，主要应用于天文、气象、地质和核技术、航天飞机和卫星轨道计算等尖端科学技术领域。巨型计算机的技术水平是衡量一个国家技术和工业发展水平的重要标志。

2）微型化

微型化是指利用微电子技术和超大规模集成电路技术，把计算机的体积进一步缩小，价格进一步降低。计算机的微型化已成为计算机发展的重要方向，各种笔记本计算机、平板电脑及PDA的大量面世，即是计算机微型化的一个标志。

3）网络化

网络化是指利用通信技术和计算机技术，把分布在不同地点的计算机及各类电子终端设备互联起来，按照一定的网络协议相互通信，以达到所有用户都可以共享软件、硬件和数据资源的目的。现在，计算机网络在交通、金融、企业管理、教育、邮电、商业等各行各业中，甚至人们的家庭生活中都得到广泛应用。

目前，各国都在致力于三网合一的开发与建设，即将计算机网、通信网、有线电视网合为一体。将来通过网络能更好地传送数据、文本资料、声音、图形和图像，用户可随时随地在全世界范围拨打可视电话或收看任意国家的电视和电影。近几年计算机联网形成了巨大的浪潮，它使计算机的实际效用得到很大提高。

4）智能化

计算机智能化是指计算机具有模拟人的感觉和思维过程的能力。智能化的研究包括模拟识别、物形分析、自然语言的生成和理解、博弈、定理自动证明、自动程序设计、专家系统、学习系统和智能机器人等。目前已研制出多种具有人的部分智能的机器人，可以代替人在一些危险的岗位上工作。

展望未来，计算机的发展必然要经历很多新的突破。从目前的发展趋势来看，未来的计算机将是微电子技术、光学技术、超导技术和电子仿生技术相互结合的产物。第一台超高速全光数字计算机，由英国、法国、德国、意大利和比利时等国的70多名科学家和工程师合作研制成功，光子计算机的速度比电子计算机的速度快1 000倍。在不久的将来，超导计算机、神经网络计算机等全新的计算机也会诞生。届时计算机将发展到一个更高、更先进的水平。图4-5所示为计算机发展的趋势图。

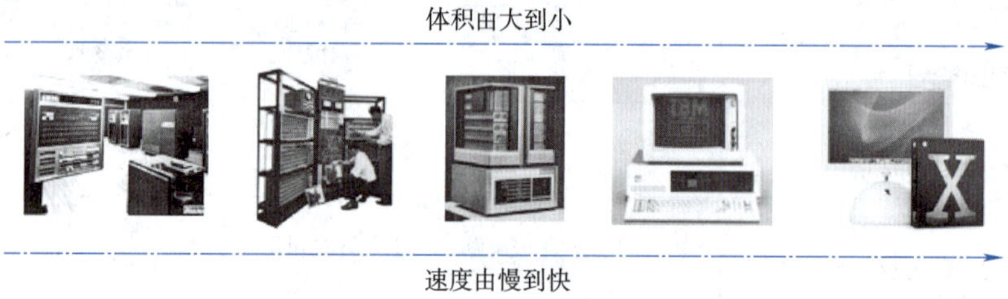

图4-5　计算机发展趋势

3. 计算机分类

计算机的种类很多，可以从不同的角度对计算机进行分类。按照计算机原理分类，可分为数字式电子计算机、模拟式电子计算机和混合式电子计算机；按照计算机用途分类，可分为通用计算机和专用计算机；按照计算机性能分类，可分为巨型机、小巨型机、大型机、小型机、工作站和个人计算机六大类。

五、计算机的组成

1. 计算机的基本结构

尽管各种计算机在性能和用途等方面都有所不同，但是其基本结构都遵循冯·诺依曼体系结构，因此人们便将符合这种设计的计算机称为冯·诺依曼计算机。

冯·诺依曼体系结构的计算机主要由控制器、运算器、存储器、输入和输出设备五部分组成，这五部分的职能和相互关系如图4-6所示。

从图4-6中可知，计算机工作的核心是控制器、运算器和存储器三部分，其中，控制器是计算机的指挥中心，它根据程序执行每一条指令，并向存储器、运算器以及输入/输出设备发出控制信号，控制计算机自动地、有条不紊地进行工作；运算器是在控制器的控制下对存储器中所提供的数据进行各种算术运算（加、减、乘、除）、逻辑运算（与、或、非）和其他处理（存数、取数等），控制器与运算器构成了中央处理器（central processing unit, CPU），被称为“计算机的心脏”；存储器是计算机的记忆装置，它以二进制的形式存储程序和数据，可以分为外存储器和内存储器，内存储器是影响计算机运行速度的主要因素之一，外存储器主要有光盘、软盘和U盘等，存储器中能够存放的最大信息数量称为存储容量，常见的存储单位有KB、MB、GB和TB等。

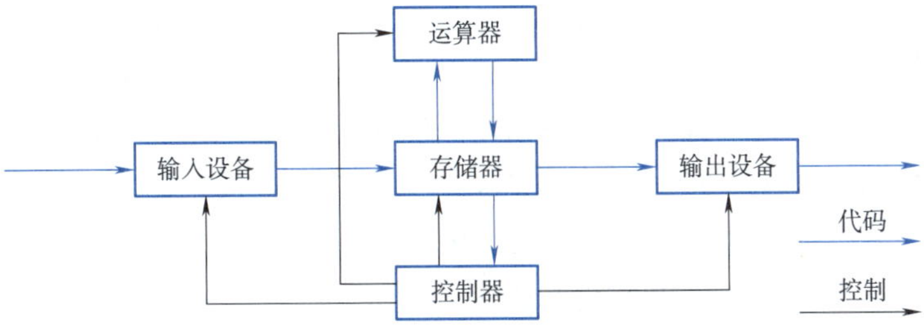

图4-6 冯•诺依曼体系计算机的基本结构

输入设备是计算机中重要的人机接口，用于接收用户输入的命令和程序等信息，并负责将命令转换成计算机能够识别的二进制代码，并放入内存中，输入设备主要包括键盘、鼠标等。输出设备用于将计算机处理的结果以人们可以识别的信息形式输出，常用的输出设备有显示器、打印机等。

2. 计算机的工作原理

根据冯•诺依曼体系结构，计算机内部以二进制的形式表示和存储指令及数据，要让计算机工作，就必须先把程序编写出来，然后将编写好的程序和原始数据存入存储器中，接下来计算机在不需要人员干预的情况下，自动逐条读取并执行指令，因此，计算机只能执行指令并被指令所控制。

指令是指挥计算机工作的指示和命令，程序是一系列按一定顺序排列的指令，每条指令通常是由操作码和操作数两部分组成，操作码表示运算性质，操作数指参加运算的数据及其所在的单元地址。执行程序和指令的过程就是计算机的工作过程。

计算机执行一条指令时，首先是从存储单元地址中读取指令，并把它存放到CPU内部的指令寄存器暂存；然后由指令译码器分析该指令（译码），即根据指令中的操作码确定计算机应进行什么操作；最后是执行指令，即根据指令分析结果，由控制器发出完成操作所需的一系列控制电位，以便指挥计算机有关部件完成这一操作，同时还为读取下一条指令做好准备，重复执行上述过程，直至执行到指令结束。

3. 认识微型计算机的硬件组成

计算机硬件是指计算机中看得见、摸得着的一些实体设备。从外观上看，微型计算机主要由主机、显示器、鼠标和键盘等部分组成。其中主机背面有许多插孔和接口，用于接通电源和连接键盘和鼠标等外设；而主机箱内包括光驱、CPU、主板、内存和硬盘等硬件，图4-7所示为微型计算机的外观组成及主机内部硬件。

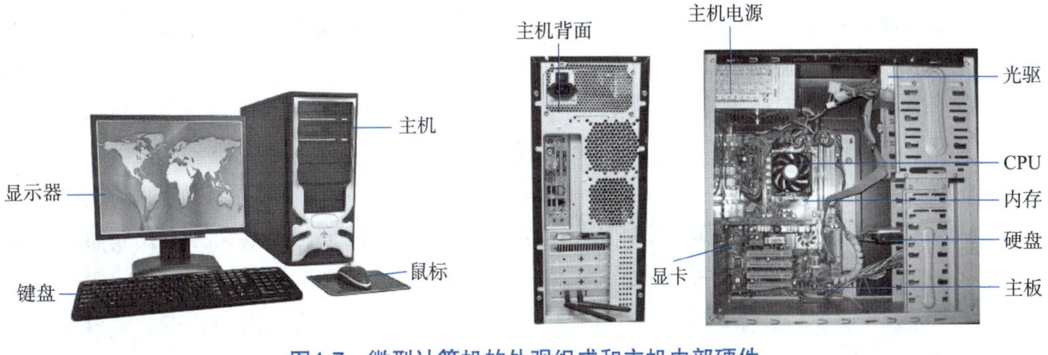

图4-7 微型计算机的外观组成和主机内部硬件

下面分别对微型计算机的主要硬件进行简单介绍。

1）中央处理器

中央处理器（central processing unit, CPU）又称微处理器，如图4-8所示。CPU由运算器、控制器和寄存器等组成，是计算机系统中的核心器件，决定了计算机的档次和性能。

CPU既是计算机的指令中枢，也是系统的最高执行单位，如图4-8所示。CPU主要负责指令的执行，作为计算机系统的核心组件，在计算机系统中占有举足轻重的地位，也是影响计算机系统运算速度的重要因素。CPU的生产厂商主要有Intel、AMD、威盛（VIA）和龙芯（Loongson）。目前，市场上主要销售的CPU产品是Intel和AMD。

2）主板

主板（main board）又称母板（mother board）或系统板（system board），它是机箱中最重要的电路板，如图4-9所示。主板上布满了各种电子元器件、插座、插槽和各种外部接口，它可以为计算机的所有部件提供插槽和接口，并通过其中的线路统一协调所有部件的工作。

主板上主要的芯片包括BIOS芯片和南北桥芯片，其中BIOS芯片是一块矩形的存储器，里面存有与该主板搭配的基本输入输出系统程序，能够让主板识别各种硬件，还可以设置引导系统的设备和调整CPU外频等，如图4-10所示；南北桥芯片通常由南桥芯片和北桥芯片组成，南桥芯片主要负责硬盘等存储设备和PCI总线之间的数据流通，北桥芯片主要负责处理CPU、内存和显卡三者间的数据交流。

图4-8 CPU

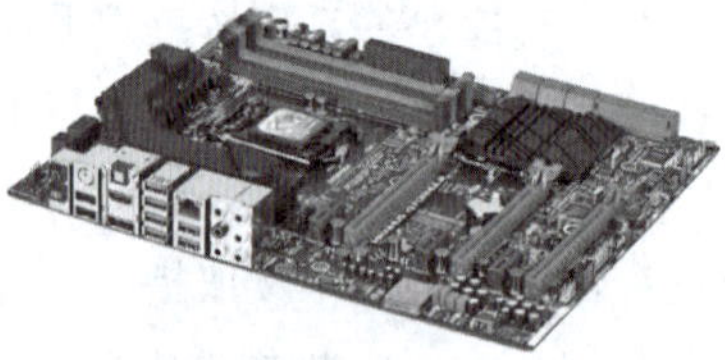

图4-9 主板

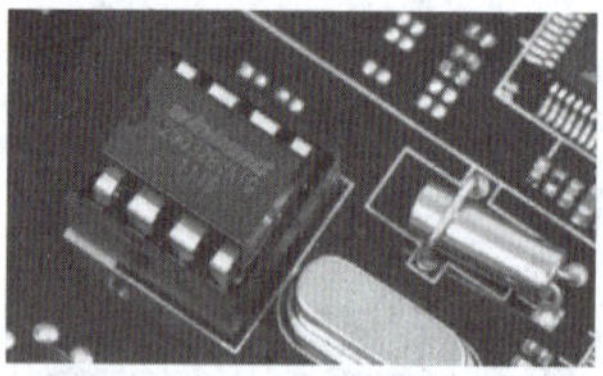

图4-10 主板上的BIOS芯片

3）总线

总线（bus）是计算机各种功能部件之间传送信息的公共通信干线，主机的各个部件通过总线相连接，外围设备通过相应的接口电路与总线相连接，从而形成了计算机硬件系统，因此总线被形象地比喻为“高速公路”。按照计算机所传输的信息类型，总线可以划分为数据总线、地址总线和控制总线，分别用来传输数据、数据地址和控制信号。

- 数据总线。数据总线用于在CPU与RAM（随机存取存储器）之间来回传送需处理、存储的数据。
- 地址总线。地址总线上传送的是CPU向存储器、I/O接口设备发出的地址信息。
- 控制总线。控制总线用来传送控制信息，这些控制信息包括CPU对内存和输入输出接口的读写信号，输入输出接口对CPU提出的中断请求等信号，以及CPU对输入输出接口的回答与响应信号，输入输出接口的各种工作状态信号和其他各种功能控制信号。目前，常见的总线标准有ISA总线、PCI总线、AGP总线和EISA总线。

4）内存

计算机中的存储器包括内存储器和外存储器两种，其中，内部存储器又称主存储器，简称内存。内存是计算机中用来临时存放数据的地方，也是CPU处理数据的中转站，内存的容量和存取速度直接影响CPU处理数据的速度，图4-11所示为内存条。内存主要由内存芯片、电路板和金手指等部分组成。

图4-11　内存条

从工作原理上说，内存一般采用半导体存储单元，包括随机存储器（RAM）、只读存储器（ROM）和高速缓冲存储器（cache）。平常所说的内存通常是指随机存储器，它既可以从中读取数据，也可以写入数据，当计算机电源关闭时，存于其中的数据会丢失；只读存储器的信息只能读出，一般不能写入，即使停电，这些数据也不会丢失，如BIOS ROM；高速缓冲存储器是指介于CPU与内存之间的高速存储器（通常由静态存储器SRAM构成）。

内存按工作性能分类，主要有DDR SDRAM、DDR2、DDR3、DDR4和DDR5等，目前市场上的主流内存为DDR4和DDR5，其数据传输能力很强大，能够达到6 000 MHz的速度，其内存容量一般为16 GB和32 GB。一般而言，内存容量越大越有利于系统的运行。

5）外存

外储存器简称外存，是指除计算机内存及CPU缓存以外的储存器，此类存储器一般断电后仍然能保存数据，常见的外存储器有硬盘、光盘和可移动存储器（如U盘等）。

（1）硬盘。硬盘是计算机中最大的存储设备，通常用于存放永久性的数据和程序，目前主要有机械硬盘（HDD，见图4-12）和固态硬盘（SSD，见图4-13）。机械硬盘采用磁介质存储数据，而固态硬盘则使用内存颗粒存储数据，其容量都已达太字节（TB）级。固态硬盘具有防震、读取速度快、省电、无噪声等优点，固态硬盘一般用来安装操作系统，以取得较快的启动和运行速度。总容量是表示硬盘能够存储多少数据的一项重要指标，通常以吉字节（GB）为单位，目前主流的硬盘容量从500 GB到8 TB不等。此外，通常对硬盘按照其接口类型进行分类，主要有ATA和SATA两种接口类型。

图4-12　机械硬盘

图4-13　固态硬盘

（2）光驱。光盘驱动器简称光驱（见图4-14），光驱用来存储数据的介质称为光盘，光盘是以光信息作为存储的载体并用来存储数据，其特点是容量大、成本低和保存时间长。光盘可分为不可擦写光盘（即只读型光盘，如CD-ROM、DVD-ROM等）、可擦写光盘（如CD-RW、DVD-RAM等）。目前，CD光盘的容量约700 MB，DVD光盘容量约4.7 GB。

图4-14　光驱

（3）可移动存储设备。可移动存储设备包括移动硬盘、USB闪存盘和存储卡等。移动硬盘是以硬盘为存储介质，可与计算机进行大容量数据交换且携带方便的存储设备，如图4-15所示。移动硬盘具有容量大、体积小、传输速度快及携带方便等特点。USB闪存盘用Flash ROM存储器，如图4-16所示。具有体积小、容量大、性能可靠等特点。存储卡有CF卡、MMC卡、SD卡、T-Flash卡和MS卡等。目前使用较多的是SD卡和TF卡，另外，TF卡插入SD卡套中即可当SD卡使用。SD卡和TF卡如图4-17所示

图4-15　移动硬盘

图4-16　USB闪存盘

图4-17　SD卡和TF卡

6）输入设备

输入设备是向计算机输入数据和信息的设备，是用户和计算机系统之间进行信息交换的主要装置，用于将数据、文本和图形等转换为计算机能够识别的二进制代码并将其输入计算机，键盘、鼠标、摄像头、扫描仪、光笔、手写输入板、游戏杆和语音输入装置等都属于输入设备。下面介绍常用的三种输入设备。

（1）鼠标。鼠标是计算机的主要输入设备之一，因为其外形与老鼠类似，所以称为“鼠标”。根据鼠标按键可以将鼠标分为三键鼠标和两键鼠标；根据鼠标的工作原理可以将其分为机械鼠标和光电鼠标。另外，还包括无线鼠标和轨迹球鼠标。

（2）键盘。键盘是计算机的另一种主要输入设备，是用户和计算机进行交流的工具，可以直接向计算机输入各种字符和命令，简化计算机的操作。不同生产厂商所生产出的键盘型号各不相同，目前常用的键盘有107个键位。

（3）扫描仪。扫描仪是利用光电技术和数字处理技术，以扫描方式将图形或图像信息转换为数字信号的设备，其主要功能是文字和图像的扫描输入。

7）输出设备

输出设备是计算机硬件系统的终端设备，用于将各种计算结果数据或信息转换成用户能够识别的数字、字符、图像和声音等形式。常见的输出设备有显示器、打印机、绘图仪、影像输出系统、语音输出系统和磁记录设备等。下面介绍常用的四种输出设备。

（1）显示器。显示器是计算机的主要输出设备，其作用是将显卡输出的信号（模拟信号或数字信号）以肉眼可见的形式表现出来。目前主要有两种显示器，一种是液晶显示器（LCD），另一种是使用阴极射线管的显示器（CRT显示器），如图4-18所示。LCD显示器是目前市场上的主流显示器，具有无辐射危害、屏幕不会闪烁、工作电压低、功耗小、质量小和体积小等优点，但LCD的画面颜色逼真度不及CRT显示器。常见显示器的尺寸包括19英寸、20英寸、22英寸、24英寸和26英寸等。

图4-18　CRT显示器和LCD

（2）音箱。音箱在音频设备中的作用类似于显示器，可直接连接到声卡的音频输出接口中，并将声卡传输的音频信号输出为人们可以听到的声音。

（3）打印机。打印机也是计算机常见的一种输出设备，在办公中经常会用到，其主要功能是将文字和图像进行打印输出。

（4）耳机。耳机是一种音频设备，它接收媒体播放器或接收器所发出的信号，利用贴近耳朵的扬声器将其转化成可以听到的音波。

任务实施

本次任务旨在组装一台完整的多媒体计算机，前期需备齐CPU、主板、内存、显卡、硬盘、光驱、电源、机箱等主机部件，以及显示器、键盘、鼠标等外围设备。同时，准备十字螺丝刀（带磁性）、镊子和尖嘴钳等工具。安装需要注意，防止静电与液体进入计算机内部，使用正确安装方法，避免粗暴操作。安装前检查各部件说明书与驱动盘是否齐全，并认真阅读。主板装进机箱前，先装上处理器和内存。显卡安装要确保到位，避免松脱。计算机部件应轻拿轻放，切忌猛烈碰撞。测试前，建议只装必要部件。通过以下安装任务的操作，确保计算机性能稳定且运行高效。

任务要求1：CPU及其风扇的安装。

目前CPU的引脚分为针式和圆盘式两大类。针式引脚CPU靠缺针位置来定位，而圆盘式引脚CPU是靠CPU外形上的缺口来定位的。安装时绝对不能装错，否则会把针式引脚CPU的针脚弄弯，而对于圆盘式引脚CPU所用的触丝型插座，可能会把CPU插座上的触丝弄坏。下面以针式引脚CPU和Intel CPU风扇的安装为例进行讲解。

STEP 1 针式引脚CPU的安装（以AM4为例）。

① 下压并稍向外再向上拉起CPU插座上的固定拉杆，使拉杆垂直，如图4-19所示。

② 将CPU上的三角标记与CPU插座上的三角标记对准，此时CPU针脚上缺针处与插座上的缺孔处也对齐，微微移动CPU，将CPU插入插槽（只有方向正确，才能轻松地插入），如图4-20所示。

③ CPU插入到位后，轻压CPU，再压下固定拉杆，并将拉杆锁住，如图4-21所示。

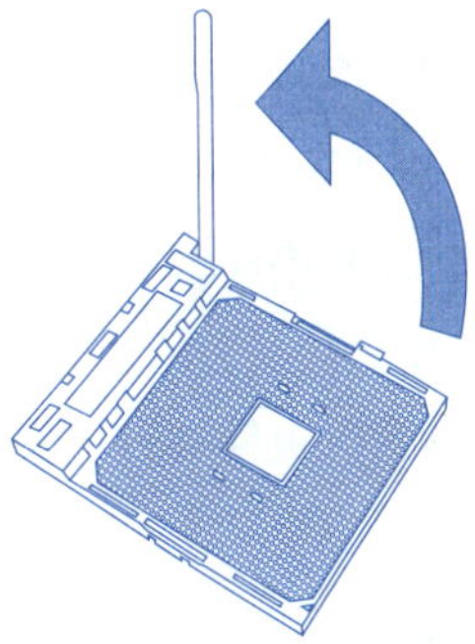

图4-19 拉起拉杆

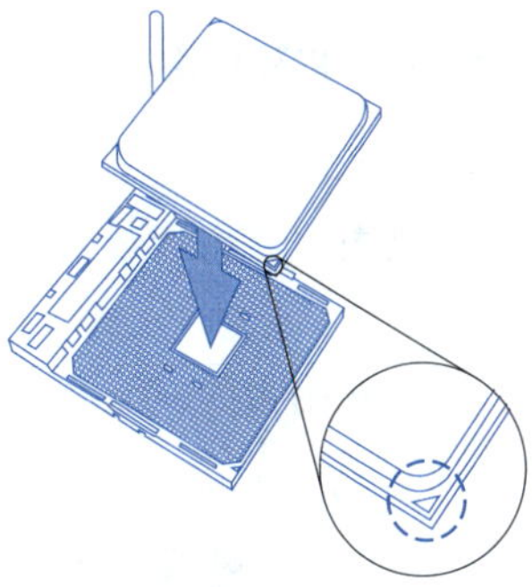

图4-20 放入CPU

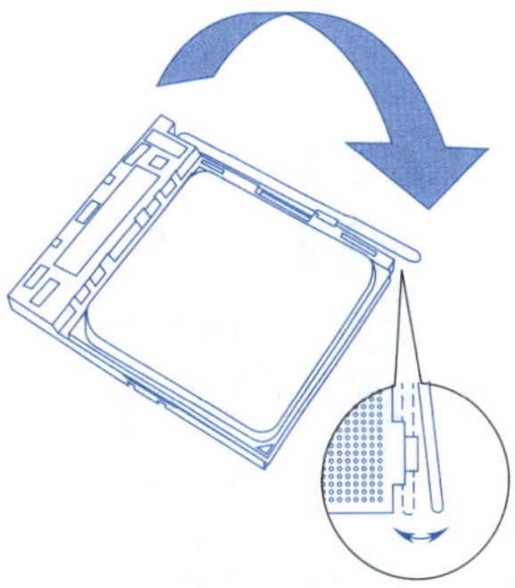

图4-21 锁住拉杆

STEP 2 Intel CPU风扇的安装。

① 在CPU的芯片或散热器上均匀涂上散热膏。

② 逆时针旋转4个锁紧头并拔起。

③ 将CPU风扇固定到CPU上。

④ 对称压风扇边框，将锁紧扣柱压入主板。

⑤ 压下4个锁紧头，将锁紧头挤入扣柱，顺时针旋转锁紧头将风扇锁住，此时锁紧头上的标记指向散热器。

⑥ 将风扇电源插头插在主板对应的CPU FAN插座上，如图4-22所示。

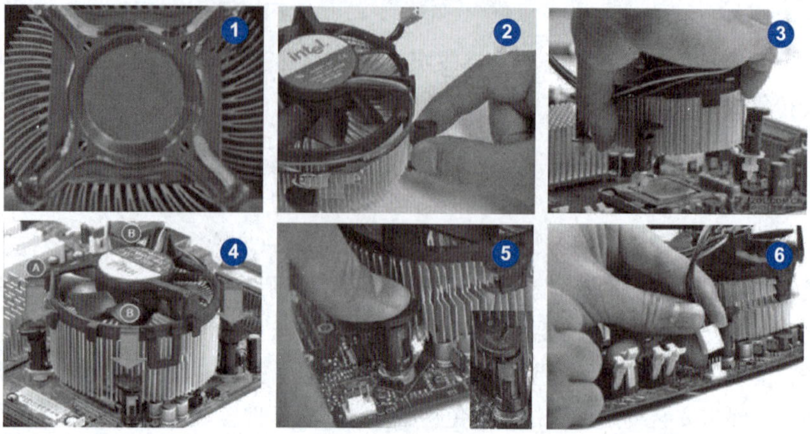

图4-22 Intel CPU风扇的安装

任务要求2：内存安装。

STEP 1 将内存插槽两侧的卡扣扳开（有的只有一侧有卡扣）。

STEP 2 用双手拇指和食指握住内存两端，将内存上的缺口对准内存插槽上的凸起。

STEP 3 拇指同时用力垂直往下按，直到插槽两边卡扣复位并卡住内存两端的缺口为止，如图4-23所示。

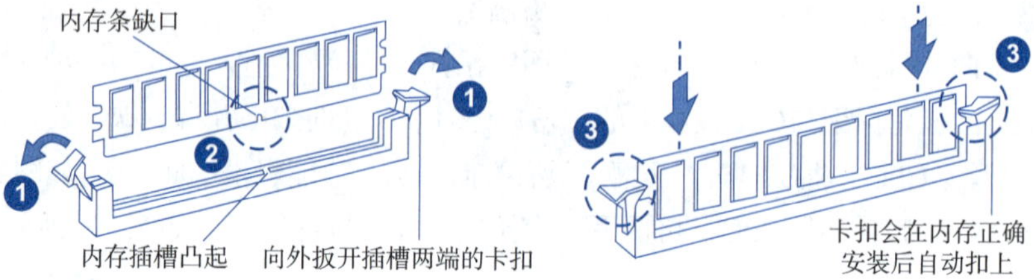

图4-23 内存安装

任务要求3：主板安装。

STEP 1 主板上装好CPU和内存后，就可以将主板装入机箱中。将主板附带的接口挡板安装在主机箱上，如图4-24所示。

STEP 2 根据主板固定孔的位置，将机箱附带的6个（有些主板为9个）黄铜螺钉用尖嘴钳固定在机箱底板上，如图4-25所示。

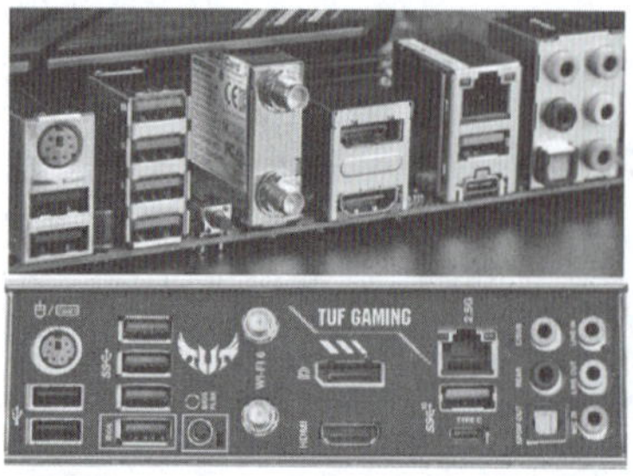

图4-24 接口挡板

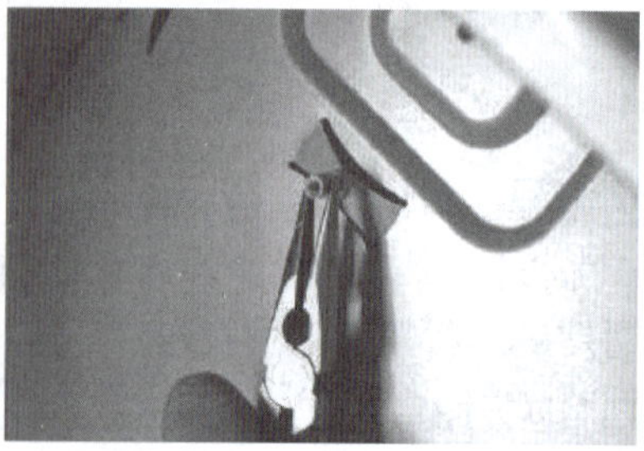

图4-25 螺钉安装

STEP 3 将主板放入机箱，接口与挡板镂空对齐，使接口露出来，挡板弹片应压在接口边上。

STEP 4 把主板上的孔和机箱上的螺钉孔对准之后，拧上固定主板的标准牙螺钉，不需拧得很紧，能达到稳固即可，如图4-26所示。

任务要求4： 安装电源和连接主板上的电源插座。

STEP 1 将电源放在机箱的电源位置，并将电源上的螺钉孔与机箱上的固定孔对正，先拧上1颗粗牙螺钉（固定住电源即可），再将其余3颗螺钉对正拧上即可，如图4-27所示。

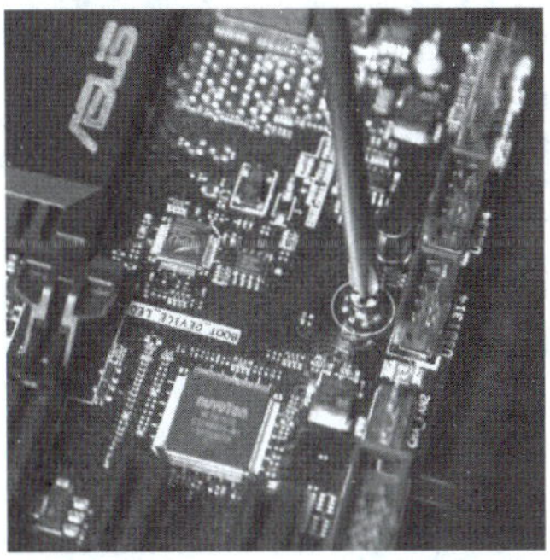

图4-26 上主板螺钉

图4-27 安装电源

STEP 2 将电源的插头插入主板的电源插座（见图4-28）。为防插反，插座上有半圆孔。

STEP 3 将CPU专用供电插头插入主板的专用插座上，如图4-29所示。

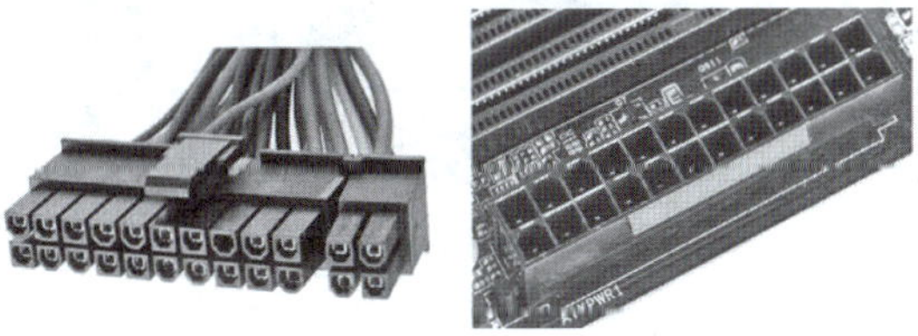

图4-28 主板电源插头、插座

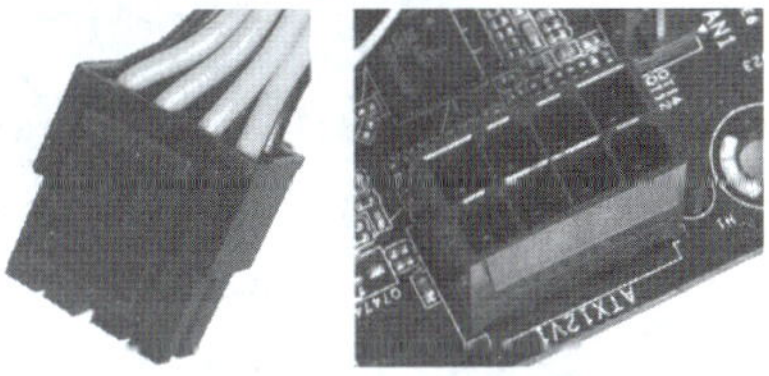

图4-29 CPU电源插头、插座

任务要求5： 连接机箱面板按钮、指示灯、USB和耳麦插头。

STEP 1 连接机箱面板按钮和指示灯。机箱面板上开关和指示灯引出线插头如图4-30所示，机箱面板引出线接入主板方法如图4-31所示。

图4-30 机箱面板引出线插头

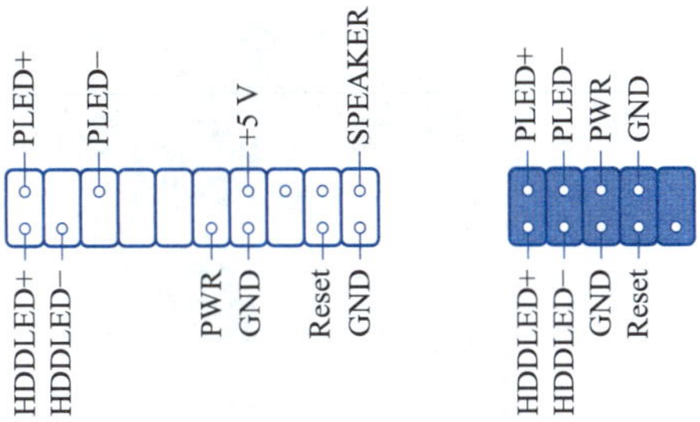

图4-31 机箱面板引出线接入主板方法

① 标有SPEAKER的插头连接机箱喇叭，应插在主板标有SPEAKER的插针上。

② 标有RESET SW的插头连接机箱的Reset键，应插在主板Reset插针上。

③ 标有POWER SW的插头连接机箱的Power键，应插在主板PWR插针上。

④ 标有H.D.D.LED的接头是硬盘指示灯插头，1线为深色，应插入主板HDD LED的插针上，连接时深色线对“1”或“+”。当读写硬盘时，硬盘指示灯会闪亮。

⑤ 标有POWER LED三芯插头是电源指示灯的接线，1线通常为深色，插入时深色线对应于主板PLED的“1”或“+”。启动计算机后，电源灯会一直亮着。

STEP 2 连接机箱面板USB插口机箱面。板上USB 3.0、USB 2.0插口引出线插头（见图4-32）插入主板上的USB 3.0、USB 2.0插座（见图4-33）。

图4-32　USB 3.0、USB 2.0插头

图4-33　主板上USB 3.0、USB 2.0插座

任务要求6：硬盘与光驱的安装。

STEP 1 固定硬盘。将硬盘正面朝上、接口向外放入硬盘架中，上粗牙螺钉，如图4-34所示。有些机箱有硬盘抽屉（见图4-35），先将硬盘固定在抽屉上，再将抽屉推入机箱。

图4-34　安装硬盘

图4-35　硬盘抽屉

STEP 2 连接电源线与数据线。SATA硬盘和光驱的电源和数据插口及连线均有L形“防呆”设计，如图4-36所示。

① 将电源输出的SATA设备专用插头连在硬盘和光驱的电源插口上。

② 一根SATA数据线有两个插头，是不分顺序的，将它们插入SATA硬盘或光驱及主板的SATA插口，最后将CD音频连接线连接到光驱和主板。

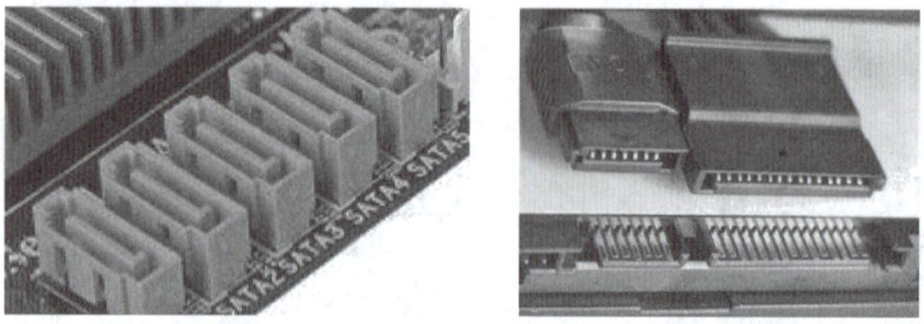

图4-36　SATA接口的L形“防呆”设计

任务要求7：安装显卡。

STEP 1 从机箱后壳上拆下对应PCI-E x16的扩充挡板。

STEP 2 压住显卡两头，平行插入PCI-E x16插槽中。

STEP 3 拧上粗牙螺钉使显卡固定在机箱壳上，如图4-37所示。大功率显卡还要插入6或8针

图4-37　显卡安装

显卡辅助供电插头。

当机箱内全部安装完成后，应进行全面检查，是否有装错或遗漏的地方，是否有金属物遗漏在机箱中，检查无误后，盖上机箱盖，用粗牙螺钉固定。

任务要求8：连接外围设备。

STEP 1 连接PS/2接口的键盘和鼠标，应在计算机启动前将键盘和鼠标插入主机，否则计算机会识别不了。键盘的接口为紫色，鼠标为绿色，不可接错。插入时应注意插入方向，以免将插头中的针弄弯。现在有些主板只有一个键鼠共用的PS/2插口或干脆没有PS/2插口。

STEP 2 话筒连接声卡的红色插口，音箱连接绿色插口，线路输入连接蓝色插口。

STEP 3 打印机并口插头、显示器DVI、HDMI或DP插头都有防插反设计，以防插反。

任务要求9：加电启动。

连接主机和显示器的电源线，按下电源开关，计算机开始启动，如果机箱上的指示灯正常（电源灯一般为黄绿色，计算机工作时应长亮；硬盘灯为红色，对硬盘进行操作时闪烁），报警系统没有异常，而且屏幕上能够正确显示启动信息，就说明所有部件的安装是正确的。接下来就可以从U盘启动系统，对硬盘进行分区、格式化、安装操作系统、安装驱动程序和应用程序了。

任务二　探索操作系统与计算机网络——信息流转

情境引入

校园开放日的第二天，工小匠来到了计算机网络与操作系统实训室。这里，一排排高性能的计算机和复杂的网络设备错落有致地排列着，仿佛是一个巨大的信息流转中枢。工小匠在指导老师的带领下，开始了一场组建家庭局域网的实践之旅。

任务分析

（1）探索信息网络流转中涉及计算机软件系统，理解其在信息流转中的角色。

（2）深入学习操作系统中文件和文件夹的管理方法，确保信息有序和安全。

（3）理解计算机网络的基本原理和构成，掌握信息在计算机间传输和共享的机制。

（4）综合应用以上知识，进行家庭局域网的组建实践。

知识链接

一、计算机的软件系统

一个完整的计算机系统是硬件和软件的有机结合。如果将硬件比作计算机系统的躯体，那么软件就是计算机系统的灵魂。

1. 软件的概念

计算机软件（computer software，又称软件）是指能指挥计算机工作的程序与程序运行时所需要的数据，以及与这些程序和数据有关的文字说明和图表资料，其中文字说明和图表资料又称文档。软件是用户与硬件之间的接口界面，用户主要是通过软件与计算机进行交流。

程序是计算任务的处理对象和处理规则的描述；文档是为了便于了解程序所需的阐明性资料。程序必须装入机器内部才能工作，文档一般是给人看的，不一定装入机器。

2. 硬件与软件的关系

硬件和软件是一个完整的计算机系统中互相依存的两大部分，它们的关系主要体现在以下几个方面。

（1）硬件和软件互相依存。硬件是软件赖以工作的物质基础，同时，软件的正常工作是硬件发挥作用的唯一途径。计算机系统必须要配备完善的软件系统才能正常工作，且充分发挥其硬件的各种功能。

（2）硬件和软件无严格界线。随着计算机技术的发展，在许多情况下，计算机的某些功能既可以由硬件实现，也可以由软件实现。因此，硬件与软件在一定意义上说没有绝对严格的界线。

（3）硬件和软件协同发展。计算机软件随硬件技术的迅速发展而发展，软件的不断发展与完善，又促进了硬件的新发展。

3. 软件的分类

软件内容丰富、种类繁多，通常根据软件的用途可将其分为系统软件和应用软件两类，这些软件都是用程序设计语言编写的程序。系统软件是软件系统的核心，应用软件以系统软件为基础。

1）系统软件

系统软件是指控制计算机的运行，管理计算机的各种资源，为计算机的使用提供支持和帮助的软件，可分为操作系统、程序设计语言与语言处理程序、数据库管理系统等，其中操作系统是最基本的软件。

系统软件是直接控制计算机硬件运行、管理软硬件资源并为应用软件提供基础服务的程序集合，可划分为操作系统、语言处理程序（如编译器/解释器）、数据库管理系统、驱动程序和实用工具等类别。其中，操作系统作为硬件与应用程序之间的核心桥梁，是最基础且不可或缺的系统软件组件。

（1）操作系统（operating system, OS）。操作系统是管理计算机硬件与软件资源的程序，同时也是计算机系统的内核与基石。它的职责包括对硬件的直接监管、对各种计算资源（如内存、处理器时间等）的管理以及提供诸如作业管理之类的面向应用程序的服务等。

操作系统是对计算机硬件的第一级扩充，是对硬件的接口、对其他软件的接口、对用户的接口以及对网络的接口。目前常用的操作系统有Windows、Linux、UNIX等。

（2）程序设计语言与处理程序。程序设计语言是用户编写程序的核心工具，其本质是人与计算机交互的符号系统。根据抽象层次可分为机器语言、汇编语言和高级语言三类，而语言处理程序则是将这些符号系统转换为机器可执行代码的关键系统软件。

- 机器语言：采用二进制“0/1”代码直接面向计算机硬件，具有最高执行效率但可读性极差。其代码与CPU架构严格绑定，不同型号计算机的机器语言互不兼容，因此仅用于底层硬件控制场景。
- 汇编语言：通过助记符（如MOV、ADD）改进机器语言的可读性，每条指令仍对应特定硬件操作。由于计算机无法直接执行汇编指令，必须通过汇编程序（assembler）将源程序翻译为目标机器代码，其转换过程称为汇编。不同计算机架构需要匹配对应的汇编程序。
- 高级语言：采用接近自然语言的语法结构（如C、Java），实现与硬件架构的解耦。高级语言源程序的执行需经过两类语言处理程序：编译器和解释器，并利用这两类处理程序分别进行编译和解释。

编译和解释的执行过程如下：

编译：通过编译器（compiler）将整个源程序转换为目标程序，再经连接器生成可执行文件，源程序的编译运行过程如图4-38所示。典型代表包括C/C++等，具有执行效率高的特点。

解释：通过解释器（interpreter）逐行翻译并立即执行源程序（见图4-39），无须生成独立目标文件。Python、JavaScript等语言采用此方式，具有跨平台优势但执行效率相对较低。

语言处理程序作为系统软件的核心组件，既包含汇编程序这类低级语言转换工具，也涵盖编译器/解释器等高级语言处理系统。虽然高级语言通过抽象提升了开发效率，但其最终执行仍依赖这些底层翻译机制将程序转化为机器指令。

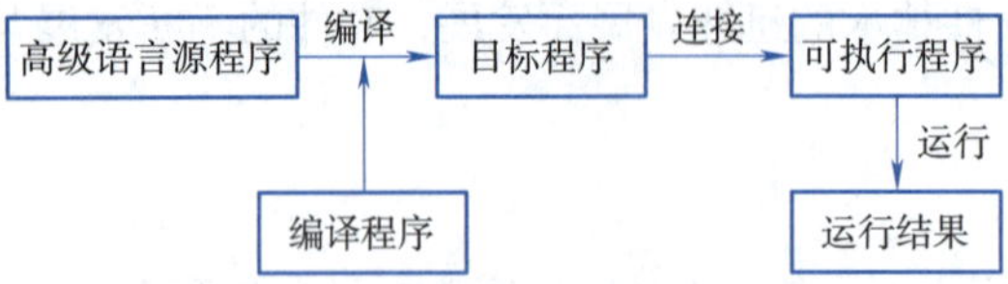

图4-38　源程序的编译执行过程

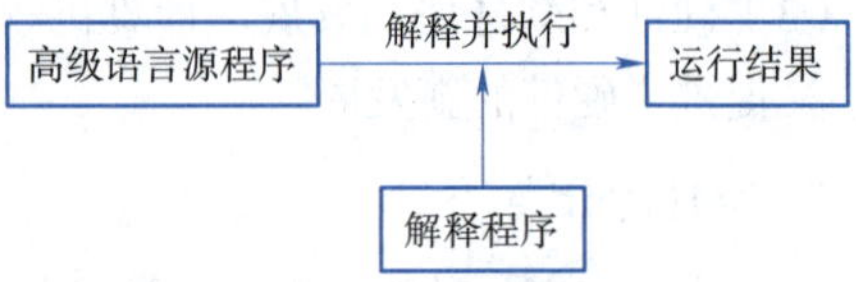

图4-39　源程序的解释执行过程

（3）数据库管理系统。数据处理是计算机应用的重要方面，为了有效地利用、保存和管理大量数据，在20世纪60年代末人们开发出了数据库系统（database system, DBS）。

一个完整的数据库系统是由数据库（database, DB）、数据库管理系统（database management system, DBMS）和用户应用程序三部分组成。其中数据库管理系统按照其管理数据库的组织方式分为三大类，即关系型数据库、网络型数据库和层次型数据库。

目前，常用的数据库系统有Access、SQL Server、MySQL、Orcale等。

2）应用软件

计算机之所以能迅速普及，除了因为其硬件性能不断提高、价格不断降低之外，大量实用的应用软件的出现满足了各类用户的需求也是重要原因之一。

除了系统软件以外的所有软件都称为应用软件，是由计算机生产厂家或软件公司为支持某一应用领域、解决某个实际问题而专门研制的应用程序。例如，Office组件、计算机辅助设计软件、各种图形处理软件、解压缩软件、反病毒软件等。

用户通过这些应用程序完成自己的任务。例如，利用Office组件创建文档、利用反病毒软件清理计算机病毒、利用解压缩软件解压缩文件、利用Outlook收发电子邮件、利用图形处理软件绘制图形等。

主要应用领域的常见应用软件见表4-5。

表4-5　主要应用领域的常见应用软件

应用领域	常见应用软件
办公软件	Microsoft Office、WPS Office
图形处理与设计	Photoshop、3ds Max和AutoCAD
程序设计	Python、Visual C++、Visual Studio、Delphi
图文浏览软件	ACDSee、Adobe Reader、超星图书阅览器、ReadBook
翻译与学习	金山词霸、金山快译和金山打字通
多媒体播放和处理	Windows Media Player、酷狗音乐、会声会影、Premiere
网站开发	Dreamweaver、Flash
磁盘分区	Fdisk、PartitionMagic
数据备份与恢复	Norton Ghost、FinalData、EasyRecovery
网络通信	腾讯QQ、Foxmail、微信
上传与下载	CuteFTP、FlashGet、迅雷
计算机病毒防护	金山毒霸、360杀毒、木马克星

二、操作系统中的文件和文件夹

由微软公司开发的Windows 10操作系统是当前主流的计算机操作系统之一，下面以Windows 10为例介绍操作系统中文件和文件夹的管理。

1. 文件和文件夹

用户存储的信息是以文件的形式存放在磁盘上的，计算机中的文件非常多，如果将这些文件统统放到一个地方，查找、添加、删除、重命名等操作都会非常麻烦，只有将磁盘上的这些文件合理地放入文件夹中，操作时才能快速找到文件的位置，因此建议用户将文件分门别类地存储。

1）文件和文件夹

文件是具有名字的相关联的一组信息的集合，任何信息（如声音、文字、影像、程序等）都是以文件的形式存放在计算机的外存储器上的，每一个磁盘上的文件都有自己的属性，如文件的名字、大小、创建或修改时间等。

磁盘中可以存放很多不同的文件，为了便于管理，一般把文件存放在不同的“文件夹”里，就像在日常工作中把不同的文件资料保存在不同的文件夹中一样。在计算机中，文件夹是放置文件的一个逻辑空间，文件夹里除了可以存放文件也可以存放文件夹，存放的文件夹称为“子文件夹”，而存放子文件夹的文件夹则称为“父文件夹”，磁盘最顶层的文件夹称为“根文件夹”。

2）文件和文件夹的命名规则

（1）文件名由主文件名和扩展名组成，形式为“主文件名.扩展名”。

（2）文件类型由不同的扩展名来表示，分为文本文件扩展名（见表4-6），音频文件扩展名（见表4-7），图片文件扩展名（见表4-8），视频文件扩展名（见表4-9）等。

（3）文件名允许长达255个字符，可用汉字、字母、数字和其他特殊符号，但不能用\、/、:、*、?、"、<、>、|，如图4-40所示。

（4）保留用户指定的大小写格式，但不能利用大小写区分文件名，如ABC.DOC与abc.doc表示同一个文件。

文件夹与文件的命名规则类似，但是文件夹没有扩展名。

文件名不能包含下列任何字符：
\ / : * ? " < > |

图4-40　文件名不能包含的字符

表4-6　常见的文本文件扩展名

文件扩展名	文件类别	软件举例
.txt	文本文档	Windows工具-记事本
.doc、.docx、.dot	文本文档	微软Office
.xls、.xlsx	数据文档	
.ppt、.pptx、.pps	演示文档	
.wps	文本文档	金山WPS
.et	数据文档	
.dps	演示文档	
.pdf	便携文档	Adobe、福昕和极光阅读器等
.htm、.html	网页文档	谷歌Chrome、360、搜狗和QQ浏览器等

表4-7　常见的音频文件扩展名

文件扩展名	文件特点	软件举例
.wav	原始波形声音文件，空间占用大	Windows Media Player
.mid	计算机模拟声音，空间占用小	Windows Media Player和Eop瀑布流等
.mp3	有损压缩波形文件，空间占用小，失真小	Windows Media Player、酷狗音乐和QQ音乐
.wma	高压缩率文件，空间占用极小	

表4-8　常见的图片文件扩展名

文件扩展名	文件特点	软件举例
.bmp	原始图片文件，占空间极大	Photoshop、Illustrator、CorelDRAW和美图秀秀等
.jpg	对色彩保留较好的压缩图片	
.tif	保存丰富的图像层次和细节，画面质量无损，占存储空间大	
.gif	占存储空间小，支持动态和静态展示	
.png	无损压缩且支持背景透明	

表4-9　常见的视频文件扩展名

文件扩展名	文件特点	软件举例
.avi	原始视频文件，占空间极大	Windows Media Player、暴风影音、腾讯视频等
.rm	可根据不同网络速率进行压缩，适合网络播放	
.mp4	有损压缩视频文件，占空间较小	
.wmv	高压缩率视频失真小，适合网络播放	

3）文件和文件夹的属性

在Windows环境下，文件和文件夹都有其自身特有的信息，包括文件的类型、在磁盘上的位置、所占空间的大小、创建和修改时间，以及文件在磁盘中存在的方式等，这些信息统称为文件的属性。

一般文件在磁盘中存在的方式有只读、存档和隐藏等属性：“只读”指文件只允许读，不允许写；“存档”指普通的文件；“隐藏”指将文件隐藏起来，在一般的文件操作中不显示被隐藏的文件。

右击文件或文件夹，在弹出的快捷菜单中选择“属性”命令，弹出“属性”对话框，可以改变文件的属性。

4）文件夹的树状结构和文件的存储路径

对于磁盘上存储的文件，Windows是通过文件夹进行管理的。Windows采用了多级层次的文件夹结构。前面已经讲过，对于同一个磁盘而言，它的最高级文件夹称为根文件夹。根文件夹的名称是系统规定的，统一用反斜杠“\”表示。根文件夹中可以存放文件，也可以建立子文件夹。子文件夹的名称由用户指定，子文件夹下又可以存放文件和再建立子文件夹。这就像一棵倒置的树，根文件夹是树根，各个子文件夹是树的枝杈，而文件则是树的叶子，叶子上是不能再长出枝杈来的。这种多级层次文件夹结构称为“树状文件夹结构”，如图4-41所示。

访问一个文件时，必须要有三个要素，即文件所在的磁盘驱动器名、文件在树状文件夹结构中的位置和文件的名字。文件在树状文件夹中的位置可以从根文件夹出发，到达该文件所在的子文件夹之间依次经过一连串用反斜线隔开的文件夹名的序列来表示，这个序列称为“路径”。

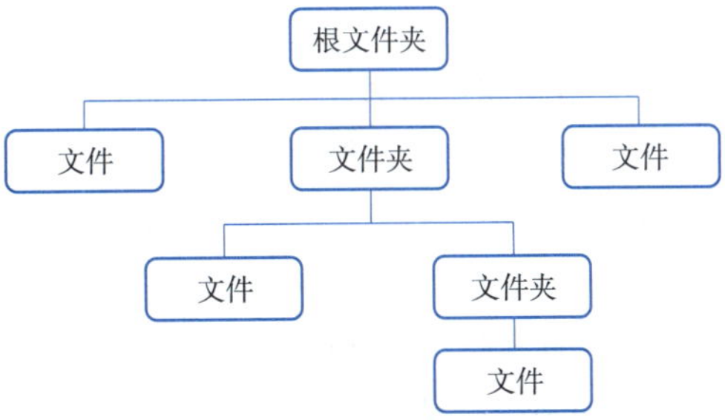

图4-41 树状文件夹结构

（1）磁盘驱动器名（盘符）。磁盘驱动器名是DOS分配给驱动器的符号，用于指明文件的位置。“A:”和“B:”是软盘驱动器名称，表示A盘和B盘；“C:”和“D:”……“Z:”是硬盘驱动器和光盘驱动器名称，表示C盘、D盘……Z盘。

（2）路径。路径是用反斜杠“\”隔开的一组文件夹的名称，用来指明文件所在位置。例如，C:\WINDOWS\Help\apps.chm表示在C盘根文件夹下有一个“WINDOWS”子文件夹，在“WINDOWS”子文件夹中有一个“Help”子文件夹，在“Help”子文件夹中存放着一个“apps.chm”文件。

2. 文件或文件夹的操作

1）选择文件或文件夹

（1）选定单个文件或文件夹。单击所要选定的文件或文件夹。

（2）选定多个连续排列的文件或文件夹。单击所要选定的第一个文件或文件夹，按住【Shift】键的同时单击最后一个文件或文件夹。

（3）选定多个不连续排列的文件或文件夹。单击所要选定的第一个文件或文件夹，按住【Ctrl】键的同时，用鼠标逐个单击要选取的每一个文件或文件夹。

（4）全选定文件或文件夹。选择“编辑”→“全部选定”命令，或者按【Ctrl+A】组合键。

（5）取消已选择的文件或文件夹。按住【Ctrl】键的同时单击该文件或文件夹即可。如果要取消全部文件或文件夹的选定，在非文件名或文件夹名的空白区域单击即可。

2）管理文件或文件夹

（1）新建文件夹。用户可以创建新的文件夹来存放相同类型的文件。新建文件夹可以执行以下操作。

在目标空白区域右击，在弹出的快捷菜单中选择“新建”→“文件夹”命令，这时在目标位置会出现一个文件夹图标，默认名称为“新建文件夹”，且文件名处于选中的编辑状态，如图4-42所示，输入文件夹名，按【Enter】键或单击空白处确认。

（2）复制文件或文件夹。在实际应用中，用户有时需要将某个文件或文件夹复制或移动到其他地方以方便使用，这时候就需要通过复制或移动进行操作。

复制文件或文件夹是指把一个文件夹中的一些文件或文件夹复制到另一个文件夹中，执行复制命令后，原文件夹中的内容仍然存在，而新文件夹中拥有与原文件夹中完全相同的这些文件或文件夹。

实现复制文件或文件夹的方法很多，下面介绍两种常用操作。

- 使用剪贴板：选定要复制的文件或文件夹，选择“编辑”→“复制”命令，打开目标文件夹，选择“编辑”→“粘贴”命令，实现复制操作；也可以按【Ctrl+C】组合键复制，按【Ctrl+V】组合键粘贴，来完成操作。

- 使用拖动：选定要复制的文件或文件夹，按住【Ctrl】键，用鼠标将选定的文件或文件夹拖动到目标文件夹上，此时目标文件夹会处于蓝色的选中状态，并且鼠标指针旁出现“复制到”提示，如图4-43所示，松开鼠标左键即可实现复制。

（3）移动文件或文件夹。移动文件或文件夹是指把一个文件夹中的一些文件或文件夹移动到另一个文件夹中，执行移动命令后，原文件夹中的内容都转移到新文件夹中，原文件夹中的这些文件或文件夹将不再存在。

移动操作与复制操作有一些类似。使用剪贴板操作时，将选择“编辑”→“复制”命令替换为“剪切”命令，或者将【Ctrl+C】组合键（复制）替换为【Ctrl+X】组合键（剪切）即可。使用拖动操作时，不按住【Ctrl】键完成的操作就是移动，如图4-44所示。

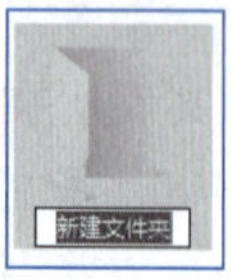

图4-42 “新建文件夹”图标

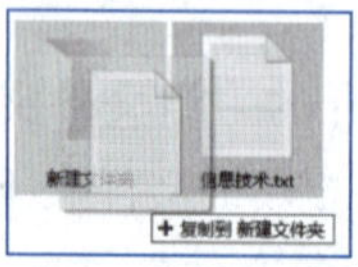

图4-43 将选定文件拖动到目标文件夹进行复制

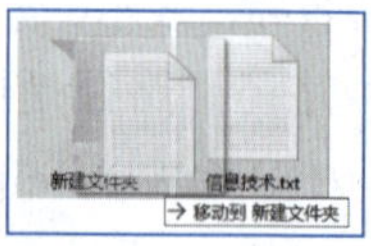

图4-44 将选定文件拖动到目标文件夹进行移动

（4）删除文件或文件夹。用户根据需要可以删除一些不再需要的文件或文件夹，以便对文件或文件夹进行管理。删除后的文件或文件夹被放到“回收站”中，用户可以选择将其彻底删除或还原到原来的位置。

删除操作有如下三种方法。

- 右击要删除的文件或文件夹，在弹出的快捷菜单中选择“删除”命令。
- 选中要删除的文件或文件夹，选择“文件”→“删除”命令，或者按【Delete】键进行删除。
- 将要删除的文件或文件夹直接拖动到桌面上的“回收站”中。

执行上述任一操作后，都会弹出“删除文件夹”对话框，如图4-45所示，单击“是”按钮，则将文件删除到回收站中，单击“否”按钮，将取消删除操作。如果在选择右键快捷菜单中的“删除”命令的同时按住【Shift】键，或者同时按下【Shift+Delete】组合键，将弹出图4-46所示的对话框，实现永久性删除，被删除的文件或文件夹将被彻底删除，不能还原。移动介质中的删除操作无论是否使用【Shift】键，都将执行彻底删除。

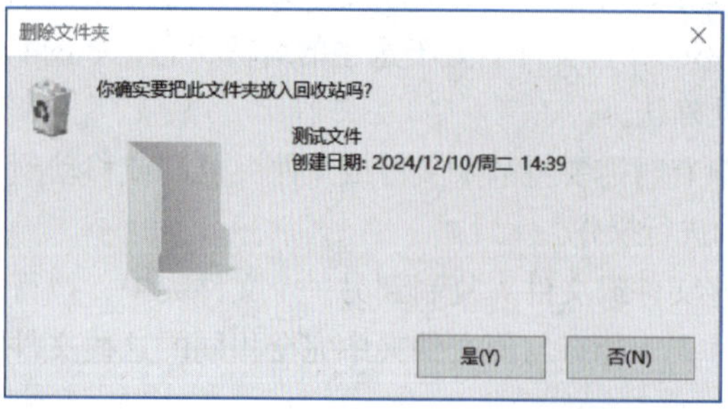

图4-45 “删除文件夹”对话框——删除到回收站

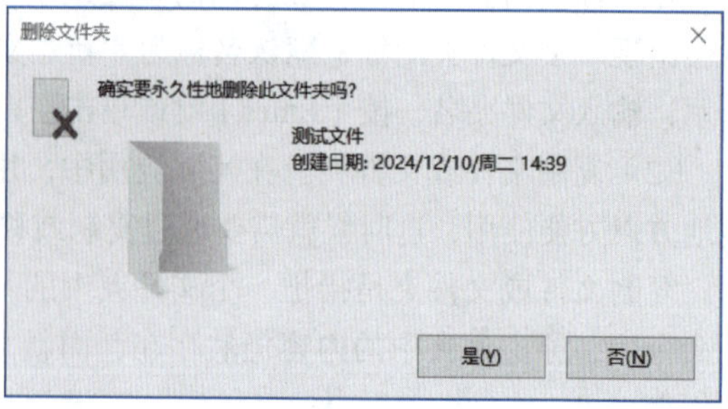

图4-46 “删除文件夹”对话框——永久性删除

（5）删除或还原回收站中的文件或文件夹。“回收站”提供了一个安全的删除文件或文件夹的解决方案，如果想恢复已经删除的文件，可以在回收站中查找；如果磁盘空间不够，也可以通过清空回收站释放更多的磁盘空间。删除或还原回收站中的文件或文件夹可以执行以下操作。

双击桌面上的"回收站"图标，打开"回收站"窗口，如图4-47所示。单击"回收站工具"选项卡中的"清空回收站"按钮，可以删除"回收站"中所有的文件和文件夹；单击"回收站工具"选项卡中的"还原所有项目"按钮，可以还原所有的文件和文件夹，若要还原某个或某些文件和文件夹，可以先选中这些对象，再进行还原操作。

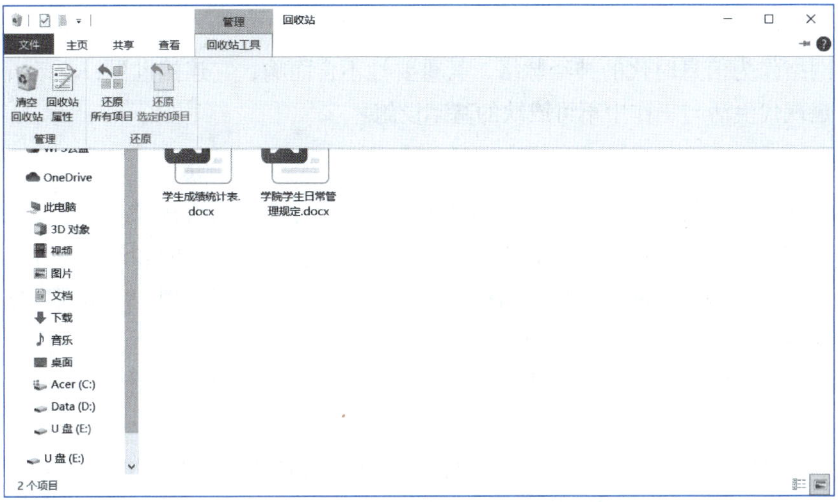

图4-47　"回收站"窗口

（6）重命名文件或文件夹。重命名文件或文件夹可以让文件或文件夹更符合用户的认知习惯。具体操作方法如下：

选中需要重命名的文件或文件夹并右击，在弹出的快捷菜单中选择"重命名"命令，这时文件或文件夹的名称将处于蓝底白字的编辑状态，输入新的名称，按【Enter】键或单击空白处确认即可。也可以在选中的文件或文件夹名称处单击，使其处于编辑状态。

（7）搜索文件或文件夹。如果用户想查找某个文件夹或某种类型的文件时，不记得文件或文件夹的完整名称或者存放的位置，可以使用Windows 10提供的搜索功能进行查找，搜索步骤如下：

双击桌面上的"此电脑"图标，打开"此电脑"窗口，使用位于窗口上部右侧的"搜索"框进行搜索，如图4-48所示，它将根据输入的内容搜索当前窗口。

图4-48　"此电脑"窗口和搜索框

当不确定文件或文件夹名称时，可使用通配符协助搜索。通配符有两种：星号（*）代表零个或多个字符，如要查找主文件名以A开头，扩展名为.docx的所有文件，可以输入A*.docx；问号（?）代表单个字符，如要查找主文件名由2个字符组成，第2个字符为A，扩展名为.txt的所有文件，可以输入？A.txt。

三、计算机网络概述

计算机网络作为信息时代的神经脉络，其重要性不言而喻，它连接世界，驱动着数据流通与信息共享，是现代生活与工作中不可或缺的基础设施。

1. 计算机网络的概念

计算机网络是计算机技术和通信技术相结合的产物，计算机网络技术得到了飞速的发展和广泛的应用。从资源共享的角度看，计算机网络就是将分布在不同地点的多台独立计算机的系统通过通信线路和通信设备连接起来，由网络操作系统和协议软件进行管理，以实现数据通信与资源共享为目的的系统。

计算机网络的基本功能主要有：资源共享、数据传送、并行处理和提高计算机的可靠性等方面。

1）资源共享

资源共享就是网络中各项资源在系统允许的情况下相互通用。资源共享包括以下几点。

（1）硬件资源共享。通过网络共享硬件设备，例如，网络中的多台计算机共用一台打印机、调制解调器、光驱等，这样可以减少预算，节约开支。

（2）软件资源共享。网络上的一些计算机中可能有一些其他计算机上没有但却十分有用的程序，如专用的绘图程序等，用户可以通过网络使用这些软件资源。

（3）数据与信息资源共享。通过网络，用户可以在多台计算机间协调使用计算机上各种有用的数据和信息资源。典型的数据与信息资源共享的例子就是Internet，目前全世界数以亿计的人在网上浏览信息。

2）数据传送

通过计算机网络，可以对分散在不同地区的计算机之间的数据进行传送并进行统一的控制和管理，例如，电子邮件的收发，商业信息的传送，股票行情、科技动态的查询等。

3）并行处理

多台计算机联网以后可以形成一个大规模的计算机系统，一些大型的任务可以划分成若干个子任务分散到网络中的各台计算机上去完成。这种并行处理方式大大提高了计算机解决问题的能力，缩短了完成任务的时间。

4）提高计算机的可靠性

网络中的计算机可以互为后备机，当网络中的技术发生故障后，其后备机可以立刻运行，避免了由于某台计算机出故障而可能造成的系统瘫痪的情况，提高了计算机系统的可靠性。

2. 数据通信的概念

数据通信是通信技术和计算机技术相结合而产生的一种新的通信方式。数据通信是指，在两个计算机或终端之间以二进制的形式进行信息交换和传输数据。关于数据通信的相关概念，下面介绍几个常用术语：

1）信道

信道是信息传输的媒介或渠道，作用是把携带有信息的信号从它的输入端传递到输出端。根据传输媒介的不同，信道可分为有线信道和无线信道两类。常见的有线信道包括双绞线、同轴电缆、光缆等。无线信道有地波传播、短波、超短波、人造卫星中继等。

2）数字信号和模拟信号

通信的目的是传输数据，信号是数据的表现形式。对于数据通信技术来讲，它要研究的是如何将表示各类信息的二进制比特序列通过传输媒介在不同计算机之间传输。信号可以分为数字信号和模拟信号两类。数字信号是一种离散的脉冲序列，计算机产生的电信号用两种不同的电平表示0和1。模拟信号是一种连续变化的信号，如电话线上传输的按照声音强弱幅度连续变化所产生的电信号，就是一种典型的模拟信号，可以用连续的电波表示。

3）调制与解调

普通电话线是针对语音通话而设计的模拟信道，适用于传输模拟信号。但是计算机产生的是离散脉冲表示的数字信号，因此要利用电话交换网实现计算机的数字脉冲信号的传输，就必须首先将数字脉冲信号转换成模拟信号。我们将发送端数字脉冲信号转换成模拟信号的过程称为调制（modulation）；将接收端模拟信号还原成数字脉冲信号的过程称为解调（demodulation）。将调制和解调两种功能结合在一起的设备称为调制解调器（modem）。

4）带宽（bandwidth）与传输速率

在模拟信道中，以带宽表示信道传输信息的能力。带宽以信号的最高频率和最低频率之差表示，即频率的范围。频率（frequency）是模拟信号波每秒的周期数，用Hz、kHz、MHz或GHz作为单位。在某一特定带宽的信道中，同一时间内，数据不仅能以某一种频率传送，而且还可以用其他不同的频率传送。因此，信道的带宽越宽（带宽数值越大），其可用的频率就越多，其传输的数据量就越大。

在数字信道中，用数据传输速率（比特率）表示信道的传输能力，即每秒传输的二进制位数（bit/s，比特/秒），单位为bit/s、kbit/s、Mbit/s、Gbit/s与Tbit/s其中：

1 kbit/s=1×10^{3} bit/s

1 Mbit/s=1×10^{6} bit/s

1 Gbit/s=1×10^{9} bit/s

1 Tbit/s=1×10^{12} bit/s

研究证明，通信信道的最大传输速率与信道带宽之间存在着明确的关系，所以在现代网络中，人们经常用“带宽”表示信道的数据传输速率，“带宽”与“速率”几乎成了同义词。带宽与数据传输速率都是通信系统的主要技术指标之一。

5）误码率

误码率是指二进制比特在数据传输系统中被传错的概率，是通信系统的可靠性指标。数据在通信信道传输中一定会因某种原因出现错误，传输错误是正常的和不可避免的，但是一定要控制在某个允许的范围内。在计算机网络系统中，一般要求误码率低于10^{-6}（百万分之一）。

3. 计算机网络的发展

计算机网络的发展过程是计算机与通信（computer and communication，C&C）的结合过程，其发展经历了一个从简单到复杂再到简单（指入网容易、使用简单、网络应用大众化）的过程，共经历了四个阶段。

1）面向终端的计算机网络（20世纪50～60年代）

将地理位置分散的多个终端通信线路连到一台中心计算机上，用户可以在自己办公室内的终端输入程序，通过通信线路传送到中心计算机，分时访问和使用资源进行信息处理，处理结果再通过通信线路回送到用户终端显示或打印。这种以单个计算机为中心的联机系统称为面向终端的远程联机系统，这是计算机网络发展的第一阶段，被称为第一代计算机网络，如图4-49所示。

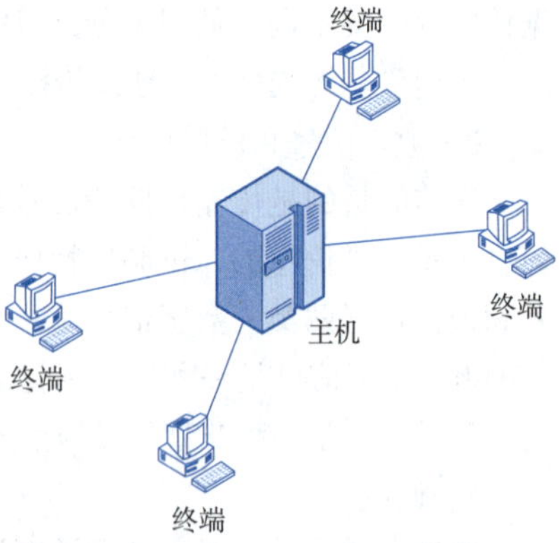

图4-49　一台主机带若干终端

随着远程终端的增多，主机负荷越来越重，既要承担通信工作，又要承担数据处理任务。另外，通信线路的利用率较低，尤其在远距离时，每个分散的终端都要单独占用一条通信线路，使用费用较高。为了克服以上缺点，出现了前端处理机和终端控制器（集中器）。

在主机前增加一台功能简单的计算机，专门用于处理终端的通信信息和控制通信线路，并对用户的作业进行预处理，这台计算机称为“通信控制处理机”（communication control processor, CCP），又称前端处理机。它是在终端设备较集中的地方设置一台集中器（concentrator），终端通过低速线路先汇集到集中器上，再用高速线路将集中器连接到主机上。

第一代计算机网络的典型应用有美国半自动地面防空系统SAGE和美国飞机售票系统SABRE-1。

20世纪50年代初，美国为了自身的安全，在美国本土北部和加拿大境内，建立了一个半自动地面防空系统，简称SAGE（semi-automatic ground environment）系统，译成中文叫赛其系统（见图4-50）。

图4-50　美国半自动地面防空系统SAGE

20世纪60年代初，美国建成了全国性航空飞机订票系统，用一台中央计算机连接2 000多个遍布全国各地的终端，用户通过终端进行操作。这些应用系统的建立，构成了计算机网络的雏形。

2）共享资源的计算机网络（20世纪60～70年代）

随着计算机技术和通信技术的进步，将分布在不同地点的计算机通过通信线路和接口信息处理机（IMP）连接起来，使联网用户可以通过计算机使用本地计算机的软件、硬件与数据资源，同时也可以访问网络中其他计算机的软件、硬件与数据资源。在这种架构下，每台计算机都具备自主处理能力，这样就形成了以共享资源为目的的第二代计算机网络，如图4-51所示。

第二代计算机网络的典型代表是1969年由美国国防部高级研究计划局（advanced research

projects agency，ARPA）出资兴建的计算机网络“阿帕网”（ARPANET）。ARPANET的建成标志着现代计算机网络的诞生。ARPANET的试验成功使计算机网络的概念发生了根本性的变化，很多有关计算机网络的基本概念都与ARPANET的研究成果有关，如分组交换、网络协议、资源共享等。

ARPANET通过有线、无线与卫星通信线路，覆盖了从美国本土到欧洲与夏威夷的广阔地域，ARPANET是计算机网络技术发展的一个重要的里程碑。

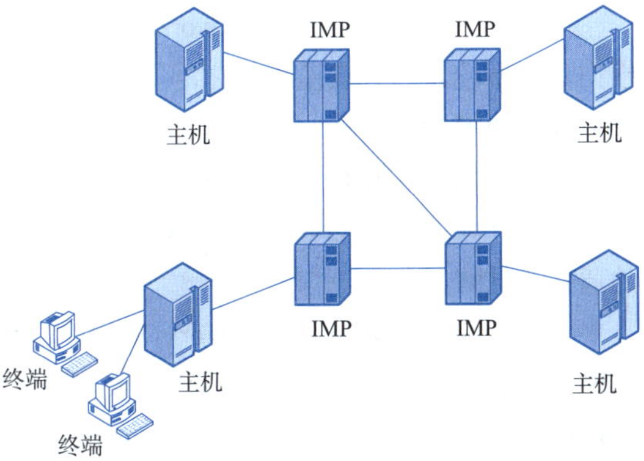

图4-51　共享资源的计算机网络

3）计算机网络标准化（20世纪70～80年代）

20世纪70年代以后，局域网得到了迅速发展，人们对组网的技术、方法和理论的研究日趋成熟，为了促进网络产品的开发，各大计算机公司纷纷制定自己的网络技术标准，最终促成国际标准的制定。

1984年，国际标准化组织（International Organization for Standards, ISO）正式颁布了一个使各种计算机互联成网的标准框架——开放系统互连参考模型（open system interconnection reference model, OSI-RM）。OSI标准确保了各厂家生产的计算机和网络产品之间的互连，推动了网络技术的应用和发展。OSI将网络通信工作分为7层，由低到高依次为物理层、数据链路层、网络层、传输层、会话层、表示层和应用层，如图4-52所示。

7	应用层
6	表示层
5	会话层
4	传输层
3	网络层
2	数据链路层
1	物理层

图4-52　OSI七层参考模型

4）网络互联阶段（20世纪90年代以后）

20世纪90年代，各种网络进行互联，形成更大规模的互联网络。计算机网络发展成了全球的网络——因特网（Internet），网络技术和网络应用得到了迅猛发展。

Internet最初起源于“阿帕网”，由“阿帕网”研究而产生的一项非常重要的成果就是TCP/IP（transmission control protocol/internet protocol，传输控制协议/网际协议），使得连接到网络中的所有计算机能够相互交流信息。

计算机网络目前已成为当今世界最热门的学科之一，其未来的发展方向正朝着高速网络、多媒体网络、开放性、高效安全的网络管理以及智能化网络方向发展。

4. 计算机网络的分类

计算机网络可按不同的分类标准进行划分。

1）按网络的覆盖范围划分

根据计算机网络所覆盖的地理范围，计算机通常可以分为局域网、城域网和广域网。这种分法也是目前较为普遍的一种分类方法。

（1）个域网（personal area network, PAN）。PAN是一种覆盖个人活动范围的微型网络，通常用于短距离（10 m内）设备互联，例如，通过蓝牙连接手机与耳机，或USB传输数据，具有低功耗、便携性强的特点。

（2）局域网（local area network, LAN）。LAN一般在几百米到10 km范围之内，如一座办公大楼内、大学校园内、几座大楼之间等，局域网简单、灵活、组建方便，网络连接如图4-53所示。

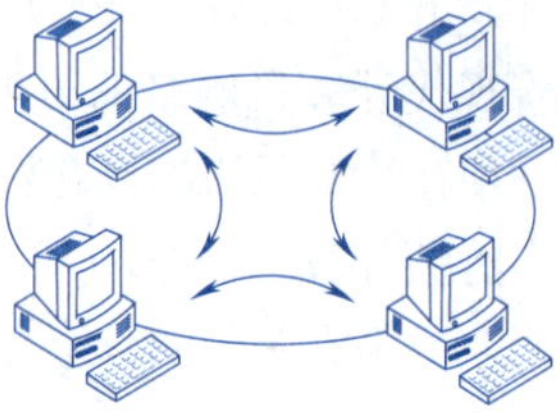

图4-53　局域网

（3）城域网（metropolitan area network, MAN）。MAN的地理范围可以从几十千米到上百千米，通常覆盖一个城市或地区，如城市银行的通存通兑网。

（4）广域网（wide area network, WAN）。WAN是网络系统中最大型的网络，它是跨地域性的网络系统，大多数的WAN是通过各种网络互联而形成的，Internet就是最典型的广域网。WAN的连接距离可以是几百千米到几千千米或更多，网络连接如图4-54所示。

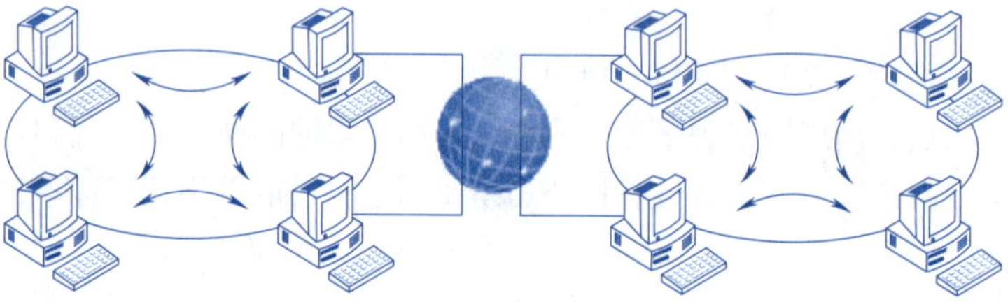

图4-54　广域网

2）按数据传输方式划分

根据数据传输方式的不同，计算机网络可以分为“广播网络”和“点对点网络”两大类。

（1）广播网络（broadcasting network）。广播网络中的计算机或设备使用一个共享的通信介质进行数据传播，网络中的所有节点都能收到其他任何节点发出的数据信息。局域网大多数都是广播网络。

（2）点对点网络（point to point network）。点对点网络中的计算机或设备以点对点的方式进行数据传输，任意两个节点间都可能有多条单独的链路。这种传播方式常应用于广域网中。

3）按拓扑结构划分

网络拓扑结构是指网络上的计算机、通信线路和其他设备之间的连接方式，即指网络的物理架设方式。计算机网络中常见的拓扑结构有总线结构、环状结构、星状结构、树状结构和网状结构等。除这些之外，还有包含了两种以上基本拓扑结构的混合结构。

（1）总线结构。总线结构的网络使用一根中心传输线作为主干网线（即总线bus），所有计算机和其他共享设备都连接在这条总线上。其中一个节点发送了信息，该信息会通过总线传送到每一个节点上，属于广播方式的通信，如图4-55所示。

总线结构的优点：布局非常简单且便于安装，价格相对较低，网络上的计算机可以很容易地增加或减少而不影响整个网络的运行，适用于小型、临时的网络。

总线结构的缺点：网络稳定性差，如果电缆发生断裂，整个网络将陷于瘫痪，故不适合大规模的网络。

（2）环状结构。环状结构是将各台联网的计算机用通信线路连接成一个闭合的环，在环状结构中，每台计算机都要与另外两台相连，信号可以一圈一圈按照环状传播，如图4-56所示。

环状结构的优点：信息在网络中沿固定方向流动，两个节点间有唯一的通路，可靠性高，实时性强，安装简便，有利于进行故障排除。

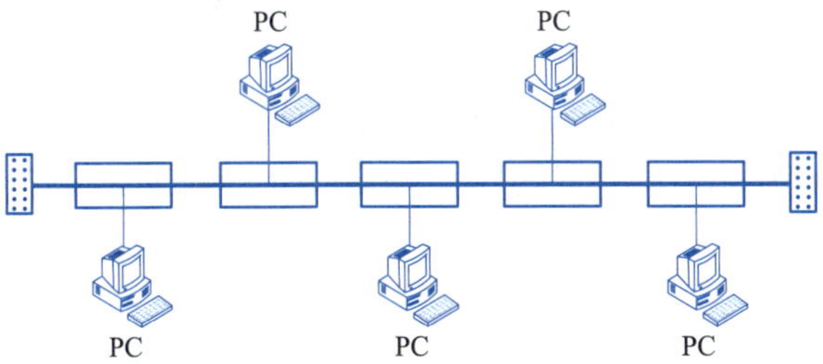

图4-55 总线结构

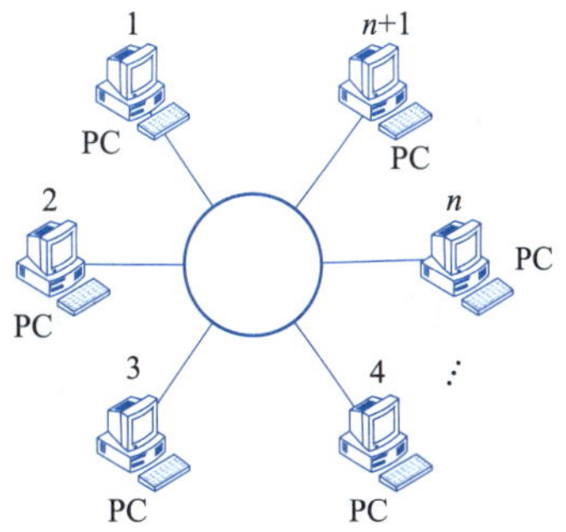

图4-56 环状结构

环状结构的缺点：网络的吞吐能力差，仅适用于数据信息量小和节点少的情况。此外由于整个网络构成闭合环，所以网络扩充起来不方便。

（3）星状结构。星状结构的每个节点都由一条点到点链路与中心节点相连。信息的传输是通过中心节点的存储转发技术实现的，并且只能通过中心节点与其他站点通信，如图4-57所示。

星状结构的优点：系统稳定性好，故障率低，增加新的工作站时成本低，一个工作站出现故障不会影响其他工作站的正常工作。

星状结构的缺点：与总线和环状结构相比，星状结构的电缆消耗量较大，同时需要一个中心节点（集线器或交换机），而中心节点负担较重，必须具有较高的可靠性。

（4）树状结构。树状结构从总线结构演变而来，形状像一棵倒置的树，如图4-58所示。树根接收各站点发送的数据，然后再广播到整个网络。

树状结构的优点：易于扩展，这种结构可以延伸出很多分支和子分支，并且新节点和新分支都能很容易地加入网络中来。此外，如果某一分支的节点或线路发生故障，很容易将故障分支与整个网络隔离开来。

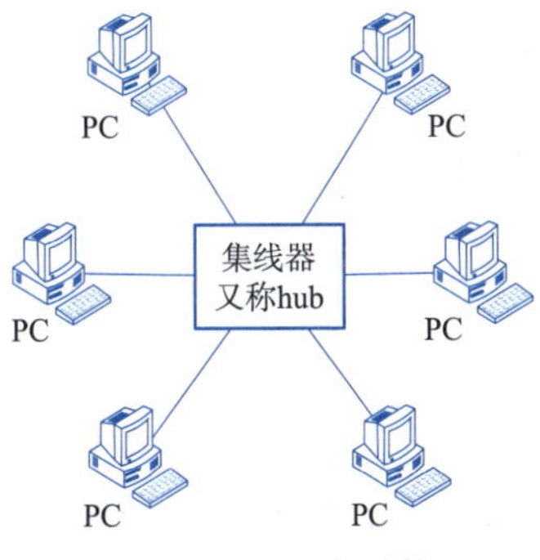

图4-57 星状结构

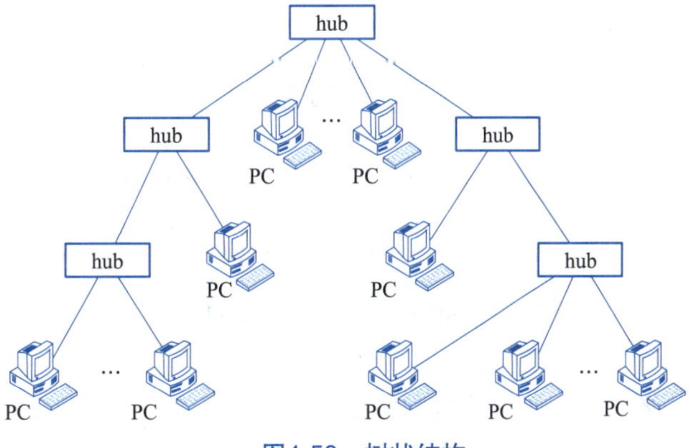

图4-58 树状结构

树状结构的缺点：各个节点对根的依赖性太大，如果根发生故障，则整个网络不能正常工作。树状结构的可靠性类似于星状结构。

（5）网状结构。网络中任意一个节点应至少和其他两个节点相连，它是一种不规则的网络结构，如图4-59所示。

网状结构的优点：单个节点及链路的故障不会影响整个网络系统，可靠性最高。主要用于大型的广域网。

网状结构的缺点：结构比较复杂，成本比较高，管理与维护不太方便。

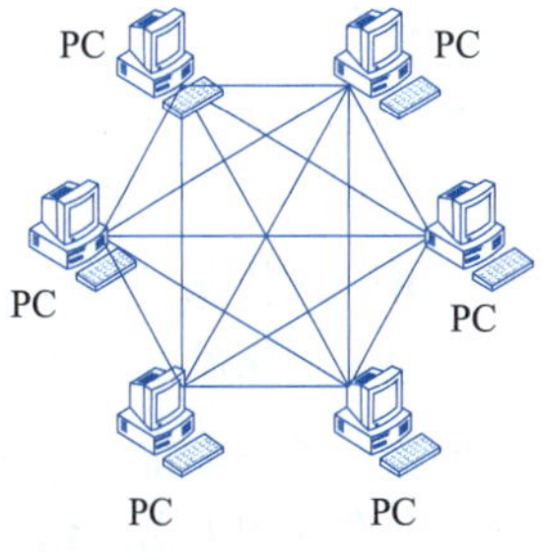

图4-59 网状结构

（6）混合结构。混合结构泛指一个网络中结合了两种或两种以上标准拓扑形式的拓扑结构。混合结构比较灵活，适用于现实中的多种环境。广域网中通常采用混合拓扑结构。

4）按使用网络的对象划分

根据使用网络的对象可分为专用网和公用网。专用网一般由某个单位或部门组建，属于单位或部门内部所有，如银行系统的网络。而公用网由电信部门组建，网络内的传输和交换设备可提供给任何部门和单位使用，如Internet。

5. 计算机网络的组成

与计算机系统类似，计算机网络系统由网络硬件和网络软件两部分组成。网络硬件是计算机网络系统的物质基础，对网络的运行性能起着决定性的作用；网络软件是支持网络运行、提高效率和开发网络资源的工具，是实现网络功能不可缺少的软件环境。计算机网络系统的组成如图4-60所示。

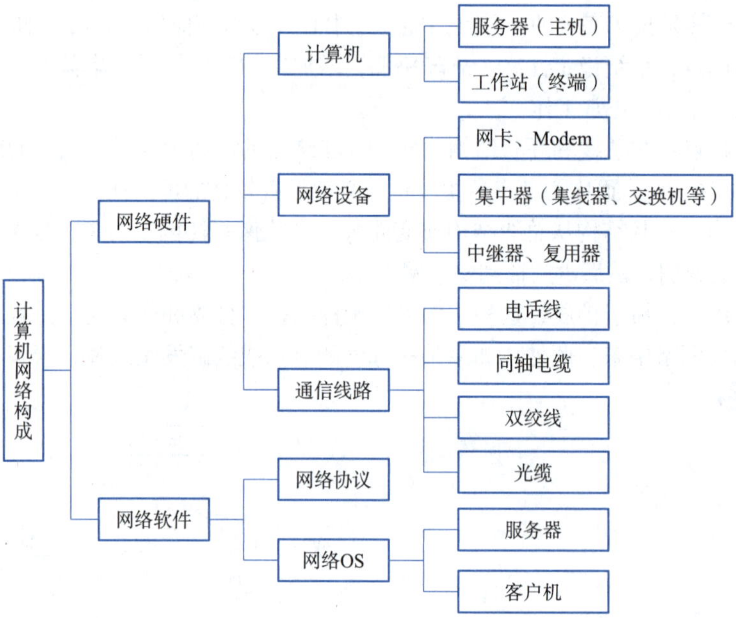

图4-60　计算机网络系统结构图

下面详细介绍网络硬件和网络软件的组成。

1）网络硬件

要构成一个计算机网络系统，首先要将计算机及其附属硬件设备与网络中的其他计算机系统连接起来。不同的计算机网络系统在硬件方面是有差别的。

网络硬件包括计算机终端设备、通信介质和网络互联设备等。随着计算机技术和网络技术的发展，网络硬件日趋多样化，功能更加强大，更加复杂。

（1）服务器。服务器（见图4-61）作为硬件来说，通常是指那些具有较高计算能力，能够提供给多个用户使用的计算机。网络服务器分为文件服务器、通信服务器、打印服务器和数据库服务器等。

（2）工作站。工作站是连接在局域网上的供用户使用网络的微机。它通过网卡和传输介质连接至文件服务器上。每个工作站一定要有自己独立的操作系统及相应的网络软件。工作站可分为有盘工作站和无盘工作站。图4-62所示为一体化工作站。

图4-61 服务器

图4-62 一体化工作站

（3）连接设备。网络连接设备有网络适配器——网卡、调制解调器、中继器和集线器、网桥、交换机、路由器、网关、防火墙等。

- 网卡又称网络适配器，是局域网中最基本的部件之一，它是连接计算机与网络的硬件设备。无论使用什么样的传输介质，都必须借助网卡才能实现数据的通信。
- 调制解调器（modem，俗称猫，见图4-63）是一种计算机硬件，它能把计算机的数字信号翻译成可沿普通电话线传送的脉冲信号，这一过程称为调制。而这些脉冲信号又可被线路另一端的另一个调制解调器接收，并译成计算机可识别的数字信息，这一过程称为解调。这一简单过程完成了两台计算机间的通信。
- 中继器（repeater，见图4-64）是连接网络线路的一种装置，常用于两个网络节点之间物理信号的双向转发工作。中继器是一个用来扩展局域网的硬件设备，它把两段局域网连接起来，并把一段局域网上的电信号增强后传输到另一段上，主要起到信号再生放大、延长网络距离的作用。

图4-63 modem

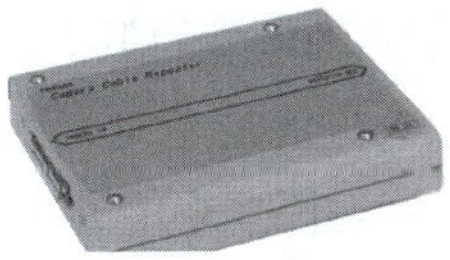

图4-64 中继器

- 集线器（hub，见图4-65）是中继器的一种形式，区别在于集线器能够提供多端口服务，又称多口中继器，它对LAN交换机技术的发展产生直接影响。
- 网桥（bridge，见图4-66）又称桥接器，工作在数据链路层，将两个局域网（LAN）连起来，根据物理地址来转发帧。网桥通常用于连接数量不多的、同一类型的网段。
- 交换机（switch，见图4-67）是集线器的升级换代产品。交换机的功能是按照通信两端传输信息的需要，用人工或设备自动完成的方法把要传输的信息送到符合要求的相应路由上。简单来说，交换机就是一种在通信系统中完成信息交换功能的设备。

图4-65 集线器

图4-66 网桥

图4-67 交换机

- 路由器（router，见图4-68）的功能是在两个局域网之间接收并转发帧数据，转发帧时需要改变帧中的地址。路由器比网桥更复杂，也具有更大的灵活性，它的连接对象可以是局域网或广域网。
- 网关（gateway，见图4-69）又称网间连接器、协议转换器。换言之，就是一个网络连接到另一个网络的“关口”。按照不同的分类标准，网关可以分成多种。其中，TCP/IP中的网关是最常用的。

图4-68　路由器

图4-69　网关

图4-70　硬件防火墙

- 防火墙（firewall）是一种访问控制技术，可以阻止保密信息从受保护的网络上被非法输出。换言之，防火墙是一道门槛，控制进出双方的通信。防火墙由软件和硬件两部分组成，防火墙技术是近年发展起来的一种保护计算机网络安全的技术性措施。图4-70所示为硬件防火墙。
- 传输介质。传输介质是通信网络中发送方和接收方之间的物理通路。

常用的传输介质有双绞线、同轴电缆、光缆、无线传输介质。

- 双绞线（见图4-71）是现在最普通的传输介质，它是由两根以螺旋状扭合在一起的绝缘铜导线组成的。两根线扭合在一起，目的在于减少相互间的电磁干扰。双绞线分为两大类，即屏蔽双绞线（shielded twisted pair, STP）和无屏蔽双绞线（unshielded twisted pair, UTP）。
- 同轴电缆（见图4-72）分为基带同轴电缆和宽带同轴电缆。基带同轴电缆的阻抗为50 Ω（指沿电缆导体各点的电磁电压对电流之比），通常用于数字信号的传输，有粗缆和细缆之分；宽带同轴电缆的阻抗为75 Ω，用于宽带模拟信号的传输。

通信领域的重大进展是光缆（见图4-73）的广泛应用。光缆的主要介质是光纤，光纤是软而细的、利用内部全反射原理来传导光束的传输介质，有单模和多模之分。

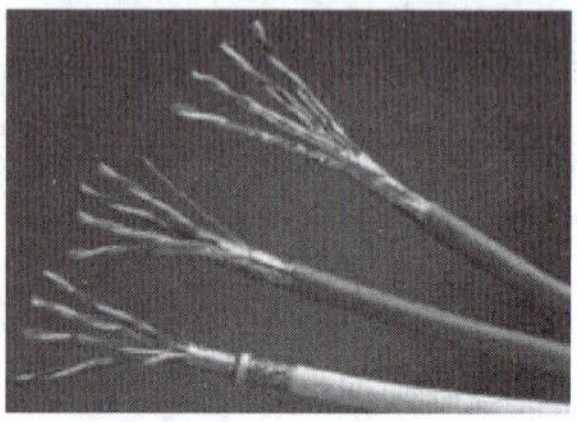

图4-71　双绞线

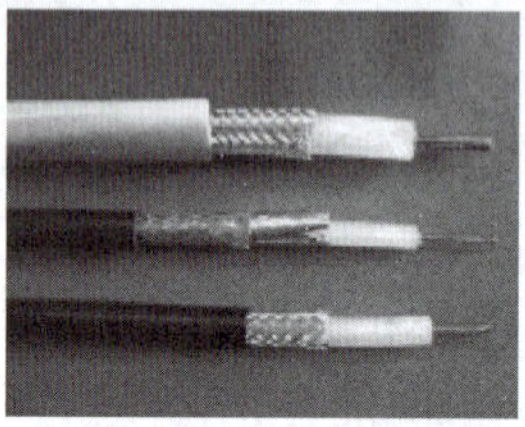

图4-72　同轴电缆

图4-73　光缆

与同轴电缆比较，光纤可提供极宽的频带且功率损耗小，传输距离长（2 km以上），传输率高（可达数千Mbit/s），抗干扰性强（不会受到电子监听），是构建安全性网络的理想选择。

无线传输因不需要架设或铺埋线缆而得到广泛应用。无线传输介质主要有微波、红外线和激光。

微波通信主要使用的频率范围为2~40 GHz，通信容量很大。

2）网络软件

网络软件通常包括网络操作系统、网络协议和各种网络应用软件等。

（1）网络操作系统。网络操作系统（web-based operating system, WebOS）的作用在于实现网络中计算机之间的通信，对网络用户进行必要的管理，提供数据存储和访问的安全性，提供对其他资源的共享和访问，以及提供其他的各种网络服务。

目前，UNIX、Linux、Netware、Windows NT/Server 2019/Server 2022等网络操作系统都被广泛应用于各类网络环境中，并各自占有一定的市场份额。

（2）网络协议。在计算机网络中，两个相互通信的实体处在不同的地理位置，其上的两个进程相互通信，需要通过交换信息来协调它们的动作和达到同步，而信息的交换必须按照预先共同约定好的过程进行。网络协议就是为计算机网络中进行数据交换而建立的规则、标准或约定的集合。

网络协议至少包括三个要素，即语法、语义和时序。

- 语法：用来规定信息格式，定义数据及控制信息的格式、编码及信号电平等。
- 语义：用来说明通信双方应当怎么做，用于协调与差错处理的控制信息。
- 时序：详细说明事件的先后顺序，指定速度匹配和排序等。

局域网常用的三种网络协议是TCP/IP、NetBEUI和IPX/SPX。

- TCP/IP是该协议族的核心协议。作为互联网的基础协议体系，其包含传输控制协议（TCP）和网际协议（IP）。现代计算机网络通信均依赖TCP/IP协议栈。
- NetBEUI（NetBIOS enhanced user interface）是NetBIOS协议的扩展版本，适用于小型局域网。早期Windows系统（如Windows 95/98/NT）曾默认支持，但因其缺乏路由功能且不支持跨网段通信，现已被淘汰。
- IPX/SPX（internetwork packet exchange/sequenced packet exchange）是Novell NetWare网络操作系统的专用协议。20世纪90年代部分局域网游戏（如《红色警戒》）曾支持该协议，但现代网络应用已全面转向TCP/IP协议。

6. Internet基础

1）Internet的起源与发展

Internet起源于20世纪60年代后期，是在美国较早的军用计算机网ARPANET的基础上经过不断发展变化而形成的。20世纪80年代初开始在ARPANET上全面推广TCP/IP协议。1990年，ARPANET的实验任务完成，在历史上起过重要作用的ARPANET宣布关闭。

此后，其他发达国家也相继建立了本国的TCP/IP网络，并连接到美国的Internet。于是，一个覆盖全球的国际互联网迅速形成。

我国于1994年4月正式接入Internet，从此中国的网络建设进入了大规模发展阶段。到1996年初，中国的Internet已经形成了中国科技网（CSTNET）、中国教育和科研计算机网（CERNET）、中国公用计算机互联网（CHINANET）和中国金桥信息网（CHINAGBN）四大具有国际出口的网络体系。前两个网络主要面向科研和研究机构，后两个网络向社会提供Internet服务，以经营为目的，属于商业性质。

随着商业网络和大量商业公司进入Internet，网上商业应用取得高速的发展，同时也使Internet能为用户提供更多的服务，使Internet迅速普及和发展起来。

如今，互联网已经渗透人类社会生活的方方面面，深刻地改变了人们的生活和工作方式。可以说，互联网是自印刷术以来人类通信方面最大的变革。

2）TCP/IP协议工作原理

TCP/IP协议在Internet中能够迅速发展，不仅因为它最早在ARPANET中使用，更重要的是它恰恰适应了世界范围内的数据通信的需要。TCP/IP是用于Internet计算机通信的一组协议，其中包括了不同层次上的多个协议，其中主机至网络层是最低层，包括各种硬件协议，面向硬件；应用层面向用户，提供一组常用的应用层协议，如文件传输协议、电子邮件发送协议等。而传输层的

TCP协议和网络层的IP协议是众多协议中最重要的两个核心协议。

① TCP（transmission control protocol）协议

TCP即传输控制协议，位于传输层的TCP协议向应用层提供面向连接的服务，确保网上所发送的数据包可以完整地接收，一旦某个数据包丢失或损坏，TCP发送端可以通过协议机制重新发送这个数据包，以确保发送端到接收端的可靠传输。依赖于TCP协议的应用层协议主要是需要大量传输交互式报文的应用，如远程登录协议Telnet、简单邮件传输协议SMTP、文件传输协议FTP、超文本传输协议HTTP等。

② IP（internet protocol）协议

IP协议是TCP/IP协议体系中的网络层协议，它的主要作用是将不同类型的物理网络互联在一起。为了达到这个目的，需要将不同格式的物理地址转换成统一的IP地址，将不同格式的帧（物理网络传输的数据单元）转换成“IP数据包”，从而屏蔽了下层物理网络的差异。向上层传输层提供IP数据包，实现无连接数据包传送服务：IP协议的另一个功能是路由选择，简单地说，就是从网上某个节点到另一个节点的传输路径的选择，将数据从一个节点按路径传输到另一个节点。

3）Internet的IP地址和域名的工作原理

Internet通过路由器将成千上万个不同类型的物理网络互联在一起，是一个超大规模的网络，为了使信息能够准确到达Internet上指定的目的节点，必须给Internet上每个节点（如主机、路由器等）指定全球唯一的地址标识，就像每一部电话都具有全球唯一的电话号码一样。在Internet通信中，可以通过IP地址和域名实现明确的目的地指向。

（1）IP地址。IP地址是TCP/IP协议中所使用的网络层地址标识。IP协议经过近30年的发展，主要有两个版本：IPv4协议和IPv6协议，它们的最大区别就是地址表示方式不同。目前Internet广泛使用的是IPv4协议，下一代互联网需要使用IPv6协议，其地址空间将由32位扩展到128位，几乎可以给世界上每一样可能的东西分配一个IP地址，真正让数字化生活变为现实。注意在本书中如果不加以说明，IP地址是指IPv4地址。

IPv4地址由32位二进制数组成，为便于使用，常以×××.×××.×××.×××形式表现，每组×××代表小于或等于255的十进制数，如202.96.155.9。Internet中，IP地址是唯一的。IPv4下可能使用的IP地址约有42亿个。

IP地址由两部分组成，一部分为网络号，另一部分为主机号。

IP地址分为A、B、C、D、E共5类，如图4-74所示。最常用的是B和C两类。

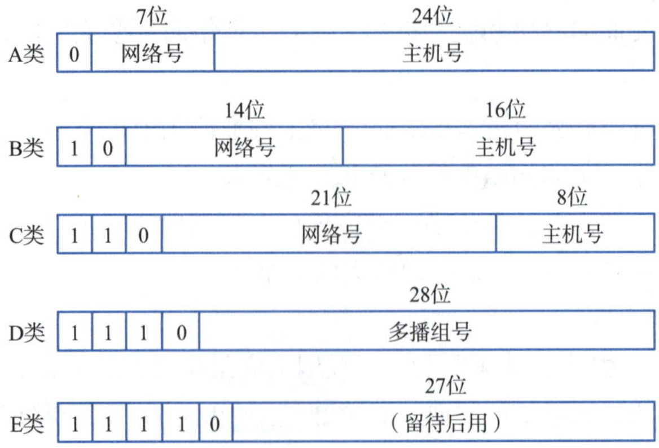

图4-74　5类IP地址

（2）域名。用上面的数字方式表示的IP地址标识Internet上的节点，对于计算机来说，是合适的。但是对于用户来说，记忆一组毫无意义的数字相当困难。为此，TCP/IP引进了一种字符型的主机命名制，这就是域名。

互联网中域名的一般格式为主机名.[二级域名.]一级域名（又称顶级域名）。例如，域名为www.tdpress.com（中国铁道出版社有限公司的网站），其中，www.tdpress为主机名（www表示提供超文本信息的服务器，tdpress表示中国铁道出版社有限公司）；com为顶级域名（表示商业机构）。

顶级域名有国家、地区代码和组织、机构代码两种表示。常见的代码及对应含义见表4-10。

表4-10　常见的代码及含义

国家、地区代码	表示含义	组织、机构代码	表示含义
.au	澳大利亚	.com	商业机构（任何人都可以注册）
.ca	加拿大	.edu	教育机构
.ru	俄罗斯	.gov	政府部门
.fr	法国	.int	国际组织
.cn	中国	.mil	美国军事部门
.jp	日本	.net	网络组织（现在任何人都可以注册）
.uk	英国	.org	非营利组织（任何人都可以注册）
.sg	新加坡	.info	网络信息服务组织
.us	美国	.pro	用于会计、律师和医生

4）域名解析系统（DNS）

域名比IP地址直观，方便人们使用，但却不能被计算机直接读取和识别，必须将域名翻译成IP地址，才能访问互联网。域名解析系统（domain name system, DNS），就是为解决这一问题而诞生的，它是互联网的一项核心服务，将域名和IP地址相互映射为一个分布式数据库，能够使人们更方便地访问互联网，而不用记住能够被机器直接读取的IP地址。

5）文件传输

文件传输服务是Internet中最早提供的服务功能之一，目前仍在广泛使用。文件传输服务提供了在Internet的任意两台计算机之间相互传输文件的机制，它是由TCP/IP协议中的文件传输协议（file transfer protocol, FTP）支持的，允许用户将文件从一台计算机传输到另一台计算机上，并且能保证传输的可靠性。由于它采用TCP/IP协议作为Internet的基本协议，所以无论两台Internet上的计算机在地理位置上相距多远，只要它们都支持FTP协议，就可以相互传送文件。

FTP服务采用典型的客户机/服务器工作模式。远程提供FTP服务的计算机称为FTP服务器，它通常是信息服务提供者的计算机，相当于一个存放文件的仓库；用户的本地计算机称为客户机。文件从FTP服务器传输到客户机的过程称为下载；文件从客户机传输到FTP服务器的过程称为上传。

FTP服务是一种实时的联机服务。访问FTP服务前必须进行登录，登录时要求用户正确输入自己的用户名和用户密码。只有登录成功后，才能访问FTP服务器，并对授权的文件进行查看与传输。根据所使用的用户账号的不同，可以将FTP服务类型分为两种：普通FTP与匿名FTP服务。

普通FTP服务要求用户必须在远程主机上拥有自己的账号，否则将无法使用FTP服务。这对于大多数没有账号的用户是不方便的。为了方便用户通过Internet获取各种信息服务机构公开发送的信息，许多机构提供了匿名FTP（anonymous）服务。

匿名FTP服务允许没有账号的用户在系统中获取某些特定的文件。用户在进行登录时，可以采用anonymous作为用户名，以任何字符串（通常是guest）作为口令。有些FTP服务器特别提示匿名用户利用自己的电子邮件地址作为口令，以便万一发生错误时，FTP服务器可以发送电子邮件到该地址与用户进行联系。

目前，多数Internet用户都使用匿名FTP服务。为了保证匿名FTP服务的安全，几乎所有匿名FTP服务都只允许用户下载文件，而不允许用户修改文件或向匿名FTP服务器传送（上传）文件。然而，单独使用FTP服务时，将文件下载到本地前是无法了解文件内容的。为了克服这个缺点，人们越来越倾向于使用WWW浏览器去搜索需要的文件，然后利用WWW浏览器支持的FTP功能下载所需文件。

目前的浏览器（如IE和百度等）不但支持WWW方式访问，还支持FTP方式访问。通过它可以直接登录到FTP服务器并下载文件。只要知道FTP服务器地址，就可以方便地登录到相应站点。

6）统一资源定位器（URL）

URL（uniform resource locator，统一资源定位器）是用来指示某一信息资源所在的位置及存取的方法，它从左到右分别由下述部分组成。

- 服务类型：指服务器提供的服务类型，如“http://”表示WWW服务器，“ftp://”表示FTP服务器。
- 服务器地址：指出要访问的网页所在的服务器域名。
- 端口：对某些资源的访问来说，需给相应的服务器提供端口号。
- 路径：指明服务器上某资源的位置（其格式与文件路径中的格式一样，通常由目录/子目录/文件名组成）。与端口一样，路径并非总是需要的。

URL的一般格式为服务类型://服务器地址（或IP地址）[端口][路径]。例如，http://www.cctv.com就是一个典型的URL地址。

7）超文本传输协议（HTTP）

在网络世界中，当我们想要访问一个网站时，仅需在浏览器地址栏中输入网址，如www.baidu.com，但是在浏览器的地址栏里面出现的却是http://www.baidu.com，为什么会多出“http://”？

Internet的基本协议是TCP/IP，然而TCP/IP模型最上层是应用层，它包含所有高层的协议。高层协议有文件传输协议FTP、电子邮件传输协议SMTP、域名系统服务DNS、网络新闻传输协议NNTP和HTTP等。

HTTP（hypertext transfer protocol，超文本传输协议）是用于从WWW服务器传输超文本到本地浏览器的传输协议。它可以使浏览器更加高效，使网络传输减少。它不仅能保证计算机正确快速地传输超文本文档，还能决定传输文档中的哪一部分以及哪部分内容首先显示（如文本先于图形）等。这就是为什么在浏览器中看到的网页地址都是以http://开头的原因。

8）Internet接入方式

Internet接入方式通常有专线连接、局域网连接、无线连接和电话拨号连接四种。其中使用ADSL方式拨号连接对众多个人用户和小单位来说，是最经济、简单的一种接入方式。无线连接也成为当前流行的一种接入方式，给网络用户提供了极大的便利。

（1）ADSL。目前用电话线接入Internet的主流技术是ADSL（非对称数字用户线路），这种接入技术的非对称性体现在上、下行速率的不同，高速下行信道向用户传送视频、音频信息，速率一般在1.5~8 Mbit/s，低速上行速率一般在16~640 kbit/s。使用ADSL技术接入Internet对使用宽带业务的用户是一种经济、快速的方法。

采用ADSL接入Internet，除了一台带有网卡的计算机和一条直拨电话线外，还需向电信部门申请ADSL业务。由相关服务部门负责安装话音分离器和ADSL调制解调器和拨号软件。完成安装后，就可以根据提供的用户名和口令拨号上网了。

（2）ISP。要接入Internet，寻找一个合适的Internet服务提供商（internet service provider，ISP）是非常重要的。ISP提供的服务主要有：分配IP地址和网关及DNS、提供联网软件、提供各种Internet服务、接入服务。

（3）无线连接。无线局域网的构建无须布线，这为用户提供了极大的便捷性，不仅省时省力，而且在网络环境发生变化、需要更改时，也便于维护。那么，通常如何架设无线网呢？首先，需要一台无线接入点（access point, AP）。AP在无线局域网中的作用类似于有线网络中的集线器或交换机，是无线设备与网络之间的关键连接设备。装有无线网卡的计算机、支持Wi-Fi功能的手机等终端设备，可通过AP快速且稳定地接入网络，进而实现与Internet的连接。对于普通的小型办公室或家庭环境而言，一个AP通常就足以满足网络覆盖需求，甚至在相邻的几个邻居之间，也可以共享一个AP来共同上网。

几乎所有无线网络在某个连接点上都与有线网络相连，以此来访问Internet上的资源与服务。要实现 Internet 接入，AP需要与ADSL或有线局域网建立连接。在这种情况下，AP就像一个有线交换机，将无线设备与ADSL或有线局域网有效连接起来，从而达成接入Internet的目的。随着技术的发展，市面上出现了无线ADSL调制解调器等集成化产品，它将无线局域网功能与ADSL功能合二为一。用户只需将电话线接入无线ADSL调制解调器，即可便捷地享受无线网络以及 Internet 所提供的各类服务。

任务实施

小型局域网常采用对等网模式，即“工作组”，具有设置简便、管理易行、使用灵活且成本低廉的特点。本次任务旨在组建小型局域网，流程涵盖硬件准备与连接、路由器及计算机网络配置，以及网络连通性测试等关键步骤。通过精心实施，确保网络稳定高效运行。

任务要求1：根据不同的网络接入方式，正确连接网络设备。

如果是光纤到户，需要使用带光纤接口的无线路由器或使用光猫转接。使用光猫转接时，需要使用网线将光猫LAN口与无线路由器的WAN口相连，如图4-75所示。

如果是电话线上网，需要使用Modem转接，即将Modem网络接口与无线路由器的WAN口相连，如图4-76所示。

如果是普通RJ-45网线到户，将入户网线接口插入无线路由器的WAN口，如图4-77所示，再连接路由器电源即可。

注意：宽带线一定要连接到WAN口，WAN口颜色与LAN口一般不同，计算机连接1/2/3/4任意一个端口。

任务要求2：配置无线路由器。连接路由器后设置密码、上网方式及无线SSID和密码。

大多数无线路由器可采用有线连接路由器和无线连接路由器（部分型号不支持）两种方式完

成配置。以TP-Link TL-WR886N为例，首先查看图4-78所示的路由器标签，该款路由器无登录账户信息，仅提供管理页面地址，即计算机和路由器连接后可直接配置。若选择有线连接方式，即将计算机与路由器任一LAN口直接相连后进行配置；选择无线连接方式，需要先成功连接无线信号后进行配置。

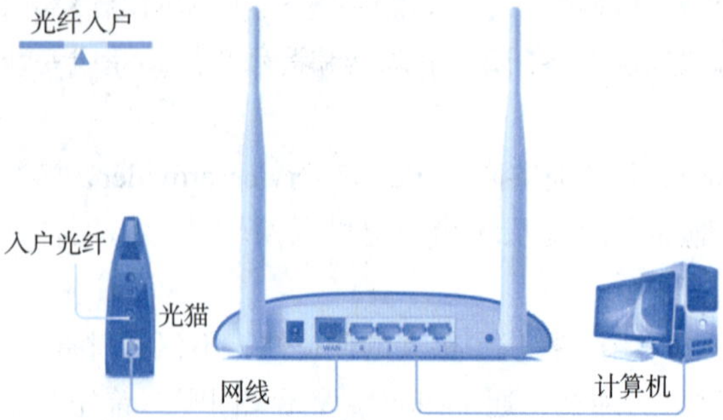

图4-75　光纤到户路由器连接方式

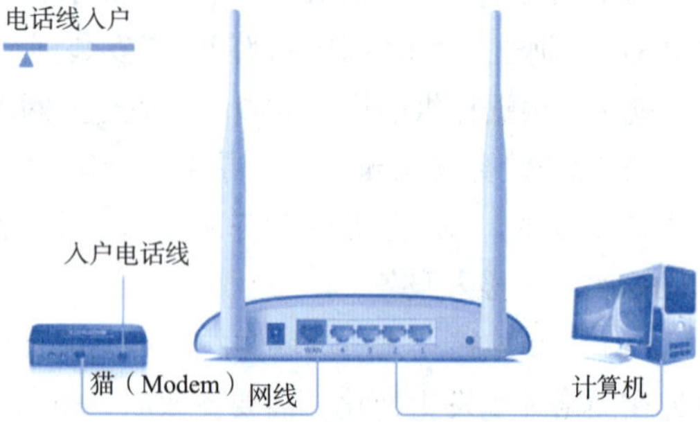

图4-76　电话线上网路由器连接方式

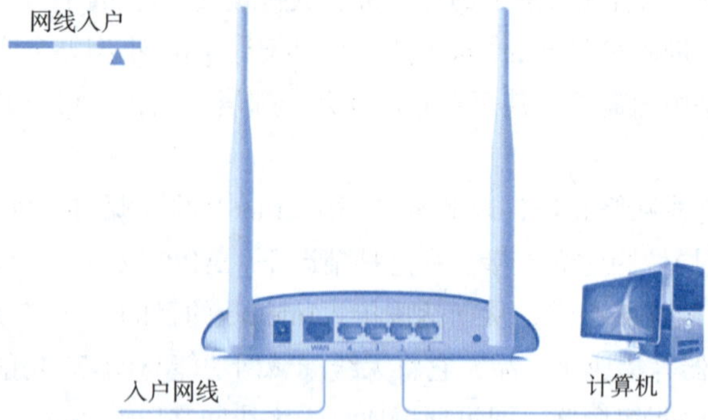

图4-77　RJ-45网线到户路由器连接方式

图4-78　无线路由器标签

STEP 1 使用计算机搜索到开放无线信号TP-LINK_53c6[见图4-79（a）]，单击“连接”按钮后，信息状态提示“无Internet，开放”[见图4-79（b）]，等同有线连接方式。

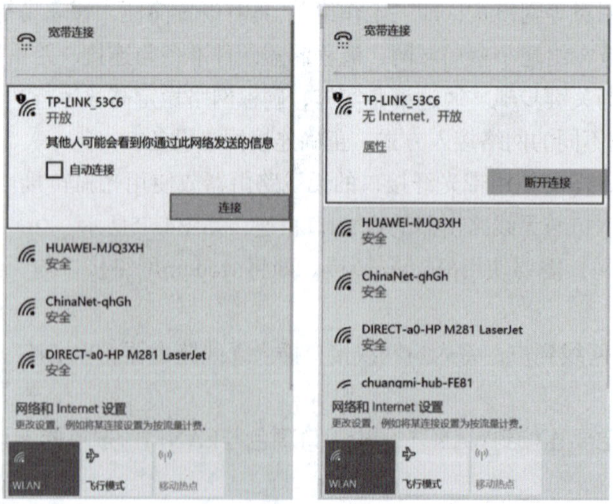

（a）　　　　（b）

图4-79　连接TP-Link开放无线信号

STEP 2 打开浏览器，在地址栏中输入路由器管理页面地址tplogin.cn，按【Enter】键进入路由器配置页面，如初次使用需要先设置管理员密码，如图4-80所示。

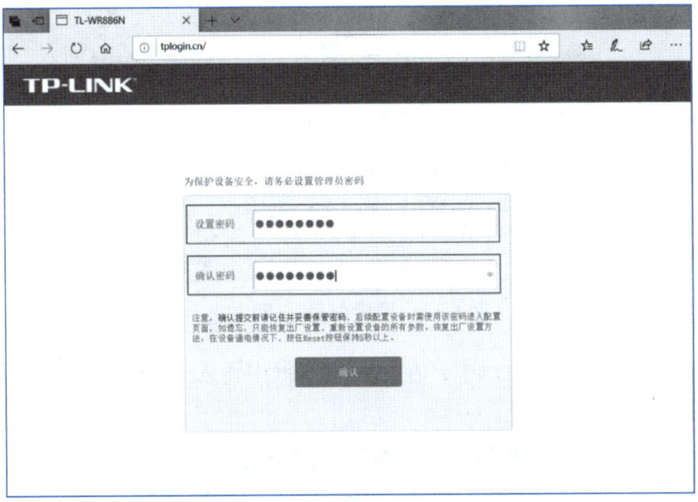

图4-80　初次登录设置密码页面

STEP 3 密码设置成功后，进入图4-81所示的路由器管理界面，左边显示路由器的功能菜单，包括运行状态、设置向导、网络参数、无线设置等，可以浏览路由器的各项配置参数。

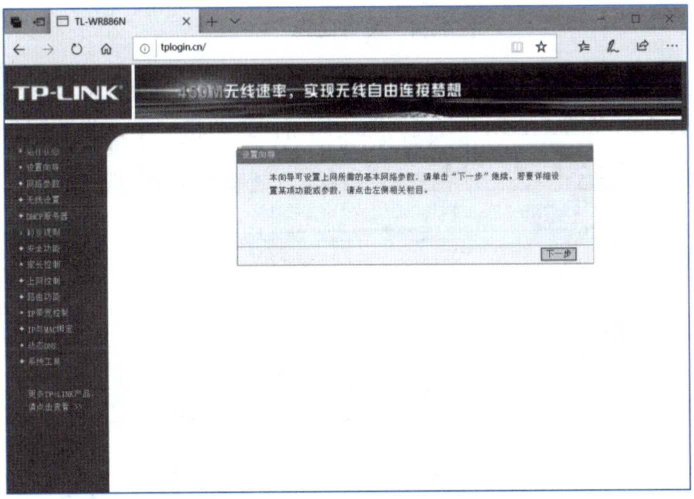

图4-81　路由器管理页面

STEP 4 对于初学者而言，设置向导可以轻松指导完成路由器的基本参数配置。在路由器的管理界面，单击窗口左侧“设置向导”选项，弹出图4-82所示的界面，单击“下一步”按钮。

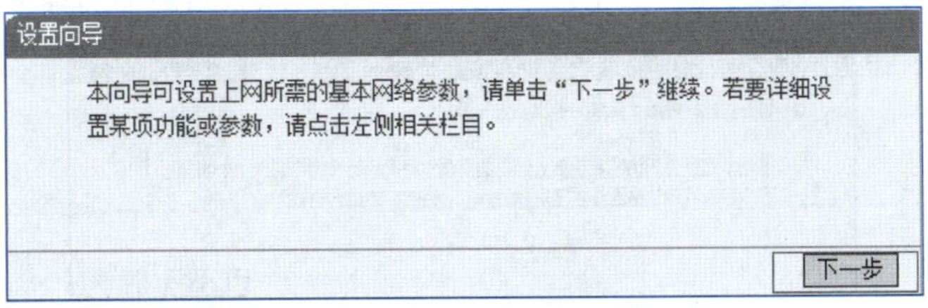

图4-82　路由器设置向导

STEP 5 在图4-83所示的窗口中选择上网方式，现在多数主流路由器支持自动检测上网方式，按照页面提示的上网方式设置即可。以上网方式选择PPPoE（ADSL虚拟拨号）为例，单击“下一步”按钮。

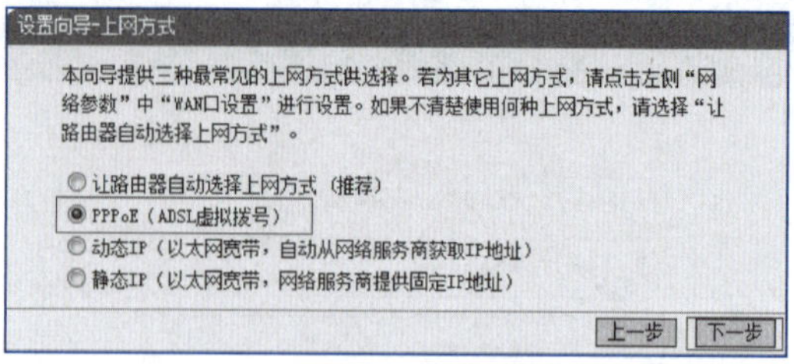

图4-83　设置向导-上网方式

STEP 6 在图4-84所示的窗口中，在对应文本框中输入运营商提供的宽带账号和密码，并确定该账号密码输入正确。

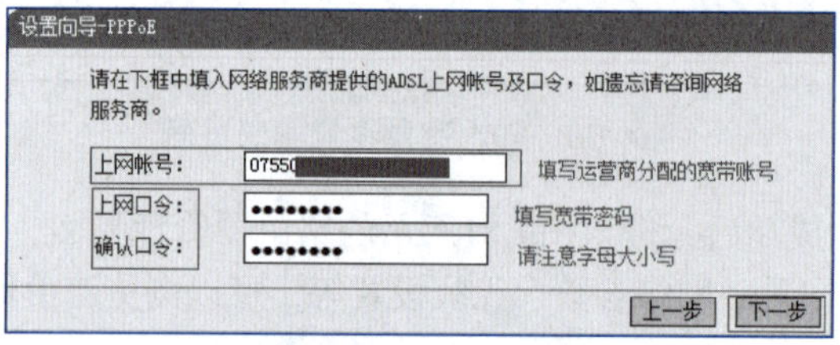

图4-84　设置向导-PPPoE

STEP 7 在图4-85所示的窗口中设置无线网络名称。SSID即无线网络名称（可根据实际需求设置），选中WPA-PSK/WPA2-PSK并设置PSK无线密码，单击“下一步”按钮。

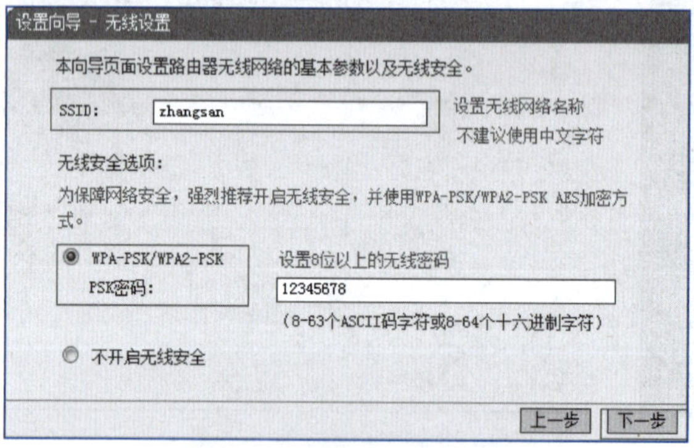

图4-85　设置向导-无线设置

注意：无线密码用于保证无线网络安全，确保不被别人蹭网。

STEP 8 在图4-86所示的窗口中单击“完成”按钮，完成路由器的基本配置。

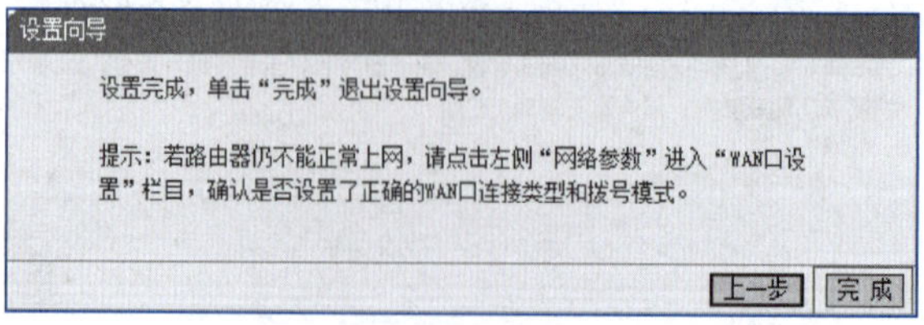

图4-86　设置向导完成提示

注意：部分路由器设置完成后需要重启，单击“重启”按钮即可。

STEP 9 设置完成后，进入路由器管理界面，单击窗口左侧“运行状态”选项，查看WAN口状态，如图4-87所示，当图框内IP地址不为0.0.0.0时，则表示设置成功。

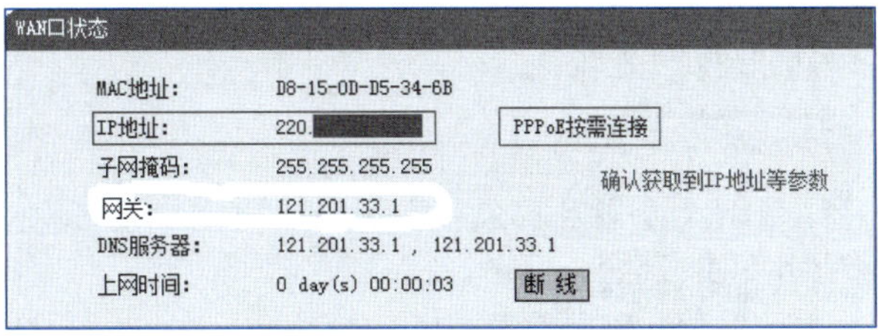

图4-87　路由器运行状态

任务要求3：测试网络连通性。

STEP 1 查看计算机网络配置信息：右击Windows11系统的“开始”按钮，在弹出的快捷菜单中选择“运行”命令，弹出图4-88所示的“运行”对话框，在“打开”文本框中输入命令cmd，按【Enter】键，打开命令提示符窗口，在其中输入命令ipconfig /all，查询计算机的IP配置信息，如图4-89所示。

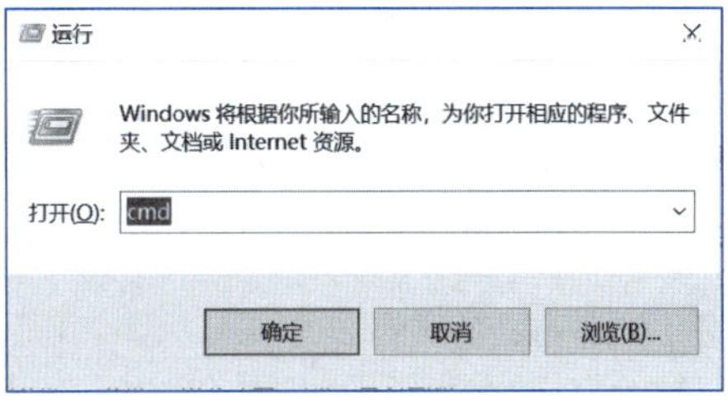

图4-88　“运行”对话框

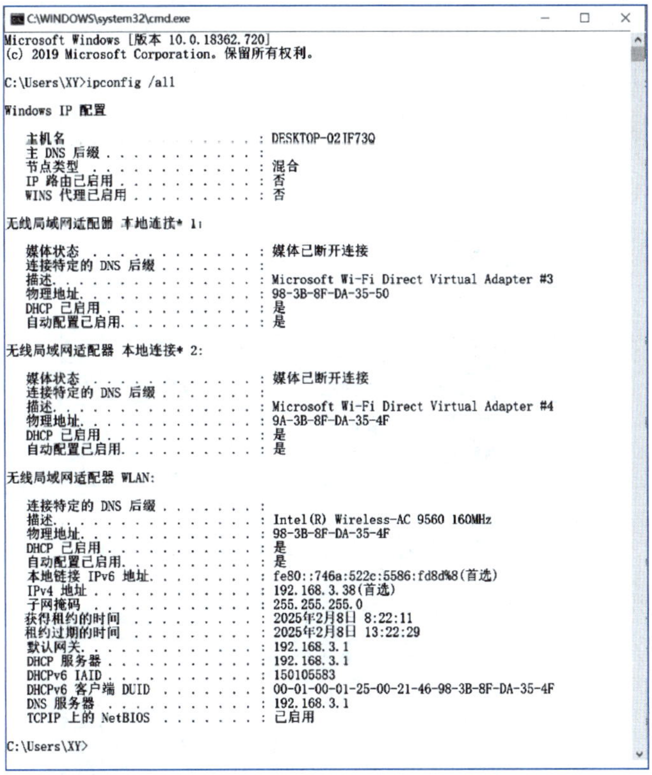

图4-89　命令提示符窗口

STEP 2 使用命令ping 192.168.3.1测试计算机和路由器之间的连通性；使用命令ping www.baidu.com测试计算机和Internet网络的连通性，如图4-90所示。

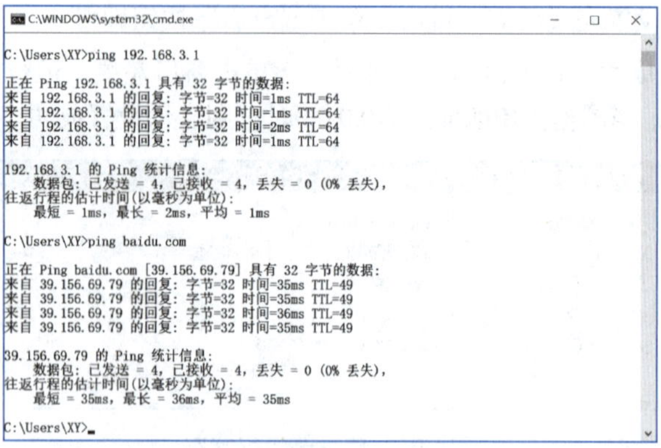

图4-90 计算机网络连通性测试

任务三 精通信息检索——信息应用

情境引入

校园开放日的第三日，工小匠踏入了图书馆的图文信息中心。在这里工小匠不仅体验了如何使用搜索引擎快速检索日常信息，还深入了解了学术信息检索、专利信息检索以及商标信息检索等专用平台的使用方法。这些平台为他打开了通往知识海洋的大门，让他深刻感受到了信息检索在学术研究和创新实践中的重要作用。

任务分析

（1）掌握信息检索基本知识，理解检索技术。

（2）熟悉搜索引擎使用方法。

（3）学习利用专业平台进行期刊文献、专利、商标信息检索。

知识链接

一、信息检索基本知识

1. 信息的基本概念

信息作为科学术语，其历史可追溯至哈特莱在1928年的论述。而香农在20世纪40年代给出的“信息是用来消除随机不确定性的东西”这一经典定义，至今仍被广泛引用。我国信息学专家钟义信教授则强调，信息是事物存在方式或运动状态的直接或间接表述。

2. 信息检索的定义与分类

信息检索即将信息组织起来并根据用户需求找出相关信息的过程和技术。它分为狭义和广义两种：狭义的信息检索仅指信息搜索，而广义的信息检索则包括信息的存储与检索全过程。对于普通用户而言，信息搜索更为重要，故本项目重点讲解狭义的信息检索。

按存储与检索对象划分，信息检索可分为文献检索、数据检索和事实检索。按存储载体和技术手段划分，则可分为手工检索和计算机检索。其中，计算机检索以其高效、便捷和多功能性成为主流。

3. 信息检索的基本原理与常用技术

信息的存储是实现检索的基础。计算机将原始信息转换为可识别的语言并存储在数据库中。用户通过输入查询请求，检索系统则根据请求在数据库中搜索相关信息，并通过匹配机制计算相似度后输出结果。

在检索过程中，为了确保结果的准确性、全面性和高效性，常采用布尔逻辑检索、截词检索、位置检索和限制检索等技术。这些技术各有特色，能够满足不同场景下的检索需求。

1）布尔逻辑检索

布尔逻辑检索是一种运用布尔逻辑运算符针对检索词展开逻辑组配，用以表达两个概念之间逻辑关系的检索技术。布尔逻辑运算符是由英国数学家乔治•布尔（George Boole）于19世纪所提出的，最基本的运算符涵盖“与”（常用AND或*表示）、“或”（常用OR或+表示）、“非”（常用NOT或−表示）这三种运算符号，它们分别对应着表达概念相交、概念平行以及概念排除这三种逻辑关系，见表4-11。

表4-11　布尔逻辑运算符

逻辑运算符	检索式	逻辑关系	检索效果	文氏图（Venn diagrams）
与	*A* AND *B* *A***B*	表示在检索范围内，概念A和B必须同时存在	缩小检索范围，提高查准率	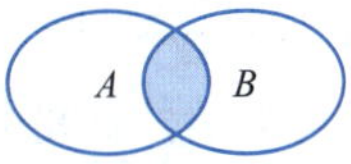

续表

逻辑运算符	检索式	逻辑关系	检索效果	文氏图（Venn diagrams）
或	*A* OR *B* *A*+*B*	表示在检索范围内，概念A或者B必须存在其一，也包含同时存在	扩大检索范围，提高查全率	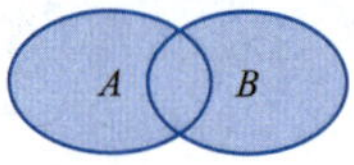
非	*A* NOT *B* *A*–*B*	表示在检索范围内，包含概念A但不包含概念B	缩小检索范围，提高查准率	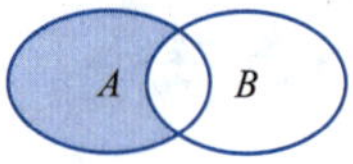

（1）逻辑运算符“与”：欲查找有关“人工智能与图书馆”的文献。

检索式：人工智能AND图书馆（"artificial intelligence"AND library）。

（2）逻辑运算符“或”：若要查找有关机器人或者计算机方面的文献。

检索式：机器人OR计算机（robot OR computer）。

（3）逻辑运算符“非”：如需查找有关国家“预算收入”但不涉及“税收收入”的文献。

检索式：预算收入NOT税收收入（budget NOT tax）。

布尔逻辑检索在检索式中所处的地位，犹如房屋之框架一般，所有检索式均离不开它，且所有检索系统皆以其作为基础检索语法，只不过检索运算符的呈现形式会存在一定差异：其一，运算符大小写方面存在区别，部分数据库要求AND、OR、NOT使用大写形式，部分要求使用小写形式，还有些数据库则大小写均可使用；其二，存在符号替代情况，有的数据库中能够用“+”“-”“*”进行替代，而有的数据库则采用“&”“|”“!”来替代；其三，存在直接隐含的现象，例如，百度、Google等搜索引擎的默认运算符即为布尔逻辑“与”。

2）截词检索

截词检索是利用检索词的词干或不完整的词形进行检索的技术，它是一种预防漏检、提高查全率的信息检索方法。截词是指利用“?”“*”“$”等截词符号替换检索词的某处，使截断后的检索词具有多种可能的词义，这样既可节省输入的检索词数目，又可扩大信息检索范围。尤其是在外文检索系统中，使用截词检索可帮助用户达到较高的信息查全率。根据截词符号所在的位置，截词检索可分为前缀截词法、后缀截词法和中间截词法。

（1）后缀截词法（右截词）。截词符号放在检索词的右侧，是最常用的截词方式。它主要用于检索具有相同词干的词汇，能够查找出一个词的不同词性变化、单复数形式以及其他基于相同词根的衍生词。以“educat*”为例，在检索系统中使用这个检索词，可能会检索出educate（动词，教育）、educated（形容词，受过教育的）、education（名词，教育）、educational（形容词，教育的）等词汇。这种方式在教育文献检索中非常有用，例如，研究教育改革相关内容时，使用后缀截词法可以全面获取与“教育”这个概念相关的各种文献，而不会因为只输入一个特定形式的词汇而遗漏信息。

（2）前缀截词法（左截词）。截词符号放在检索词的左侧，用于检索具有相同词尾部分的词汇。不过在实际检索过程中，相对后缀截词法来说，使用频率较低。若使用“*ology”作为检索词，可能会检索出biology（生物学）、geology（地质学）、psychology（心理学）等词汇。这些词汇都以“ology”结尾，表示学科范畴。这种方法在对某一类学科进行广泛检索时可能会用到，比如在收集跨学科研究中关于各种学科理论的文献时，前缀截词法可以帮助用户快速定位相关内容。

（3）中间截词法（通配符）。截词符号放在检索词的中间，主要用于代替检索词中间可能出现的不同字符，通常用于处理英文单词的单复数形式、英美拼写差异等情况。在一些检索系统中，“wom?n”可以检索出woman和women。再如，对于“colo?r”这个检索词，可能会检索出color（美式拼写）和colour（英式拼写）。这种截词法在检索需要考虑单词拼写变化的情况下很有帮助，能够确保检索到所有可能的正确拼写形式的词汇，避免因拼写差异而遗漏文献。

3）位置检索

位置检索是信息检索领域中一种极具针对性的检索策略。它聚焦于精准把控检索词彼此之间的特定相对位置，像是严格界定检索词必须相邻，或者明确规定它们的前后排列次序。通过这样的设定，能够过滤掉大量无关信息，让检索结果与用户的实际期望高度契合。常用的位置算符有：“(W)”“(nw)”“(nN)”等运算符。

4）限制检索

限制检索是缩小或约束检索结果的检索方法。它主要包括字段检索和二次检索两种方式。字段检索利用特定的字段进行限制，如题名、摘要、全文等；而二次检索则是在前一次检索结果的基础上进行另一概念的检索，以进一步筛选信息。以百度搜索引擎为例，主要包括以下几种常见的限制检索方式。

（1）特定文件类型检索。如果用户希望查找特定格式的文件，如学术研究中查找专业文献（.pdf格式）、商业场景下寻找演示文稿（.ppt或.pptx格式）等，就可以使用文件类型限制检索。在搜索框中输入“人工智能技术介绍 filetype:pdf”，百度会仅检索出与人工智能技术介绍相关的PDF文件，如图4-91所示。特定文件类型检索助于精准定位资源，快速获取所需格式的内容，而不是在大量网页文本、图片等混合信息中筛选。

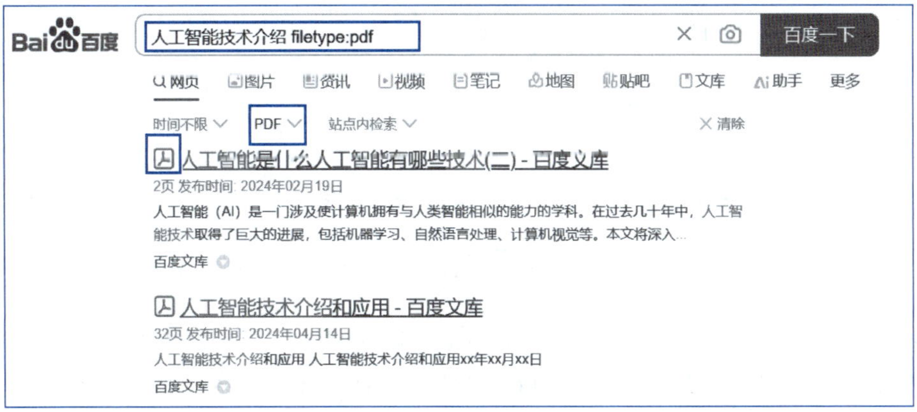

图4-91 特定文件类型检索

（2）特定网站内检索。当用户知道目标信息可能存在于某个特定的网站内时，使用这种限制检索方式可以缩小搜索范围。比如，在某个大型企业的官方网站中查找产品信息或者在某一学术机构网站查找科研成果等。在搜索栏中输入“产品更新信息site:×××公司官网域名”，百度就只会在该公司官方网站内搜索产品更新相关的内容，避免了无关网站信息的干扰，能有效提高搜索效率。将检索词修改为检索式“人工智能发展site:cctv.com”，使搜索结果中只保留来自央视网的网页，如图4-92所示。

（3）时间范围限制检索。对于一些时效性较强的主题，如新闻资讯、行业动态等，通过限制时间范围，可以确保搜索结果集中在用户关注的时间段内。如果想要查找2024年1~6月关于新能源汽车市场销量的新闻，可在搜索框中输入“新能源汽车市场销量202401-202406”，如图4-93所示。这样搜索出来的新闻主要是在这个时间区间发布的，有助于获取最新、最相关的信息。

图4-92　特定网站内检索

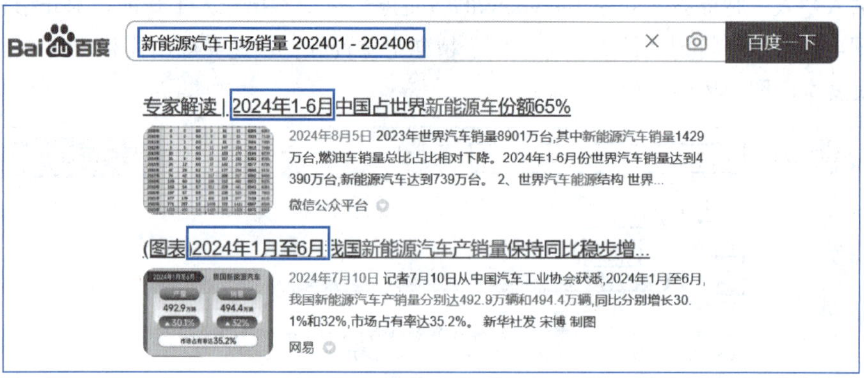

图4-93　时间范围限制检索

信息检索基本知识是掌握高效检索技巧的基础。通过深入了解布尔逻辑检索、截词检索、位置检索和限制检索等方法，我们能够更准确地找到所需信息，提高检索效率和准确性。

二、运用搜索引擎

搜索引擎是根据用户需求与一定算法，运用特定策略从互联网中检索出特定信息并反馈给用户的一种检索工具。搜索引擎依托多种技术，如网络爬虫技术、检索排序技术、网页处理技术、大数据处理技术、自然语言处理技术等，为信息检索用户提供快速、高相关性的信息服务。

1. 搜索引擎的分类

按照工作方式的异同，搜索引擎大致可分为全文搜索引擎、元搜索引擎、垂直搜索引擎和目录搜索引擎。

1）全文搜索引擎

全文搜索引擎又称关键词搜索引擎，这种搜索引擎从互联网上提取各个网站的信息（以网页文字为主）建成数据库，用户通过简单的操作（一般为输入关键词）即可快速检索想要获取的内容。全文搜索引擎会将数据库中与用户检索条件相匹配的数据按一定的排列顺序返回给用户。全文搜索引擎的搜索范围非常广泛，非常适合尚未明确自身检索意图的用户，如Google、百度（Baidu）等都属于全文搜索引擎。

2）元搜索引擎

元搜索引擎即“搜索引擎的搜索引擎”，它可通过一个统一的用户界面帮助用户在多个搜索引擎中选择和利用合适的搜索引擎实现检索操作，是对分布于网络的多种检索工具的全局控制机制。不同的全文搜索引擎由于其性能和信息反馈能力存在差异，故各有利弊。元搜索引擎的出现恰恰解决了这个问题，它有利于各搜索引擎间的优势互补，适用于广泛、准确地收集信息。典型的元搜索引擎如360综合搜索等。

3）垂直搜索引擎

垂直搜索引擎是针对某一个行业的专业搜索引擎，是一种更加细分的搜索引擎。例如，用户要查询到某地的行车路线，相比于全文搜索引擎，用户通过地图领域的垂直搜索引擎显然可以更加迅速、有效地获取所需信息。因此，垂直搜索引擎适用于有明确搜索意图的检索。

4）目录搜索引擎

目录搜索引擎是网站内部常用的检索方式。它会将网站内的信息整合处理并以目录形式呈现给用户，其缺点是用户须预先了解本网站的内容，并熟悉其主要板块构成。目录搜索引擎的适用范围非常有限，且需要较高的人工成本来支持维护。目录索引类搜索引擎最具代表性的是早期的雅虎、搜狐、新浪、网易等。如今，搜索引擎都已转向全文搜索引擎。

2. 常用的搜索引擎

在上述四类搜索引擎中，全文搜索引擎因操作门槛低、搜索范围广、搜索结果丰富等优点广受欢迎成为如今搜索引擎的代名词。因此，这里所说的常用搜索引擎就是指全文搜索引擎。

目前国内外较为知名的搜索引擎包括百度、360搜索、搜狗搜索、Microsoft Bing等。

三、利用专业平台检索信息

1. 期刊文献检索

期刊文献是指刊登在期刊上的论文、综述、通信、书评等类型的资料。期刊大致可分为核心期刊和普通期刊两类。

核心期刊是指某学科（专业或专题）所涉及期刊中刊载相关论文较多、能反映本学科最新研究成果及本学科前沿研究状况和发展趋势、得到该学科读者普遍重视的期刊。目前，国内常用的核心期刊主要有以下几种：中文核心期刊（即北大核心）、中文社会科学引文索引（简称南大核心、CSSCI）、中国科技核心期刊（即统计源核心期刊）、中国科学引文数据库（CSCD）。普通期刊，是指核心期刊目录以外的期刊。

中文期刊文献检索平台数量颇为可观，呈现出多样化的特点。其中，中国知网是国内使用最多的学术检索网站，资源全面准确，涵盖多领域，提供多种检索方式，拥有庞大数据库；维普网专注中文科技期刊，专业性强、权威性高，收录大量高质量科技期刊并提供多种检索及统计分析工具；万方数据资源多样广泛，除期刊外还有图书、会议论文等，其搜索功能强大并提供可视化工具；龙源期刊网国际化程度较高，收录大量国内外优质期刊，提供多种阅读和检索方式，更偏向科普类期刊文章。各中文期刊文献检索平台图标如图4-94所示。

图4-94　中文期刊文献检索平台

2. 专利检索

专利一般是由政府机关或代表若干国家的区域性组织根据申请而颁发的一种文件，这种文件记载了发明创造的内容，并且在一定时期内产生这样一种法律状态，即获得专利的发明创造在一般情况下他人只有经专利权人许可才能予以实施。在我国，专利分为发明、实用新型和外观设计三种类型。

关于对专利的检索可以使用专利检索及分析网，专利检索及分析网是由国家知识产权局开发的，其首页如图4-95所示，用户能够依据自身需求，灵活选用多种检索方式来精准定位目标，常见的有简单检索、分类号检索、高级检索三种方式。

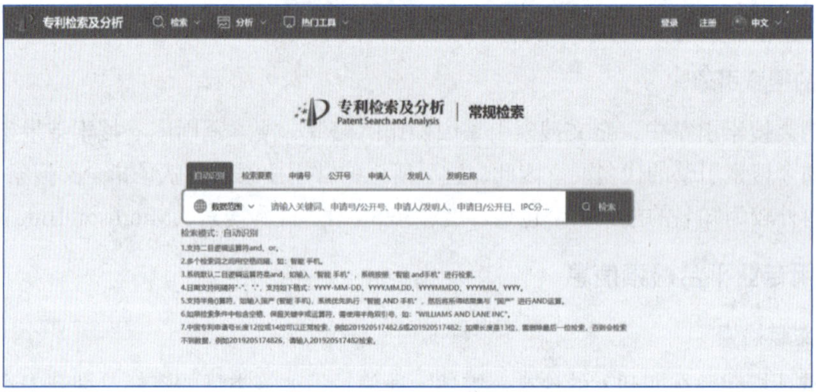

图4-95　专利检索及分析网

（1）简单检索：用户只是想进行初步的、比较宽泛的检索，可以使用简单检索功能。在检索框中输入关键词，如专利名称、发明人姓名、申请人（公司或个人）名称等信息，然后单击“检索”按钮。

（2）分类号检索：专利有国际专利分类号（IPC），如果你对某个特定技术领域的分类号比较熟悉，也可以通过输入分类号来检索。分类号能够更精准地定位到特定技术领域的专利。

（3）高级检索：当你需要更精确地检索专利时，高级检索是更好的选择。高级检索界面提供了多个检索字段，你可以根据自己的需求组合这些字段进行检索。

3. 商标检索

在专业的法律领域中，“商标”有着明确且严谨的定义。当品牌或其组成部分依照法律规定，在政府相关部门完成注册流程后，该标识即被称为商标。商标享有法律赋予的保护，其注册者拥有独家使用权。若需进行商标检索，可登录中国商标网，如图4-96所示。中国商标网作为国家知识产权局精心打造的商标检索专业数据库，支持检索海量、精准的商标信息、商标的基本详情、注册状态、历史变更记录等。

图4-96　中国商标网首页

任务实施

以知网文献检索为例，其提供了多种实用的检索方式。一框式检索最为便捷，输入关键词，知网便能广泛搜罗相关文献；高级检索可精准设置多字段条件，搭配逻辑运算符，精准定位所需资料；作者发文检索聚焦作者成果专题检索围绕特定主题整合资料，便于系统性研究；文献来源检索则以期刊、会议等为入口，锁定目标来源文献；句子检索能依特定句子查找文献，确保内容针对性。本次任务将采用五种检索方式，全面、高效地查找袁隆平关于杂交水稻的研究论文，满足不同的检索需求。

任务要求1：使用一框式检索，检索袁隆平关于杂交水稻的研究论文。

具体步骤如下：

STEP 1 打开中国知网（CNKI）首页，在页面顶部找到默认的搜索框。

STEP 2 在搜索框中输入关键词“袁隆平 杂交水稻”。

STEP 3 单击“检索”按钮，如图4-97所示。系统将根据关键词和选定的范围进行快速检索，并展示相关文献列表，如图4-98所示。

图4-97　一框式检索

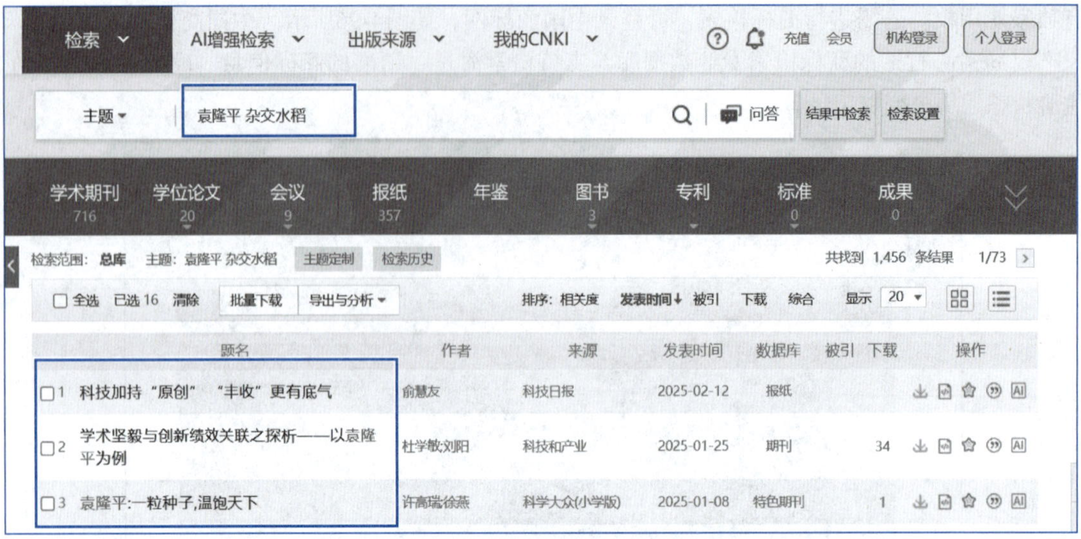

图4-98　一框式检索论文列表

任务要求2：使用高级检索，检索袁隆平以作者身份2000年之后所发表的关于杂交水稻相关研究论文。

具体步骤如下：

STEP 1 打开中国知网（CNKI）首页，单击搜索框下方的“高级检索”按钮，如图4-99所示。

图4-99　高级检索

STEP 2 在高级检索页面中，设置检索条件，作者栏输入袁隆平，关键词栏输入杂交水稻，时间范围可以根据需要选择（如2000年至今）。

STEP 3 利用布尔运算符（AND）组合检索条件，以精确控制检索范围。

STEP 4 单击“检索”按钮，系统将根据设置的条件进行检索，并在页面上展示相关文献列表，如图4-100所示。

任务要求3：检索袁隆平以中国工程院为单位发表主题为“杂交水稻”的研究论文，并了解相关论文引用情况。

具体步骤如下：

STEP 1 在检索选项中选择“作者发文检索”选项。

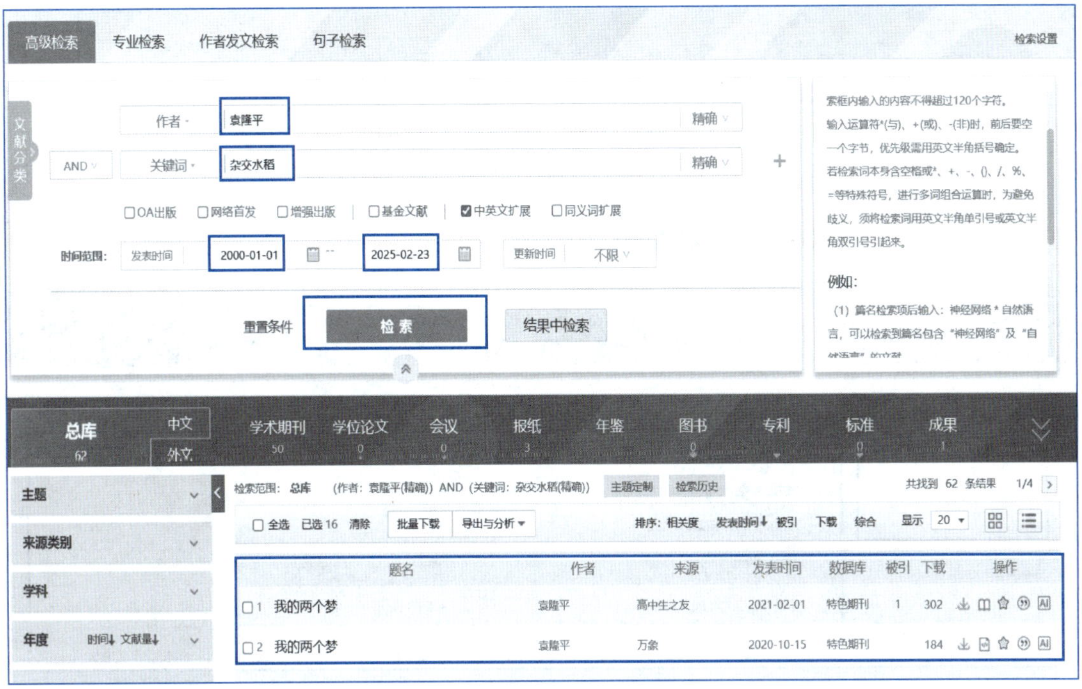

图4-100　高级检索论文列表

STEP 2 在作者搜索框中输入“袁隆平”，并在作者单位搜索栏中输入对应的单位名称（如“中国工程院”）。

STEP 3 单击“检索”按钮，系统将展示袁隆平发表的所有文献列表，如图4-101所示。

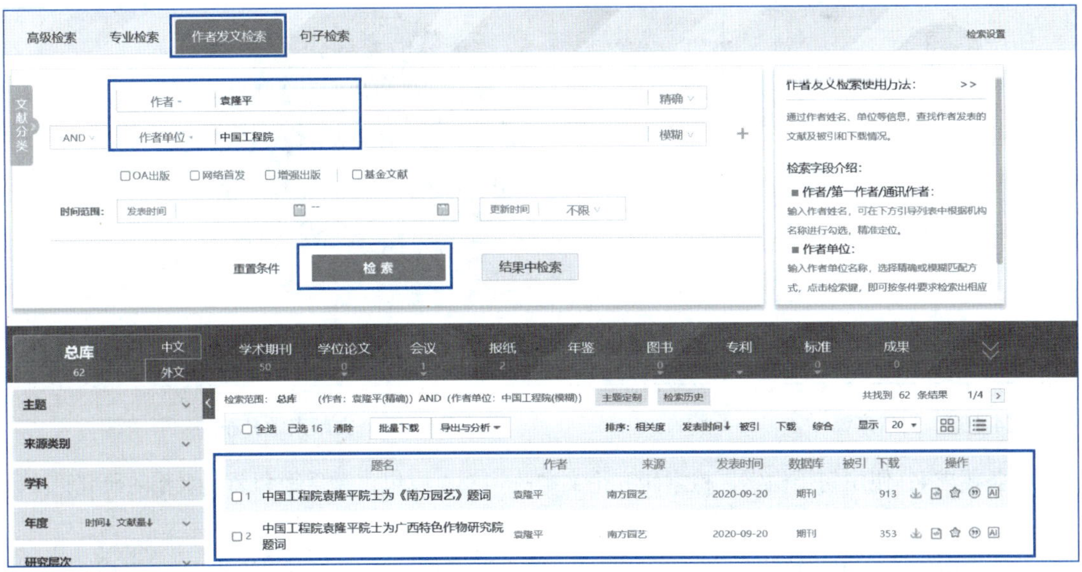

图4-101　作者发文检索

STEP 4 在结果页面中，在主题中以“杂交水稻”关键字进行二次筛选，找到相关论文，如图4-102所示。

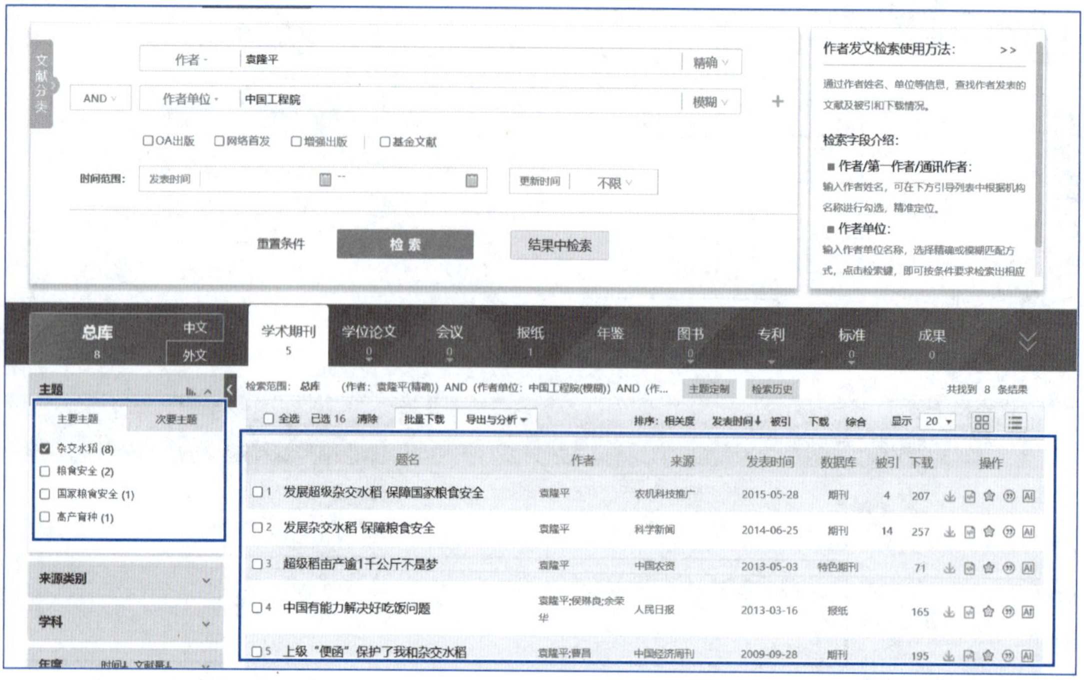

图4-102 论文主题检索

STEP 5 在总库栏打开文献来源列表，在文献来源列表中单击“引证分析”按钮，如图4-103所示；系统将展示该文献被其他文献引用的情况以及相关的引证网络图，如图4-104所示。

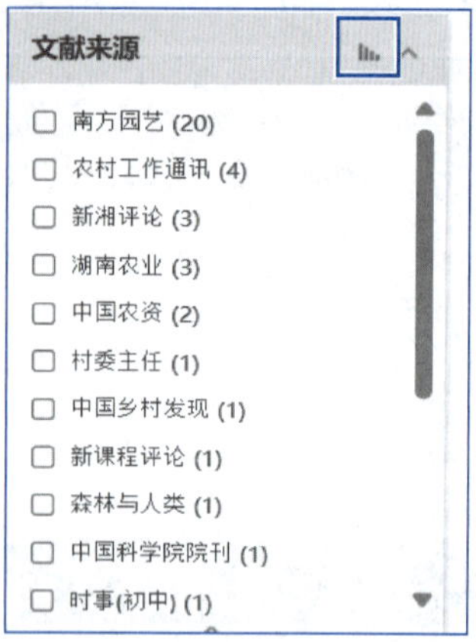

图4-103 文献来源

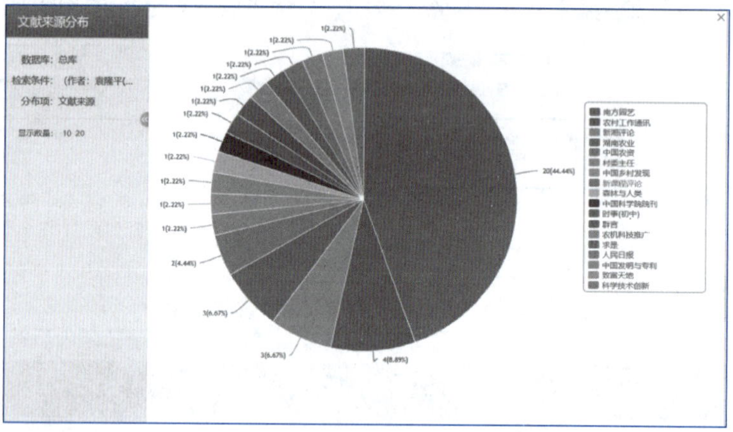

图4-104 文献来源分布

任务要求4： 使用句子检索，检索研究论文中一句或一段包含袁隆平和杂交水稻的研究论文。

具体步骤如下：

STEP 1 打开中国知网（CNKI）首页，单击搜索框下方的“高级检索”按钮，进入高级检索页面后，单击“句子检索”标签。

STEP 2 输入关键字。在全文中同一句话中，包含“袁隆平”和“杂交水稻”。

STEP 3 单击“检索”按钮，系统将根据输入的句子在海量文献库中精准定位相关文献，并在页面中展示结果列表，如图4-105所示。

图4-105　句子检索

任务四　提升信息素养与社会责任——信息赋能

情境引入

在“信息技术探索之旅”校园开放日的第四天，工小匠满怀期待地参与了主题为“信息技术：推动社会进步的力量还是加剧数字风险的根源”的辩论赛。辩论场上，正反双方唇枪舌剑，各抒己见。正方辩手热情洋溢地阐述了信息技术如何促进知识共享、提高生产效率、推动教育公平，成为现代社会不可或缺的发展引擎；而反方则深刻剖析了信息技术发展伴随而来的隐私泄露、网络诈骗、虚假信息的传播等问题，提醒人们警惕其潜在的负面影响。

工小匠作为观众，被这场激烈的思维碰撞深深吸引。他意识到，信息技术如同一把双刃剑，其正面效应与潜在风险并存。作为未来的信息社会公民，不仅要掌握信息检索、处理和应用的能力，更要具备批判性思维，理解并承担起信息技术使用中的社会责任，努力成为推动社会正向发展的积极力量。

任务分析

（1）掌握信息素养要素，提升信息处理能力。

（2）强化信息安全意识，防范网络风险。

（3）明确信息社会责任，培养批判性思维。

知识链接

一、了解信息素养的概念和主要要素

1. 信息素养

信息素养（information literacy）这一概念是美国信息产业协会主席保罗·泽考斯基于1974年提出的，并被解释为：利用大量的信息工具及主要信息源使问题得到解答的技能。信息素养的概念一经提出，便得到广泛传播和使用。

1987年，信息学家帕特丽夏·布雷维克将信息素养概括为一种“了解提供信息的系统并能鉴别信息价值、选择获取信息的最佳渠道、掌握获取和存储信息的基本技能”。

1989年，美国图书馆协会（ALA）下设的“信息素养总统委员会”在其年度报告中对信息素养的含义进行了重新概括：“要成为一个有信息素养的人，就必须能够确定何时需要信息并且能够有效地查询、评价和使用所需要的信息。”

1992年，克里斯蒂娜·道尔在《信息素养全美论坛的终结报告》中将信息素养定义为：“一个具有信息素养的人，他能够认识到精确的和完整的信息是作出合理决策的基础，确定对信息的需求，形成基于信息需求的问题，确定潜在的信息源，制订成功的检索方案，从包括基于计算机和

其他信息源获取信息、评价信息、组织信息于实际的应用，将新信息与原有的知识体系进行融合及在批判性思考和问题解决的过程中使用信息。”

信息素养是一种综合能力，涉及各方面的知识，是一种特殊的、涵盖面很宽的能力，它包含人文、技术、经济、法律等诸多因素，与许多学科有着紧密的联系。

2. 信息素养的主要要素

信息素养作为人们适应信息社会生活的必备素养，信息素养主要包括信息意识、信息知识、信息能力和信息伦理四大主要要素。

1）信息意识

信息意识是信息素养的前提，它是指个体对信息的敏感度和对信息价值的判断力。一个具备信息意识的人，能够根据解决问题的需要，自觉、主动地寻求恰当的方式获取与处理信息；能够敏锐感觉到信息的变化，分析数据中所承载的信息，采用有效策略对信息来源的可靠性、内容的准确性、指向的目的性做出合理判断，对信息可能产生的影响进行预期分析，为解决问题提供参考；在合作解决问题的过程中，愿意与团队成员共享信息，实现信息的更大价值。

2）信息知识

信息知识是信息素养的基础，包括信息的特点与类型、信息交流和传播的基本规律与方式、信息的功用及效应、信息检索等方面的知识。信息知识不仅能改变一个人的知识体系和认知结构，还能升华和优化其原先学到的专业知识，使这些知识发挥出更大的作用。

3）信息能力

信息能力是信息素养的保证，也是信息素养最重要的要素。在信息社会中，几乎做任何事都需要信息能力。一般来说，核心的信息能力包括信息发现能力、信息检索能力、信息组织能力、信息分析能力和信息评价能力，体现在对信息的获取、理解、评估、利用、交流和创造等过程中。一个具备信息能力的人，能根据自身的信息意识和信息知识，熟练地应用各种信息技术工具（如搜索引擎），在海量信息中迅速获取自己所需的信息，并可利用现有信息创造出新信息。

4）信息伦理

信息伦理是信息素养的准则，它是指人们在从事信息活动时需要遵守的信息道德准则和需要承担的信息社会责任。信息伦理要求我们具有一定的信息意识、知识与能力，遵守信息相关的法律法规，信守信息社会的道德与伦理准则，在现实空间和虚拟空间中遵守公共规范，既能有效维护信息活动中个人的合法权益，又能积极维护他人合法权益和公共信息安全。

在信息素养的四大主要要素中，信息意识和信息知识是一个人具备信息能力和遵守信息伦理的前提与基础，信息能力是信息意识和信息知识的具体体现，也是衡量一个人信息素养高低的重要标准，而信息伦理则是保障信息安全的重要依据。

二、信息安全

随着计算机网络及信息技术的迅速发展，同时面临着信息泄露、网络攻击、计算机病毒等安全问题，因此信息安全已经成为一个全社会关注的问题，尤其在人工智能时代的到来，信息安全面临前所未有的挑战。信息安全一般是指信息产生、制作、传播、收集、处理直到选取等信息传播与使用全过程中的信息资源安全。

1. 信息安全的基本概念

信息安全的基本内涵最早由信息技术安全评估标准（Information Technology Security Evaluation

Criteria，ITSEC，即业界通常指称的“橘皮书”）定义。ITSEC阐述和强调了信息安全的CIA三元组目标，即保密性（confidentiality）、完整性（integrity）和可用性（availability）。

1）保密性

保密性是指信息或数据经过加密变换后，由明文变成密文形式。只有被授权的合法用户，掌握了密钥，才能通过解密算法将密文还原成明文。未经授权的用户因为不知道密钥，将无法获知原明文的信息。

2）完整性

完整性就是为方便检验所获取的信息与原信息是否完整一致，通常可给原信息附加上特定的信息块，该信息块的内容是原信息数据的函数。系统利用该信息块检验数据信息的完整性。未经授权的用户对原信息的改动会导致附加块发生变化，由此引发系统启动预定的保护措施。

3）可用性

可用性指的是安全系统能够对用户授权，为其提供某些服务，即经过授权的用户可以得到系统资源，并且享受到系统提供的服务，防止非法抵制或拒绝对系统资源或系统服务的访问和利用，增强系统的效用。

2. 信息安全要素

按照ISO 7498-2的定义，在OSI参照模型框架内能选择提供的有身份认证、访问控制、数据保密、数据完整以及不可否认共五个要素。

1）身份认证

身份认证的服务方式有同层实体的身份认证、数据源身份认证和同层实体的相互身份认证三种。

（1）同层实体的身份认证：目的是向同一层的实体证明高层所声明的那个实体确实是会话过程中所说的那个实体，它可以防止实体的假冒，一般用于会话建立阶段。

（2）数据源身份认证：保证接收方所收到的消息确实来自发送方的这个实体。

（3）同层实体的相互身份认证：与同层实体的身份认证完全相同，只是这时的身份认证是双方相互确认，其攻击和防御的方法与同层实体的身份认证也是相同的。

2）访问控制

访问控制的目的是限制访问主体对访问客体的访问权限。访问控制是对那些没有合法访问权限的用户访问了系统资源，或是合法用户不小心造成对系统资源的破坏的行为加以控制。

3）数据保密

数据保密的目的是确保信息在存储、传输以及使用过程中不被未授权的实体所访问，从而防止信息的泄露，即防止攻击者获取信息流中的控制信息。

4）数据完整

数据完整的目的是保证信息在存储、传输以及使用过程中不被未授权的实体所更改或损坏，不被合法实体进行不适当的更改，从而使信息保持内部、外部的一致性。

5）不可否认

不可否认是用来防备对话的两个实体中任一实体否认自己曾经执行过的操作，从而使实体不能对自己曾经接收或发送过的任何信息进行抵赖。

综上所述，信息安全可以表示成一个五元组函数，即由五个属性组成的函数：

$$S=f(A,I,C,V,R)$$

式中，S代表信息安全；A代表身份认证；I代表数据完整；C代表数据保密；V代表访问控制；R代表不可否认。

每一个属性又可以表示成一个函数，如$A=u(a)$，其中，a代表各种与身份认证属性相关的各种实例，同样，I、C、V、R也可以表示成这样的函数。A、I、C、V、R这些函数的取值只有两种，分别为0和1，0代表违反了相应属性，1代表遵守了相应属性。只有当五个属性值全为1时，S的值才为1，否则，该系统存在安全风险。当然，一个系统不可能达到100%安全，所以$S=1$是理想状态。

3. 信息安全威胁

到目前为止，信息安全面临的威胁呈现多样性特征。根据威胁和攻击来源可分内部威胁和外部威胁。信息系统内部工作人员越权操作、违规操作或其他不当操作可能造成重大安全事故。内部管理不严造成信息系统安全管理失控，信息体系内部缺乏健全管理制度或制度执行不力给内部工作人员违规和犯罪留下余地。同时，操作员安全配置不当造成的安全漏洞，用户口令选择不慎，用户将自己的账号随意转借他人或与别人共享等都会对网络安全带来威胁。从外部对信息系统进行威胁和攻击的实体主要有黑客、信息间谍、计算机犯罪人员等。这是网络面临的最大威胁，攻击者的攻击和计算机犯罪就属于这一类。网络攻击手段越来越隐蔽、攻击技术越来越先进、攻击范围越来越广、攻击工具随处可得、攻击实施简单易行，这些都为防范网络攻击带来了巨大的挑战。重点介绍一下恶意程序，主要的恶意代码有以下三种。

1）特洛伊木马（Trojan horse）

特洛伊木马简称木马，是指伪装成有用的软件，当它被执行时，往往会启动一些隐藏的恶意进程，实现预定的攻击。木马大多是以客户端/服务器端程序模式为基础，通常由一个攻击者控制的客户端程序和一个（或多个）运行在被控计算机端的服务器端程序组成。木马具有有效性、隐蔽性、顽固性、易植入性等特点。例如，木马文本编辑软件与一般的文本编辑软件看似相同，但它会启动一个进程将用户的数据复制到一个隐藏的秘密文件中，植入木马的攻击者就可以阅读到此秘密文件。

2）病毒（virus）

病毒指编制或者在程序中插入的破坏功能或者破坏数据，影响使用并且能够自我复制的一组指令或者程序代码。病毒具有独特的复制能力，可以很快地蔓延，而且难以根除。它们能附着在各种类型的文件上，当文件被复制或从一个用户传送到另一个用户时，病毒就随之蔓延。病毒的危害有两方面：一是病毒可以包含一些直接破坏性的代码；二是病毒传播过程会占用计算机的计算和存储资源，造成系统瘫痪。病毒的感染动作受触发机制的控制，病毒触发机制还会控制病毒的破坏动作。病毒程序一般由感染模块、触发模块、破坏模块和主控模块组成。计算机一旦被感染，病毒会进入计算机的存储系统，如内存，感染其中运行的程序，无论是大型机还是微型机，都难幸免。随着计算机网络的发展和普及，计算机病毒已经成为各国信息战的首选武器，给国家的信息安全造成了极大威胁。计算机病毒具有潜伏性、传染性、突发性、隐蔽性、破坏性等特征。

3）蠕虫（worm）

蠕虫可独立运行并能把自身的一个包含所有功能的版本传播到另外的计算机中。蠕虫根据传播和运作方式分为主机蠕虫和网络蠕虫。主机蠕虫的所有部分均包含在其所运行的计算机中，利用网络连接仅仅是为了将自身复制到其他计算机中。网络蠕虫由许多部分（称为段）组成，而且每个部分运行在不同的计算机中，并且使用网络的目的是进行各个部分之间的通信以及传播。蠕虫在功能上可以分为基本功能模块和扩展功能模块，实现了基本功能模块的蠕虫程序就能完成复制传播流程，而包含扩展功能模块的蠕虫程序，则具有更强的生存力和破坏力。

4. 安全防御技术

计算机网络的开放性、互连性等特征使网络易受攻击，所以网络信息的安全和保护是一个至关重要的问题。无论是在单机系统、局域网还是广域网系统中，都存在着自然、人为等诸多因素的脆弱性和潜在威胁。典型的安全防御技术有实体安全技术、软件安全技术、加密技术、认证技术和防火墙技术等。

1）实体安全技术

实体安全是对计算机设备、机房、通信线路及存储介质等实体的安全防护，旨在防范自然或人为破坏、窃取。

环境安全：机房温度需保持在18~27 ℃，湿度为40%~60%，否则设备易故障。同时，要避开洪水、地震等灾害频发区。

设备安全：可安装监控、门禁防盗。服务器机柜配专门锁具，仅授权人员能开启。使用屏蔽材料防电磁泄漏，避免信息因电磁辐射被非法获取。

存储介质安全：磁带、硬盘等要妥善保管。像银行存放客户重要数据的介质，会放在防火、防潮、防磁的保险柜中。

2）软件安全技术

软件广泛应用，其安全关乎重大，需防范开发、部署和使用中的恶意攻击与漏洞。

安全开发：遵循安全编码规范，在处理用户输入时严格验证过滤，防止SQL注入。如Web应用若未合理验证用户名和密码，攻击者输入恶意SQL语句就能窃取数据库敏感信息。

漏洞检测与修复：利用静态分析工具在不运行软件时查源代码漏洞，或通过动态测试模拟运行环境找问题。微软等厂商定期发布补丁修复漏洞。

防篡改：采用数字签名保证软件完整性。开发者签名后，用户下载时可验证，签名不符则软件可能被篡改。

3）加密技术

加密技术将明文转为密文，保护数据保密性与完整性，只有授权用户可还原。

对称加密：DES和AES等算法，加密和解密用同一密钥。AES加密快，常用于企业加密敏感文件，共享密钥者可操作。

非对称加密：如RSA算法，用公钥加密、私钥解密。电商中，用户用网站公钥加密信用卡号等敏感信息传输，网站用私钥解密。

哈希函数：如MD5和SHA-1，单向加密验证数据完整性。不过这两个函数都有漏洞，推荐SHA-256。下载文件时可对比网站公布的哈希值判断文件是否被篡改。

4）认证技术

认证技术确认用户、设备身份，确保合法实体访问系统资源。

密码认证：最常见，如登录邮箱输用户名和密码。但密码易被猜测或窃取，需设置复杂密码增强安全性。

生物特征认证：用指纹、虹膜、面部识别等生理特征或笔迹、声音等行为特征认证。智能手机指纹识别、银行金库虹膜识别是常见应用。

证书认证：由权威机构颁发数字证书，含身份信息和公钥。企业员工用企业认证中心证书访问内部敏感资源，网上银行也为用户发证书保障交易安全。

5）防火墙技术

防火墙是架设于内部和外部网络间的安全系统，依据预设规则管控网络流量，保障内部网络不被外部非法访问与攻击。

包过滤防火墙：作为基础类型，它通过查验网络数据包的源地址、目的地址及端口号，决定是否放行。例如，企业常设置规则，仅允许内部网络访问外部特定端口，如HTTP 80端口、HTTPS443端口，阻拦其他不必要端口，以此抵御外部恶意端口的入侵。

状态检测防火墙：该防火墙除检查数据包头部，还考量其状态。以已建立的合法TCP会话为例，防火墙会记住会话状态，后续同会话数据包只要符合该状态就能通过，有效防范如TCP SYN Flood等利用TCP会话的攻击。

应用层防火墙：运作于应用层，能解析HTTP、SMTP等应用层协议，并对应用层内容检查过滤。例如，它能检测并拦截网页中的恶意JavaScript脚本，防范跨站脚本攻击（XSS），还能对邮件附件进行检查，阻止恶意软件借邮件附件传播。

在数字化进程中，安全威胁如影随形，典型的安全防御技术构成了一道坚实屏障。实体安全技术，从物理层面守护硬件设备与存储介质；软件安全技术，为软件的全生命周期筑牢安全堤坝；加密技术，让数据在传输与存储时难以被破解。认证技术精准识别用户身份，防止非法访问；防火墙技术则实时监控网络流量，阻挡外部攻击。这些技术各司其职又相辅相成，共同构建起全方位的安全防护体系。

5. 杀毒软件

当前市场上有很多杀毒软件供用户选择，用户该如何选择呢？选择杀毒软件时，可以从杀毒效果、占用资源、杀毒速度、操作界面等方面考虑，当然，企业用户和个人用户在选择时又略有不同，应具体情况具体分析。

1）个人杀毒软件

360 安全卫士：功能全面，集成病毒查杀、系统修复和计算机清理等功能。其云查杀引擎及QVMII人工智能引擎可有效检测和清除顽固木马与勒索软件，但广告较多。

腾讯电脑管家：拥有强大的病毒查杀能力和实时保护功能，界面友好，操作简便。其自研的TAV杀毒引擎获国际权威认证，病毒检出率高，还具备广告拦截、计算机加速等功能。

金山毒霸：老牌杀毒软件，病毒库丰富，查杀能力强，能提供实时监控、安全浏览等功能。系统资源占用少，安装和使用便捷，但偶尔会出现误报情况。

火绒安全软件：专注于互联网安全，查杀能力强，误报率低。具有强大的自定义功能，可根据用户需求调整防护策略，且无广告干扰，运行轻便。

2）企业级杀毒软件

360企业安全卫士：为企业提供全面的安全防护，包括病毒查杀、漏洞修复、终端管理等功能。可对企业网络中的多台设备进行集中管理和监控，保障企业网络安全。

瑞星杀毒软件企业版：自主研发的杀毒引擎，具备较高的病毒检测准确率，支持多平台终端管理，可对企业内部的服务器、客户端等进行统一防护和管理，还提供实时监控和漏洞修复等功能。

启明星辰天擎：具备强大的病毒查杀能力和实时监控功能，支持病毒自动拦截和文件恢复等功能，可根据企业需求定制安全策略，提供专业的安全服务和技术支持。

深信服安全感知平台：提供全面的网络安全防护，包括病毒查杀、入侵检测、行为分析等功能，可对企业网络中的各种威胁进行实时监测和预警，帮助企业及时发现和处理安全问题。

对于杀毒软件的使用，很多人都有一个误区，即认为只要安装了杀毒软件就可以保证自己的计算机不会受到病毒的感染。这种想法其实是错误的，大部分杀毒软件是滞后于计算机病毒的。所以，除了及时更新升级软件版本和定期扫描外，还要注意充实自己的计算机安全和网络安全知识，做到不随意打开陌生的文件或者不安全的网页、不浏览不健康的站点、注意更新自己的密码、配套使用安全助手和个人防火墙等，这样才能更好地维护自己的计算机及网络安全。

三、信息社会的责任

信息社会，一个由信息技术深刻塑造并驱动发展的新纪元，正以前所未有的速度和规模重塑着人类的生存方式、工作模式和社会结构。在这一转型过程中，信息社会所承载的责任显得尤为重大且复杂，涵盖了技术创新与伦理道德的平衡、法律法规的完善与监管、数字鸿沟的消除、个人隐私的保护，以及可持续发展的推动等层面。以下是对信息社会责任的学术化探讨，并结合具体实例进行深入分析。

1. 技术创新与伦理道德的平衡

信息技术的飞速发展，如人工智能、大数据、云计算等，为人类带来了前所未有的便利和效率提升。然而，技术的双刃剑特性也日益凸显，算法偏见、隐私泄露、数据滥用等问题频发，对社会伦理道德构成了严峻挑战。因此，信息社会需确保技术创新与伦理道德相协调，推动技术向善，避免技术滥用导致的社会不公和伤害。

在医疗领域，阿里巴巴旗下的阿里云推出了“ET医疗大脑”，通过AI技术辅助医生进行疾病诊断、手术规划等。为了确保AI技术在医疗领域的伦理应用，阿里云加强了与医疗机构的合作，共同制定AI技术在医疗领域的伦理规范，确保AI技术的决策过程公平、透明，避免算法偏见对医疗决策的影响。

2. 法律法规的完善与监管

信息社会的快速发展对现有法律体系提出了新的挑战，如何在保护个人权益与促进数据流通之间找到平衡点，成为法律制定者面临的重要课题。加强数据保护法律框架的建设，明确数据收集、处理、使用的合法边界，是信息社会的重要责任。同时，建立健全的监管机制，确保法律的有效执行，也是维护信息社会秩序、保障人民权益的关键。

我国历来重视信息安全法律法规的建设，经过多年的探索和实践，我国已经制定和颁布了多项涉及信息系统安全、信息内容安全、信息产品安全、网络犯罪、密码管理等方面的法律法规，构建了较为完善的信息安全法律法规框架，如图4-106所示。

在上述法律中，尤以《中华人民共和国网络安全法》和《中华人民共和国密码法》最为知名。

2016年11月7日，第十二届全国人大常委会第二十四次会议通过了《中华人民共和国网络安全法》。它是我国第一部网络安全领域的专门性综合立法，旨在保障网络安全，维护网络空间主权和国家安全、社会公共利益，保护公民、法人和其他组织的合法权益，促进经济社会信息化健康发展。

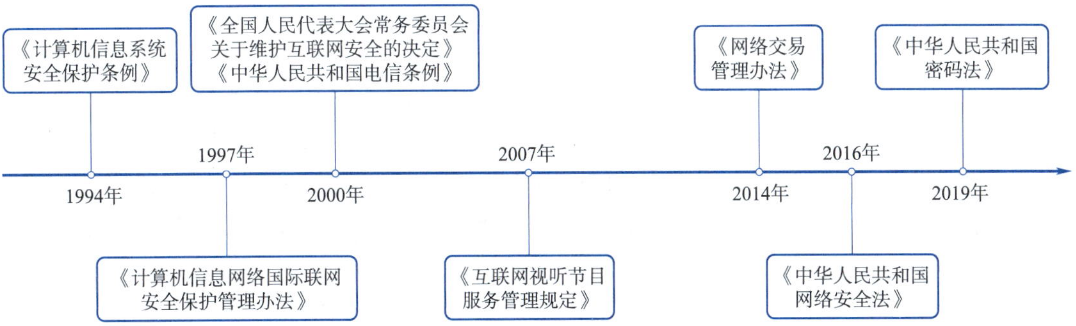

图4-106 信息安全法律法规发展历程

2019年10月26日，十三届全国人大常委会第十四次会议通过了《中华人民共和国密码法》。它是我国第一部密码领域的综合性、基础性法律，旨在规范密码应用和管理，促进密码事业发展，保障网络与信息安全，提升密码管理科学化、规范化、法治化水平。

3. 数字鸿沟的消除

信息社会加剧了城乡、区域、不同群体之间的数字鸿沟，导致信息资源的分配不均，进一步拉大了社会贫富差距。推动信息技术普及，提升公众的数字素养，特别是为偏远地区、弱势群体提供平等接入信息社会的机会，是实现社会公平与包容的重要途径。

我国政府近年来大力推进“互联网+”行动计划，通过建设农村宽带网络、推广在线教育、远程医疗等服务，努力缩小城乡数字鸿沟。例如，“国家数字教育资源公共服务平台”为偏远地区的中小学生提供了优质的教育资源，使他们能够享受到与城市学生同等的教育机会。此外，通过“数字乡村”建设，推动农村电商、智慧农业等发展，促进了农村经济社会的转型升级。

4. 个人隐私保护

在当前的信息社会中，个人隐私保护是维护人权、促进社会信任的重要基石。随着大数据、物联网等技术的广泛应用，个人隐私泄露的风险显著增加。信息社会有责任建立健全个人隐私保护机制，确保个人信息安全，防止数据滥用。中国互联网企业也加强了个人隐私的保护措施。例如，一些互联网企业推出了隐私保护政策，明确了用户个人信息的收集、使用、保护等原则，并通过技术手段加强了对用户个人隐私的保护。同时，这些企业还加强了与用户的沟通和互动，提高了用户对个人隐私保护的意识和能力。

5. 促进可持续发展

信息社会的发展不能以牺牲环境为代价。推动绿色信息技术的发展，如云计算、物联网在提高能效、减少资源消耗方面的应用，是实现可持续发展的关键。同时，利用大数据、人工智能等技术优化资源配置，支持环保监测与治理，也是信息社会应承担的责任。阿里巴巴集团通过其“绿色数据中心”计划，采用液冷技术、智能温控系统和清洁能源供电，显著降低了数据中心的能耗和碳排放。此外，阿里巴巴还利用云计算和人工智能技术，开发了“数字地球引擎”平台，为科研机构、环保组织和政府部门提供全球环境数据分析和可视化服务，支持生态保护与气候行动。

信息社会的责任是多方面的，要求在享受技术带来的便利时，深刻反思其可能带来的负面影响，并采取积极措施加以应对。通过技术创新与伦理道德的平衡、法律法规的完善与监管、数字鸿沟的消除、个人隐私的保护以及可持续发展的推进，共同构建一个更加公正、包容、绿色、可持续的信息社会，是信息社会发展的使命所在。

任务实施

信息安全防护体系需依托防火墙与杀毒软件构建双重保障机制。防火墙作为网络边界防御核心，通过策略管控有效阻隔外部威胁；杀毒软件则提供终端主动防护，精准识别并消除恶意程序。本任务聚焦个人用户Windows 10系统中的防火墙策略配置与杀毒软件部署，达到提升终端设备基础安全防护能力，有效防范恶意程序入侵与隐私数据泄露，构建安全可信的上网环境的目的。

任务要求1：配置防火墙。

具体步骤如下：

STEP 1 按【Windows+R】组合键，打开“控制面板”窗口，单击“Windows Defender防火墙”超链接，如图4-107所示。

图4-107　单击“Windows　Defender防火墙”链接

STEP 2 进入“Windows Defender防火墙”窗口，单击“启用或关闭Windows Defender防火墙”按钮，如图4-108所示。

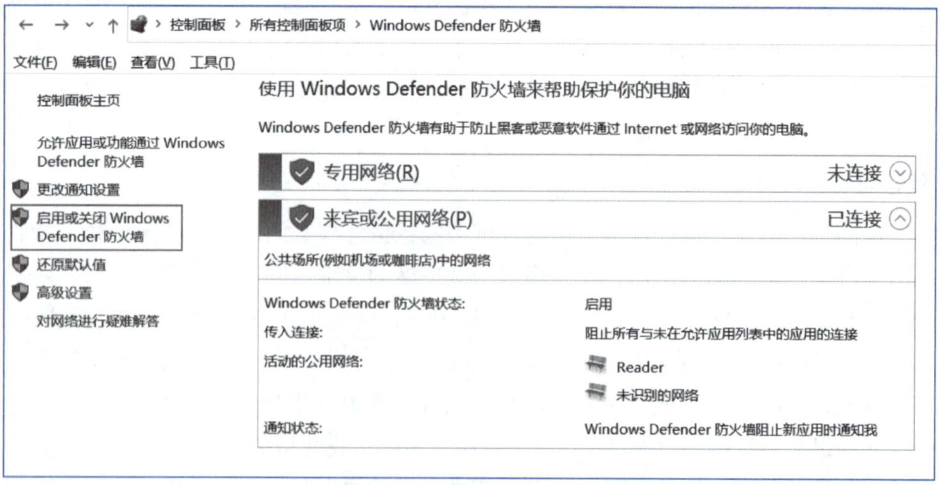

图4-108　启用或关闭Windows　Defender防火墙

STEP 3 选中“启用Windows Defender防火墙”单选按钮，系统默认防火墙为开启状态，根据需求进行相应设置，如图4-109所示。

图4-109　启用Windows Defender防火墙

STEP 4 若要恢复系统默认防火墙设置，可以单击“还原默认值”超链接，如图4-110所示。

图4-110　还原默认值

STEP 5 单击“高级设置”超链接，打开Windows Defender防火墙设置窗口，可以设置系统的入站及出站规则、连接安全规则以及监视，如图4-111所示。

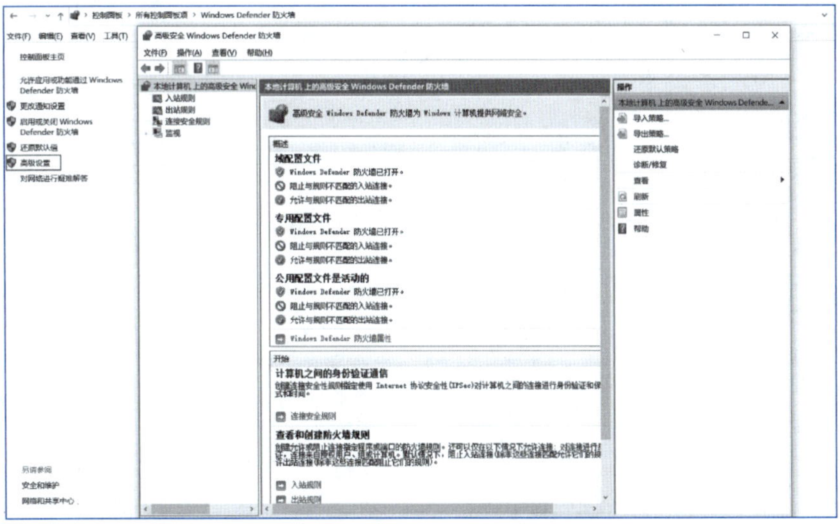

图4-111　高级安全Windows Defender防火墙设置

任务要求2：配置杀毒软件。

具体步骤如下：

STEP 1 单击“开始”按钮，在“开始”菜单中选择“设置”命令，进入设置界面，选择“Windows安全中心”选项，查看和管理设备安全性和运行状况，如图4-112所示。

图4-112　Windows安全中心界面

STEP 2 打开“病毒和威胁防护”界面，单击“快速扫描”按钮，可以对系统进行病毒威胁扫描，如果计算机安全性较高，则会显示“不需要执行操作”，如图4-113所示。

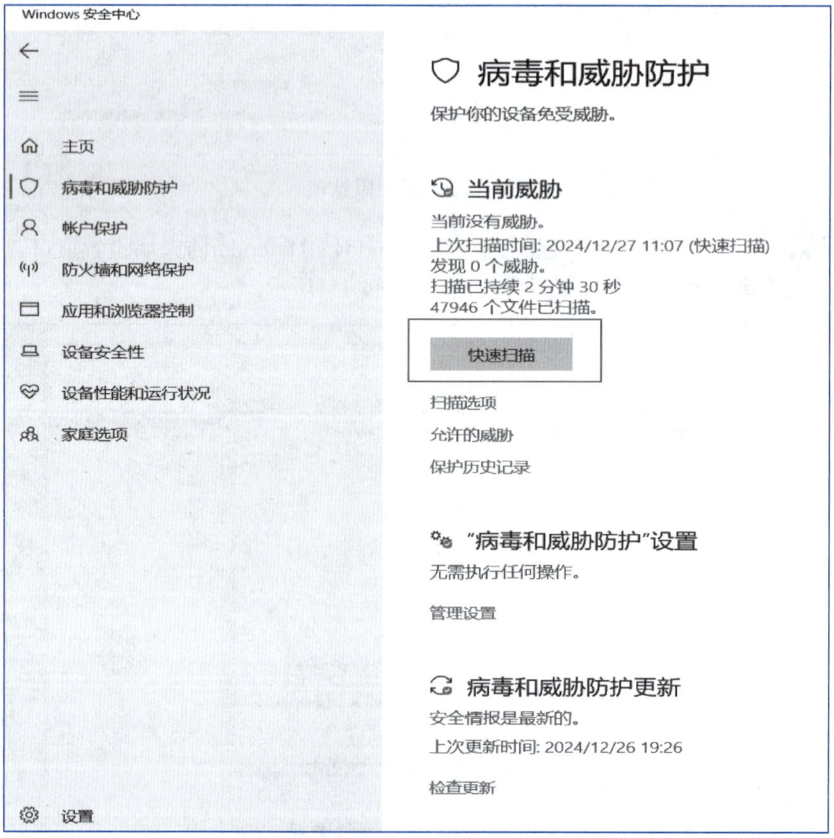

图4-113　快速扫描

STEP 3 选择“病毒和威胁防护”选项。若未安装第三方保护软件，则系统默认打开“实时保护”，全部设置为开启状态，如图4-114所示。若已采用第三方保护软件进行实时保护，则系统设置为关闭状态。

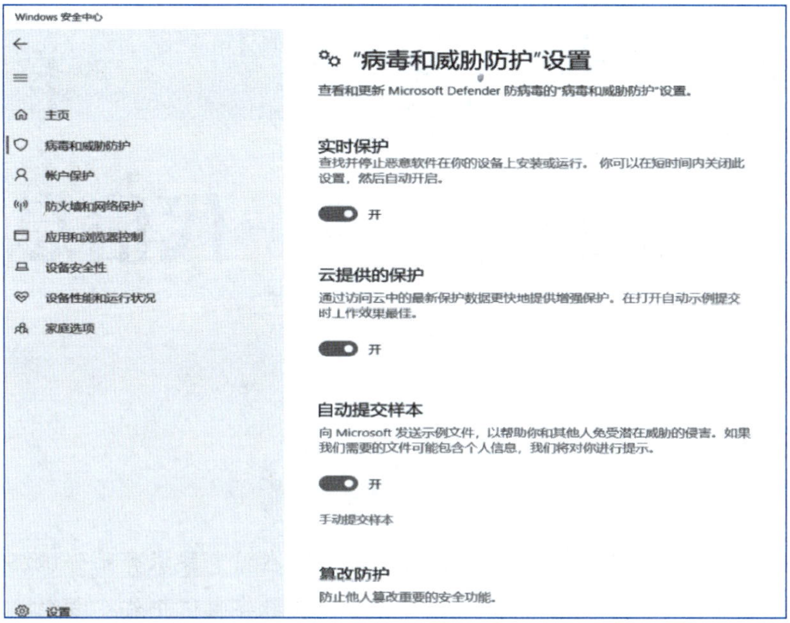

图4-114 病毒和威胁防护“实时保护”窗口

STEP 4 单击“检查更新”按钮，对病毒和威胁防护进行更新，以保障能获取最新的安全情报，如果已安装第三方保护软件，则会直接跳转到安装的第三方保护软件中。

项目五

技进于道　新一代信息技术

项目导读　　匠心融　创新生

信息技术＋专业

亲爱的青年学子们：

《礼记》有言："苟日新，日日新，又日新。"在信息技术奔腾如江河的时代浪潮中，唯有以匠心融汇智慧、以创新驱动变革，方能在数字洪流中锚定方向。从结绳记事到万物互联，人类始终在探索"技"与"道"的共生之境——技术是破浪之舟，匠心是掌舵之魂，而创新则是扬帆之风。

任务一"探秘新一代信息技术——信息前沿"，将引领我们深入大数据的浩瀚海洋，感受云计算的无限可能，探索人工智能的智慧边界，触摸物联网的万物互联。这些新兴技术，不仅是信息技术自身的纵向升级，更是信息技术之间及其与相关产业的横向融合，它们交织成一张庞大的创新网络，塑造着未来的世界。在此任务中，我们将以小组合作的形式，通过资料搜集、案例分析与创意设计，自主探究新一代信息技术的奥秘，这不仅是一次知识的探索，更是一次团队意识和职业精神的锤炼，让我们在独立思考和主动探究中，为职业能力的持续发展奠定坚实的基础。

紧接着，任务二"应用新一代信息技术——创新应用"将带我们走进新一代信息技术的实践领域。在这里，我们将了解新一代信息技术的技术特点和典型应用，感受它们如何与其他产业深度融合，催生出前所未有的创新成果。我们鼓励同学们将自己的专业与新一代信息技术相融合，让信息技术成为支撑专业学习的强大力量。无论是日常生活、学习还是工作中，我们都应学会综合运用信息技术解决问题，成为信息技术的驾驭者，用匠心融合创新，用智慧点亮未来。

匠心融，创新生，让我们携手并进，以探索者的姿态，揭开新一代信息技术的神秘面纱；以创新者的勇气，将信息技术融入专业实践，共同书写"技进于道"的辉煌篇章！

任务一　探秘新一代信息技术——信息前沿

情境引入

校园开放日第五天，工小匠仿佛置身于信息技术的海洋。在人工智能实训室，复杂的算法与智能机器人让人叹为观止；物联网实训室则展示了万物互联的奇妙世界，从智能家居到智慧城市，每一项应用都让人眼界大开。大数据与云计算实训室更是数据处理与分析的高地，海量数据在这里被赋予了生命。工小匠穿梭于各个实训室之间，感受着信息技术带来的震撼与便捷，对未来充满了无限憧憬。

任务分析

（1）掌握新一代信息技术的核心原理及应用领域，认识技术革新的重要性。
（2）团队合作，搜集资料并分析案例，深化对技术实际应用的理解。
（3）设计相关主题汇报，培养创新思维及科技应用能力，展望未来技术趋势。

知识链接

随着计算机技术的发展与互联网的普及，信息的积累已经到了一个非常庞大的地步，信息的增长也在不断地加快，以大数据、云计算、移动互联网等为代表的新一轮科技革命席卷全球，正在构筑信息互通、资源共享、能力协同、开放合作的新体系，极大地扩展了各行业的创新与发展空间。随着当前互联网、物联网建设的加快，信息更是呈爆炸式增长，收集、检索、统计这些信息越发困难，必须使用新的技术来解决这些问题。本项目学习新一代计算机信息技术。

一、透视物联网

通过在物品上嵌入电子标签、条形码等能够存储物体信息的标识，通过无线网络的方式将其即时信息发送到后台信息处理系统，而各大信息系统可互联形成一个庞大的网络，从而可达到对物品实施跟踪、监控等智能化管理的目的。这个网络就是物联网（internet of things, IoT）。通俗地讲，物联网可实现人与物之间的信息沟通。

1. 物联网的定义

物联网即“万物相连的互联网”，是互联网基础上的延伸和扩展的网络，将各种信息传感设备与网络结合起来而形成的一个巨大网络，实现在任何时间、任何地点，人、机、物的互联互通。图5-1所示为物联网概念图。

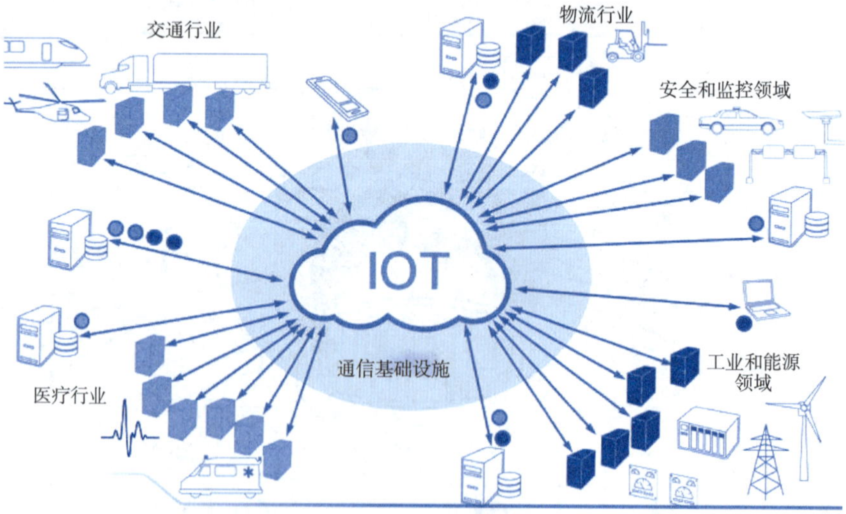

图5-1　物联网概念图

物联网是新一代信息技术的重要组成部分，IT行业又称泛互联，意指物物相连，万物万联。由此，“物联网就是物物相连的互联网”。这有两层意思：第一，物联网的核心和基础仍然是互联网，是在互联网基础上的延伸和扩展的网络；第二，其用户端延伸和扩展到了任何物品与物品之间，进行信息交换和通信。因此，物联网的定义是通过射频识别、红外感应器、全球定位系统、激光扫描器等信息传感设备，按约定的协议，把任何物品与互联网相连接，进行信息交换和通信，以实现对物品的智能化识别、定位、跟踪、监控和管理的一种网络。

2. 物联网的特征

物联网的基本特征从通信对象和过程来看，物与物、人与物之间的信息交互是物联网的核心。物联网的基本特征可概括为整体感知、可靠传输和智能处理。

（1）整体感知。可以利用射频识别、二维码、智能传感器等感知设备感知获取物体的各类信息。

（2）可靠传输。通过对互联网、无线网络的融合，将物体的信息实时、准确地传送，以便信息交流、分享。

（3）智能处理。使用各种智能技术，对感知和传送到的数据、信息进行分析处理，实现监测与控制的智能化。

3. 物联网的功能

根据物联网的特征，结合信息科学的观点，围绕信息的流动过程，可以归纳出物联网处理信息的功能。

（1）获取信息的功能。主要涵盖信息的感知与识别。信息感知，即敏锐察觉事物的属性状态及其变化情况；信息识别，则是将感知到的事物状态以特定方式呈现出来。

（2）传送信息的功能。主要是信息发送、传输、接收等环节，最后把获取的事物状态信息及其变化的方式从时间（或空间）上的一点传送到另一点的任务，这就是常说的通信过程。

（3）处理信息的功能。指信息的加工过程，利用已有的信息或感知的信息产生新的信息，实际是制定决策的过程。

（4）施效信息的功能。指信息最终发挥效用的过程，有很多的表现形式，比较重要的是通过调节对象事物的状态及其变换方式，始终使对象处于预先设计的状态。

4. 物联网的体系结构

目前，物联网还没有一个被广泛认同的体系结构，但是，可以根据物联网对信息感知、传输、处理的过程将其划分为三层结构，即感知层、网络层和应用层。

（1）感知层：主要用于对物理世界中的各类物理量、标识、音频、视频等数据的采集与感知。数据采集主要涉及传感器、RFID、二维码等技术。

（2）网络层：主要用于实现更广泛、更快速的网络互联，从而对感知到的数据信息可靠、安全地进行传送。目前能够用于物联网的通信网络主要有互联网、无线通信网、卫星通信网与有线电视网。

（3）应用层：主要包含应用支撑平台子层和应用服务子层。应用支撑平台子层用于支撑跨行业、跨应用、跨系统之间的信息协同、共享和互通。应用服务子层包括智能交通、智能家居、智能物流、智能医疗、智能电力、数字环保、数字农业、数字林业等领域。

5. 物联网的应用案例

1）物联网在农业中的应用

（1）农业标准化生产监测：利用传感器网络，精准、实时采集农业生产中的温度、湿度、二氧化碳含量、土壤温度、土壤含水率等关键数据，为农业生产提供全面、及时的数据支持，助力农业生产的科学化管理。

（2）动物标识溯源：借助物联网技术，实现动物养殖、防疫、检疫及监督等各环节的一体化全程监控，使动物养殖过程更加透明、可追溯，从而能快速、准确地对动物疫情和动物产品的安全事件进行溯源与处理，保障动物产品的质量安全。

（3）水文监测：融合传统近岸污染监控、地面在线检测、卫星遥感和人工测量等手段，构建统一的数据采集、传输、分析及发布平台，为水质监控提供全面、准确的数据，为湖泊观测和灾害机理研究提供有力的实验与验证支持，提升水文监测的效率和精度。

2）物联网在工业中的应用

（1）电梯安防管理系统：在电梯外围安装传感器，实时采集电梯运行数据，如正常运行、冲顶、蹲底、停电、困人等状态信息，并通过无线传输模块将数据传送至物联网业务平台，实现对电梯运行状态的远程监控与管理，及时发现并处理电梯故障，保障乘梯安全。

（2）输配电设备监控与远程抄表：基于移动通信网络，实现对所有供电点及受电点的电力电量信息、电流电压信息、供电质量信息以及现场计量装置状态信息的实时采集与传输，并支持用电负荷的远程控制，提高电力系统的运行效率和管理水平，降低人工抄表成本和错误率。

（3）一卡通系统：基于RFID-SIM卡的企事业单位的门禁、考勤及消费管理系统、校园一卡通及学生信息管理系统等。

3）物联网在服务产业中的应用

（1）个人保健：在人体佩戴各类传感器，实时监测健康参数，如心率、血压、血糖等，并将数据实时传输至医疗保健中心。一旦发现异常，保健中心可通过手机等终端及时提醒用户进行体检或采取相应的保健措施，实现对个人健康的实时监测与管理。

（2）智能家居：以计算机技术和网络技术为支撑，将各类消费电子产品、通信产品、信息家电以及家居设备等相互连接，实现家电的远程控制、自动化场景联动以及家庭安防功能的智能化管理，为用户提供便捷、舒适、安全的居住环境，如智能门锁、智能灯光、智能窗帘、智能安防摄像头等设备的协同工作，提升生活品质和便利性。

（3）智能物流：通过物联网网络提供的数据传输通路，实现物流车载终端与物流公司调度中心的通信，实现远程车辆调度，实现自动化货仓管理。

（4）移动电子商务：实现手机支付、移动票务、自动售货等功能。

（5）机场防入侵：铺设多个传感节点，覆盖地面、栅栏和低空探测，防止人员翻越、偷渡、恐怖袭击等攻击性入侵。

4）物联网在公共事业中的应用

（1）智能交通：通过连续定位系统（continuous positioning system, CPS）、监控系统，可以查看车辆运行状态，关注车辆预计到达时间及车辆的拥挤状态。

（2）平安城市：利用监控探头，实现图像敏感性智能分析并与110、119、112等交互，从而构建和谐安全的城市生活环境。

（3）城市管理：运用地理编码技术，实现城市部件的分类、分项管理，可实现对城市管理问题的精确定位。

（4）环保监测：将传统传感器所采集的各种环境监测信息，通过无线传输设备传输到监控中心，进行实时监控和快速反应。

（5）医疗卫生：物联网在医疗卫生领域的应用包括远程医疗、药品查询、卫生监督、急救及探视视频监控等。

5）物联网在物流产业中的应用

物流领域是物联网相关技术最有现实意义的应用领域之一。物联网的建设，会进一步提升物流智能化、信息化和自动化水平，推动物流功能整合。对物流服务各环节运作将产生积极影响。具体地讲，主要有以下几个方面：

（1）生产物流环节：基于物联网的物流体系可以实现整个生产线上的原材料、零部件、半成品和产成品的全程识别与跟踪，减少人工识别成本和出错率。通过应用产品电子代码（electronic product code，EPC）技术，就能通过识别电子标签快速从种类繁多的库存中准确地找出工位所需的原材料和零部件，并能自动预先形成详细补货信息，从而实现流水线均衡、稳步生产。

（2）运输环节：物联网能够使物品在运输过程中的管理更透明，可视化程度更高。通过在途运输的货物和车辆贴上EPC标签，运输线的一些检查点上安装上RFID接收转发装置，企业能实时了解货物目前所处的位置和状态，实现运输货物、线路、时间的可视化跟踪管理。此外，物联网还能帮助实现智能化调度，提前预测和安排最优的行车路线，缩短运输时间，提高运输效率。

（3）仓储环节：将物联网技术（如EPC技术）应用于仓储管理，可实现仓库的存货、盘点、取货的自动化操作，从而提高作业效率，降低作业成本。入库储存的商品可以实现自由放置，提高了仓库的空间利用率；通过实时盘点，能快速、准确地掌握库存情况，及时进行补货，提高库存管理能力，降低库存水平。同时按指令准确高效地拣取多样化的货物，减少了出库作业时间。

（4）配送环节：在配送环节，采用EPC技术能准确了解货物存放位置，大大缩短拣选时间，提高拣选效率，加快配送的速度。通过读取EPC标签，与拣货单进行核对，提高了拣货的准确性。此外，可以确切了解目前有多少货箱处于转运途中、转运的始发地和目的地，以及预期的到达时间等信息。

（5）销售物流环节：当贴有EPC标签的货物被客户提取，智能货架会自动识别并向系统报告，物流企业可以实现敏捷反应，并通过历史记录预测物流需求和服务时机，从而使物流企业更好地开展主动营销和主动式服务。

二、解析云计算

大规模分布式计算技术为“云计算”（cloud computing）的概念起源，云计算又称网络计算。最简单的云计算技术在网络服务中已经随处可见，如搜寻引擎、网络信箱等，使用者只要输入简单指令就能得到大量信息。

1. 云计算的定义

“云”实质上就是一个网络，狭义地讲，云计算就是一种提供资源的网络，使用者可以随时获取“云”上的资源，按需求量使用，按使用量付费，并且资源可以看成是无限扩展的，只要按使用量付费即可。“云”就像自来水厂一样，我们可以随时接水，并且不限量，按照自己家的用水量，付费给自来水厂即可。从广义上说，云计算是与信息技术、软件、互联网相关的一种服务，这种计算资源共享池称为“云”。云计算把许多计算资源集合起来，通过软件实现自动化管理，只需要很少的人参与，就能快速提供资源。也就是说，计算能力作为一种商品，可以在互联网上流通，就像水、电、天然气一样，可以方便地取用，且价格较为低廉。总之，云计算不是一种全新的网络技术，而是一种全新的网络应用概念，云计算的核心概念就是以互联网为中心，在网站上提供快速且安全的云计算服务与数据存储，让每一个使用互联网的人都可以使用网络上的庞大计算资源与数据中心。

云计算是一种基于并高度依赖于Internet的计算资源交付模型，集合了大量服务器、应用程序、数据和其他资源，通过Internet以服务的形式提供这些资源，并且采用按使用量付费的模式。用户与实际服务提供的计算资源相分离，并向用户屏蔽底层差异的分布式处理架构。用户可以根据需要从Amazon Web Services（AWS）、华为云、阿里云等云提供商那里获得技术服务，如数据计算、存储和数据库，而无须购买、拥有和维护物理数据中心及服务器。图5-2所示为云计算概念图。

图5-2 云计算概念图

云计算是分布式计算技术的一种，其工作原理是通过网络“云”将庞大的计算处理程序自动分拆成无数个较小的子程序，再交由多部服务器所组成的庞大系统搜寻、计算、分析之后将处理结果回传给用户。通过这项技术，网络服务提供者可以在很短的时间内（数秒之内），完成对数以千万计甚至亿计数据的处理，提供和“超级计算机”同样强大效能的网络服务。现阶段所说的云服务已经不单单是一种分布式计算，而是分布式计算、效用计算、负载均衡、并行计算、网络存储、热备份冗杂和虚拟化等计算机技术混合演进并跃升的结果。

2. 云计算的优势与特点

云计算的可贵之处在于高灵活性、可扩展性和高性价比等，与传统的网络应用模式相比，其具有如下优势与特点：

1）虚拟化技术

虚拟化突破了时间、空间的界限，是云计算最为显著的特点，虚拟化技术包括应用虚拟和资源虚拟两种。物理平台与应用部署的环境在空间上是没有任何联系的，云计算正是通过虚拟平台对相应终端操作完成数据备份、迁移和扩展等。

2）动态可扩展

云计算具有高效的运算能力，在原有服务器基础上增加云计算功能能够使计算速度迅速提高，最终实现动态扩展虚拟化要求，达到对应用进行扩展的目的。

用户可以利用应用软件的快速部署条件来更为简单快捷地将自身所需的已有业务以及新业务进行扩展。例如，云计算系统中出现设备的故障，对于用户来说，无论是在计算机层面上，还是在具体运用上都不会受到阻碍，可以利用云计算具有的动态扩展功能来对其他服务器开展有效扩展。这样一来就能够确保任务得以有序完成。在对虚拟化资源进行动态扩展的情况下，同时能够高效扩展应用，提高云计算的操作水平。

3）按需部署

计算机包含了许多应用、程序软件等，不同的应用对应的数据资源库不同，所以用户运行不同的应用需要较强的计算能力对资源进行部署，而云计算平台能够根据用户的需求快速配备计算能力及资源。

4）灵活性高

目前市场上大多数信息技术资源、软件、硬件都支持虚拟化，如存储网络、操作系统和开发软、硬件等。虚拟化要素统一放在云系统资源虚拟池中进行管理，可见云计算的兼容性非常强，可以兼容低配置机器、不同厂商的硬件产品，并获得更高性能计算。

5）可靠性高

云计算即使出现服务器故障也不会影响计算与应用的正常运行，因为单点服务器出现故障可以通过虚拟化技术将分布在不同物理服务器上面的应用进行恢复或利用动态扩展功能部署新的服务器进行计算。

6）性价比高

将资源放在虚拟资源池中统一管理在一定程度上优化了物理资源，用户不再需要昂贵、存储空间大的主机，可以选择相对廉价的计算机组成云，一方面减少费用，另一方面计算性能不逊于大型主机。

3. 云计算的服务类型

大多数云计算服务都可归为四大类：适用于对存储和计算能力进行基于Internet的访问的基础设施即服务（infrastructure as a service, IaaS）、能够为开发人员提供用于创建和托管Web应用程序工具的平台即服务（platform as a service, PaaS）、适用于基于Web的应用程序的软件即服务（software as a service, SaaS）和无服务器计算。每种类型的云计算都提供不同级别的控制、灵活性和管理，因此用户可以根据需要选择正确的服务集。

1）基础设施即服务

基础设施即服务是主要的服务类别之一，云计算服务提供商以即用即付的方式向用户提供虚拟化计算资源，如服务器、虚拟机、存储空间、网络和操作系统。IaaS包含云IT的基本构建块。它通常提供对网络功能、计算机（虚拟或专用硬件）和数据存储空间的访问。IaaS为用户提供最高级别的灵活性，并使用户可以对IT资源进行管理控制。它与许多IT部门和开发人员熟悉的现有IT资源最为相似。

2）平台即服务

平台即服务为开发人员提供通过全球互联网构建应用程序和服务的平台。可以为开发、测试、交付和管理软件应用程序提供按需开发环境，让开发人员能够更轻松快速地创建Web或移动应用，而无须考虑对开发所必需的服务器、存储空间、网络和数据库基础结构的设置或管理，从而可以将更多精力放在应用程序的部署和管理上面。这有助于提高效率，因为用户不用操心资源购置、容量规划、软件维护、补丁安装或与应用程序运行有关的任何无差别的繁重工作。

3）软件即服务

软件即服务通过互联网提供按需付费应用程序，云计算提供商托管和管理软件应用程序，并允许其用户连接到应用程序并通过全球互联网访问应用程序。

使用SaaS时，云提供商托管并管理软件应用程序和基础结构。用户通过Internet（通常使用电话、平板电脑或PC上的Web 浏览器）连接到应用程序。

SaaS提供了一种完善的产品，其运行、管理、软件升级和安全修补等维护工作皆由服务提供商负责。使用SaaS产品，用户无须考虑如何维护服务或管理基础设施，只需要考虑如何使用该特定软件。

4）无服务器计算

无服务器计算侧重于构建应用功能，无须花费时间继续管理要求管理的服务器和基础结构。云提供商可为用户处理设置、容量规划和服务器管理。无服务器体系结构具有高度可缩放和事件驱动特点，且仅在出现特定函数或事件时才使用资源。

4. 云计算的应用领域

如今，云计算技术已经广泛且深入地融入社会生活的众多方面，以下是一些主要的应用领域：

1）存储云

存储云，即云存储，是在云计算技术基础上发展而来的新型存储技术。它以数据存储和管理为核心，构建了一个完整的云计算系统。用户可以将本地资源便捷地上传至云端，并通过互联网在任何地点获取云上资源。国际上，谷歌、微软等科技巨头提供了成熟的云存储服务；在国内，百度云、微云等占据了较大的市场份额。存储云为用户提供了存储容器服务、备份服务、归档服务以及记录管理服务等，极大地简化了资源管理的流程，提升了使用效率。

2）医疗云

医疗云是在云计算、移动技术、多媒体、5G 通信、大数据以及物联网等新技术的支撑下，与医疗技术深度融合，构建起的医疗健康服务云平台。它实现了医疗资源的高效共享和医疗范围的显著拓展。通过运用云计算技术，医疗机构的运营效率得到提升，居民就医更加便捷。目前，医院的预约挂号、电子病历、医保等系统均是云计算与医疗领域结合的成果，且医疗云还具备数据安全、信息共享、动态扩展和布局全国等优势。更值得一提的是，云计算在远程医疗领域的作用日益凸显，它能够实现医疗专家与患者之间的实时远程会诊，为患者提供及时的医疗建议和诊断服务，这对于医疗资源分布不均的问题具有重要的缓解意义。

3）金融云

金融云基于云计算的模型，将信息、金融和服务等功能分散到由庞大分支机构构成的互联网“云”中，旨在为银行、保险和基金等金融机构提供高效、低成本的互联网处理和运行服务，同时实现互联网资源的共享。如今，金融与云计算的结合已经使快捷支付得到普及，用户仅需通过简单的手机操作，即可轻松完成银行存款、购买保险和基金买卖等金融交易。众多企业纷纷推出了各具特色的金融云服务，以满足不同金融机构的需求。此外，云计算在金融风险防控方面也发挥着重要作用，通过大数据分析和人工智能算法，金融机构能够更准确地识别和预测潜在的金融风险，从而采取相应的措施加以防范，保障金融交易的安全和稳定。

4）教育云

教育云通过将教育所需的硬件资源进行虚拟化处理后传入互联网，为教育机构、学生和教师打造了一个便捷、快捷的教育服务平台。慕课（MOOC，大规模开放的在线课程）是教育云的典型应用之一。除了慕课外，教育云还在远程教学、在线学习资源管理、虚拟实验室等方面有着广泛应用。它打破了传统教育资源分配在地域和时间上的限制，使得优质的教育资源能够更加公平地惠及广大教育者和学习者，为教育行业的创新发展提供有力支持。

5）服务云

用户日常使用的各种在线服务，如发送邮件、编辑文档、观看电影或电视、收听音乐、玩游戏以及存储图片和其他文件等，均属于服务云的范畴。服务云为用户提供了丰富多样的应用程序和服务，满足了人们在工作、学习、生活和娱乐等方面的数字化需求。以云游戏为例，这是一种以云计算为基础的游戏方式，所有游戏都在服务器端运行，渲染完毕后的游戏画面通过网络压缩后传送给用户，用户无须在本地安装大型游戏客户端，即可畅享高质量的游戏体验。再如云会议，它是一种基于云计算技术的高效、便捷、低成本的会议形式，使用者只需通过互联网界面进行简单操作，便可与全球各地的团队成员和客户进行实时的语音、数据文件和视频交流，极大地提高了工作协同效率。

6）制造云

制造云是云计算技术在制造业领域的延伸与发展，用户可以通过网络和终端按需获取制造资源与服务，从而完成制造全生命周期的各类活动。制造云实现了制造资源的虚拟化、服务化和共享化，使得制造业企业能够更加灵活地应对市场需求的变化，提高生产效率、降低成本，并加速产品的创新与研发。例如，企业可以通过制造云平台获取虚拟设计工具、模拟制造环境、共享生产设备等资源，实现产品设计、加工制造、质量检测等环节的协同优化，推动制造业向智能化、数字化和绿色化方向发展。

7）政务云

政务云是云计算在政府领域的应用，旨在为政府部门提供高效、安全、可靠的信息化服务。通过政务云平台，政府部门可以实现资源共享、数据互通、业务协同，提高行政效率和决策科学性，同时降低信息化建设成本。例如，政务云可以整合政府部门的各类信息系统，实现公民办事服务的一站式受理和办理，提升政府公共服务的水平和质量；还可以通过大数据分析为城市规划、社会治理、环境保护等决策提供数据支持，助力智慧城市建设。

8）物联网云

物联网云是云计算与物联网技术深度融合的产物，为物联网设备提供了强大的数据处理和分析能力。物联网设备产生的海量数据可以通过物联网云进行实时上传、存储和分析，实现对设备的远程监控、管理和智能化控制。在智能家居领域，物联网云可以连接各种智能设备，如家电、照明、安防等，用户可以通过手机应用程序远程控制这些设备，实现家居环境的智能化管理；在工业物联网中，物联网云可以对生产设备的运行数据进行分析，预测设备故障，优化生产流程，提高生产效率和质量。

三、深入大数据

1. 时代背景

大数据技术的发展驱动传统行业迈向转型升级的数据驱动新阶段，这是新的技术条件下生产全流程、全产业链、产品全生命周期的数据可获取、可分析、可执行的必然结果，也是传统行业隐性知识显性化不断取得突破的内在要求。以大数据为代表的新一代信息技术融合创新技术推动数字经济、实体经济转型升级的发展方向，充分体现了大数据作为一种新的资产、资源和生产要素，在社会经济生活创新发展中的重要作用。

2. 大数据的定义

大数据本身是一个抽象的概念。从一般意义上讲，大数据指无法在一定时间范围内用常规软件工具进行获取、存储、管理和处理的数据集合，需要新处理模式才能具有更强的决策力、洞察发现力和流程优化能力的海量、高增长率和多样化的信息资产。大数据由巨型数据集组成，这些数据集大小常超出人类在可接受时间下的收集、使用、管理和处理能力。图5-3所示为大数据概念图。

图5-3　大数据概念图

大数据技术，是指从各种各样类型的数据中，快速获得有价值信息的能力。适用于大数据的技术，包括大规模并行处理（MPP）数据库、数据挖掘电网、分布式文件系统、分布式数据库、云计算平台、互联网和可扩展的存储系统。

3. 大数据的特征

大数据被称为21 世纪的石油和金矿，其具有海量的数据规模（volume）、快速的数据流转（velocity）、价值密度低（value）和多样的数据类型（variety）四大特征，简称4V，如图5-4所示。

图5-4　大数据的4V特征

（1）volume——据量大。大数据的数据体量巨大。数据集合的规模不断扩大，已经从GB级增加到TB级，再增加到PB级，近年来，数据量甚至开始以EB和ZB来计数。例如，一个中型城市的视频监控信息一天就能达到几十TB的数据量。百度首页导航每天需要提供的数据超过1.5 PB（1 PB=1 024 TB），如果将这些数据打印出来，会超过5 000亿张A4纸。有资料证实，到目前为止，人类生产的所有印刷材料的数据量仅为200 PB。

（2）variety——种类繁多。大数据的数据类型、格式和形态繁多。传统IT产业产生和处理的数据类型较为单一，大部分是结构化数据，包括结构化、半结构化和非结构化数据，具体表现为网络日志、音频、视频、图片、地理位置信息等，多类型的数据对数据的处理能力提出了更高的要求。随着传感器、智能设备、社交网络、物联网、移动计算、在线广告等新的渠道和技术不断涌现，产生的数据类型无以计数。现在的数据类型不再只是格式化数据，更多的是半结构化或者非结构化数据，如XML、邮件、博客、即时消息、视频、音频、图片、单击流、日志文件、地理位置等类型的数据。

（3）value——价值密度低。大数据的数据价值密度低，或者说是浪里淘沙却又弥足珍贵。大数据由于体量不断加大，单位数据的价值密度在不断降低，然而数据的整体价值在提高，大数据包含很多深度的价值，大数据分析挖掘和利用将带来巨大的商业价值。以监控视频为例，在1小时的视频中，在不间断的监控过程中，有用的数据可能仅仅只有一两秒，但是却非常重要。据中商产业研究院发布的《2025—2030年中国大数据中心建设情况及发展前景研究报告》显示，2024年中国大数据产业规模约为2.4万亿元，2025年产业规模将增至2.83万亿元。预计2030年我国大数据产业市场规模将达到5.79万亿元。

（4）vclocity——速度时效高。大数据的数据产生、处理和分析的速度在持续加快。加速的原因是数据创建的实时性特点，以及将流数据结合到业务流程和决策过程中的需求。数据处理速度快，处理模式已经开始从批处理转向流处理。很多大数据需要在一定的时间限度下得到及时处理，业界对大数据的处理能力有一个称谓——“1秒定律”，也就是说，可以从各种类型的数据中快速获得高价值的信息。大数据的快速处理能力充分体现出它与传统数据处理技术的本质区别。

关于大数据特征方面，特别要强调的一点是数据是在线的，因为很多人认为数据量大就是大数据，往往忽略了大数据的在线特性。数据只有在线，即数据在与产品用户或者客户产生连接的时候才有意义。如某用户在使用某互联网应用时，其行为及时地传给数据使用方，数据使用方通过某种有效加工后（通过数据分析或者数据挖掘进行加工），进行该应用的推送内容的优化，把用户最想看到的内容推送给用户，也提升了用户的使用体验。

4. 大数据的作用

大数据的发展得益于信息通信技术的进步，其对社会、经济和生活的影响远超技术层面。本质上，它为我们认知世界提供了一种新的视角，即决策行为越来越依赖数据分析，而非过去主要依靠经验和直觉。

具体来说，大数据具有以下作用：

（1）大数据处理分析成为新一代信息技术融合应用的关键环节。新一代信息技术的应用形态包括移动互联网、物联网、社交网络、数字家庭和电子商务等，这些应用不断产生大数据，而云计算为这些海量、多样的数据提供了存储和运算平台。通过对不同来源数据的管理、处理、分析与优化，并将结果反馈到上述应用中，可以创造巨大的经济和社会价值。

（2）大数据是信息产业持续高速增长的强大动力。大数据市场推动新技术、新产品、新服务和新业态不断涌现。在硬件与集成设备领域，大数据对芯片和存储产业产生了深远影响，并催生了一体化数据存储处理服务器和内存计算等市场。在软件和服务领域，大数据促进了数据快速处理分析、数据挖掘技术和软件产品的进步。

（3）大数据利用成为提升核心竞争力的关键因素。各行各业的决策模式正从“业务驱动”向“数据驱动”转变。企业通过数据分析降低成本、提高效率、开发新产品和做出明智的业务决策。将数据集合并分析得出的信息和数据的关系，不仅能揭示商业趋势、判定研究质量、预防疾病传播和打击犯罪，还能用于即时交通路况的测定等。在商业领域，大数据分析使零售商实时掌握市场动态并制定精准营销策略；在医疗领域，提升诊断准确性和药物有效性；在公共事业领域，大数据对促进经济发展和维护社会稳定具有重要意义。

（4）大数据时代科学研究方法手段发生重大变革。例如，抽样调查虽是社会科学的基本研究方法，但在大数据时代，可以通过实时监测和跟踪研究对象在互联网上产生的海量行为数据，进行挖掘分析，从而揭示规律并提出研究结论与对策。

5. 大数据技术的主要应用行业

近几年的发展显示，大数据技术已逐渐渗透各个行业。各行业的大数据应用进程速度受行业信息化水平、与消费者的距离以及数据拥有程度的显著影响。总体而言，大数据技术的应用行业主要可分为以下四类：

（1）互联网和营销行业。互联网行业因与消费者紧密相连且拥有海量实时数据，其业务数据化成为企业运营的关键要素，大数据应用程度在各行业中居首。而与之紧密相关的营销行业，以互联网用户行为分析为核心，致力于为消费者提供个性化营销服务。

（2）信息化水平较高的行业。金融、电信等行业因其较早开展信息化建设，内部业务系统信息化程度高，积累了大量历史数据并进行了深入分析分类。目前，这些行业正致力于整合内外部数据，以更好地服务业务发展。

（3）政府及公用事业行业。政府及公用事业行业中，不同部门的信息化与数据化程度参差不齐。交通行业已有多项大数据应用案例，但部分行业仍处于数据采集与积累阶段。未来，政府及公用数据的开放将加速政府数据在线化进程，成为推动大数据产业发展的关键因素。

（4）制造业、物流、医疗、农业等行业。制造业、物流、医疗、农业等行业的大数据应用尚处于起步阶段。然而，随着未来消费者驱动的C2B模式的发展，这些行业的大数据应用进程将受到有力推动，逐步加快。

6. 大数据预测及其典型应用领域

大数据预测是大数据最核心的应用，它将传统意义的预测拓展到“现测”。大数据预测的优势体现在，它把一个非常困难的预测问题，转化为一个相对简单的描述问题，而这是传统小数据集无法企及的。从预测的角度看，大数据预测所得出的结果不仅仅是用于处理现实业务的简单、客观的结论，更是能用于帮助企业经营的决策。

1）预测是大数据的核心价值

大数据的本质是解决问题，大数据的核心价值就在于预测，而企业经营的核心也是基于预测而做出正确判断。在谈论大数据应用时，最常见的应用案例便是“预测股市”“预测流感”“预测消费者行为”等。

大数据预测则是基于大数据和预测模型去预测未来某件事情的概率。让分析从“面向已经发生的过去”转向“面向即将发生的未来”是大数据与传统数据分析的最大不同。

大数据预测的逻辑基础是：每一种非常规的变化事前一定有征兆，每一件事情都有迹可循，如果找到了征兆与变化之间的规律，就可以进行预测。大数据预测无法确定某件事情必然会发生，它更多是给出一个事件会发生的概率。

2）大数据预测的思维改变

在过去，人们的决策主要是依赖20%的结构化数据（如公司的销售数据、员工的基本信息等），而大数据预测则可以利用另外80%的非结构化数据（如图像、影像、电子邮件等数据）来做决策。大数据预测具有更多的数据维度，更高的数据频率和更广的数据宽度。

与小数据时代相比，大数据预测的思维具有较大改变：实样而非抽样、预测效率而非精确、相关关系而非因果关系。在小数据时代，由于缺乏获取全体样本的手段，人们发明了“随机调研数据”的方法。理论上，抽取样本越随机，就越能代表整体样本。但问题是获取一个随机样本的代价极高，而且很费时。然而云计算和大数据技术的出现，使得获取足够大的样本数据乃至全体数据成为可能。小数据时代由于使用抽样的方法，所以需要在数据样本的具体运算上非常精确，否则就会“差之毫厘，失之千里”。但在全样本的情况下，偏差不会被放大。在大数据时代，快速获得一个大概的轮廓和发展脉络，比严格的精确性要重要得多。大数据研究不同于传统的逻辑推理研究，它需要对数量巨大的数据做统计性的搜索、比较、聚类、分类等分析归纳，并关注数据的相关性或称关联性。相关性可以帮助我们捕捉现在和预测未来。

3）大数据预测的典型应用领域

互联网给大数据预测应用的普及带来了便利条件，结合国内外案例来看，在天气预报、体育赛事预测、股票市场预测、市场物价预测、用户行为预测、人体健康预测、疾病疫情预测、灾害灾难预测、环境变迁预测、交通行为预测等10个领域最有前景。

除了上面列举的10个领域之外，大数据预测还可被应用在能源消耗预测、房地产预测、就业情况预测、高考分数线预测、选举结果预测、奥斯卡大奖预测、保险投保者风险评估、金融借贷者还款能力评估等领域，让人类具备可量化、有说服力、可验证的洞察未来的能力。

在金融领域，大数据预测可用于信贷风险评估、股票市场走势分析等，通过对用户行为数据、交易记录等的分析，精准预测用户的信用风险和市场趋势。

在医疗领域，大数据预测可用于疾病早期诊断、治疗方案推荐等。通过对患者的病历数据、基因数据等的分析，结合医学研究成果，预测疾病的发生风险和治疗效果。

在教育领域，大数据预测可用于学生学习情况预测、教育资源分配等。通过对学生的学习行为数据、考试成绩等的分析，预测学生的学习需求和学习效果，为学校和教师提供个性化的教学方案和资源分配建议。

在交通领域，大数据预测可用于交通流量预测、智能交通管理等。通过对道路监控数据、车辆行驶数据等的分析，预测交通拥堵情况和交通事故风险，为交通管理部门提供科学的决策支持，提高交通效率和安全性。

在农业领域，大数据预测可用于农作物产量预测、病虫害防治等。通过对气象数据、土壤数据、作物生长数据等的分析，预测农作物的产量和病虫害发生情况，为农民提供科学的种植指导和防治建议。

在工业领域，大数据预测可用于设备故障预测、生产流程优化等。通过对设备运行数据、生产过程数据等的分析，预测设备故障和生产效率变化，为企业的生产管理和设备维护提供有力支持。

四、领略人工智能

人工智能作为计算机科学的一个重要分支，专注于研究、开发用于模拟、延伸和扩展人类智能的理论、方法、技术及应用系统，是一门具有前沿性和创新性的技术科学。

自20世纪70年代起，人工智能就被誉为世界三大尖端技术之一，与空间技术、能源技术并列。进入21世纪，它又与基因工程、纳米科学一同被视为三大尖端技术。

近年来，人工智能发展迅猛，在众多学科领域得到广泛应用，并取得了显著的成果。随着研究的深入和技术的成熟，人工智能已逐步发展成为一个独立且完善的学科分支，在理论研究和实际应用方面都形成了较为完整的体系。

1. 人工智能的定义

人工智能是利用数字计算机或者数字计算机控制的机器模拟、延伸和扩展人的智能，感知环境、获取知识并使用知识获得最佳结果的理论、方法、技术及应用系统。人工智能的定义对人工智能学科的基本思想和内容做出了解释，即围绕智能活动而构造的人工系统。人工智能是知识的工程，是机器模仿人类利用知识完成一定行为的过程。图5-5所示为人工智能概念图。

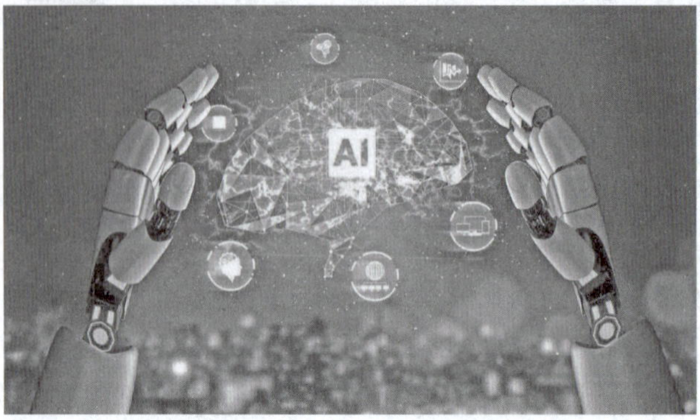

图5-5 人工智能概念图

2. 人工智能的特征

（1）为人类设计，为人类服务，本质为计算，基础为数据。从根本上说，人工智能系统必须以人为本，这些系统是人类设计出的机器，按照人类设定的程序逻辑或软件算法通过人类发明的芯片等硬件载体来运行或工作，其本质体现为计算，通过对数据的采集、加工、处理、分析和挖掘，形成有价值的信息流和知识模型，为人类提供延伸人类能力的服务，实现人类期望的一些“智能行为”，在理想情况下必须体现服务人类的特点，而不应该伤害人类，特别是不应该有目的性地做出伤害人类的行为。

（2）能感知环境，能产生反应，能与人交互，能与人互补。人工智能系统应能借助传感器等器件产生对外界环境（包括人类）进行感知的能力，可以像人一样通过听觉、视觉、嗅觉、触觉等接收来自环境的各种信息，对外界输入产生文字、声音、表情、动作（控制执行机构）等必要的反应，甚至影响到环境或人类。借助于按钮、键盘、鼠标、屏幕、手势、体态、表情、力反馈、虚拟现实/增强现实等方式，人与机器间可以产生交互与互动使机器设备越来越“理解”人类乃至与人类共同协作、优势互补。人工智能系统能够帮助人类做人类不擅长、不喜欢但机器能够完成的工作，而人类则适合于做需要创造性、洞察力、想象力、灵活性乃至用心领悟或需要情感投入的工作。

（3）有适应特性，有学习能力，有演化表达，有连接扩展。人工智能系统在理想情况下应具有一定的自适应特性和学习能力，即具有一定的随环境、数据或任务变化而自适应调节参数或更新优化模型的能力，并且能够在此基础上通过与云、端、人、物越来越广泛深入的数字化连接扩展，实现机器客体乃至人类主体的演化迭代，以使系统具有适应性、灵活性、扩展性，从而使人工智能系统在各行各业产生丰富的应用。

3. 人工智能对人们生活的积极影响

纵观人类科技发展史，从蒸汽革命到电力革命，再到信息革命，人类通过技术革新持续突破自然局限。作为当前技术变革的核心力量，人工智能正从以下维度深刻改善人类生活：

1）需求满足的精准化

人工智能通过模拟人类认知机制与执行能力，在物质供给与精神需求层面实现精准响应。

2）劳动效率提升与人力解放

机器学习与自动推理技术不仅替代体力劳动，更有效降低脑力负荷。通过辅助决策分析与数据处理，人类得以从重复性工作中解脱，获得更多创造性活动的时空自由。典型应用包括工业机器人替代高危作业、专家系统辅助医疗诊断等。

3）生活方式的智能化演进

人工智能技术与人类衣食住行等各种用具的结合，将彻底改变人类的生活方式。

（1）智能服装：是在传统服装的基础上，加入电子智能设备，使之能够读出人体心跳和呼吸频率，能够自动播放音乐，能够在胸前显示文字与图像。一件衣服可以成为能同时播放音乐、视频、调节温度，甚至上网冲浪的“聪明衣衫”。

（2）智能餐具：在餐具上植入智能设备，有两种用途：一是公用智能餐具，如智能餐盘，适用于食堂等公共场所，便于顾客结账算账；二是家用智能餐具，如智能筷子，可以快速分析食物成分和能量比例，便于用户判断食物优劣。

（3）智能家电：智能冰箱、智能电视等智能家电现在已经进入了千家万户，利用语音识别、图像识别等技术，这些家电在便利操控和安全性能上无疑更具有优势。

（4）智能汽车

智能汽车的无人驾驶技术正在紧锣密鼓地发展之中，相信在不久的将来，人类将不必为交通堵塞、驾驶疲劳等问题烦心，而可以利用交通的时间更好地学习工作。

4）安全防护的智能化升级

相较于传统密码体系，生物特征识别技术（人脸、指纹、虹膜）依托模式识别算法建立立体防护网络，显著提升个人隐私与财产安全保障层级。

5）社交娱乐的模式创新

智能终端重构社交网络拓扑结构，突破时空限制的人际交互需兼顾效率与风险管控。体感交互设备通过动作捕捉与虚拟现实技术，在娱乐过程中同步实现体能训练与协作能力培养。

4. 人工智能的应用领域

近年来，人工智能迅速融入经济、社会、生活等各行各业，在全世界形成了燎原之势，在金融、物流等多个领域人工智能也将持续发挥更大的作用，如支付、结算、保险、个人财富管理、仓库选址、智能调度等方面，人工智能已深度参与其中。人工智能的未来发展方向将更为广阔，未来的人工智能将更多地融入生活的方方面面。

1）金融领域

银行利用人工智能系统进行组织运作，开展金融投资和理财服务。银行采用智能客服系统协助顾客核对账目、发行信用卡和恢复密码等，部分银行还通过人工智能技术进行风险评估、信贷审批及反欺诈监测等。例如，招商银行的摩羯智投，通过人工智能算法为客户提供专业的投资服务。此外，智能投顾平台可根据市场动态和投资者风险偏好，优化投资组合，实时调整资产配置比例，提高投资收益和降低风险。

2）医疗和医药领域

随着技术的成熟，人工智能在医疗领域的应用日益广泛，不仅能“读图”识别影像、“认字”读懂病历，还能出具诊断报告、给出治疗建议，对解决医疗资源供需失衡及地域分配不均等问题意义重大。此外，人工神经网络可用于临床诊断决策支持系统，迈瑞医疗推出的启元重症大模型，能基于数据还原患者数字画像，为医护人员提供病情回溯、趋势预测、病历文档生成等服务。同时，人工智能还可用于疾病早期诊断、药物研发、疾病预测和健康管理等方面，如通过分析个人的基因数据、生活习惯、家族病史等信息，评估用户患各种疾病的风险，并制定个性化的疾病预防方案。

3）交通领域

汽车的变速箱已使用模糊逻辑控制器。更值得关注的是，自动驾驶汽车融合了传感器融合、路径规划、环境感知等关键技术，可在没有人类驾驶的情况下安全行驶，如百度的无人驾驶汽车已在北京、长沙等多地开展商业化运营，其自动驾驶技术能够有效处理复杂路况，提升交通效率和安全性能。此外，物流公司也在测试无人配送货车，以降低运输成本。AI还可应用于智能交通管理，通过实时监测交通流量、识别车辆等数据，实现智能信号灯控制，动态调整红绿灯时长，减少拥堵，还能预测交通事故概率，提前通知交警采取措施。

4）传媒领域

2025 年，人工智能在传媒领域的应用更为广泛和深入。例如，百度“点石”数智人平台推出的数智人“度晓晓”，已入驻多个媒体平台并参与了2025年全国两会报道。其语音合成技术使播报自然流畅，表情动作丰富自然，能够与观众实时互动，为观众带来全新的新闻体验。此外，AI 技术还被应用于智能写作、智能编辑、智能推荐、智能审核等环节，大模型助力内容创作，实现媒体内容生产和传播流程的智能化，提升传媒行业的生产效率和内容质量。

5）语音识别领域

在具有语音识别功能的科大讯飞输入法之后，云知声智能科技股份有限公司开发了智能医疗语音录入系统，该系统采用面向医疗领域的智能语音识别技术，能实时准确地将语音转换成文本，可避免复制粘贴操作，增强病历输入安全性，同时节省医生时间，目前部分医院已应用此技术。此外，语音识别技术还可广泛应用于智能客服、智能家居、智能办公等领域，为人们的生活和工作提供便利。

6）金融智能投资领域

智能投顾即利用计算机算法优化理财资产配置。目前，国内开展智能投顾业务的企业已超过20家，且呈增长趋势。金融机构通过智能投顾系统分析市场数据、行业动态、公司财务等信息，为投资者提供投资建议和决策支持，推动财富管理业务的智能化转型。

7）智能安防领域

智能安防利用人工智能系统实施安全防范控制，主要应用于人体、行为、车辆、图像分析等方面。在当前安全防范意识不断增强的环境下，智能安防市场应用广泛，如在机场、边境口岸等公共场所，人脸识别系统可快速准确地识别旅客身份，提高安全性。同时，智能安防系统还可实现异常行为监测、视频监控分析等功能，有效提升社会治安管理水平。

5. 人工智能趋势与展望

历经多年的技术演进，人工智能在算法架构、算力突破与数据资源三大核心领域取得显著进展，已实现从概念验证到应用落地的关键转折，但距离深度场景融合仍存技术鸿沟。基于当前发展态势与前沿研究，可预见以下八个重要发展方向：

1）专用智能向通用智能范式迁移

据MIT Technology Review 2023年度报告显示，全球62%的头部科技企业已将通用人工智能

（AGI）研发纳入战略规划。美国国家人工智能倡议办公室2022年更新的《国家AI研发战略》明确提出，未来十年将投入28亿美元支持跨领域认知架构研究。DeepMind最新研发的Gato多模态系统已实现超200项任务的通用处理能力，印证了该方向的可行性。

2）人机混合智能系统深化演进

IEEE 2024年认知计算白皮书指出，结合神经科学的类脑计算取得突破，新型忆阻器芯片使人工神经突触密度提升1 000倍。马斯克创立的Neuralink公司第二代脑机接口设备已实现85%的指令识别准确率，为人机智能融合奠定硬件基础。

3）自主智能系统突破人工干预瓶颈

Gartner 2024技术成熟度曲线显示，自动化机器学习（AutoML）技术采纳率较三年前增长300%。Meta研发的CICERO系统通过自我博弈策略，在国际战略游戏《外交》中超越98%人类玩家，展现了完全自主的复杂决策能力。

4）跨学科融合加速理论突破

欧盟“人类大脑计划”2023年成果显示，通过纳米级神经探针已绘制出包含5亿突触连接的小鼠全脑图谱。这种生物启发式研究推动清华大学研发的“天机芯”在能耗效率上超越传统架构60%，印证了交叉学科创新的潜力。

5）产业化进程持续加速

根据普华永道《全球AI市场预测2024》，人工智能产业规模预计在2025年突破6 000亿美元，年复合增长率达24.7%。中国工信部数据显示，2023年我国AI核心产业规模达5 000亿元，企业数量超4 300家，形成31个创新应用先导区。

6）普惠型智能社会形态初现

世界银行《数字化转型报告2023》指出，发展中国家通过AI医疗影像系统使基层诊疗准确率提升40%。我国“东数西算”工程已部署23个AI算力枢纽，支撑长三角制造业企业平均生产成本降低18%。

7）全球科技竞争格局重构

美国《2023芯片与科学法案》承诺五年内投入280亿美元支持AI基础研究，欧盟《人工智能法案》确立全球首个AI分级监管体系。日本2024年《数字社会推进战略》计划培育10万名AI专业人才，形成东西方并行的技术发展路径。

8）社会治理体系同步革新

联合国教科文组织2023年通过的《人工智能伦理建议书》获193个国家签署，确立透明度、问责制等七大原则。我国《生成式人工智能服务管理办法》率先构建AIGC监管框架，为技术发展划定伦理边界。

任务实施

新一代信息技术正在深刻改变我们的生活、工作和学习方式。作为未来的技术技能人才，了解这些前沿技术不仅是专业学习的需要，更是适应未来社会发展的必备能力。本次任务将通过以小组合作，通过资料搜集、案例分析与创意设计进行自主探究，完成一项“新一代信息技术探秘”主题汇报。通过探究物联网、人工智能、5G、云计算等技术的核心应用场景，理解技术对社会发展的推动作用，感受科技创新的魅力。

任务要求1：团队组建与主题规划。

具体步骤如下：

STEP 1 学生以4~5人自由组队，推选组长并拟定体现技术方向的小组名称（如“AI探索者”“5G先锋队”等）。

STEP 2 在任务知识链接中技术应用领域中选定一项研究方向。技术领域包括物联网（如智能家居、智慧农业）、人工智能（如自动驾驶、医疗影像诊断）、云计算与大数据（如智慧城市、个性化推荐系统）等。

STEP 3 各小组需提交选题论证报告，如图5-6所示，结合产业发展政策文件明确选题依据，将成员分工为资料检索员、技术分析师、可视化设计师、主答辩人等，并制订进度计划。

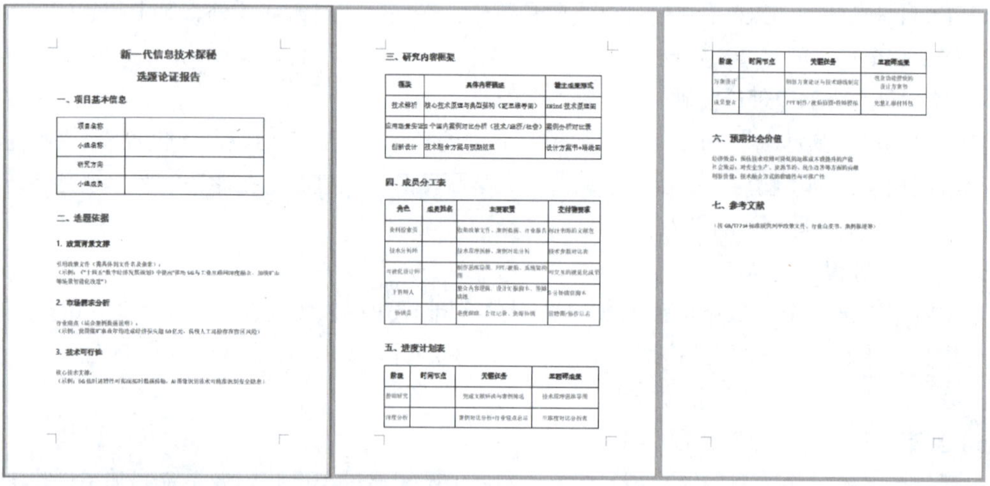

图5-6　选题论证报告

任务要求2：资料搜集与整理。

具体步骤如下：

STEP 1 各小组通过教材、国家行业标准文件及权威科普平台（如科普中国网，见图5-7）、学术网站（如知网）完成基础理论研读，重点梳理技术定义、核心组件与典型架构（如人工智能的“感知-决策-执行”闭环）。

STEP 2 在科技企业网站或新闻报道方面搜集2~3个实际应用案例，如“京东物流的智能分拣系统”“华为5G智慧矿山”（见图5-8）等，整理其技术亮点与社会价值。案例研究需选取两个国内近三年落地项目的应用实例，从技术适配性、经济效益、社会价值三个维度编制案例分析对比表。

STEP 3 进一步结合案例查找行业报告（如《中国信创产业发展白皮书》），过程中需使用XMind工具提交技术原理思维导图，并通过腾讯文档实现小组协作记录，共同总结该技术的未来发展方向与潜在挑战。

任务要求3：创新设计与方案论证。

具体步骤如下：

STEP 1 小组围绕传统行业转型需求，技术应用瓶颈，伦理风险三类问题开展结构化研讨，形成争议点记录与解决方案摘要。基于讨论结果，设计一项融合新一代信息技术的创新应用方案（如“基于5G+区块链的冷链物流监测系统”），需提交包含技术路线图、功能模块说明及预期效益的设计方案书。

图5-7　科普中国网

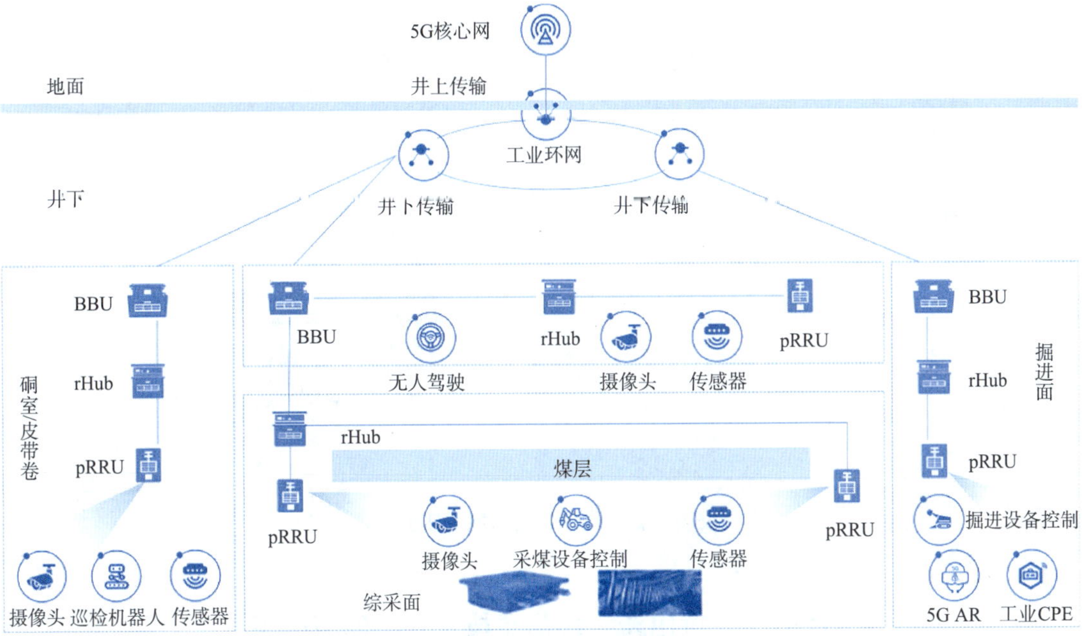

图5-8　华为5G智慧矿山架构图

STEP 2 将讨论结果整理成文字或图表，作为汇报的核心内容。

任务要求4：成果展示与创意设计。

具体步骤如下：

STEP 1 各小组完成PPT或短视频方式呈现展示成果，内容需涵盖技术解析（占比40%）、案例实证（占比30%）与创新设计（占比30%）三部分，技术简介与核心原理可以采用配图或动画演示的方式，可结合视频片段进行典型应用案例分析，依据案例启发进一步展示小组设计的“未来应用场景”创意（如“AI+养老监护系统”“区块链农产品溯源平台”）

STEP 2 汇报答辩采用“5分钟陈述+3分钟问答”模拟路演形式，每组5分钟展示，要求语言通俗易懂、逻辑清晰，鼓励加入互动问答或情景演示。教师与其他小组根据从技术深度、逻辑严谨性、展示效果三个维度进行量化评价，重点考察方案与产业需求的契合度。

任务要求5：总结反思与能力迁移。

具体步骤如下：

小组内部总结任务完成情况，完善新一代信息技术探秘研究报告，如图5-9所示，总结收获与不足，总结掌握的新知识及发现的潜在应用场景，分析资料搜集的全面性以及团队协作的效率。教师需从技术理解深度、创新性和展示效果等维度进行综合评价，并给出点评与反馈。

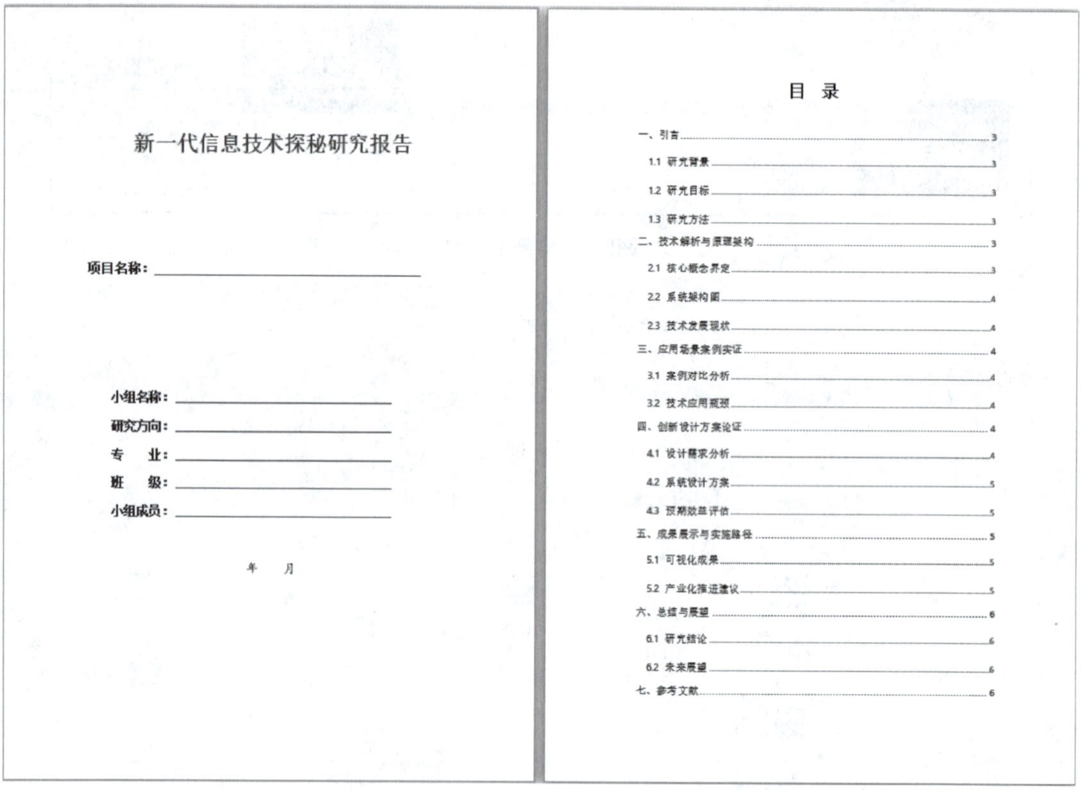
新一代信息技术探秘研究报告

项目名称：____________

小组名称：____________
研究方向：____________
专　　业：____________
班　　级：____________
小组成员：____________

年　月

目　录

图5-9　新一代信息技术探秘研究报告

任务二　应用新一代信息技术——创新应用

情境引入

校园开放日的尾声，工小匠有幸与互联网+创新创业大赛的获奖学长面对面。学长们热情洋溢地分享着他们的创新项目，如何将人工智能的精准预测、大数据的深度分析、物联网的万物互联、云计算的高效计算，巧妙融入安防监控、餐饮管理、光伏能源、智慧物流等领域，不仅提升了行业效率，更带来了前所未有的便捷与安全。工小匠听得入神，眼中闪烁着对科技改变未来的无限向往。

任务分析

（1）掌握新一代信息技术与实体经济融合要点，理解技术如何驱动产业变革。

（2）探索先进计算在传统产业和新兴产业中的应用潜力。

（3）以专业视角洞察行业痛点，结合新一代信息技术，设计创新解决方案。

知识链接

一、新一代信息技术与实体经济融合

当前，以人工智能、5G、工业互联网、数字孪生为代表的新一代信息技术正加速重构全球制造业竞争格局。2023年工业和信息化部发布的典型案例表明，我国已在智能制造、工业互联网平台（industrial internet platform，IIP）、数字基础设施等领域形成了一批具有世界级水准的创新实践。这些案例不仅展现了技术集成的突破性进展，更揭示了数字化转型从单点突破向全价值链延伸的深层变革逻辑，同时清晰勾勒出新一代信息技术与实体经济融合的创新路径、价值创造机制及产业变革方向。

1. 技术融合驱动制造范式变革

在传统制造领域，人工智能与工业互联网（IIOT）、大数据分析、5G等技术的深度融合正在重塑生产流程。以中国宝武钢铁集团（以下简称“宝钢股份”）为例，其作为中国唯一入选灯塔工厂的钢铁企业，由于其流程型企业特质，宝钢提出四个一律的原则（作业一律机器、操控一律集中、运维一律远程、服务一律上线），制定实施智慧制造1.0的“3+1”架构，即智能装备、智能工厂和智慧互联+数据驱动，广泛应用人工智能和高级分析技术，在基于高级分析技术的生产规划、工业物联网优化流程、预见性维护设备、基于AI的视觉检测、智能物流等五个用例表现突出，使其在数字时代依然保持行业竞争力。

宝钢股份的管理架构覆盖了智慧计划、智慧生产、智慧设备管理、智慧质量管理和智慧物流五大模块，具体包括可以满足个性化定制需求的大数据自动生产计划编制系统，它可以根据需求预测与自主分析可以实现智慧计划，结合智慧生产功能，生产效率提升83%；其先进的工业物联网技术实现智能排程的智慧生产模块，通过智慧排产可以使材料和质量成本显著下降。

宝钢股份“灯塔工厂”的智慧设备管理模块包括设备状态智能诊断和预见性维护的智慧设备管理功能，通过采用移动式5G摄像头和智能5G安全帽实现危险作业远程监管，安全管理效率提高了30%。其基于深度学习技术的AI表面质量线检测系统，通过缺陷特征提取和分类的智慧质量管理模块，取代了传统人工经验，大幅提高钢板表面缺陷识别精度，劳动效率提升70%。其智慧物流功能模块作为实时追踪、高度自主的智慧物流系统，可以实现无人操作和物流自动规划，显著降低物流成本。工业互联网实施架构如图5-10所示。

宝钢股份以精准、实时、高效的数据采集互联体系为纽带，研发出“纵向到底、横向到边、端到端集成”的制造系统，将营销、采购、研发、制造等公司核心业务作为数字化、智能化转型切入点，构建一个“全要素、全业务、全流程”的智能化动态管理系统，进而持续优化资源配置、提高工作效率、提高决策精准性，实现“作业自动化、管理智能化、决策智慧化”的精细化深度运营。

宝钢股份在公司层面，通过新一代双中台信息化变革推进经营中心、营销中心、采购中心、研发中心、运行中心等五大中心建设，实现公司多基地一体化经营管理；在基地层面，通过智慧物流、智慧质量、智慧设备、智慧能环、智慧安保等五大平台建设，专业化管理，破墙穿洞，提升效率；在工厂层面，通过智能炼铁、智能炼钢、智能热轧、智能厚板、智能冷轧等智能工厂建设，在工序层面实施岗位一律机器人、操作一律集中、运维一律远程，使产线无人化、少人化。

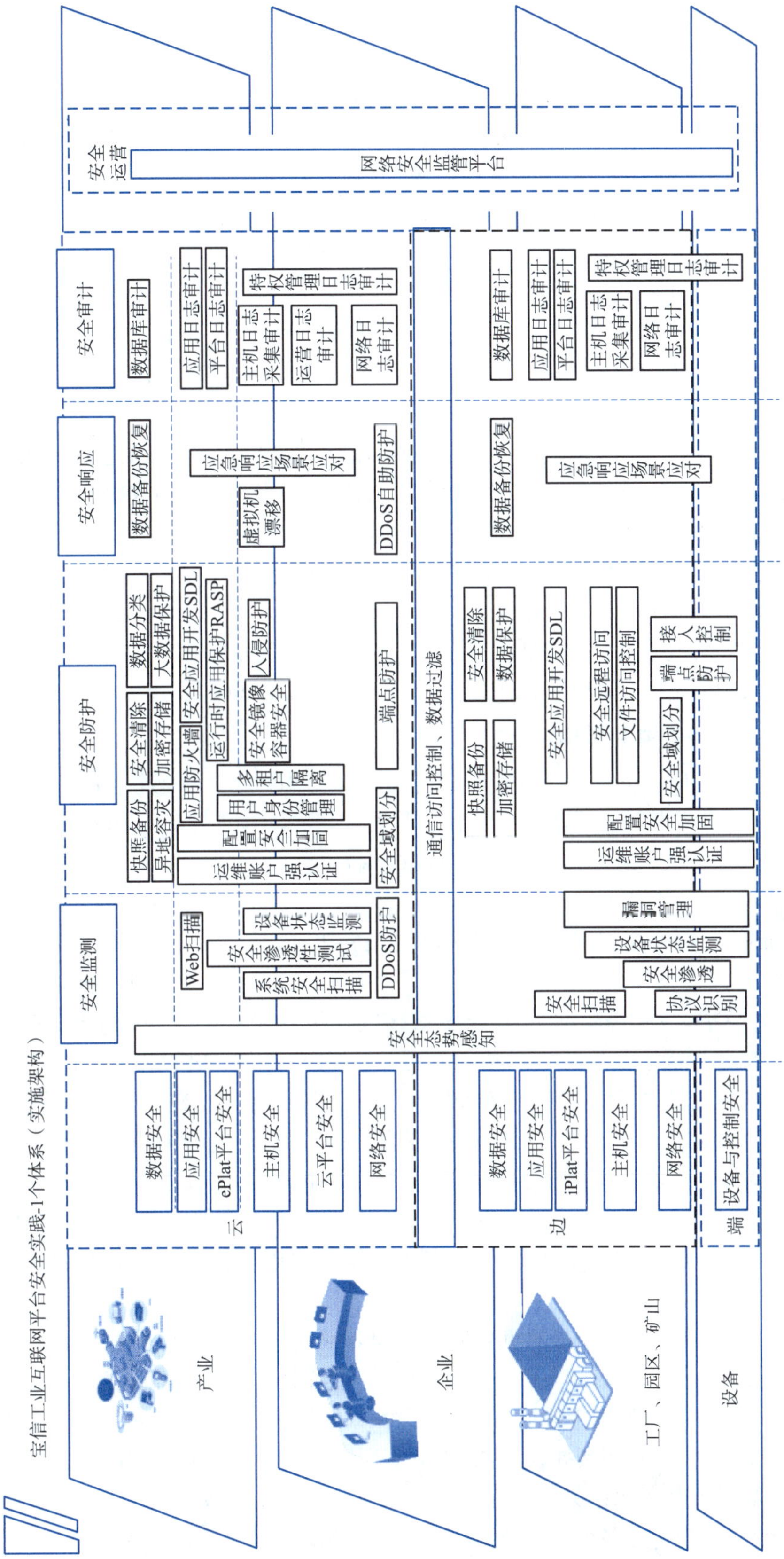

图5-10　工业互联网实施架构

宝钢股份“灯塔工厂”的关键技术一是机器人。宝钢股份遵循四个一律的原则，从现场两条200 m长的生产线可以发现，工厂已实现了机器人作业和行车无人化，基本实现了机器换人，每条生产线仅有2~3名工人进行检视，操纵室的几名操作人员通过智能远程操控系统即可实现机器人的有序操控。尤其是在冷轧产线的进料关口、锌锅捞渣、钢卷打捆贴标等各个工段，由12个智能“机器人”包办了所有危脏难的工作，极大地提高了工作效率与安全可靠性。

宝钢股份“灯塔工厂”的关键技术二是人工智能。宝钢股份利用“平台+专家系统+标准化体系”实现流程型企业的设备运维管理，优化了传统“点检定修制”中目视化的检测手段，将设备管理人员的经验知识转化成计算规律，利用计算机中判断规则和模型对设备状态进行智能判断和智能诊断，结合整个生产系统的生产计划，自动制订精准维修计划，并把有关方案推送给相关人员，避免由于设备维修导致的生产损失，实现从以人为核心的设备管理到以数据为核心的管理模式转变。

宝钢股份“灯塔工厂”的关键技术三是大数据。宝钢股份于2020年开始建设智慧制造大数据中心，架构呈现出“云-边-端”的基本特征。“云”，即以云端数据节点为基础，形成管控钢铁制造服务全流程的业务中台，以及提供智能化决策的数据中台；“边”，即从钢铁制造应用场景切入，连通各个边缘数据节点，实现钢厂工序、产线更全面的智能化管控；“端”，即以智能化装备为端口，搭建好完备的智慧制造基础设施。基于“云+边”的数字化流程管控、数据智能应用及服务形成双轮驱动优势，实现数据共采共享、系统共建共用，打造互联的数字生态。同时，贯通数据采集、分析到决策的全流程，驱动传统钢铁制造业务变革，灵活适应多场景需求。

2. 5G+工业互联网重构生产基础设施

作为新型工业化的核心底座，5G与工业互联网的协同创新正在催生全连接工厂新形态。

宁德时代作为中国最早探索工业5G实践的企业之一，为5G+工业互联网的创新应用开辟道路，其5G工厂入选工业和信息化部公示的《2023年5G工厂名录》。

碳中和背景下，动力电池市场迎来需求井喷期，锂电行业将迈入TW·h时代。为了应对日益复杂的制造工艺和满足高质量的产品需求，宁德时代在2020年提出了“极限制造”理念。面对“极高的质量要求，极复杂的工艺流程，极快的生产速度”三大挑战，宁德时代运用人工智能、大数据、云计算、数字孪生、边缘计算、5G等智能制造使能技术，建立了极限制造体系架构，打造以智能制造平台为核心，多平台多系统深度交互的工业化和信息化融合生态平台，支撑极限制造目标的实现。

中央智慧工艺感知控制系统+增强现实专家系统，轻松应对复杂工艺流程。中央智慧工艺感知控制系统将车间内所有与涂布机相关的设备及仪器连接在一起，配合AI技术进行自动管理，实现涂布参数实时调整，能够解决品质管控难、人工操作复杂等问题。增强现实专家系统给工厂安上了一双“千里眼”。使用AR/VR眼镜，将生产操作现场与指挥后台的前后端信息实时同步交互，指导者可以在远程“身临其境”，协助进行智能辅助检修、智能培训、远程指导等功能，提升操作现场的工作能力与效率。

超高速运动全量视频流AI质量检测与准时制（just-in-time, JIT）物流，完美匹配极快的生产速度。面对超高速视频流带来的瞬时大数据，超高速运动全量视频流AI质量检测高效“值守”，实现无延迟采集传输，将数据准确传递至AI服务器并反馈结果，有效解决了前工序由于瑕疵微小、基材反光角度差异、设备转速极高导致的缺陷不易识别这一难题，从而避免因检测延长生产时间。智能物流调度系统可实现物流终端控制、商品入库存储、搬运、分拣等作业全流程自动化。通过同时接入超过200台5G自动导向车（automated guided vehicle, AGV），依托5G网络，工厂内数以百计的AGV智能小车实现全流程自动化作业，如图5-11所示。配合先进智能导航技术，工厂已实现电芯自动上线、模组自动转运、线边物料循环配送等自动运输场景，在节省人力开支的同时提升了配送精准度和库存周转率。

5G推动着宁德时代实现绿色低碳的“智变”。大数据实时采集能耗信息，人工智能算法进行节能规划，工厂“聪明的大脑”不断寻找最高效的能耗解决方案，节能减排发生在生产的每个环节和工厂的每个角落。

图5-11　依托5G网络，工厂内数以百计的AGV智能小车实现全流程自动化作业

3. 工业互联网平台赋能产业生态重构

垂直行业工业互联网平台的崛起，正在重塑产业链协同模式。航天云网基于INDICS（industrial intelligent cloud system）平台打造面向下一代复杂装备的工业软件产品体系，聚焦航天系统工程优势领域，提供具有基于模型的系统工程MBSE（model-based systems Engineering）特色的“数字主线+软件工具集”；基于大数据平台实现感知、预测和决策支持，支撑“大数据+人工智能”应用场景；基于INDICS平台，实现科研生产、服务保障等相关设备的感知物联、标志解析和共享协同；优化架构，打造云边协同“INDICS+CMSS”的平台产品体系，支撑智能制造应用场景。解决方案在航天防务等领域全面导入MBSE方法，利用数字化手段打通航天复杂装备“论、研、试、产、训、战、保”全过程，推进航天复杂装备及研制过程向数字孪生形态演进。

华为FusionPlant平台则在工业知识沉淀方面取得突破。工业互联网平台的核心价值在于将分散的行业知识转化为可复用的数字化资产，并通过开放生态实现知识共享。传统工业体系中，行业知识（如工艺参数、设备维护经验）往往以非结构化形式分散于不同部门和地域，导致知识传递效率低下。工业互联网平台通过微服务架构，将工业机理、工艺经验及业务逻辑封装为模块化组件，形成可复用的行业知识库。例如，华为与三联虹普合作开发的“化纤工业智能体解决方案”，通过构建化纤知识图谱和智能预测引擎，将生产数据与行业机理模型结合，实现产品质量的柔性分发和工艺参数的动态优化。这种知识软件化的模式，不仅降低了技术复用门槛，还加速了跨企业、跨行业的协同创新。

此外，工业互联网平台通过开放接口和标准化协议，推动行业知识的生态化共享。例如，华为云IoT Stage应用交付平台预集成了丰富的行业应用，支持工业App的快速开发与部署。宁波沃土工场聚焦家电生产、数控机床生产及注塑机生产等行业，通过结合华为ICT能力，如华为HiLink芯片、华为 NB-IoT芯片、AI芯片、LiteOS嵌入式操作系统等以及华为云计算、大数据、物联网等基础能力，联合合作伙伴共同为企业提供产品智能化解决方案，其架构如图5-12所示。这种开放共享机制，使得中小企业能够以较低成本获取行业知识，突破自身技术瓶颈，从而在细分领域形成核心竞争力。

4. 数字孪生技术开启虚实融合新纪元

数字孪生是现实物理对象的虚拟映射。这种技术不仅能够完美地复制物体的外观形态，更能

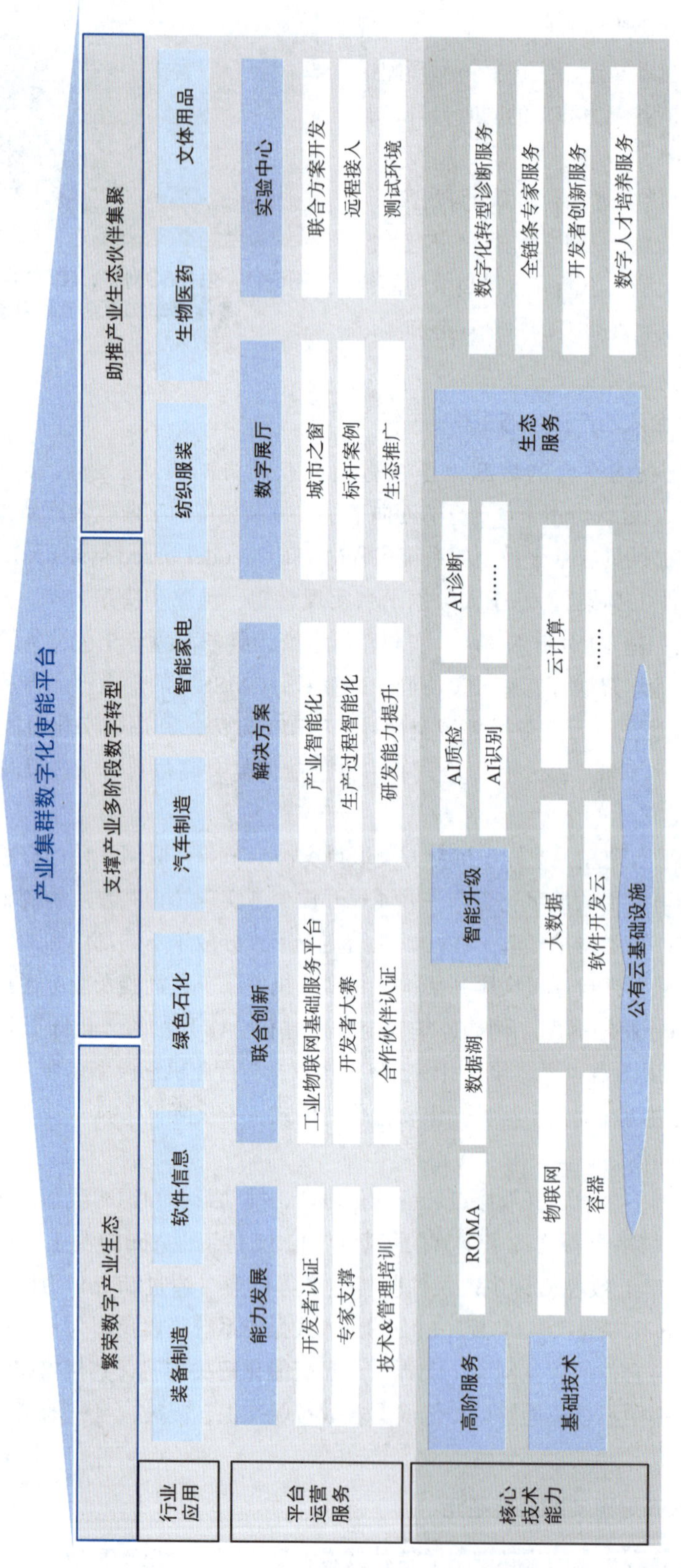

图5-12　华为云宁波沃土工场“4+5+N”总体架构

在虚拟世界中模拟对象物体的运行状况和性能表现。这一创新性的技术，正在为工业生产、城市管理、医疗健康、物流运输等领域带来突破性的变革。

在工业领域，数字孪生技术通过虚实映射与动态优化，赋能企业生产管理，助力企业实现高效、精准的生产管理。在设计阶段，它能够构建出可拆解、可复制、可转移的数字镜像，帮助设计师快速完成产品设计和迭代。在制造阶段，数字孪生通过物联网和大数据技术，实现对生产过程的精确控制和优化，为企业带来更高的生产效率和更低的成本。

在城市管理领域，数字孪生技术同样是发挥了巨大作用。通过建立城市数字孪生模型，管理人员可以全面感知城市运行状况，实现智能管理以及科学决策。不论是交通拥堵的预测与疏导，还是环境质量的监测与改善，数字孪生都能提供精准的数据支持和解决方案，让我们的城市更加智能、绿色、宜居。

在医疗健康领域，数字孪生技术通过模拟人体器官和系统，为医生提供精准化、个性化的治疗手段。通过模拟人体器官和系统，医生能够更深入地了解患者的病情，制定更科学、合理的治疗方法。这不仅提升了治疗效果，也减少了患者的治疗风险。

此外，数字孪生技术还在物流运输、农业种植等领域展现出巨大的潜力。在物流行业，数字孪生可以优化物流运输线路，降低物流成本，提高物流效率；在农业领域，通过模拟农作物生长环境，改善种植管理策略，数字孪生技术能够提高农作物产量和质量，推动精准农业的发展。

新一代信息技术与制造业的深度融合已超越工具性应用阶段，正在引发生产组织方式、产业竞争规则和全球价值链地位的系统性变革。这场变革不仅需要技术创新，更需同步推进管理变革、标准重构与生态培育，方能真正实现从“制造大国”向“智造强国”的历史性跨越。

二、先进计算赋能新质生产力

先进计算作为数字经济时代的关键核心技术，成为全球战略竞争的新焦点。伴随着数字化转型的不断提速，先进计算的战略性地位和支撑性作用进一步凸显，是我国推进新型工业化、建设现代化产业体系、助力新质生产力加速形成的核心支撑。

在传统技术路径逼近极限、颠覆技术尚未成熟的背景下，以生成式人工智能为代表的大模型等新应用、新需求的崛起，使得先进计算迎来新一轮发展浪潮，正在重塑计算体系和重构全球竞争格局。以应用驱动为核心，通过计算理论、计算器件、计算部件、计算系统等先进计算关键技术的体系化突破与融合性创新，形成更高算力、更高能效、更加多样、更加灵活的计算技术和产品，将进一步加速算力规模增长和算力结构演进，先进计算已开启以系统创新为主导的智能计算发展新周期。2024年工业和信息化部发布的《2024年先进计算赋能新质生产力典型应用案例名单》，此次公布的案例涵盖了传统产业、新兴产业以及未来产业三个领域，充分体现了我国各行业对先进技术的广泛应用和创新能力，旨在推动先进计算技术与实体经济深度融合，加快新质生产力的培育和发展。

先进计算技术体系化创新加速的同时，算力赋能作用持续深化，已在智慧城市、生物医药、智能制造及智慧能源等领域形成规模化落地应用，为产业的数字化转型提供了原始动力，为实现生产效率提升、服务能力优化、商业模式创新奠定了坚实基础，围绕“大算力+大数据+大模型”的智能算力成为支撑各行业数字化、智能化转型的重要前提。

1. 先进计算赋能传统产业升级

在制造业领域，通过智能工厂以及人机协同等应用，推动制造业向智能化生产、网络化协同、个性化定制与服务化延伸深度融合升级。以工业制造为例，通过集成信息技术（IT）、运营技术（OT）、通信技术（CT）以及数字技术（DT）等技术，制造业实现了对生产数据的实时采集与深度分析。这一过程优化了生产流程，提升了生产效率，还能精准预测市场需求，为企业的精细化管理与智能化决策提供了坚实的数据支撑。先进计算在制造业中的深入应用，成为推动制造业转型升级、提升国际竞争力的重要引擎，加速了制造业向智能化、个性化方向的迈进。

在音视频领域，先进计算尤其是高性能计算技术的运用，显著提升了音视频处理的效率，为音视频领域的发展做出了重要贡献。通过高性能计算与云计算技术，可实现音视频数据的大规模存储、处理与分析，显著提升内容处理能力，提高音视频内容的制作效率。同时，算力网络通过云边端多层次算力的协同供给，实现了算网一体深度融合，加速了算力服务化的进程。这一应用，强力推动了音视频技术创新、产业升级和应用拓展，更好地满足了用户对智能化、沉浸式体验需求。

在城市管理领域中，先进计算扮演着至关重要的角色，对推动城市管理质量的提升与效率的增长具有显著影响。以城市交通管理为例，通过大数据技术，能够高效地分析并处理海量交通数据，进而实现对交通流量的精准预测，不仅为交通管理者提供了更为科学的决策依据也显著提高了交通管理的效率与响应速度。同时，云计算技术的引入，使得远程监控成为可能，实现了对交通状况的实时掌握，通过实时调度，可实现对交通资源的优化配置。而智能决策的支持，进一步提升了交通管理的智能化水平。智慧交通管理平台一系列的应用，有效缓解了城市交通拥堵的难题，为城市交通的可持续发展奠定了坚实的基础，如图5-13所示。

2. 先进计算加快新兴产业壮大

在自动驾驶领域，云计算平台凭借强大的计算能力与存储空间，为自动驾驶系统复杂的机器学习模型训练与持续优化提供了坚实基础；而边缘计算技术的引入，通过在数据源附近高效处理数据，显著降低了数据传输的延迟，为自动驾驶提供了实时的决策支持。为进一步推动智能网联汽车的发展，智能网联路侧系统正逐步实现规模部署，加速推进智能网联新型基础设施建设。在云端建设标准统一、开放共享的基础数据中心，搭建可靠的云控基础软件体系，为自动驾驶技术的深入应用提供强有力支撑。通过智能网联数据和生态数据的深度融合建成了以数据中枢和数字底座为基础的智能网联云控管理平台，实现“人车路网云一体化”，为自动驾驶提供协同感知、协同决策、协同控制服务。

在智慧医疗领域，智算云底座以其强大的算力为依托，借助大模型，实现了智能化数据解析与疾病预测。聚焦于NLP技术开发与应用以及AI大数据治理，致力于构建基于深度学习、知识图谱、自然语言处理及大数据治理等核心技术的场景化人工智能解决方案。通过引入数字化技术，有效提高了诊疗精准度，缩短患者等待周期，降低治疗成本。在此基础上，进一步整合医疗系统资源，实现了对现有医院信息化系统的全面升级，如图5-14所示。

在新兴智能制造领域，智能计算、边缘计算及高性能计算等尖端技术，正加速突破工业机器人领域（见图5-15）的高精度运动控制、环境感知与协同决策等核心技术难题。随着算力资源的持续投入，以及算法模型与软件应用的不断迭代升级，如今在新兴智能领域可实现生产流程自动化、智能化以及精细化管理。大幅提升了生产效率与产品质量，还有力地推动整个产业竞争力提升、产业规模化发展。

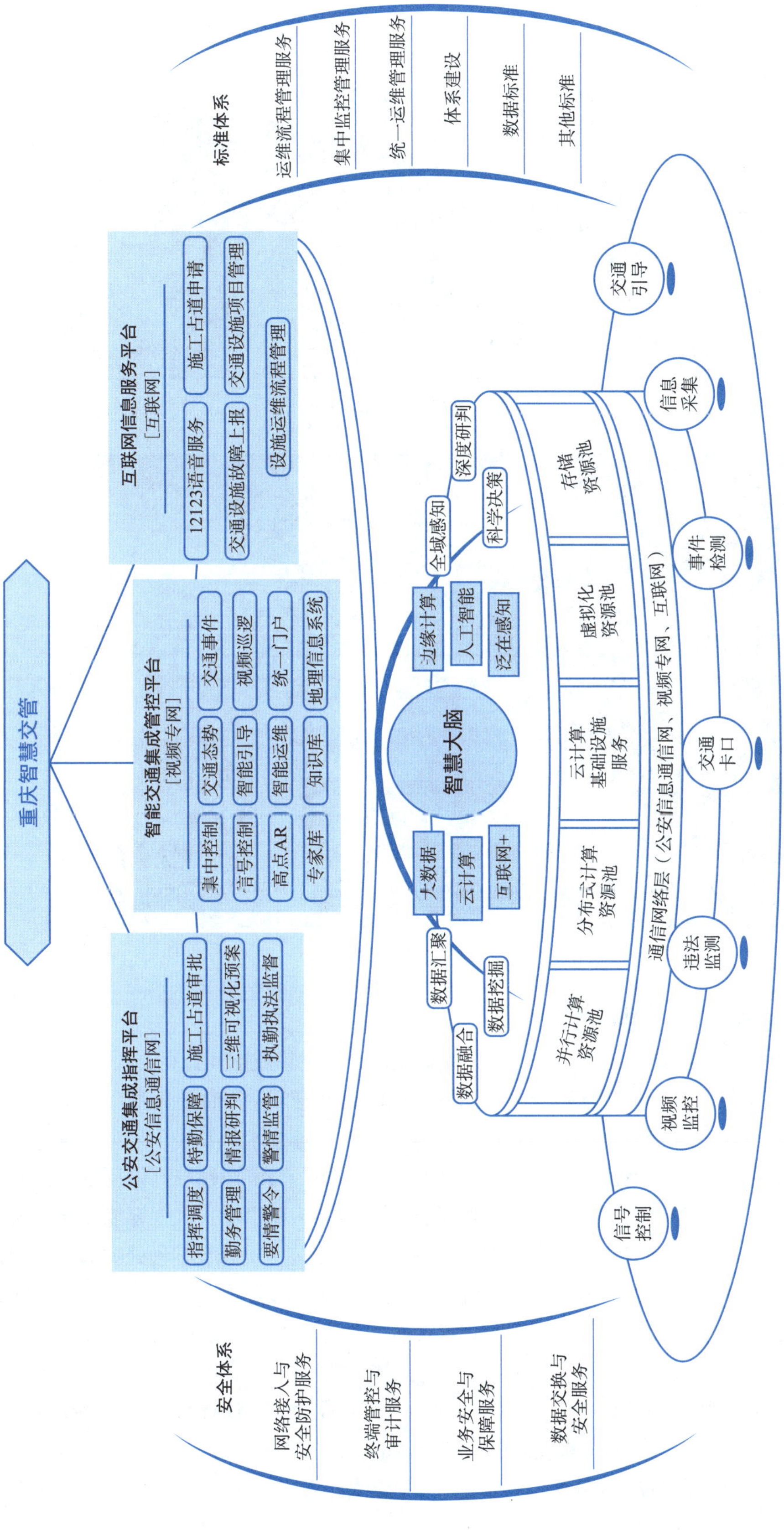

图5-13　智慧交通管理平台

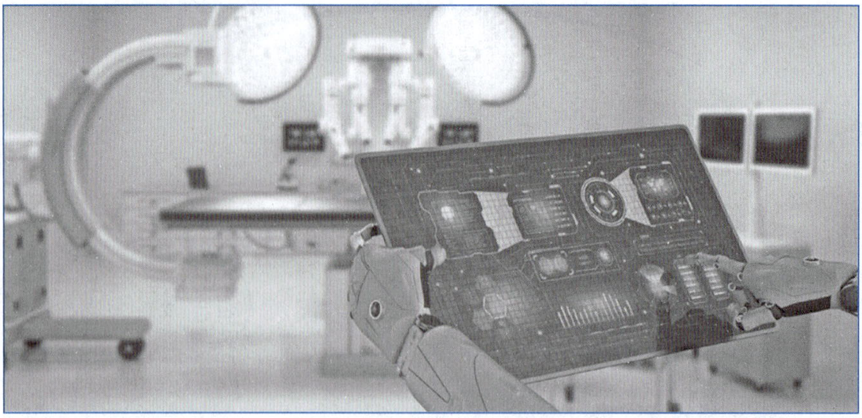

图5-14　智慧医疗示意图

图5-15　工业机器人

3. 先进计算支撑未来产业发展

在元宇宙领域，先进计算是元宇宙的核心支撑技术，通过集成空间计算、人工智能、区块链、云计算及虚拟现实技术，形成虚实融合的“感知-通信-计算-交互”一体化新型计算范式，推动了智能生成算法、分布式身份认证、数据资产流通等元宇宙关键技术的发展。先进计算技术推动了元宇宙在游戏、社交、教育及医疗等领域的场景拓展，例如，为游戏领域提供沉浸式体验，为教育领域构建直观教学内容，为医疗领域开发医学模拟应用等。在生成式人工智能领域，尤其是大语言模型（large language model，LLM），需要巨大的算力支持，提升数据预处理效率、加快海量小文件读取速度、提升大文件大带宽的读写性能、优化数据处理流程，从而提供了强大的数据处理和计算能力，确保模型能够高效地处理大规模数据。随着算法的不断优化，生成式AI的性能得到进一步提升，能够更准确地理解人类语言，生成更高质量的文本、图像等内容。先进计算为生成式人工智能提供了强大的算力支持、数据处理能力，并推动了算法优化、多模态技术融合等方面的发展，为生成式人工智能的未来发展奠定了坚实的基础。

在未来网络领域，随着应用场景的多样化，数据存储、数据传输、数据处理需求呈指数级增长。未来网络的海量性、多态性、异构性、时效性对计算能力提出了更高的要求。先进计算技术的发展，特别是对于非传统及非结构化数据的处理能力，为网络领域提供了强大的支持。先进计算在未来网络领域的发展中，不仅推动了数据处理能力的提升，还促进了网络安全技术的进步，同时也为未来网络的多场景应用提供了强大的技术支持。

综上所述，先进计算为传统产业转型升级、新兴产业壮大以及未来产业的发展提供了有力支撑。未来，随着先进计算技术的不断发展和应用领域的不断拓展，将进一步赋能新质生产力。

任务实施

在数字化转型浪潮席卷全球的今天，每位专业工作者都站在技术革命的交汇点上。无论你深耕于建筑、医疗、教育还是农业领域，新一代信息技术正以AI的算法智慧、物联网的感知触角、区块链的信任机制、大数据的决策洞察，为传统专业注入全新动能。试想：城市规划师能否借助数字孪生技术构建“城市生命体征监测系统”？环境工程师可否通过边缘计算+卫星遥感实现生态污染的精准溯源？此刻正是突破学科藩篱的最佳时机——你无须成为技术专家，只需以专业视角洞察行业痛点，将5G的高速连接、云计算的弹性算力转化为破解难题的钥匙。让我们以交叉创新的思维重新定义专业边界，让知识图谱遇见机器学习，让材料科学与量子计算碰撞火花，在虚实融合的智能时代，每个专业都将诞生改变世界的“技术翻译家”。以下是以光伏电站运维过程中面临的核心挑战为切入点，通过前端智能感知技术与AI大数据智能分析技术的深度交融，并融入智能清洁机器人，构建了一套“空地一体化”、多维度协同作业的创新解决方案设计实例。此方案旨在实现光伏电站运维工作的智能化升级与高效化转型。

任务要求1：光伏领域项目背景调研与需求分析，深入了解光伏电站运维市场的现状、政策环境及市场需求，为后续项目设计提供坚实基础。

具体步骤如下：

STEP 1 通过市场现状调研，收集并分析光伏电站运维市场的规模、增长趋势及市场需求等数据。

STEP 2 整理市场调研报告，明确市场机遇与挑战。通过研究国家出台的相关政策，进行政策环境分析，理解新能源安全保障和光伏智能化运维的发展方向，撰写政策分析报告，评估政策对项目的影响。根据市场调研结果，识别光伏电站运维中的痛点问题，如数据采集、故障诊断及运维效率等。

STEP 3 制定需求分析报告，明确项目需解决的关键问题。对市场调研发现市面上传统的光伏发电产业普遍存在着光伏电站数据采集不全面、光伏组件故障诊断不及时、电站运维效率较低下，如何智能化管理光伏发电电站、降低运维成本、保障安全性成为行业的难题。

具体的痛点问题包括：

（1）光伏电站数据采集不全面。光伏电站中的数据采集是确保电站正常运行的重要环节。光伏电站故障形式多样，如光伏板破裂、隐裂、热斑（见图5-16）、开路故障、短路故障等，造成故障的原因很多，如灰尘积累、鸟粪等异物遮挡、线路老化等。

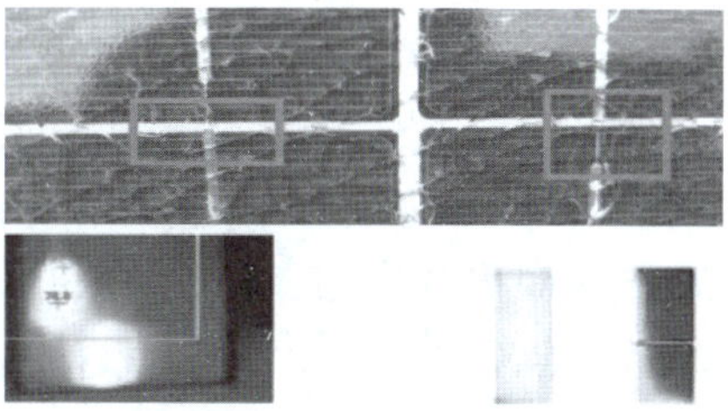

（a）原图　　（b）热斑

图5-16　光伏板热斑

（2）光伏组件故障诊断不及时。光伏电站组件的稳定运行是保障电站高效、安全运转的核心要素。若故障未能得到及时诊断，将致使光伏电站发电效率不断下滑，发电量随之锐减，进而严重冲击电站的经济效益。然而，当前人工诊断故障存在视觉误差，智能定位算法模型未能及时更新，致使故障检测精度亟待提升，且故障分析定位的准确性也有待加强。

（3）光伏电站运维效率较低。光伏电站往往建设在偏远地区或复杂地形（如山区、沙漠等），这些地方交通不便、气候条件恶劣，增加了运维难度。光伏电站运维需要专业的技术人员进行操作和维护，但由于地理位置偏远，很难吸引和留住这些人才，导致运维团队技术水平参差不齐。

任务要求2：项目技术方案设计任务。设计并确定项目的技术路线及具体实施方案，结合论文检索结果和市场需求，确保技术方案的先进性和实用性。

具体步骤如下：

STEP 1 技术路线选择与论文检索。确定采用了无人机、人工智能、物联网、大数据等先进技术，为光伏电站智能化、智慧化建设提供技术支撑保障，助力光伏电站“安全生产，提质增效，精益管理”目标的实现，有扩充的余地。这些技术的选择基于对当前光伏运维市场需求的深入分析，以及对相关技术领域最新研究成果的论文检索。通过学术数据库（如CNKI、万方、IEEE Xplore等）检索相关领域的最新研究论文，重点关注前端智能感知技术、AI大数据分析算法、无人机巡检系统、智能清洁机器人等方面的最新进展。分析论文中的关键技术、算法实现、实验数据等，为技术路线的选择提供理论依据和技术支撑。在论文检索和分析的基础上，撰写技术路线规划书，明确技术选型理由，包括技术的先进性、可行性、成本效益分析等。同时，规划书中应包含技术实施的时间表和关键里程碑，以确保项目按计划推进。

STEP 2 设计核心技术一——“无人机巡检系统PVGuardYOLO双影像光伏故障小目标检测”。光伏组件在长期使用过程中会产生异物遮挡、裂痕、热斑等故障，不仅会影响组件发电的稳定性，还会造成严重的安全隐患。研究结果显示，由于光伏组件遭异物遮挡可使发电量减少 20%~30%。若不及时清理异物，遮挡部分将会发热，导致“热斑”现象，继而造成整个太阳电池模块失效，甚至带来火灾隐患。因此，光伏组件的运行状况监测和异物、热斑故障检测显得尤为重要。利用无人机对光伏组件进行故障巡检通常从第一次可见光巡检和第二次红外光巡检两种场景分别处理和检测，巡检流程图如图5-17所示。基于残差神经网络 ResNet50和改进的YOLOv5故障检测方法，实现对两种影像图像高精度自动分类和故障检测。针对红外数据进行色度变换去除太阳反光而保留热斑，针对可见光数据采用锐化的方式凸显异物、裂痕等小目标，使用不同的 YOLOv5目标检测算法实现可见光下小型异物故障和红外光下热斑故障的快速检测和定位。

STEP 3 设计核心技术二——“光伏阵列故障诊断模型”。光伏阵列故障诊断融合神经网络，实现高精度、实时的故障诊断，其训练模型如图5-18所示。首先，设计并初步实现了光伏电站数字检测系统整体框架，其中数字检测模型采用机理建模方法构建，并利用粒子群优化算法提高精度，实时、准确监测光伏电站的运行情况。其次，通过比较数字检测模型输出与物理实体输出之间的残差和阈值的大小，检测是否有故障发生。最后，采用时间卷积网络结合双向门控循环单元的融合神经网络TCN-BiGRU（TCN为时间卷积网络，BiGRU为双向门控循环单元），对光伏阵列故障进行诊断，并将最终的诊断结果呈现在人机交互界面中。通过实验验证所提方法的有效性。

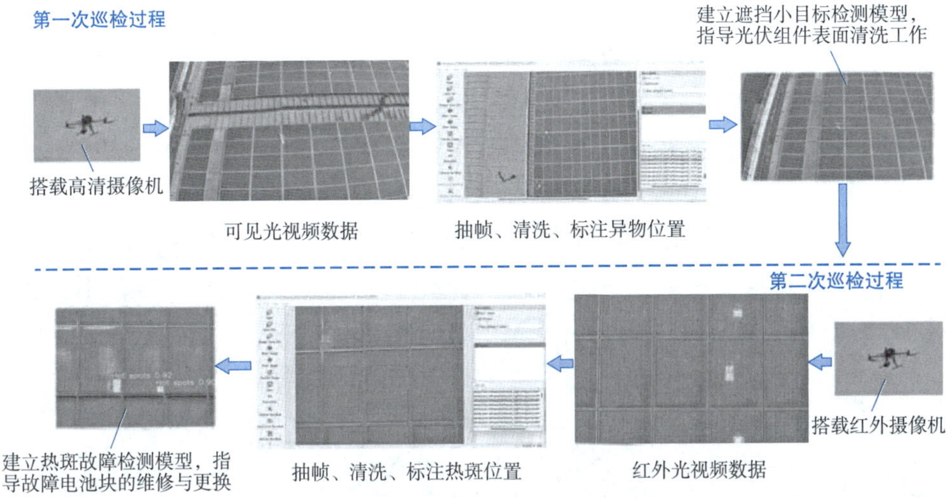

图5-17　巡检流程图

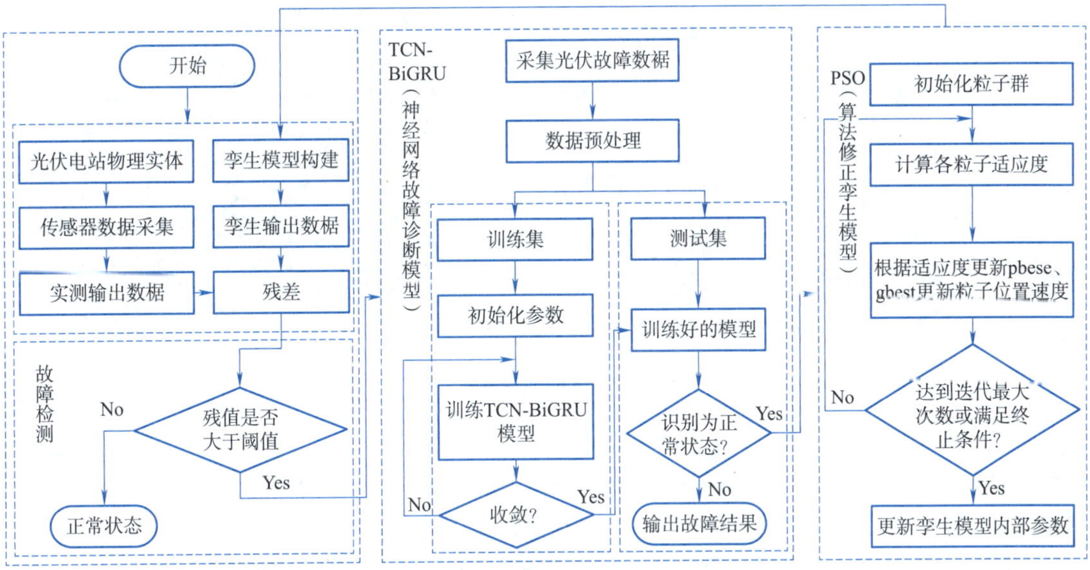

图5-18　光伏阵列故障诊断模型训练流程

STEP 4 设计核心技术三——“光伏智能清洁机器人PR300”。光伏智能清洁机器人，如图5-19所示，融合运维管理平台实时识别判断机器人状态根据状态执行运行策略，全轮驱动，配合主动姿态调整，具备超强的越障和爬坡能力，适用于独立自供电24 V高性能自供电系统，无须从电站取电及面对复杂运行环境。同时搭载将多个模块高度集成的无人机机场，用户可以在云端对机场进行任务规划和设备管理，无人机根据任务计划自动起飞作业，并将作业成果自动上传归档，实现真正的无人化值守。具备轻量化、易部署、强大的作业能力和云端智能功能等，简化施工部署难度，整体可靠性得到进一步提升。

图5-19　智能清洁机器人

STEP 5 设计核心技术四——“智能运维管理平台”。光伏智能运维管理平台采用人工智能、大数据分析的光伏组件灰尘预警系统等先进技术，通过对光伏组件的状态进行实时采集、分析和预测，为电站的运维管理提供全面的解决方案，如图5-20所示。实时监控光伏电站的太阳能电池板，及时发现设备的异常状态并进行处理。对光伏电站发生的故障进行及时定位、诊断和修复，确保故障不影响电站的正常运行。

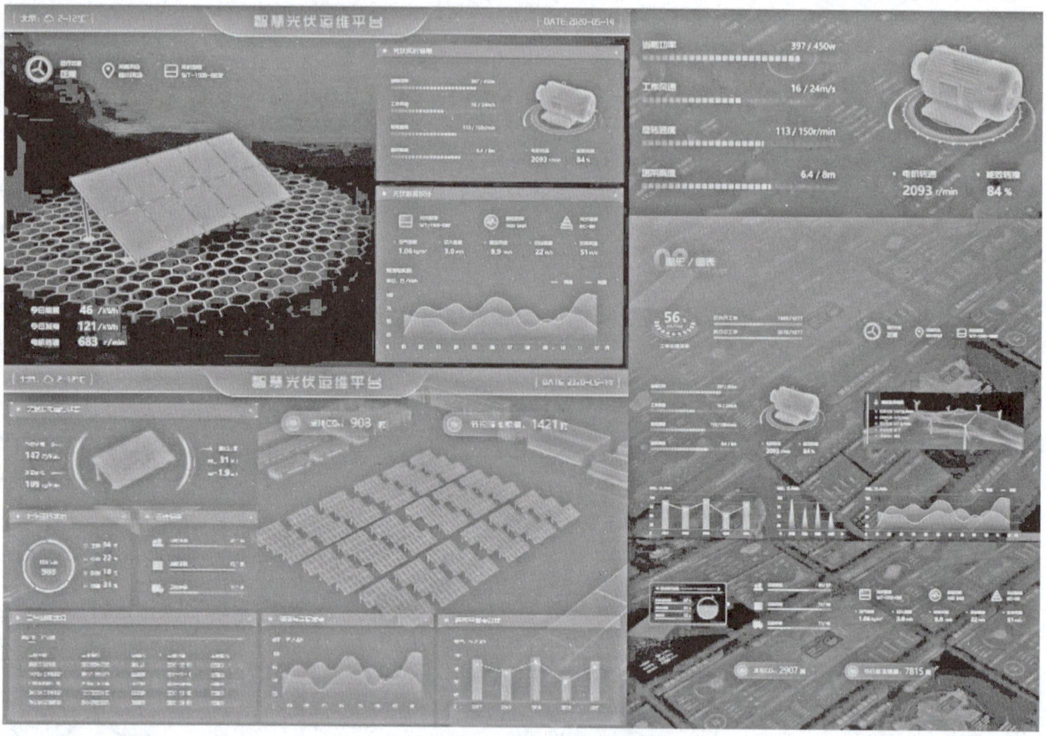

图5-20　智能运维管理平台

同时，平台还会分析故障原因，采取措施避免类似故障再次发生。通过大数据分析的光伏组件灰尘预警系统，对光伏电站的运行数据进行深度挖掘和分析，帮助电站管理人员了解电站的运行状况、性能特点以及潜在问题。同时，平台还可以根据历史数据和实时数据，预测电站未来的运行情况和性能趋势。平台提供全面的运维管理功能，包括巡检管理、维护计划制订、工作任务分配等。通过智能化管理，提高运维效率，降低运维成本。

任务要求3： 项目实施与产品开发任务。完成产品原型开发、系统整合与测试，并进行产品迭代与优化。

具体步骤如下：

根据技术方案，开发首款产品原型。进行初步测试，收集反馈并进行优化。将无人机巡检系统、AI大数据分析平台和智能清洁机器人整合为一套完整系统。进行整体测试，确保系统稳定、功能完善。根据测试结果和用户反馈，对产品进行迭代和优化。提升产品性能和用户体验，满足市场需求。

任务要求4： 知识产权保护任务。申请与项目相关的专利和软件著作权，保护知识产权。

具体步骤如下：

撰写并提交与项目相关的专利申请文件，在国家知识产权局专利业务办理系统提交申请材料，如图5-21所示，跟踪专利申请进度，确保获得专利授权。准备并提交与项目相关的软件著作权申请材料。获得软件著作权证书，确保知识产权完整性。

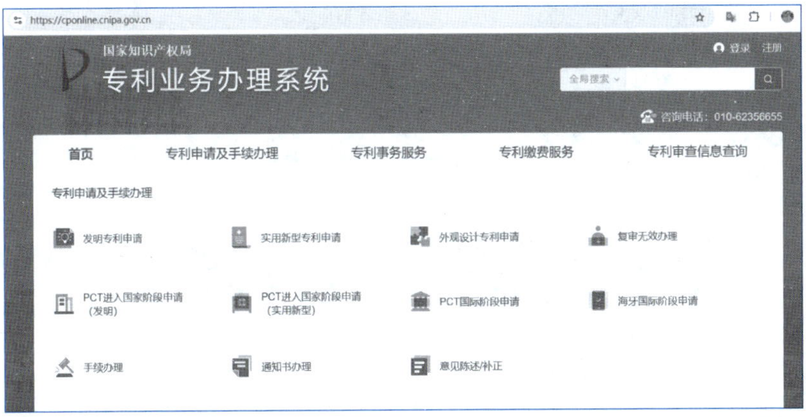

图5-21　国家知识产权局专利业务办理系统

任务要求5： 商业模式与市场推广任务。设计商业模式，制定市场推广策略，并拓展合作伙伴。

具体步骤如下：

以需求定制为主，设计产品销售与运维服务相结合的商业模式。与上游公司进行技术合作，实现互利共赢。制定校企合作、合作伙伴搭桥、参加行业展会等市场推广策略。执行推广计划，提升项目知名度。与原料供应商、委托生产合作伙伴及战略合作伙伴建立合作关系。签署合作协议，助推项目落地发展。

任务要求6： 项目运营与效益评估任务。制订项目运营计划，评估项目效益，并进行持续改进与优化，制定技术创新、市场拓展及产业发展规划，推动项目持续发展。

具体步骤如下：

制订详细的项目运营计划，包括人员配置、生产安排及市场推广等。确保项目按计划顺利推进。对项目进行经济效益和社会效益评估。分析营收、净利润、就业带动等指标。根据项目运营情况，持续改进和优化产品、技术和商业模式。提升项目竞争力和市场地位。持续投入研发，提升创新意识。锻炼创业能力，推动技术创新成果产业化。开发更多光伏运维安全生产应用场景，为企业提供更加安全、智能、可视化的产品。持续助推光伏产业发展，为经济发展提供可靠的能源保障。

项目六

善工利器 AIGC应用实战

项目导读 创新用 效率升

信息技术+职场

亲爱的青年学子们：

在浩瀚的数字时代浪潮中，“工欲善其事，必先利其器”的古训依然熠熠生辉，指引着我们应具备数字化创新与发展的能力，不断探索和应用数字化工具，以提升效率，创造价值。而今我们迎来了AIGC（artificial intelligence generated content，人工智能生成内容）的崭新时代，它如同一把锐利的工具，助力我们在信息与知识的海洋中劈波斩浪。本项目将带领我们深入AIGC的广阔天地，体验“创新用，效率升”的无限魅力。

任务一“AIGC”概览，是我们此次实战的起点。我们将一同揭开AIGC的神秘面纱，了解其基本原理、发展历程及未来趋势。这是一次对新兴技术的全面探索，也是我们对未来工作方式的一次前瞻思考。通过这一任务，我们将奠定坚实的理论基础，为后续的实操演练做好充分准备。

任务二“写作类AIGC工具实操”，将带我们走进AIGC的具体应用领域。写作，作为人类表达思想、传递信息的重要方式，在AIGC的赋能下焕发出了新的生机。我们将亲手操作写作类AIGC工具，感受其如何助力我们提高写作效率，拓宽创作思路。这是一次理论与实践的深度融合，也是我们对“创新用”理念的亲身践行。

任务三“表格类AIGC工具实操”，则进一步拓展了我们的实战范围。表格作为数据处理与分析的利器，在AIGC的加持下变得更加智能、高效。我们将通过实操演练，掌握表格类AIGC工具的使用技巧，学会如何利用其快速处理数据，生成可视化报告。这是一次对数据分析能力的全面提升，也是我们对“效率升”目标的执着追求。

任务四“演示类AIGC工具实操”，将我们的实战之旅推向高潮。演示作为展示成果、交流思想的重要手段，在AIGC的助力下变得更加生动、形象。我们将亲手操作演示类AIGC工具，制作出精美的演示文稿和动画，让我们的思想和创意以更加直观、吸引人的方式呈现出来。这是一次对表达能力的极致挑战，也是我们对“创新用”精神的完美诠释。

同学们，让我们以探索者的姿态，走进AIGC的奇妙世界；以创新者的勇气，操控善工利器，提升效率，创造价值，共同书写属于我们的AIGC应用实战篇章！

任务一　AIGC概览——基础认知

情境引入

图书馆的安静午后，工小匠偶然翻阅到一本关于AIGC的书籍。作为AI时代的年轻人他被AIGC（人工智能生成内容）的概念深深吸引，并对如何智能生成多样内容充满好奇。随即开始收集资料进行研究。最后他心潮澎湃，决心亲手尝试这个善工利器，探索AI创作的无限可能。

任务分析

（1）理解AI和AIGC的基本概念。

（2）了解AIGC技术的发展历程及AIGC算法体系的主要分析流程。

知识链接

一、AIGC的基本概念与特点

在当今科技飞速发展的时代，各类新兴技术层出不穷。其中，人工智能（artificial intelligence, AI）及其衍生领域人工智能生成内容（AIGC）的蓬勃发展，正悄然却深刻地改变着人们的信息获取和交互方式。随着大数据技术的不断成熟、算法的持续优化以及算力的显著提升，这三者的深度融合为AIGC的兴起提供了坚实基础，使其不仅成为科技创新领域的焦点话题，更广泛且深入地渗透人们日常生活的各个层面以及工作的不同环节。通过本任务的学习，我们将更好地理解AIGC的潜力与价值。

要深入认识某一新事物，首要任务是精准把握其概念本质。对于AIGC而言，我们可从定义与特点这两个关键方面进行严谨且详尽的阐释。

1. AI的定义

从古至今，“智能”一直是推动人类社会发展的重要力量，它体现在人类读书识字、分析问题、创造艺术等诸多行为之中。智能的本质是生物所具备的复杂认知、感知、理解、判断和决策能力，以及基于这些能力进行有效学习和适应环境变化的能力。传统观念中，智能主要与人类等高等动物紧密相连。然而，随着科学研究的不断深入，人类逐渐创造出“人造的智能”，即人工智能。

AI是一门致力于模拟人类智能的技术学科，它通过计算机程序和系统来模拟、延伸并扩展人类的智能。在实际运行过程中，AI系统能够实现模式识别、自主学习以及基于数据做出决策等功能，从而执行诸多复杂任务，在部分特定领域甚至能够超越人类的智能表现。在当今社会，AI技术已广泛应用于多个重要领域，如工业生产、交通运输以及互联网教育等，为各行业的转型升级提供了强大动力。

随着AI技术的不断发展与演进，其在内容创作领域取得了显著进步，AIGC作为AI在该领域的一个重要分支，也应运而生并逐渐崭露头角。

2. AIGC的定义

AIGC指的是借助AI技术自动生成原创内容的一种创新应用。它融合了自然语言处理、计算机视觉和深度学习等前沿技术，通过模拟人类的创造力和想象力，能够生成涵盖文本、图像、音频和视频等多种形式的内容，为内容创作开辟了全新的途径和方法。

从概念范畴上来说，AI是一个包含众多技术和应用的广泛领域，而AIGC则是AI在内容生成这一特定领域中的具体实践与体现。它专注于利用AI技术生成新的、具有独特价值的内容，是AI技术在内容创作方向上的专业化、精细化发展成果。

3. AIGC的主要特点

AIGC逐渐崭露头角，成为内容创作领域一股特别的新兴力量。它以其创新性、高效性、多样性和可扩展性等特点，为内容创作带来了革命性的变化。

1）创新性

AIGC的创新性体现在其能够利用先进的技术，特别是深度学习和生成模型等，生成全新的、具有创意的内容。

仅需根据文字指令，AIGC工具就可以模仿人类的写作风格，生成可与人类媲美甚至超越人类的文章。例如，ChatGPT等AI模型可以根据输入的关键词或主题自动生成文章段落，不仅能够快速产出大量内容，而且内容质量较高，具有一定的创意。这种创新性使得 AIGC 在新闻报道、文学创作等领域具有良好的应用前景。而在图像创作方面AIGC工具更是可以根据输入的描述或概念生成逼真的图像内容。这种图像生成技术在艺术创作、设计领域具有重要意义。而在视频、音乐等领域，AIGC都能被用于进行独特的创造活动。

AIGC的创新性在于它能够在学习人类作品的基础上，创造出全新的内容，而不是对人类已有内容进行简单的收集与整合。随着不断发展，AIGC将在内容创作、艺术设计、广告营销等领域发挥越来越重要的作用，为人类的创意活动带来更多可能性。

2）高效性

AIGC最重要的一个特点在于可以快速生成大量内容，大大提高了内容创作的效率。无论是围绕什么类型的内容，AIGC工具都能在短时间内生成大量高质量的作品，从而满足大规模生成内容。的需求。一般来讲，大部分AIGC工具能在几秒内生成几百个字的文本，如新闻、故事、诗歌等；在几秒到几十秒内可生成一张精美图片。其极快的内容生成速度，是人类很难超越的。

3）多样性

多样性是 AIGC在内容创作领域的又一显著特点，它赋予了内容生成更多的可能性和更强的适用性。AIGC的多样性体现在它能够根据不同的关键词或主题，生成风格多变、灵活多样的内容。

AIGC的多样性首先体现在其生成内容的形式上。AIGC涵盖语言文字、图像、音频、视频等方面，对应在具体应用领域上，则意味着无论是文字编辑、平面设计、音频制作还是视频剪辑，它都能够提供多样化的解决方案，满足不同领域的内容创作需求。另外，AIGC还能驾驭不同内容形式的不同风格。语言文字方面，AIGC可掌握不同文体形式与写作风格；图像方面，AIGC可生成真人照片、艺术绘画、3D模型图；音频、视频方面，AIGC 可快速生成不同风格流派的影音。

4）可扩展性

AIGC还具有很强的可扩展性，可以应用于不同领域和场景。随着技术的不断发展，其应用领域还将不断扩大，涵盖更多的内容生成领域。

AIGC的可扩展性首先体现在其可以集成到各种现有的系统和平台中。无论是社交媒体、电商平台还是企业内部的管理系统，通过一定的技术操作，AIGC都能载入其现有系统中，为用户提供定制化的内容生成服务。这种灵活性和集成性使得AIGC能够适应不同的业务场景，满足各种复杂的需求。例如，目前许多微信小程序搭建各色AIGC工具，提供各类服务，如图6-1所示。

二、梳理AIGC的发展历程

1. 萌芽起步期

20世纪50年代到90年代中期为AIGC的萌芽起步期。在20世纪50年代初期，出现了首个计算机制作的音乐作品《伊利亚克组曲》（Illiac Suite），其旨在测试一台计算机是否具有智能。20世纪60年代到70年代，随着计算机技术的进步和学术界对人工智能兴趣的增加，一些早期的对话系统和文字生成系统开始出现，典型例子包括“伊丽莎”（ELIZA），这是一个早期的对话系统，能够模仿人类的对话风格。

图6-1　微信AI应用小程序

在这一阶段，AIGC的概念刚刚诞生，受到计算能力和数据资源的限制，主要的研究和探索集中在理论框架的构建和初步的实验验证上。研究者们开始尝试使用简单的统计模型和规则系统来模拟人类的写作过程，但由于缺乏足够的数据和计算资源，生成的文本内容往往质量不高，缺乏实用性。

尽管如此，这一时期的探索为AIGC的后续发展奠定了坚实的理论基础。

2. 沉淀积累期

20世纪90年代中期到21起初10年，随着科技的进步，尤其是计算机技术的快速发展，AIGC进入了沉淀积累期。在这一阶段，研究者们开始尝试使用更复杂的算法和模型来提高生成的文本内容的质量，典型成果如2007年问世的首部由AI完成的小说《在路上》（*The Road*）。

这一阶段，经过研究者们不断地改进和优化算法，以及对大规模数据的训练和学习，AIGC开始逐渐从实验向实用转变。同时，这一时期的探索也为AIGC的快速发展奠定了基础。

3. 快速发展期

从21世纪第二个10年开始，AIGC迎来了快速发展期。在这一阶段，AIGC不仅能够生成高质量的文本内容，还能够生成图像、音频、视频等多媒体内容，满足了人们多样化的创作需求。同时，随着大数据和云计算技术的发展，AIGC的生成效率和准确性也得到了极大的提升。

从2022 年开始，AIGC得到突破性发展。以 ChatGPT和国产大模型深度求索（DeepSeek）为代表的一众 AIGC工具不断涌现，这使得人们对 AIGC的关注度和认可度达到了前所未有的高度。特别是DeepSeek于2023年推出其大模型体系，通过开放源代码、模型权重和高质量训练数据集，显著降低了行业技术门槛，推动了中国AIGC开发者社区的蓬勃发展。技术的成熟带来了更进一步的商业化，DeepSeek在金融、教育、医疗等垂直领域展现出的精准推理能力和高效运算特性，不仅加速了AIGC技术的产业落地进程，更通过开源生态催生出大量创新应用。AIGC在各行各业不断创造新的商业价值，如今，这一重要技术已经广泛应用于各个领域，成为推动内容创作领域发展的重要力量。

三、分析AIGC算法体系的流程

AIGC的算法体系流程通常涉及多个步骤和技术，从数据收集到内容生成和优化。以下是AIGC算法体系的主要流程分析。

1. 数据收集与预处理

（1）数据收集：收集大量相关数据，如文本、图像、音频或视频。这些数据将用于训练生成模型。

（2）数据清洗：去除噪声、重复和不相关的数据，确保数据质量。

（3）数据标注：对数据进行标注，以使模型能够理解和学习数据的特征。

2. 模型选择与设计

（1）选择模型架构：根据生成内容的类型选择合适的模型架构，如生成对抗网络（GAN）、变分自编码器（variational autoencoder，VAE）、Transformer等。

（2）设计网络结构：设计神经网络的层次结构，包括输入层、隐藏层和输出层，确保模型能够有效学习和生成内容。

3. 模型训练

（1）初始化参数：初始化模型的权重和参数。

（2）训练模型：使用预处理后的数据训练模型，通过反向传播和梯度下降优化模型参数。

（3）损失函数：定义损失函数来衡量模型生成内容与真实内容之间的差异，并最小化该损失。

4. 内容生成

（1）输入处理：将输入数据（如文本提示、草图等）转换为模型可以处理的格式。

（2）生成内容：利用训练好的模型生成新的内容，如文本、图像、音频或视频。

（3）后处理：对生成的内容进行后处理，如去噪、平滑或格式转换，以提高内容质量。

5. 评估与优化

（1）内容评估：使用评估指标（如BLEU分数、FID分数等）评估生成内容的质量和多样性。

（2）用户反馈：收集用户反馈，了解生成内容的实用性和满意度。

（3）模型优化：根据评估结果和用户反馈，调整模型参数或重新训练模型，以提高生成内容的质量和相关性。

四、 AIGC工具使用边界

在大学读书的同学们，正忙着完成各种论文、报告等任务，很多学生会选择利用AIGC工具当帮手，相比翻阅厚重的书籍资料或者利用互联网搜索引擎查找资料借助AIGC工具完成作业更加方便、实用但也出现了滥用AIGC工具的情况。

2025年复旦大学正式发布《复旦大学关于在本科毕业论文（设计）中使用AI工具的规定（试行）》（以下简称《规定》），旨在明确和规范在本科毕业论文中AI工具的使用范围与原则。作为国内高校首个专门针对AI工具在本科毕业论文（设计）中使用的规范化管理文件，《规定》的发布填补了这一领域的政策空白。其中，《规定》提出的“六个禁止”引发广泛关注。《规定》明确列出了禁止使用AI工具的范围。具体包括：

（1）禁止在研究方案设计、创新性方法设计、算法（模型）框架搭建、毕业论文结构设计、研究选题、研究意义及创新性总结、研究假设提出、数据分析、结果分析与讨论以及结论总结等关键环节使用AI工具。

（2）禁止生成或改动原始数据、原创性或实验性的结果图片、图像和插图。

（3）禁止直接使用AI工具生成正文文本、致谢或其他组成部分。

（4）禁止进行语言润色和翻译。

（5）禁止答辩委员和评审专家使用AI工具进行评审。

（6）对于涉及保密内容的毕业论文，禁止使用任何AI工具，并禁止上传数据和图片到AI平台。

在使用AI工具时，学生必须在本科毕业论文承诺书中明确披露所使用的AI工具名称和版本号、使用时间、具体用途、AI工具生成的内容或提供的建议以及AI工具在论文中的具体使用部分。

AI工具的出现，旨在鼓励人机协作，既发挥AI的高效处理能力，又保留人类独有的情感理解、创新思维等核心价值，共同推动社会进步。然而，技术的双刃剑特性要求我们必须在享受其便利的同时，审慎界定其应用范畴。

国家互联网信息办公室、工业和信息化部、公安部、国家广播电视总局联合发布《人工智能生成合成内容标识办法》（以下简称《标识办法》），自2025年9月1日起施行。《标识办法》旨在促进人工智能健康发展，规范人工智能生成合成内容标识，保护公民、法人和其他组织合法权益，维护社会公共利益。

任务实施

AIGC技术发展以“基本概念特征锚定—历史演进路径溯源—算法流程闭环解构”为认知主轴，其知识体系通过概念层定义、技术链迭代与产业应用落地的多级关联，形成动态演化的技术生态。本次任务聚焦构建AIGC技术发展思维导图，实施流程涵盖AIGC的基本概念与特点、AIGC的发展历程、AIGC算法体系的主要分析流程。通过层次化梳理与可视化呈现，形成技术发展和纵深的认知框架，为以后把握技术趋势与商业机遇提供结构化思考工具。

任务要求1：确定主题与目标。

首要任务是明确思维导图的主题为“AIGC 技术发展”，并确定绘制导图的目标，如展示AIGC技术的核心概念、发展历程、关键技术、应用领域等。

任务要求2：收集与整理内容。

具体步骤如下：

STEP 1 深入探究AIGC技术相关的核心概念。精准把握AIGC技术的基本概念，全面涵盖自然语言处理（NLP）、深度学习、生成模型等关键要素，剖析其内涵与外延，为后续梳理奠定坚实的理论基础。

STEP 2 系统梳理AIGC技术的发展历程。从起源阶段的理论萌芽，到发展阶段的关键技术突破，直至当前的发展趋势呈现以及对未来发展的宏观展望，详尽勾勒AIGC技术发展的完整脉络，凸显各阶段的重要节点与标志性事件。

STEP 3 细致解读AIGC算法体系的主要分析流程。深入理解数据收集与预处理环节的要点与难点，精准剖析模型选择与设计的依据与策略，全面掌握模型训练过程中的参数优化与性能评估方法，从而构建起对AIGC算法体系的全貌认知。

任务要求3：选择AI工具。

选择适宜的AI工具以绘制思维导图，如TreeMind工具，其示意图如图6-2所示，此类工具普遍具备自动化处理、高效性与准确性等优势，能够依据输入的信息智能生成结构化的思维导图。

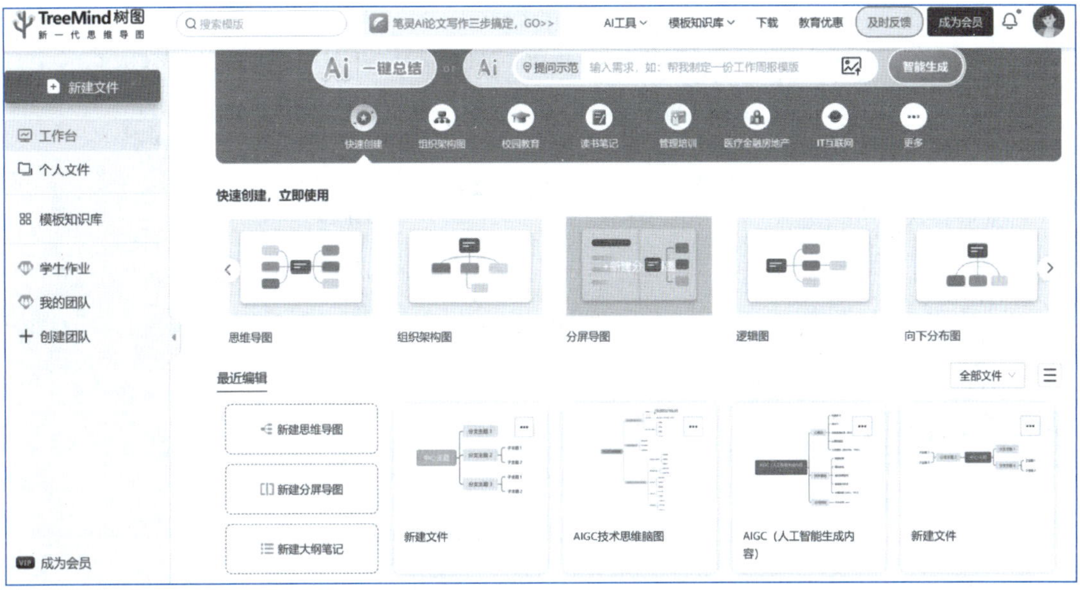

图6-2　TreeMind工具

任务要求4：输入信息并生成导图。

具体步骤如下：

STEP 1 输入文本或草图。依据收集整理的信息，采用文字描述或手绘草图的形式，向AI工具精准输入需制作思维导图的主题及内容，确保信息的完整性和准确性，以便为AI分析提供充分的素材依据。

STEP 2 AI 分析与生成。AI工具运用自然语言处理技术对输入文本进行深度语义分析，精准识别关键词、短语及句子间的逻辑关联。对于手绘草图，系统借助图像识别技术提取关键信息要素。在此基础上，AI工具依据分析结果智能生成思维导图的各个节点，并依循节点间的逻辑关系进行科学合理的图形布局，初步构建起思维导图的框架结构。

任务要求5：编辑与优化导图。

具体步骤如下：

STEP 1 节点与边调整。基于 AI 生成的初步导图，严谨细致地对节点和边进行调整修正，通过比对核实信息，确保内容的准确性，同时优化节点间的连接关系，强化逻辑的严密性，使导图能够精准、连贯地呈现知识体系。

STEP 2 美化与优化。对导图实施美化处理举措，涵盖调整节点的颜色、形状、大小等视觉元素，以及优化整体布局和连接线的样式走向，从而提升导图的可读性与美观度，使其更易于理解和传播。

STEP 3 导出与保存。将经过精心编辑优化后的导图导出为可编辑的矢量图形格式，如SVG、PNG等，以便于后续的进一步编辑修改、使用展示以及便捷分享交流。

通过以上步骤，可以利用AI工具高效地绘制出关于AIGC技术发展的思维导图，从而直观地展示AIGC技术的核心概念、发展历程、算法主要分析流程等信息，最终得到AIGC技术思维导图，如图6-3所示。

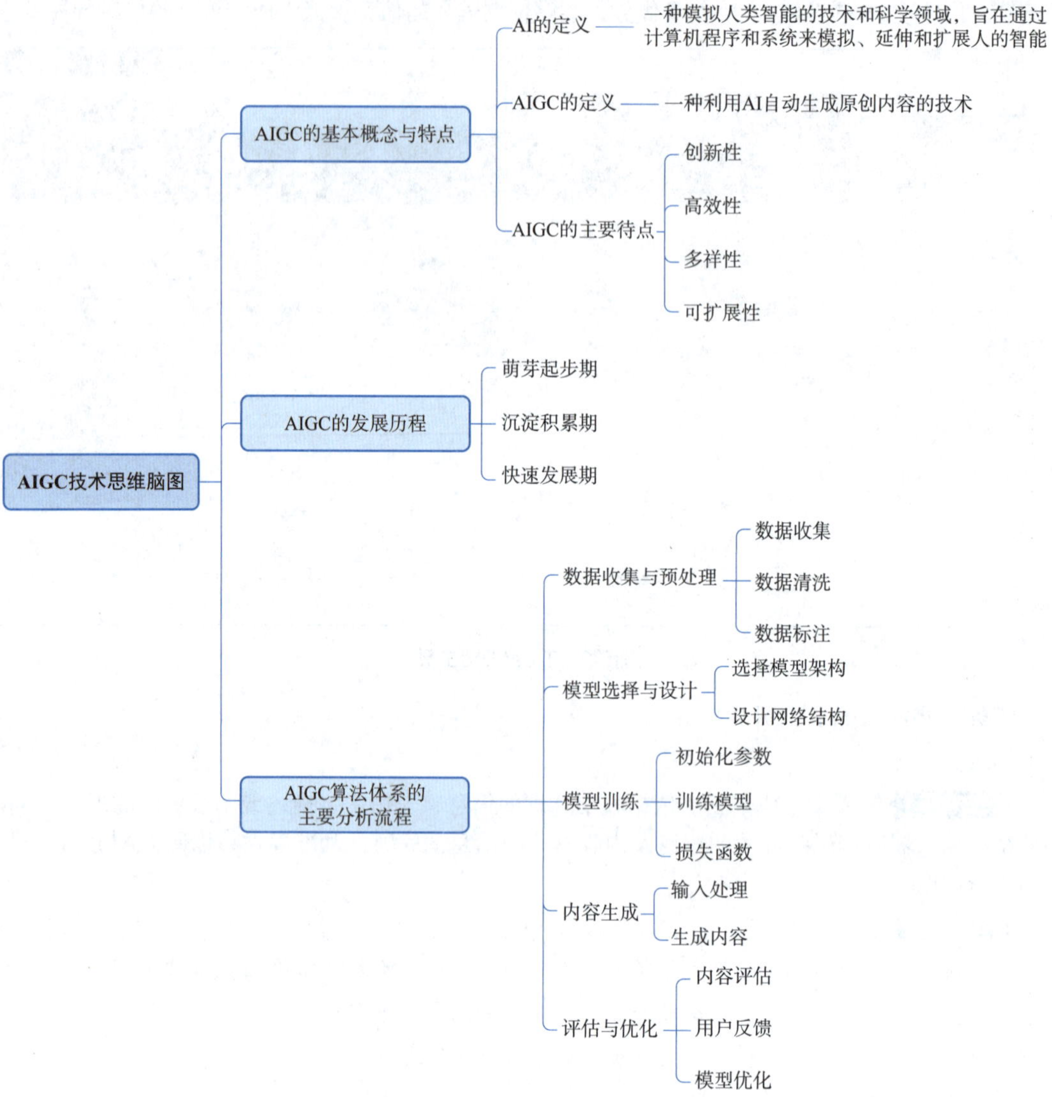

图6-3　AIGC技术思维导图

任务二　写作类AIGC工具实操——文本创作

情境引入

在繁忙的办公室一角，工小匠正埋头于新媒体文案的撰写。面对创意的枯竭与时间的紧迫，他决定尝试使用AIGC工具。打开写作类AIGC应用，输入关键词与风格提示，只见屏幕上文字如泉涌般自动生成。工小匠惊讶于AIGC的高效与创意，眼中闪烁着对新技术赋能工作的兴奋光芒，开始细心调整与优化生成的文案。

任务分析

（1）分析明确应用场景和细节要求。

（2）遵循完善提示词五大原则设计完善提示词。

（3）使用AIGC工具反馈追问完成电商文案的撰写。

知识链接

一、写作类AIGC工具选择

写作类AIGC工具指能够生产文字内容的工具。它是AIGC领域应用最广泛的工具之一，从中也诞生出许多各具特色的软件。下面介绍几款主要的写作类AIGC工具，以便大家更全面地了解它们的特点和应用场景。

1. ChatGPT

ChatGPT（chat generative pre-trained transformer）是一种基于深度学习的自然语言处理模型，旨在模仿人类对话风格，生成与人类对话相似的文本。ChatGPT利用大量的文本数据进行训练，通过学习数据中的模式和规律生成自然流畅的文本。基于用户输入的文字指令，ChatGPT会以对话的形式生成与真人相似的回答，因此又称“聊天型机器人”。

ChatGPT的诞生和发展是近年来AI领域取得的一项重要突破。其最早于 2022年11月由 OpenAI团队设计推出，并持续迭代与发展，截至2024年已有 GPT-3.5和GPT-4等主要版本。可以说正是ChatGPT的惊艳表现让AIGC走入大众视野，并掀起了AI潮。ChatGPT的图标如图6-4所示。

2. 文心一言

文心一言（ERNIE bot）是百度基于文心大模型技术推出的生成式对话产品，是百度在AI领域深耕10余年后，拥有产业级知识增强文心大模型ERNIE的基础上，利用跨模态、跨语言的深度语义理解与生成能力开发的一款AI聊天机器人。与ChatGPT功能类似，文心一言同样能够与人对话互动、回答问题、生成文章，高效便捷地帮助人们获取信息、知识和灵感。

除了生成文字，文心一言还可生成图像、表格等形式的内容。在多个领域，文心一言都展现出了强大的应用潜力，综合性较强。这使得它能够满足不同用户的不同需求，并在众多AIGC工具中取得亮眼的成绩。文心一言的图标如图6-5所示。

3. 深度求索

深度求索（DeepSeek）是由中国人工智能公司深度求索自主研发的生成式大模型，专注于通过开源生态推动AIGC技术的普惠化与产业化。该工具基于Transformer架构，融合了千亿级参数的深度神经网络，通过海量多领域语料训练，具备逻辑推理、代码生成、数据分析等高复杂度任务的精准处理能力。与ChatGPT的对话交互模式不同，DeepSeek更强调垂直场景的深度适配，其生成的文本内容在金融量化分析、科研文献解读等专业领域展现出极强的可靠性与结构化输出特性。

DeepSeek目前正式推出并全面开源，发布包括基础模型、微调工具链及高质量训练数据集在内的完整技术栈。这一举措大幅降低了开发者接入AIGC技术的门槛，其开源的模型权重支持企业快速进行二次开发，已在医疗诊断报告生成、法律文书智能撰写等场景实现高效落地。例如，在金融领域，DeepSeek可通过学习市场数据与政策文本，自动生成合规性分析报告；在教育领域，其多步骤数学解题能力达到国际领先水平。此外，DeepSeek开源社区通过开发者协作不断优化模型推理效率，使模型在同等算力下响应速度提升40%，成为推动AIGC技术产业化的重要引擎。DeepSeek的图标如图6-6所示，象征其“探索技术深度，赋能行业根基”的核心使命。

图6-4　ChatGPT的图标

图6-5　文心一言的图标

图6-6　DeepSeek的图标

4. 其他写作类 AIGC 工具

除 ChatGPT、文心一言和DeepSeek外，还有多种各具特色的写作类AIGC工具供用户选择，见表 6-1。

表6-1　其他写作类AIGC工具

工具名称	功能简介
Copilot	集成于Microsoft 365应用，如Word、Excel等，提供实时写作和编程建议，可利用GPT系列模型的自然语言处理能力，理解用户意图并生成相应内容
通义	基于云计算和大数据技术的智能问答系统，能够快速响应用户的查询，并提供准确、相关的答案；可免费使用文档和图片解析功能
讯飞星火	AI大模型，有着丰富的插件和AI助手应用
智谱清言	基于国内自主研发的中英双语对话模型 GLM-4，以通用对话的形式为用户提供智能化服务，还具备免费画图、长文档解读、数据分析、联网功能
豆包	免费 AI 对话工具，提供网页端、iOS端和Android端应用程序，可使用手机号和抖音账号登录
天工AI	拥有强大的自然语言处理和智能交互功能，支持AI对话、搜索智能总结、阅读网页链接和快速写作
Kimi Chat	支持20万字上下文输入，可联网阅读网页链接内容，支持上传多种格式办公文档和图片进行解读

二、应用场景分析

分析应用场景即需要明确AIGC工具生成哪个领域与类型的文本内容及其使用场景。这一环节的确认与用户个人的需求高度相关，且需遵循以下原则。

1. 具体性

应用场景越具体，越有利于AIGC工具的内容生成，因此描述应用场景的语言不可模糊不清。模糊与具体的描述语言对比如图6-7所示。

（a）模糊的描述语言　　（b）具体的描述语言

图6-7　模糊与具体的描述语言对比

2. 独一性

独一性是指一则提示词中只设置一项应用场景，避免使用AIGC工具一次性生成过多不同类型的内容而导致生成内容过于杂乱。杂乱和独一的描述语言对比如图6-8所示。

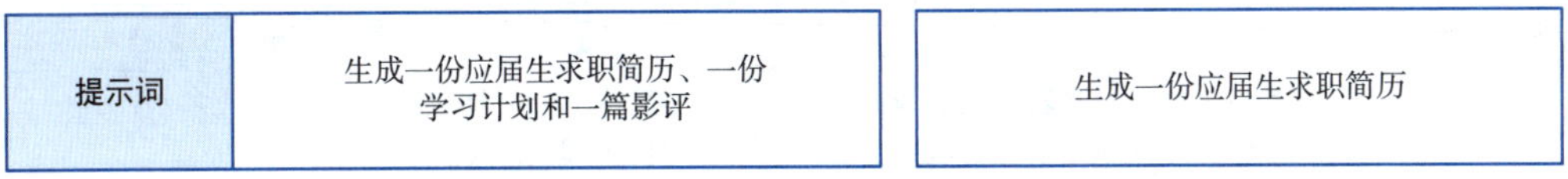

（a）杂乱的描述语言　　（b）独一的描述语言

图6-8　杂乱和独一的描述语言对比

三、设计完善提示词

经过前面的步骤后，一段完整提示词所需信息已基本成形。为了让AIGC工具快速理解并把握重点信息，还需要继续完善提示词，使其结构清晰、要点明确。具体来讲，完善提示词要遵循以下五大原则。

1. 结构清晰

提示词应当具备明确的逻辑结构，按照信息的重要性或相关性进行排列。这样AIGC工具能够迅速识别出关键信息，并按照预设的逻辑顺序进行处理，避免信息混乱和遗漏。

一般将应用场景（又称需求）和细节要点（又称要求）以分段的形式分为两个板块使其直观易读。

2. 重点突出

在提示词中，应当通过使用换行、序号、标点符号等技巧，突出重要信息。重点突出的提示词有助于提高 AIGC 工具对特定信息的敏感度，增强生成内容的针对性。

以上两点如图6-9所示。图中的示例将需求单独置于一行，再换行分点介绍具体的细节要求。

提示词	需求：根据“×××”，帮我生成×个×××，要求如下： 1. 要求1 2. 要求2 3. 要求3

图6-9　提示词示例

3. 语言简练

提示词应当使用简洁明了的语言，避免使用冗长复杂的句子和过多的修饰词。简练的语言有助于减轻AIGC工具处理信息的负担，提高处理速度；同时简练的语言也更容易被AIGC工具理解和识别，可以减少产生误解和偏差的可能。

设计提示词时可以多用短句，少用长句，精简信息。

4. 易于理解

提示词应当使用通俗易懂的语言，避免使用过于专业或生僻的词汇。这一原则可使 AIGC 工具更好地理解用户的意图和需求，从而生成更符合用户期望的内容。

提示词中尽量使用可以量化的词汇或描述具体的场景，如将“不要太长”改为“300 字以内”。另外，少用生僻字句，多用直白表达。

5. 善用提问法

善用提问法有助于提高AIGC工具生成的效率与生成内容的质量。部分提问法见表6-2。

表6-2　部分提问法

名　称	介　绍	举　例
角色扮演法	让 AIGC工具扮演某个角色，如专家、学者、名人等，解决专业领域问题	假如你是一名营销文案写作高手； 假设你是大诗人李白
示例法	为AIGC工具提供案例，使其学习模仿	请学习领悟下面这些广告文案的特点： 1.钻石恒久远，一颗永流传； 2.唯美食与爱不可辜负； 3.百度一下，你就知道
模板法	提供固定模板，让AIGC工具补充完整	以“亲情”为主题，用“最……的不是……，而是……”句式造句，一共造10句，每句字数不少于30字

遵循以上原则，可以将一条较为粗糙的提示词打磨得更为清晰明了、内容丰富。下面仍然以商业广告营销文案的生成为例。

示例如下：

提示词完善前： 请你写一篇商业活动策划书，该活动主题是中秋节超市活动。主要内容包括活动主题、活动背景、活动目的、目标人群和具体活动内容。风格需要活泼、青春、靓丽。另外字数要在800字以内，确保简约吸睛。

提示词完善后： 假设你是一位商业活动策划大师，请你撰写商业活动策划文案，具体要求如下：

1. 该活动主题是中秋节超市活动。
2. 主要受众是家庭消费者。
3. 风格需要活泼、青春、靓丽。
4. 字数要在800字以内，确保简约吸睛。

请模仿下面这些文案的风格："抓住春节的尾巴，再野一回。""加一箱逃离城市的油吧。"

AIGC工具生成内容如下所示。

活动主题：月满家园，欢乐购不停

【活动背景】

中秋佳节，月圆人团圆。在这个充满温情与欢聚的时刻，××超市精心策划了一场以"月满家园，欢乐购不停"为主题的中秋活动，旨在通过一系列活泼、青春、靓丽的购物体验，让每一位家庭消费者在享受节日氛围的同时，也能满载而归，共度美好时光。

【目标受众】

本次活动主要面向家庭消费者，无论是年轻父母带着小孩，还是三代同堂的大家庭，都能在××超市找到属于自己的节日乐趣。

【活动亮点】

月饼DIY乐园：设立月饼DIY专区，邀请专业烘焙师现场教学，让家庭成员在动手制作中感受传统佳节的魅力。小朋友们可以在父母的陪伴下，亲手制作属于自己的创意月饼，享受亲子时光的乐趣。

青春市集：打造一条充满青春活力的市集，汇集各类时尚、创意的中秋商品，如月饼礼盒、中秋主题文具、手工艺品等。市集内还将设置互动游戏区，顾客可通过参与游戏赢取优惠券或小礼品，增添节日的趣味性。

家庭团购特惠：推出家庭团购优惠活动，针对家庭消费者推出多款精选商品组合，如团圆餐食材套餐、中秋礼品套装等，享受超值折扣。同时，设置满额赠品，购物满额即可获赠精美中秋小礼品，让顾客在购物中感受满满的心意。

靓丽中秋照：设立中秋主题拍照区，提供精美的中秋背景板和道具，鼓励顾客拍照打卡并分享至社交媒体，参与"#月满家园欢乐购#"话题活动，有机会赢取超市购物卡、精美月饼礼盒等大奖。

线上直播互动：活动期间，××超市将通过官方社交媒体平台开启中秋主题直播，邀请知名博主、美食达人进行商品推荐、烹饪教学等互动环节，让观众在享受直播乐趣的同时，也能抢购到心仪的商品。

【结语】

中秋佳节，让我们在××超市共同开启一场欢乐、温馨、充满活力的购物之旅。在这里，每一份商品都承载着家的温暖与祝福，每一次购物都是一次美好的记忆。让我们携手共度这个美好的中秋佳节，让爱与欢乐在××超市绽放！

四、反馈追问完成稿件

尽管AIGC技术在写作领域已取得极大进步，但仍不能完全取代人类写作。作为操作AIGC工具的人，需要依靠自己的判断力审读生成内容，并查漏补缺、反馈优化、力求完善。写作类AIGC工具能够理解与用户的上下文对话，这便使追问成为可能。

1. 追问的定义

追问指在AIGC工具生成内容之后，通过再次发送提示词指令的方式，让它修改自己生成的内容。用户可以通过扩写、补充、润色、转换、批评指正等技巧让AIGC工具对生成内容进行完善，追问提示词见表6-3。

表6-3 追问提示词

名 称	介 绍	提示词举例
扩写	指定某一部分，让AIGC工具扩写	请将第×点内容扩写到300字
补充	指定某一部分，让AIGC工具丰富更多内容	请给第×点补充更多的细节
润色	优化生成内容的语言准确性和风格倾向	请对第×部分内容进行润色，使其表达更正式
转换	修改某一部分的格式	请将第×部分内容用表格的形式呈现
批评指正	指正某一部分的错误，并要求修改	第×部分的说法有误，请你改为正确说法
发散思考	就某一部分提供更多可能性，引导AIGC工具继续思考	对于第×点，还有哪些可行的方案?请你列出
质疑提问	对AIGC工具生成的内容提出进一步的问题	为什么你会说“××是××”
总结归纳	要求AIGC工具总结并归纳其生成的内容	现在请你将你生成的内容归纳总结为×个小点

AIGC工具通过维护对话历史的状态来理解上下文，这意味着它能够记住之前的对话内容，并将其作为当前交互的一部分来参考。这样，用户就可以就某一领域话题持续讨论与提问，进行“打破砂锅问到底”的提问。

2. 追问与连续对话的重要性

追问与连续对话是使用写作类AIGC工具时一个相当有效的技巧。通过追问，用户可以获得更深层次的信息和更具体的细节，这有助于写作类AIGC工具全面理解某个话题或问题。连续对话能使写作类AIGC工具根据用户提供的额外信息或上下文调整其回答，生成更准确和个性化的内容。另外，追问和连续对话充分模拟了现实生活的对话情境，为用户提供了一种更自然、更类似人类对话的交互方式。

3. 追问案例

使用追问提示词，用户可以将一个复杂的任务拆解为多个小任务，从而连续提问、逐一击破。下面一组追问案例展示了这个技巧的效果。

提示词①： 针对上述中秋节活动，请介绍向顾客销售产品的4个有效策略。

AIGC工具生成内容如下所示。

向顾客销售产品的4个有效策略如下。

1. 情感共鸣营销

中秋节是家庭团聚、情感交流的传统节日，利用这一点，通过讲述产品背后的故事或与节日相关的情感元素，激发顾客的情感共鸣，从而增强产品的吸引力。

2. 节日特惠组合

针对中秋节家庭聚餐、送礼的需求，推出节日特惠组合套餐，如月饼+水果+饮品的团圆套餐，或精美月饼礼盒+定制贺卡的送礼套装，以满足顾客的节日购物需求。

3. 互动体验促销

通过月饼DIY、猜灯谜等互动活动，让顾客在参与中体验节日乐趣，同时增加对产品的了解和兴趣。

4. 社交媒体推广与口碑营销

利用社交媒体平台，发布中秋节活动信息，邀请顾客分享购物体验，形成口碑传播，吸引更多潜在客户。

提示词②：请具体介绍一下策略2。

AIGC 工具生成内容如下所示。

策略2主要是将多种商品进行组合销售，以优惠的价格或额外的赠品吸引消费者购买。在中秋节期间，超市可以围绕月饼、保健品、生鲜食材、节日装饰品等商品，设计多种特惠组合，满足消费者送礼、家庭聚餐、节日装饰等需求。

1. 特惠组合设计

（1）月饼+生鲜食材组合

组合内容：精选多种口味的月饼与新鲜生鲜食材（如海鲜、肉类、蔬菜、水果等）进行组合。

优惠方式：提供一定折扣或赠送小礼品，如购买指定金额的月饼+生鲜食材组合，赠送精美果盘或厨房小工具。

目标顾客：适合家庭聚餐、朋友聚会的消费者。

（2）月饼+保健品组合

组合内容：将月饼与保健品（如燕窝、阿胶、维生素等）进行组合。

优惠方式：提供组合优惠价或买赠活动，如购买指定金额的月饼+保健品组合，赠送精美礼盒或保健品小样。

目标顾客：适合送礼需求的消费者，特别是送给长辈或领导的礼物。

（3）月饼+节日装饰品组合

组合内容：将月饼与中秋灯笼、对联、贺卡等节日装饰品进行组合。

优惠方式：提供组合优惠价或满减活动，如购买指定金额的月饼+节日装饰品组合，享受一定金额的减免。

目标顾客：适合注重节日氛围、喜欢装饰家庭的消费者。

2. 策略实施

（1）活动宣传

利用超市内部广告牌、海报、宣传册等媒介进行宣传。

在超市官方网站、App、社交媒体平台等线上渠道发布活动信息。

与当地媒体合作，进行节日特惠组合的推广宣传。

（2）商品陈列

在超市内设置节日特惠组合专区，将特惠组合商品进行集中陈列。

使用醒目的标签和标识，突出特惠组合的优惠信息和商品特点。

（3）人员培训

对超市员工进行节日特惠组合策略的培训，确保员工了解活动内容和促销方式。

鼓励员工主动向顾客推荐特惠组合商品，提高销售转化率。

提示词③：现在我有一套中秋节月饼礼盒，请你结合策略2的技巧要点为我设计一套向顾客推销的文案。

AIGC工具生成内容如下所示。

“中秋佳节将至，月圆人团圆的美好时刻即将来临。在这样的传统节日里，一份精心挑选的月饼礼盒，不仅是对亲朋好友的美好祝福，更是传递深情厚谊的桥梁。今天，我为您带来了一款特别定制的中秋月饼礼盒，希望它能为您的中秋佳节增添一份别样的温馨与甜蜜。”

“这款月饼礼盒，我们精心挑选了多种口味的月饼，从传统的五仁、豆沙到创新的抹茶、榴莲等，每一款都是匠心独运，口感细腻，满足不同人群的口味需求。更重要的是，礼盒的设计融合了中秋元素与现代审美，无论是送给长辈还是朋友，都能展现出您的品位与用心。”

“我们知道，中秋节不仅仅是吃月饼那么简单，它更是一个传递爱与祝福的时刻。因此，这款月饼礼盒还特别附赠了一张精美的手写贺卡，您可以在上面写下对亲朋好友的专属祝福，让这份礼物更加贴心、有意义。想象一下，当您的亲朋好友收到这份满载心意的月饼礼盒，打开看到您亲手写下的祝福，那份感动与温暖，将远远超过月饼本身的价值。”

“此外，为了庆祝中秋佳节，我们特别推出了限时优惠活动。现在购买这款月饼礼盒，不仅能享受到优惠的价格，还能获得我们精心准备的额外小礼品，数量有限，先到先得哦！这样的机会，怎么能错过呢？”

“中秋佳节，让我们用一份满载心意的月饼礼盒，传递对亲朋好友的深深祝福。无论您是想送给长辈表达孝心，还是想送给朋友传递友情，这款月饼礼盒都是最佳的选择。现在就行动吧，让我们一起，用爱与祝福，点亮这个中秋佳节！”

更多追问如下所示。

你的这则文案用语太书面，请修改成更口语化、更亲切的版本。

将以上文案修改为短视频的口播脚本，并用表格的形式呈现。

任务实施

电商文案作为一种商业文体，主要基于电子商务平台，以文字为主要载体，以吸引消费者、建立品牌形象、推广宣传等为主要目的。随着AI技术的不断发展，营销写作也在向着更加智能化的方向发展。本次任务将利用AIGC工具完成一篇电商文案的编写。

任务要求：以××品牌新款智能手表为例。假设该款手表专为30~40岁的商务男士设计，外形时尚，具有心率和健康监测功能，能够为用户生成健康报告。

具体步骤如下：

STEP 1 分析应用场景和细节要求。

随着AI技术的不断发展，越来越多的企业开始将AIGC应用到电商营销中。AIGC可以帮企业快速生成高质量的电商文案，提高转化率和品牌知名度。

不管是用AIGC生成电商文案还是传统的手动编辑电商文案，其目的都是推广产品编写电商文案，首先需要明确推广产品的特点和目标用户，要明确目标用户的痛点，要强调产能够满足目标用户的需求和期望。尝试回答以下四个问题。

（1）打动用户的是产品卓越的品质还是独特的设计？

（2）产品的特色是时尚性强还是功能性强？

（3）对标产品有哪些?与对标产品相比，特色在哪里?

（4）如何在文案中体现特色?

在有了较为清晰的答案后，就可以利用AIGC生成电商文案。

STEP 2 设计并完善提示词。

在设计并完善提示词时，用户要遵循结构清晰、重点突出、语言简练、易于理解、善用技巧的原则。对于案例中的编写要求，下面的提示词中加入产品特点，进一步细化需求。

提示词：为××品牌的新款智能手表撰写一篇详细的产品介绍文案，该手表专为30~40岁的商务男士设计，外形时尚，具有心率和健康监测功能，能够为用户生成健康报告。

AIGC工具生成内容如下所示。

在繁忙的商务日程与追求品质生活的双重节奏中，××品牌专为30~40岁的商务男士推出了一款集时尚设计与健康监测功能于一体的新款智能手表。这款手表不仅满足了商务精英对时间的精准掌控，更融入了现代科技元素，让健康管理成为日常生活的一部分。

【时尚设计，彰显商务风范】

专为商务场合设计的××智能手表，采用了简约而不失优雅的外观设计。表盘采用高质量的金属材质，经过精细打磨，展现出沉稳的金属光泽。表盘形状经典大方，无论是圆形还是矩形，都能完美匹配各种商务着装。表带则提供了多种选择，既有真皮材质的细腻与奢华，也有硅胶材质的轻盈与舒适，更有金属表带的硬朗与干练，满足不同场合与搭配需求。

【精准心率监测，守护健康每一刻】

××智能手表搭载了高精度的心率监测传感器，能够24小时不间断地监测用户的心率变化。无论是紧张的工作会议，还是悠闲的周末时光，手表都能准确记录您的心率数据，并在异常时及时提醒，让您随时掌握自己的健康状况。

【全面健康监测，生成个性化健康报告】

除了心率监测外，××智能手表还具备全面的健康监测功能。它能够准确记录您的睡眠时长、深度睡眠与浅睡眠比例，为您提供改善睡眠质量的建议。同时，手表还支持多种运动模式，如跑步、游泳、骑行等，能够精准记录您的运动数据，包括步数、卡路里消耗等。基于这些丰富的健康数据，手表能够为您生成个性化的健康报告，让您更全面地了解自己的健康状况，制订更科学的健康管理计划。

【智能提醒，高效管理时间】

作为商务男士的得力助手，××智能手表还具备智能提醒功能。它能够实时接收并显示手机的信息、邮件和电话提醒，让您在忙碌的工作中不错过任何重要信息。同时，手表还支持日程管理功能，您可以将重要的会议、约会等日程信息导入手表，手表将在合适的时间提醒您，帮助您高效管理时间，确保每一个商务活动都能顺利进行。

【长续航，无忧使用】

××智能手表采用了先进的电池技术，具备较长的续航能力。在正常使用情况下，手表能够持续运行数天，减少用户的充电频率。同时，手表还支持快速充电功能，让您在短时间内就能充满电池，确保在需要时随时使用。

【兼容性强，轻松连接】

××智能手表支持多种手机操作系统，如iOS和Android，能够轻松与您的手机连接。无论您使用的是哪种品牌的手机，都能享受到手表带来的便捷与乐趣。同时，手表还提供了丰富的第三方应用支持，让您能够根据自己的需求下载和使用各种实用应用。

【总结】

××品牌新款智能手表，专为30~40岁的商务男士设计，不仅具备时尚的外观设计与精湛的工艺品质，更融入了心率与健康监测功能，让健康管理成为您日常生活的一部分。同时，手表还具备智能提醒、长续航与强兼容性等特点，让您的商务生活更加高效与便捷。选择××智能手表，开启您的智能健康新篇章！

STEP 3 反馈追问，完成正文。

生成文案后，如果希望进一步说明智能手表健康报告的阅读方式，就需要与AIGC交互，给它提供新的提示词，由于大模型具备上下文理解能力，可以输入如下提示词。

提示词：智能手表生成的健康报告可以通过哪些方法查看？

AIGC工具生成内容如下所示。

智能手表的健康报告生成后，用户可以通过以下几种方法查看。

手表屏幕显示：智能手表通常配备一块触控屏幕，用户可以直接在手表屏幕上查看健康报告。报告会以简洁明了的方式展示各项健康数据，如心率、血压、血氧等，以及相应的健康建议。

手机App同步：智能手表通常与手机App进行同步，用户可以在手机App中查看详细的健康报告。手机App提供了更为丰富的数据分析和可视化功能，用户可以更全面地了解自己的健康状况。

云端存储与分享：部分智能手表支持将健康报告同步至云端存储，用户可以通过在线访问的方式查看报告。此外，用户还可以将报告分享给医生、家人或朋友，以便他们更好地了解自己的健康状况。

语音指令操作：部分智能手表支持语音操作，用户可以通过简单的语音指令来查看健康报告。这种操作方式方便快捷，尤其适合在运动或手部不便时使用。智能家居设备联动:与智能家居设备联动时，用户可以在家中通过智能音箱等设备查询健康报告。只需简单的语音指令或触控操作，即可在智能家居设备上查看报告。

通过以上方法，用户可以轻松查看智能手表生成的健康报告，更好地了解自己的身体状况，并根据报告中的建议进行相应的调整和改善。同时，这些方法也有助于用户与家人、医生等共享健康信息，共同关注和管理健康状况。

此文案可以和STEP2中的文案进行合并，使得产品形象更加丰满。

AIGC工具能够在数十秒内生成以上内容，也能对修改的命令快速做出反应。如果对内容不满意，可通过再次追问或补充更多信息来优化。

在AIGC的帮助下，通过使用不同的提示词，产品介绍方案的内容逐渐丰富、充实。还可以添加产品图片等元素，进一步完善产品介绍文案。

任务三　表格类AIGC工具实操——数据处理

情境引入

销售数据分析会上，工小匠首次尝试使用AIGC工具来处理复杂的销售数据表。他轻巧地选择了合适的表格类AIGC工具，输入指令后，工具迅速生成了详尽的数据表格。工小匠开始运用工具对数据进行筛选、排序和可视化处理，一张张直观的销售趋势图跃然屏上。他紧盯着屏幕，眼中闪烁着对AIGC技术提升工作效率的惊叹与喜悦。

任务分析

（1）运用表格类AIGC工具迅速生成了销售数据表格。

（2）运用表格类AIGC工具对数据进行筛选、排序和可视化处理。

知识链接

一、表格类AIGC工具选择

图表类AIGC工具已经成为数据分析与可视化领域不可或缺的重要助手。这些工具能够迅速将复杂的数据转化为直观易懂的图表形式，同时还具备强大的定制化功能和智能分析能力，帮助用户更高效地理解并运用数据。下面详细介绍几款主流的图表类工具，以便更全面地了解它们的特点和应用场景。

1. WPS AI

WPS AI是金山软件公司旗下办公软件WPS Office中集成的一款智能助手，具备多种人工智能功能，能够有效提升办公效率。在图表功能方面，WPS AI表现出色，具备强大的图表生成能力。用户只需输入数据及相关指令，WPS AI即可自动创建多种类型的图表，包括柱状图、折线图、饼图等，帮助用户更直观地呈现数据结果和趋势。

WPS AI不仅能够生成基本图表，还能进行复杂的数据分析。它能够自动计算统计量，识别数据模式和趋势，并提供数据洞察，为用户决策提供有力支持。此外，WPS AI还具备智能纠错功能，能够识别并修正数据输入中的错误，确保图表的准确性。

凭借上述图表功能，无论是商业报告、学术研究还是日常办公，即使是非专业人士也能借助WPS AI轻松实现数据可视化，从而大幅提升工作效率。在国产智能办公应用领域，WPS AI的表现尤为引人注目，其图标与宣传语如图6-10所示。

图6-10　WPS AI的图标与宣传语

2. Xmind AI

Xmind AI 是思维导图软件 Xmind 推出的智能增强功能模块，它结合了人工智能技术，为用户提供了一种更加智能、高效的思维可视化解决方案。该功能模块集成于Xmind的核心产品中，能够帮助用户在创建和编辑思维导图时更加便捷高效，享受创新的使用体验。

利用Xmind AI，用户可以通过自然语言输入的方式快速生成思维导图的基本结构，从而减少手动创建节点和连线的工作量。Xmind AI能够精准识别并解析用户的输入意图，智能推荐相关的主题分支、逻辑连接关系，以及合适的图标、标签等元素，进一步提升思维梳理的速度和质量，其图标如图6-11所示。

图6-11　Xmind AI的图标

3. 其他图表类 AIGC 工具

图表类AIGC工具非常丰富，功能也各有侧重，其他图表类AIGC工具及其功能见表 6-4。

表 6-4　其他图表类AIGC工具及其功能

工　具	功　能
文心一言	依托强大的自然语言处理能力，能生成多种图表，支持智能编辑与分享
百度文库 AI	可进行思维导图生成，支持读取文档
TreeMind	新一代AI思维导图软件。提供智能思维导图制作工具和丰富的模板，支持思维导图（又称脑图）、逻辑图、鱼骨图、组织架构图、时间轴、时间线等多种专业格式
知犀 AI	一键生成思维导图的AI软件，还可以选中任意主题无限拓展灵感。支持随时随地在线生成、编辑、导出思维导图
Sheet Chat	支持智能创建和编辑表格、生成图表、翻译内容，甚至可以与表格进行对话，获取洞察和帮助

要想掌握这些图表类AIGC工具，首先需了解其功能，明白它们能做到什么、解决什么。通过了解功能，便可以确定工具的应用场景。

二、生成表格数据

AIGC可以通过用户提供简单的文字提示词生成对应应用场景的表格数据。下面的案例展示了通过文心一言绘制学生成绩表。

提示词：成绩表

AIGC工具生成的内容见表6-5。

表6-5　AIGC工具生成学生成绩表

学生姓名	数学	英语	物理	化学	生物	总分
张三	90	88	92	88	95	453
李四	85	90	88	92	87	442
王五	92	88	90	85	93	448
赵六	88	82	85	90	89	434

包括文心一言在内的绝大部分写作类AIGC工具都支持生成表格，用户只需在提示词中明确指令“请你以表格的形式……”。下面的提示词示例都能让AIGC工具生成表格。

提示词①：我想成为一名会计，请你用表格的形式生成工资表。

提示词②：请你介绍Excel中常见图表类型，形成一个简单直观的表格。

提示词③：请你为我制订一份一周减脂饮食计划表，用表格的形式呈现。

除了利用文本内容快速生成表格，另外一些专门的表格类AIGC工具还支持对表格中的数据进行计算与处理。

三、处理表格数据

下面利用WPS AI的智能处理功能对这份表格数据进行深入分析。首先将上述表格数据整理并导入WPS表格中。确保数据准确、完整后就可以开始利用WPS AI处理数据。以下是部分数据处理提示词。

提示词：计算每位同学成绩的平均分。根据总成绩标记等级。如果总成绩大于或等于450分，则标记为A；如果成绩小于450分、大于或等于440分，则标记为B；如果成绩小于440分，则标记为C。

WPS AI将根据这些提示词自动编辑表格中的成绩数据，自动生成公式，计算出每门课程及每学年的平均分等数据，帮助用户快速了解学生在各个学习阶段及不同课程中的整体表现，如图6-12所示。

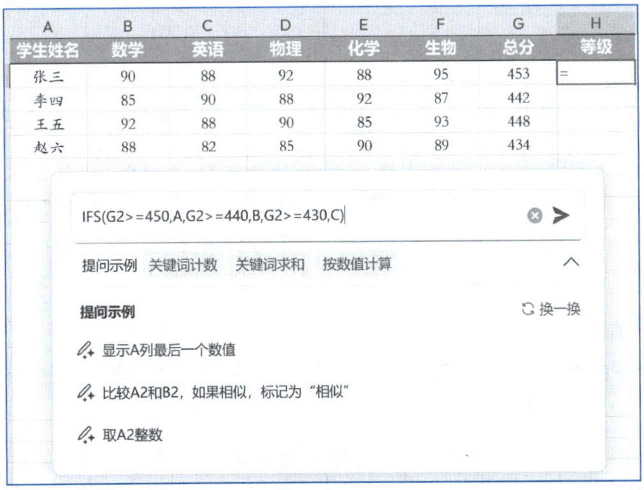

图6-12　AIGC工具生成数据公式

四、表格数据可视化

利用 WPS AI 的洞悉分析功能，可很快生成类型多样的可视化图表，还可通过提示词对表格进行分析。例如，输入以下提示词。

提示词：生成每位学生平均成绩的条形图。

AIGC工具分析成绩并生成图表，如图6-13所示。

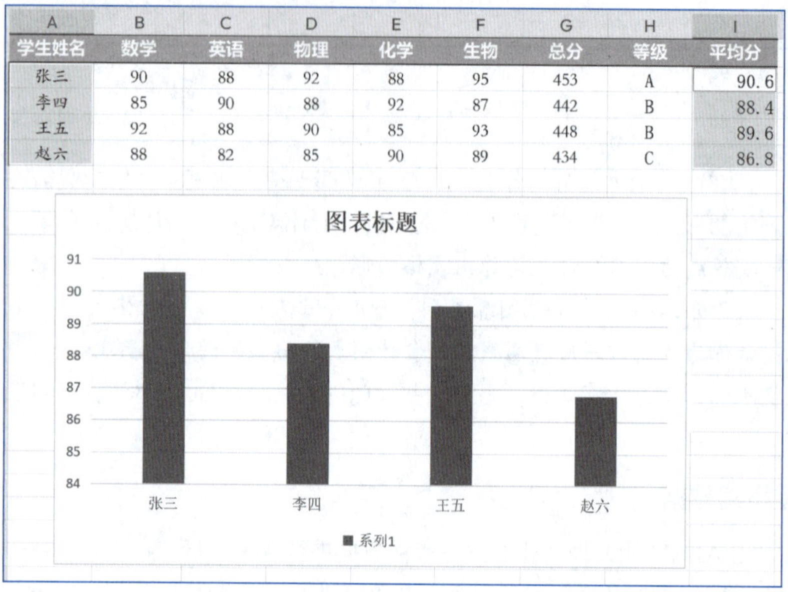

学生姓名	数学	英语	物理	化学	生物	总分	等级	平均分
张三	90	88	92	88	95	453	A	90.6
李四	85	90	88	92	87	442	B	88.4
王五	92	88	90	85	93	448	B	89.6
赵六	88	82	85	90	89	434	C	86.8

图6-13　每位学生平均成绩的条形图

任务实施

利用AIGC工具可以轻松整理销售表数据，生成各类图表，深入分析各商品销售趋势与差异。这不仅有助于企业更好地认识自己的销售状况，还能为其未来的销售规划提供有力支持。

任务要求：本次任务实施将利用图表类AIGC工具完成某公司4年各商品销售表数据表的分析。

具体步骤如下：

STEP 1 确定使用工具。

对销售表进行分析时，选择合适的工具是首要步骤。为了分析并生成商品销售的可视化内容，可以采用文心一言生成表格，并以WPS AI作为数据处理和分析的工具。

文心一言则能以其出色的自然语言处理能力，准确理解需求并生成符合要求的图表；而 WPS AI 以其强大的数据处理能力和智能分析功能，能够轻松应对复杂的成绩数据整理和分析任务。

STEP 2 生成销售图表。

为了获得一份直观的成绩表，可以将公司四年各商品销售数据直接发送给文心一言，使其生成完整表格。

提示词：请将××公司四年各商品销售数据整理为简洁直观的表格。

AIGC工具生成内容见表6-6。

表6-6　××公司四年各商品销售数据

商品名称	2020年销售额（万元）	2021年销售额（万元）	2022年销售额（万元）	2023年销售额（万元）
商品A	120	150	130	160
商品B	80	95	110	125
商品C	60	70	85	100
商品D	40	50	60	75

STEP 3 处理表格数据。

将利用WPS AI的智能处理功能对这份表格数据进行深入分析。首先将上述表格数据整理并导入WPS表格中。确保数据准确、完整后即可开始利用WPS AI处理数据。以下是部分数据处理提示词。

提示词：将每种商品销售额高于100万元的单元格标红。

WPS AI能对表格中的商品销售额数据进行筛选和统计。这将有助于分析商品销售趋势，发现销售额的波动及异常情况，从而为企业的销售策略调整提供数据支持。通过AIGC工具快速美化表格，可以使销售额数据更加清晰直观。AIGC工具处理单元格效果（部分）如图6-14所示。

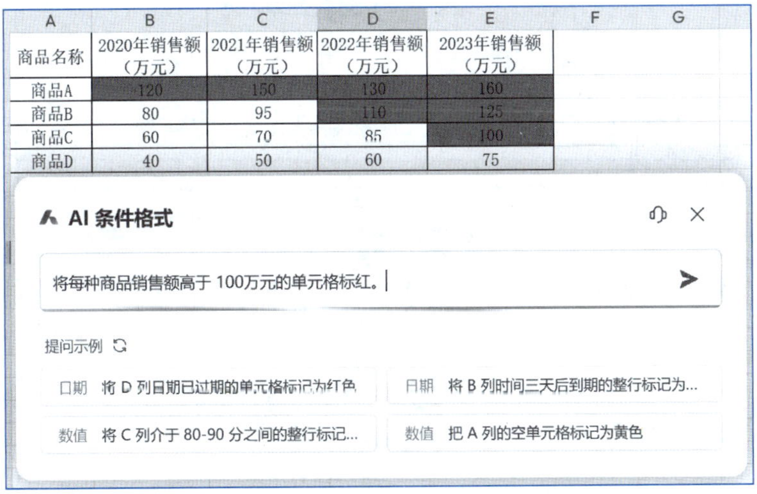

图6-14　AIGC工具处理单元格效果（部分）

STEP 4 生成可视图表。

提示词：生成每种商品2020年至2023年销售额的折线图。

分析每种商品在不同年份的销售情况，并用折线图展示。

利用WPS AI的洞悉分析功能，可很快生成类型多样的可视化图表，还可通过提示词对表格进行分析。

任务四　演示类AIGC工具实操——创意展示

情境引入

工小匠坐在计算机前，正忙着用AIGC工具制作商业路演的PPT。他仔细分析了应用场景，编辑出清晰的大纲，随后挑选了专业又不失活力的风格。AIGC工具迅速生成了初稿，工小匠则细心地查缺补漏，打磨每一个细节，从图表到文字，都力求完美。看着逐渐成形的PPT，他眼中闪烁着对即将进行的路演充满信心的光芒。

任务分析

（1）运用AIGC工具AiPPT编辑大纲和PPT。

（2）运用AIGC工具AiPPT制作商业路演的PPT初稿。

（3）运用AIGC工具WPS AI查缺补漏，快速润色每一处细节。

知识链接

一、演示类AIGC工具选择

演示文稿是一种用于展示信息的动态文件，通常包含文字、图表、动画等元素，以幻灯片形式呈现，用于教育、商业或个人展示。演示文稿类AIGC工具以先进的算法为核心，集成多种功能，旨在简化制作流程，提升创作效率，助力用户快速打造出专业、精美的作品。下面介绍几款演示文稿类AIGC工具。

1. AiPPT

AiPPT是一款典型的演示文稿类AIGC工具。用户只需输入主题关键词或概述演讲内容，AI算法便能通过对海量信息的分析，在短时间内自动生成一份完整且结构严谨的PPT。这份PPT不仅涵盖相关的文字叙述、数据图表，还包含恰当的视觉元素与设计布局，并确保内容与形式的和谐统一。为了满足用户多样化的输入需求，AiPPT支持多种文档格式的上传，无论是Word文档、Excel数据表还是PDF报告，都可以作为AIGC工具生成PPT的原始素材。

另外，AiPPT还内建了一个庞大的模板库，拥有超过10万套定制级PPT模板及丰富的素材资源。这些模板覆盖了各行各业及各类应用场景，用户可根据自身需求快速选取并一键应用，可极大地节省设计时间。AiPPT同样会赋予用户自由灵活的编辑需求，包括调整页面布局、替换形状元素、精细调整字体颜色等设计细节，确保最终输出的PPT既保留AIGC工具生成的优势，又能融入个人独特的创意与品牌风格。其图标如图6-15所示。

2. tome

tome同样是一款演示文稿类工具，其核心亮点在于简洁直观的操作方式。用户只需输入一段话，概括PPT的主题、核心观点或描述PPT页面内容，tome便能迅速理解，自动生成连贯、逻辑清晰的PPT，这包括但不限于精练的文字叙述、可视化图表，以及与主题紧密贴合的图片素材。其图标如图6-16所示。

图6-15　AiPPT的图标

图6-16　Tome的图标

3. 其他演示文稿类AIGC工具

演示文稿类AIGC工具不断涌现，各有特点与优劣。其他常见演示文稿类AIGC工具及其功能见表6-7。

表 6-7　其他常见演示文稿类AIGC工具及其功能

工　具	功　能
WPS AI	集成于WPS Office中的AI助手，提供生成与编辑PPT的功能
iSlide	PPT 插件，提供海量模板、图标、设计工具，可一键优化布局与统一风格，提升制作效率
Presentations.ai	根据输入生成完整的PPT，可以自定义设计，确保品牌一致性，并轻松共享和协作PPT
闪击PPT	通过目录大纲快速生成PPT，支持程序自动排版。目前只提供简约风格，但有几百套模板可供选择

二、分析应用场景

曾经制作一份完整的PPT通常需要保证足够的页数，每一页通常需要有标题、正文、图像等内容，因此制作PPT往往会耗费几小时到几天不等，而演示文稿类AIGC工具的出现让快速生成与处理PPT成为可能。

AIGC的核心价值在于其能够从零开始自主生成内容，这一特点在PPT领域显得尤为突出。传统的PPT制作往往需要耗费大量时间和精力，而演示文稿类AIGC工具则能够根据用户提供的信息和提示词命令，在极短的时间内自动生成一份完整且高质量的PPT。这不仅大大提高了工作效率，还为用户提供了更多的创意和灵感，无疑为商务人士和教育工作者等广大用户带来了极大的便利。演示文稿类AIGC工具生成PPT的几种主要方式见表6-8。

表 6-8　演示文稿类 AIGC工具生成 PPT的主要方式

方　式	简　介
已有大纲生成	用户提供完整的PPT大纲，演示文稿类AIGC工具根据大纲内容填充具体的PPT内容并进行设计
无大纲生成	用户不提供任何具体大纲，仅提供关键词或主题，演示文稿类AIGC 工具自由发挥生成PPT，注重内容的连贯性和创新性
根据文档文章生成	用户上传文档或输入文章，演示文稿类AIGC工具分析内容并提取关键信息，自动生成对应的PPT，保留原文的逻辑结构和要点
根据思维导图生成	用户提供思维导图，演示文稿类AIGC工具根据思维导图的层级结构和内容自动生成对应的PPT，便于直观展示思维逻辑

不同的演示文稿类AIGC工具可能支持的生成方式有所不同，用户需要根据自己的需求和工具的功能选择合适的方式生成PPT。

三、编辑大纲

PPT的大纲内容指需要传达给观众的主要信息，起到提纲挈领的作用。目前的AIGC工具能够根据主题快速生成与编辑PPT的大纲，但要想使内容更优质、有逻辑，还需要对大纲内容反复打磨，这也就要求用户熟悉PPT大纲的构成要素，见表6-9。

表 6-9　PPT大纲的构成要素

类　型	描　述	功能与目的
目录	提供PPT内容的概览，列出各个章节或主要话题及其对应的幻灯片编号	帮助观众了解整个演示的大纲结构
章节	在PPT中用于衔接不同主题或章节的内容，可能包含简洁的标题和引言	给观众缓冲时间，同时也提示即将进入新的话题或阶段
正文	主要包含文字、图表、视频等主要信息内容	说明观点，激发情感共鸣
结论/总结	概括演示的主要发现、结论或行动建议，重申关键要点	强调演示的重点，引导观众回顾主要内容
致谢	对参与、协助或听取演示的人表示感谢，可能包含署名和联系方式	表达尊重和感激，为演示正式收尾

四、选择风格

主题风格关乎PPT的整体视觉效果。它体现专业性与一致性，强化品牌形象或演讲氛围，吸引并保持观众的注意力。目前的演示文稿类AIGC工具往往会提供大量主题风格模板供用户选择。正因如此，了解不同PPT的主题风格与适用领域非常必要。常见的PPT主题风格见表6-10。

表 6-10 常见的PPT主题风格

类 型	描 述	适用领域
商业风	以商务、正式、专业为主要特点，通常使用稳重的配色和字体	适用于企业报告、市场分析等商业场合
校园风	清新、活泼、富有朝气，常采用明亮的色彩和卡通图案	适用于校园活动等场合
科技风	强调现代感和科技感，使用冷色调和简洁的线条	适合科技产品展示、技术研讨等场合
扁平插画风	以扁平化设计为主，结合插画元素，色彩鲜艳且富有创意	适用于创意展示、广告推广等场合
中国风	融合中国传统文化元素，如书法、国画、剪纸等，展现东方韵味	适用于文化传承、旅游推广等场合
手绘风	采用手绘风格，注重细节和个性，使PPT更具艺术感和情感色彩	适用于创意设计、故事讲述等场合
杂志风	借鉴杂志排版和设计风格，注重版面的层次感和视觉效果	适合时尚、设计等领域的展示场合

明确PPT的目的和内容，将不同的主题风格与不同的场合和目的相匹配。完成匹配后，AIGC工具能快速套用模板。以AiPPT为例，其提供的主题风格模板如图6-17所示。

图6-17 AiPPT提供的主题风格模板

要想使AiPPT按照自己的想法生成一份完整且美观的PPT，务必综合主题、大纲、风格这三个要素进行考量，将要素确认完毕后，单击“生成PPT”按钮，即可获得PPT内容，效果如图6-18所示。

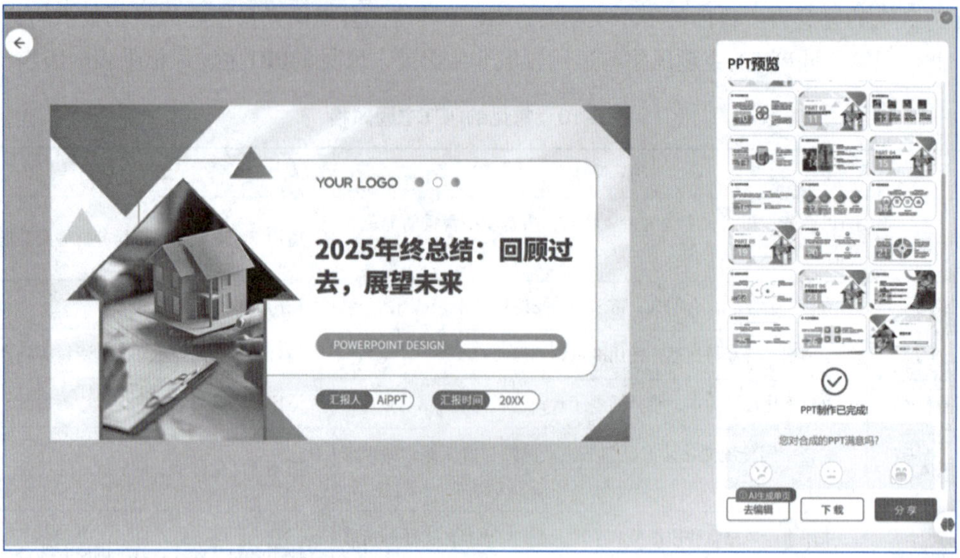

图6-18　利用AiPPT工具生成的PPT

五、查漏补缺和打磨细节

经过前文的介绍，我们已经对AIGC工具在生成PPT方面的强大功能有了初步了解。AIGC工具生成的PPT通常不会十全十美，这就要求用户再进行润色与打磨。

通过简单的提示词描述，AIGC工具可实现PPT的编辑与美化，包括调整布局、优化色彩、修改文字、增加演示批注等。PPT的主要排版要素见表6-11。

表6-11　PPT的主要排版要素

主要排版要素	描　述	作　用
文字排版	包括并列排版、层级排版、总分总排版等	确保信息层次清晰，便于阅读和理解
字体	包括字体种类、字号大小、字重和样式	增强视觉美感，强化信息的重要性和可读性
页面配色	包括主色调、高亮色、背景色等	创造视觉冲击力，引导观众视线，营造氛围
对齐方式	包括左对齐、右对齐、居中对齐、两端对齐、分散对齐	保证页面整洁有序，提升视觉舒适度
图形布局	包括图文混排，图像与文字相结合，提高信息有效传达复杂信息，平衡页面视觉比重息传达效率；多图排版，利用网格、表格等方式统一多张图片的布局	有效传达复杂信息，平衡页面视觉比重

任务实施

商业路演是初创科技公司向潜在投资者展示其商业模式、市场潜力及发展前景的关键环节。一份精美的商业路演PPT能展现公司的专业与实力，更能吸引投资者的目光。如今借助AIGC工具，可以更有效率地生成并编辑PPT，确保内容的专业性、设计的精美度及呈现的流畅性，让商业路演更加出彩。

任务要求：将某初创科技公司商业路演演示文稿制作为案例，探讨如何利用演示类 AIGC工具如何完成这一任务。

具体步骤如下：

STEP 1 分析场景，确定主题。

一家初创科技公司的市场部经理准备向潜在投资者进行路演，其目标是展示公司的核心优势、市场机会、商业模式及未来发展潜力，以吸引投资者的兴趣和资金支持。

下面根据此案例场景，综合“目的、行业、岗位”这三大主题要素，确定PPT的核心主题。

从目的来看，市场部经理进行路演的核心目的是吸引潜在投资者的兴趣和资金支持。因此，PPT的主题应聚焦于展示公司的投资价值和发展前景，突出公司的核心优势、市场机会、商业模式及未来发展潜力。

考虑到行业因素，作为一家初创科技公司，其PPT的主题应体现科技感和创新性，可以围绕公司的技术创新、产品研发、市场应用等方面展开，展现公司在行业内的领先地位和竞争优势。

最后从岗位角度出发，市场部经理作为路演的主要负责人，其职责是全面展示公司的市场潜力和商业模式。因此，PPT的主题还应突出市场营销方式、商业模式及市场战略等要素，以便更好地吸引投资者的关注。

综合以上分析，可以确定PPT的主题为“技引领未来：2024年××科技公司商业路演”。这一主题既体现了公司的科技属性和创新精神，又突出了路演的核心职责和目标。

AiPPT根据这一主题生成的商业路演大纲如图6-19所示。

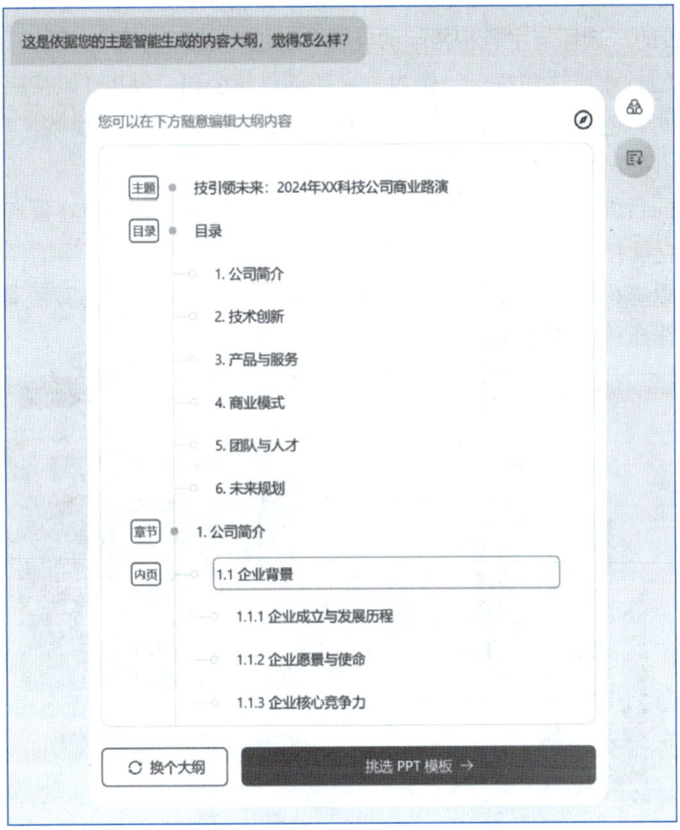

图6-19　AiPPT生成的商业路演大纲

STEP 2 打磨大纲。

在这一步需要仔细审查AIGC工具生成的PPT大纲。通过审阅，可以发现此大纲虽然框架较为完整，但在某些细节上还需要进一步优化。例如，这份大纲中出现的“企业文化建设”“员工价值观”这种笼统的、对具体的商业路演来说没有意义的内容，需要删除与修改，如图6-20所示。

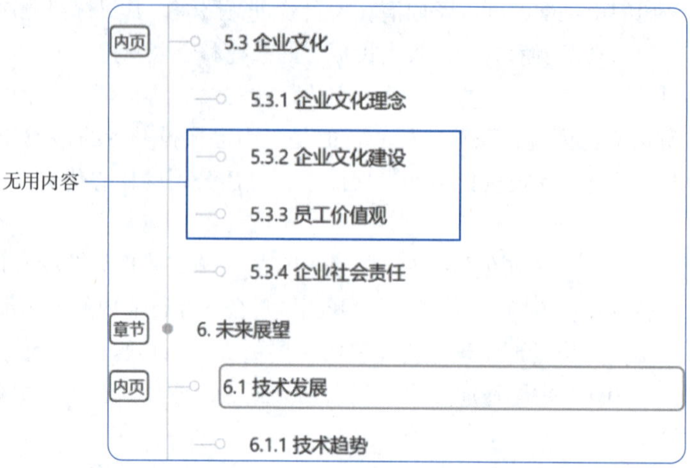

图6-20　删除与修改大纲内容

STEP 3 挑选风格，生成PPT。

在打磨并确定好大纲内容后，便可以利用AIGC工具初步生成完整的PPT。在这一步同样需要分析PPT的主题与目的，选择与主题相匹配的模板和配色方案。

（1）考虑公司的行业属性和特点。作为一家初创科技公司，其PPT风格应体现科技感、创新性和现代感，因此可以选择具有科技元素的模板，如使用简洁明了的线条、几何图形或科技蓝、银灰等色彩，以突出公司的行业特色。

（2）结合路演的目的和受众。市场部经理进行路演的目的是吸引潜在投资者的兴趣和资金支持，因此PPT风格应具有一定的专业性和说服力。这就可以选择商务风格的模板，确保整体视觉效果专业、大气，以赢得潜在投资者的信任。根据分析，可以为“科技引领未来：2024年××科技公司商业路演”选择兼顾科技与商务的风格，如图6-21所示。

图6-21　配色方案

STEP 4 查漏补缺，打磨细节。

至此一份基本的商业路演PPT已经完成。为了追求更高的质量，还可借助WPS AI等AIGC工具进一步打磨细节内容。

首先，可以将初步生成的PPT导入WPS AI中。WPS AI具备强大的文本处理和内容生成能力，可以辅助优化PPT中的文字内容。我们可以逐页检查PPT中的文字描述，利用WPS AI的自动缩写、扩写或转换文本风格的功能，使文字更加精练、准确且富有吸引力。

其次，通过分析PPT的页面元素和排版方式，WPS AI可以给出改进建议，如调整字体大小、颜色搭配等，使PPT的视觉效果更加出色。

最后，还可以利用WPS AI生成演示备注的功能为每一页PPT生成文字备注，辅助后续的演讲。

参 考 文 献

[1] 刘海鹏. 人工智能概论[M]. 北京：清华大学出版社，2021.

[2] 杨正洪，姚生. 大数据技术与应用[M]. 2版. 北京：电子工业出版社，2020.

[3] 眭碧霞. 信息技术基础：WPS Office[M]. 2版. 北京：高等教育出版社，2021.

[4] 余毅. 计算机应用基础项目化教程（微课版）[M]. 北京：人民邮电出版社，2018.

[5] 张伟，李明. 网络综合设计与实现[M]. 北京：中国铁道出版社有限公司，2024.

[6] 余毅，丁强华. 计算机维护与维修[M]. 2版. 北京：清华大学出版社，2021.

[7] 魏砚雨，孙峰峰. AIGC 入门与应用标准教程：微课视频版[M]. 北京：清华大学出版社，2025.

[8] 陈旭文. 信息技术基础教程[M]. 北京：中国铁道出版社有限公司，2024.

[9] 余明辉. 信息技术与人工智能基础[M]. 北京：人民邮电出版社，2023.

[10] 王代勇，李安强. WPS Office 办公应用案例教程[M]. 北京：清华大学出版社，2024.

[11] 宁爱军. 计算思维与计算机导论：微课版[M]. 2版. 北京：人民邮电出版社，2023.

[12] 聂哲，衣马木艾山 • 阿布都力克木，林伟鹏. 信息技术基础：WPS Office+数据思维[M]. 2版. 北京：中国铁道出版社有限公司，2024.